Red. La Jolla, May 1994.

CAHIERS
POUR L'HISTOIRE
DE LA RECHERCHE

CLAUDE DEBRU, JEAN GAYON,
JEAN-FRANÇOIS PICARD

LES SCIENCES BIOLOGIQUES ET MÉDICALES EN FRANCE 1920-1950

Actes du colloque de Dijon, 25-27 juin 1992

Centre Gaston Bachelard de recherches sur l'imaginaire et la rationalité
(Université de Bourgogne)
Institut d'Histoire et de Philosophie des Sciences et des Techniques
(CNRS, Paris)

CNRS EDITIONS

CAHIERS POUR L'HISTOIRE DE LA RECHERCHE

Toute correspondance et manuscrits doivent être adressés à Jean-François PICARD, IHTP, 44, Rue de l'Amiral Mouchez, 75014 PARIS

Ventes par correspondance : CNRS Éditions, 20-22, rue Saint-Amand, 75015 Paris, tél. : (1) 45 33 16 00 — Télex : 200 356 F

ISBN 2-271-05161-4

Sommaire

Introduction

Claude DEBRU, Jean GAYON

Le présent volume constitue le premier aboutissement d'un projet d'ensemble[1] conçu en vue de préciser l'état et l'évolution des sciences biologiques et médicales en France entre 1920 et 1950, période caractérisée, pour ces sciences, par une certaine stagnation et par l'amorce de renouvellements. Quels étaient les causes de cette stagnation, les obstacles aux renouvellements, les causes mêmes du renouveau de ces sciences qui commence à apparaître à la fin de la période considérée, telles sont les questions complexes auxquelles des éléments de réponse commencent d'être apportés dans les différentes contributions présentées dans cet ouvrage. Poids excessif d'un glorieux passé, de traditions méthodologiques, épuisement des problématiques, retards techniques, obstacles philosophiques, institutionnels, démographiques, et politiques volontaristes pour surmonter cette situation, sont les facteurs à l'œuvre dans l'histoire des sciences biologiques et médicales dans l'entre-deux-guerres et l'immédiat après-guerre.

Les réponses aux problèmes ainsi posés peuvent-elles être complètes en limitant la description historique au cadre national ? Les historiens des sciences, en effet, ont parfois mis en cause la pertinence d'un découpage national de leur objet. Deux arguments majeurs sont opposables à cette manière de faire. L'un est philosophique: la science visant l'universalité, l'histoire de ses développements les plus significatifs transcende les conditions contingentes et locales d'émergence des connaissances. L'autre argument émane des historiens: du point de vue des conditions concrètes d'engendrement des connaissances scientifiques, rien ne permet *a priori* de privilégier la nation. Les contraintes techniques, le type des institutions scientifiques, le contexte idéologique et culturel (par exemple religieux), canalisent tout autant l'effort de recherche, et si ces facteurs interfèrent avec la

1. Ce volume rassemble un certain nombre de communications présentées lors d'un colloque tenu à Dijon du 25 au 27 Juin 1992, ainsi que quelques contributions additionnelles. Le colloque a été conçu comme une première mise au point dans le cadre d'un séminaire organisé depuis 1990 à l'Institut d'Histoire et de Philosophie des Sciences et des Techniques (Université de Paris I) et qui se poursuit en collaboration avec le Centre Européen d'Histoire de la Médecine (Université Louis Pasteur de Strasbourg).

structuration nationale de la science, ils ne s'y réduisent aucunement. Ces deux arguments, quoique différents, aboutissent à dénoncer le caractère artificiel, et éventuellement partisan, d'une interprétation de l'histoire de la science selon une grille de lecture principalement nationale. Ils appellent surtout une épistémologie et une sociologie plus comparées du développement scientifique.

Ces objections sont sérieuses, mais point rédhibitoires. Si l'on admet en effet qu'il y a une histoire sociale de la science, et point seulement un développement rationnel de celle-ci, la question peut être légitimement soulevée de l'importance des clivages nationaux. Il n'y a pas de réponse *a priori* à ce genre de question; et il est en fait vraisemblable de penser que ce genre de facteur n'a pas joué le même rôle à des époques différentes et pour des disciplines différentes. Mais il serait bien étonnant que les pratiques scientifiques soient demeurées indifférentes à la montée des États-nations. En outre, le degré d'intégration institutionnel, culturel et technique des nations modernes, l'importance pratique aussi qu'y revêtent la recherche et l'enseignement scientifiques, rendent plausible l'idée d'une différenciation majeure des pratiques scientifiques selon cet axe à certaines époques de l'histoire. Quoi qu'il en soit, pour avancer dans une telle interrogation, les historiens ont besoin de multiplier les études de cas, et de les apprécier de manière comparative.

Ces remarques préliminaires nous amènent à l'objet particulier du présent ouvrage. L'époque choisie, de l'entre-deux-guerres et des lendemains immédiats de la Deuxième Guerre mondiale, est encore assez proche de nous pour que des témoignages directs puissent être recueillis. Elle est en même temps assez lointaine pour fournir la matière d'une enquête historique dont les enjeux ne soient pas un reflet trop direct des préoccupations contemporaines. L'aire géographique et culturelle, l'espace français, a d'abord été choisie en vue de combler une lacune historiographique évidente. La pertinence du cadre national à l'époque choisie tient au fait que l'application des sciences y devient un enjeu politique important, que l'internationalisation de la recherche scientifique est encore fort loin d'être un phénomène systématique, et qu'il s'agit aussi d'une période d'exacerbation des nationalismes dans l'histoire générale des peuples. Mais nous aimerions souligner une autre raison, plus fondamentale à nos yeux, de ce genre d'approche. L'intérêt d'une histoire comparative analysant les degrés inégaux de développement des sciences, non seulement dans le temps, mais aussi dans l'espace, est de plus en plus ressenti. Des comparaisons internationales sont essentielles pour mieux comprendre le poids des différents facteurs souvent invoqués dans l'interprétation de la genèse historique des connaissances scientifiques. Cette histoire comparative que nous appelons de nos vœux représente un enrichissement et une concrétisation considérable des perspectives historiques qui donne tout son sens aux travaux menés dans les cadres nationaux[2]; il est clair à nos yeux qu'il s'agit là d'une urgence

2. L'étude des sciences en France dans leurs spécificités intellectuelles ou dans leurs aspects d'histoire sociale a donné lieu dans un passé récent à d'importants travaux, tels ceux de Harry Paul : *The Edge of Contingency. French Catholic Reaction to Scientific Change from Darwin to Duhem*, Gainesville, University Presses of Florida, 1979; *From Knowledge to Power. The Rise of the Science Empire in France*, Cambridge University Press, 1985; de Mary Jo Nye : *Science in the Provinces. Scientific Communities and Provincial Leadership in France, 1860-1930*, Berkeley, University of California Press, 1986. Dans le même temps, des sommes collectives non moins importantes ont consi-

méthodologique. C'est ainsi que la participation d'éminents spécialistes étrangers au présent travail a permis d'enrichir ce volume de tableaux plus comparatifs, replaçant la recherche française dans le cadre de la science internationale, et de mieux prendre conscience du fait que certaines spécificités culturelles pouvaient avoir, selon les disciplines, des effets différents, négatifs ou positifs selon les cas.

Le désastre démographique de la Première Guerre mondiale a eu sur le développement scientifique des nations concernées de graves conséquences. La stagnation démographique et intellectuelle, la prégnance de modèles d'activité scientifique hérités du siècle précédent dominent pour la France le tableau d'ensemble. En France comme ailleurs, la biologie a été un domaine de recherche particulièrement sensible à des préférences idéologiques, philosophiques, méthodologiques à l'époque qui nous occupe, influences déterminant une sorte de prédécoupage de la rationalité scientifique, déterminant aussi bien la démarche que l'objet de la recherche biologique. Ces influences d'ailleurs multiples ne sont pas toutes évoquées dans cet ouvrage, mais le rôle exact joué par le positivisme y est abordé. Cette sensibilité propre des sciences biologiques à des facteurs idéologiques ou philosophiques se double d'un isolationnisme culturel qui domine le tableau d'ensemble, malgré de brillantes exceptions principalement parisiennes. La faible internationalisation des biologistes français, qui ont eu trop tendance à se reposer sur leur glorieux héritage, est souvent évoquée dans cet ouvrage. Cette forte individualisation culturelle a eu des conséquences le plus souvent négatives et parfois positives. Mais lorsqu'elles furent positives (l'originalité de la recherche française en biologie moléculaire est un fait largement reconnu par les historiens), elles ne purent l'être que grâce à des fécondations venues d'ailleurs. Il n'est que trop clair que le cadre de référence choisi, l'espace français, ne fournit pas de lui-même une intelligibilité totale et que les phénomènes d'internationalisation jouent un rôle grandissant dans le développement des disciplines nouvelles à la fin de la période considérée.

Le constat d'un déclin scientifique d'ensemble déjà amorcé avant la Première Guerre mondiale ne peut donc être maintenu[3]. Les germes d'un renouveau scien-

dérablement approfondi la compréhension de l'organisation sociale et politique de la science au cours des dix-neuvième et vingtième siècles en France. On relèvera en particulier les ouvrages suivants : Robert Fox et George Weisz, *The Organization of Science and Technology in France, 1808-1914*, Cambridge et Paris, Cambridge University Press, Maison des Sciences de l'Homme, 1980; *Cahiers pour l'Histoire du CNRS*, 10 volumes, Paris, Éditions du CNRS, 1988-1990. Des travaux consacrés plus spécifiquement aux disciplines biologiques ont été effectués par les auteurs suivants et d'autres mentionnés dans les bibliographies du présent volume : Denis Buican, *Histoire de la génétique et de l'évolutionnisme en France*, Paris, Presses Universitaires de France, 1984; Richard M. Burian, Jean Gayon et Doris Zallen, « The singular fate of Genetics in the History of French Biology, 1900-1940 », *Journal of the History of Biology*, 21 (1988), pp. 357-402; Jean-Paul Gaudillière, *Biologie moléculaire et biologistes dans les années soixante : la naissance d'une discipline. Le cas français*, Thèse présentée pour le doctorat d'histoire des sciences de l'Université Paris VII, 1991. Des études semblables, centrées sur des communautés disciplinaires envisagées dans leur contexte national, ont été effectuées pour d'autres pays, et témoignent de la vitalité de ce genre de recherche historiographique. Particulièrement exemplaire à cet égard est la synthèse de Jonathan Harwood sur l'histoire de la génétique en Allemagne : *Styles of Scientific Thought. The German Genetics Community, 1900-1933*, Chicago, The University of Chicago Presss, 1993.

3. Cette opinion a déjà été critiquée par Mary Jo Nye, « Scientific Decline. Is quantitative evaluation enough? », *Isis*, 75 (1984), pp. 697-708.

tifique ont été semés, et ont commencé à éclore dès la veille de la Deuxième Guerre mondiale. S'il n'est pas possible de porter un jugement d'ensemble sur les sciences biologiques et médicales dans le cadre français, il est néanmoins possible de discerner certaines causes et d'affirmer certaines limites d'un tel « déclin ». Les études ici rassemblées sont orientées par ce réexamen, ainsi que par des perspectives comparatistes. Ces études ne prétendent nullement à l'exhaustivité, et n'aboutissent qu'à des résultats préliminaires, il est vrai plus différenciés et plus nuancés que les opinions reçues.

L'histoire des sciences biologiques et médicales en France entre 1920 et 1960 nécessiterait pour être véritablement écrite la maîtrise d'un matériel considérable, qui reste encore à rassembler, et l'invention de méthodologies nouvelles adaptées à l'énormité de ce matériel. La pertinence des questions adressées à un tel corpus documentaire ne peut être finalement assurée que si ces questions, loin d'être *a priori* et d'aboutir à la simple confirmation, souvent fallacieuse, d'idées reçues, permettent d'éclairer d'un jour nouveau le matériel présenté et de susciter, en retour, des questions meilleures. Les épistémologues élevés au contact des sciences de la nature ont appris que le vrai chercheur n'est jamais totalement certain d'avoir posé à la nature les bonnes questions. Nous admettrons ici que la situation n'est pas fondamentalement différente dans l'histoire des sciences, et qu'un problème méthodologique analogue s'y pose. Les questions qui ont été évoquées dans cet ouvrage, et débattues lors du colloque de Dijon, ainsi que le pouvoir explicatif des premières réponses que l'on peut leur apporter, restent matière à discussion.

Parmi ces questions, l'influence des spécificités culturelles a été évoquée. Des caractéristiques culturelles comme le positivisme ou le lamarckisme ne sont pas sans liens internes, car le positivisme est redevable à la philosophie de Lamarck de la notion de milieu comme ensemble des conditions d'existence des corps vivants. Mais l'influence de ces caractéristiques culturelles sur nombre de ceux qui, par les fonctions qu'ils occupaient, étaient les plus représentatifs ou les plus influents des biologistes français, suffit-elle à expliquer leurs échecs, leurs erreurs, et l'absence de développement en France de disciplines scientifiques ailleurs en plein essor, comme la génétique? Elle ne suffit peut-être pas non plus à expliquer certaines réussites qui paraissent compatibles avec le cadre positiviste, sans être vraisemblablement inspirées directement par lui.

Aux époques qui nous occupent, l'influence du positivisme sur les biologistes français ne s'exerce plus guère par les doctrines d'Auguste Comte, dont certaines sont irrémédiablement dépassées (hostilité à l'égard de la théorie cellulaire, de la chimie biologique, ambiguïtés à l'égard du transformisme). D'autres pourtant restent actives : par son insistance sur la relation entre le vivant et son milieu, le positivisme a aussi entretenu une caractéristique profonde de la biologie, marquée particulièrement dans la physiologie générale[4]. Pour mieux juger de l'influence du positivisme, il est donc indispensable de distinguer en lui plusieurs aspects, doctrinaux mais aussi méthodologiques. La recherche de lois générales des phénomènes observables et le refus des causes cachées sont des traits positivistes qui auront une longue influence sur la biologie en France. S'il y a une influence réma-

4. Le travail de Georges Canguilhem, « Le vivant et son milieu », in *La connaissance de la vie*, Paris, Vrin, 1965, pp. 139-154, conserve toute sa pertinence à ce sujet.

nente du positivisme sur les attitudes et les orientations des biologistes français, celle-ci s'exerce tout particulièrement par une philosophie de la science caractérisée par la délimitation de ce qui est scientifique et par l'orientation de la démarche scientifique vers des buts définis, lois plutôt que causes ou mécanismes, généralités plutôt que particularités. Cette attitude a d'ailleurs eu parfois des conséquences paradoxales. Le refus des causes cachées n'a pas empêché un chercheur comme Lapicque d'élaborer une fiction, l'isochronisme neuromusculaire, sans doute au nom de la recherche de corrélations et de lois des phénomènes, trait positiviste.

A cette influence se mêle le « rationalisme expérimental » de Claude Bernard[5]. Si Claude Bernard partage avec Auguste Comte le scepticisme à l'égard des « causes primaires » et de l'essence des choses, le point de vue méthodologique de Claude Bernard se distingue par le recours systématique à l'expérimentation active, ce qui a deux implications importantes pour les sciences biologiques. Par la recherche active des conditions des événements ou processus, par le postulat d'un déterminisme absolu des phénomènes vitaux, Claude Bernard réhabilitait la recherche des mécanismes, et contribuait à concilier dans l'esprit des biologistes français les deux philosophies antagonistes du positivisme et du matérialisme. En outre, il accentuait au sein des sciences de la vie le fossé entre les sciences d'expérimentation (sciences physiologiques), où la libre invention des hypothèses est justifiée par la soumission de celles-ci à des tests, et les sciences descriptives, pour lesquelles la philosophie scientifique bernardienne a contribué à développer une suspicion profonde envers les généralisations systématiques.

Ainsi, l'épistémologie partiellement positiviste des physiologistes successeurs de Claude Bernard ne les a pas empêchés de rechercher des mécanismes sous-jacents tout autant que des lois générales. L'insistance de Claude Bernard sur les conditions physicochimiques de l'être vivant a encouragé la constitution d'une biophysique originale, sensible à l'aspect spécifiquement biologique des questions abordées, c'est-à-dire à la structuration particulière de la matière vivante qui impose des conditions particulières à l'application des modèles physiques. Par contre, la condescendance bernardienne à l'endroit des sciences de pure observation a eu pour effet de susciter parmi les naturalistes une attitude de critique systématique de certaines généralisations théoriques qui se sont révélées leur être les plus indispensables à partir de la fin du dix-neuvième siècle, à savoir la théorie de l'évolution, indéfiniment rejetée dans le royaume de la spéculation métaphysique, et les théories successives de l'hérédité développées de 1880 à 1950 (théorie du plasma germinal, génétique mendélienne, théorie chromosomique de l'hérédité). Corrélativement, la prégnance de la physiologie bernardienne s'est exprimée dans l'espoir indéracinable des naturalistes de la Troisième République qu'une théorie lamarckienne du mécanisme de l'hérédité viendrait un jour ou l'autre discréditer les conceptions jugées tantôt trop métaphysiques, tantôt trop phénoménalistes de l'hérédité[6]. Une semblable tendance se reconnaît enfin dans le refus de constituer la paléontologie comme

5. Selon l'heureuse expression de M. D. Grmek, article « Claude Bernard », *Dictionary of Scientific Biography*.

6. Étaient trop métaphysiques par exemple les conceptions du plasma germinal ou la conception chromosomique du gène, où Delage, Le Dantec, Rabaud ont vu des résurgences de pensée préformationniste. La biométrie, le mendélisme étaient considérés comme trop phénoménalistes. Sur l'ensemble de ce problème, voir Richard M. Burian, Jean Gayon et Doris T. Zallen, *loc. cit. supra;* Richard

science explicative, ou encore dans l'orientation délibérément descriptive et taxinomique de l'écologie avant la Seconde Guerre mondiale en France.

Le positivisme, le lamarckisme, constituent des explications sans doute réelles de certaines orientations des sciences biologiques, mais ces explications restent partielles et n'en excluent pas d'autres, aussi profondes, qui tiendraient à la nature des disciplines scientifiques concernées, à leur histoire récente, à la démographie du personnel scientifique et à son mode de recrutement, à l'existence ou à la création de niches écologiques différenciées en dehors d'un système universitaire alors frappé de stérilité par l'absence d'une philosophie de l'Université reliant l'enseignement à la recherche et par la perversion fréquente en France de l'idée de « succession ». Les explications intellectuelles, conceptuelles, techniques, institutionnelles, démographiques de l'histoire des sciences ne sont pas exclusives les unes des autres. L'état différencié des disciplines et des écoles ne peut en réalité se comprendre que par l'interaction de divers types de causalités historiques et scientifiques. Si le présent ouvrage rassemble les contributions d'historiens et de biologistes principalement intéressés par l'histoire conceptuelle et méthodologique, le but n'en reste pas moins de comprendre d'une manière aussi exhaustive que possible les particularités de l'histoire des sciences de la vie dans la France de l'entre-deux-guerres. Aussi bien les résultats de cette enquête peuvent-ils être présentés en allant des questions conceptuelles et méthodologiques vers celles qui regardent l'histoire institutionnelle des sciences.

L'ordre de présentation choisi dans cet ouvrage mérite un éclaircissement particulier. La première partie, consacrée à la « physiologie générale et comparée », regroupe un ensemble de textes qui illustrent d'une manière convaincante l'idée d'une cohérence d'un certain style de recherche. Dans des contextes disciplinaires et institutionnels variés (Facultés de Médecine, Facultés des Sciences, Institut Pasteur, Institut de Biologie physicochimique, instituts de Psychologie), l'idée bernardienne d'une science expérimentale des propriétés générales des être vivants a donné aux recherches biologiques une orientation particulière et une certaine fécondité. La seconde partie, « Développement, hérédité et histoire naturelle », a une cohérence plus spécifiquement disciplinaire. Elle regroupe des travaux sur ce qu'on a communément appelé jusqu'au milieu du vingtième siècle la « biologie générale », c'est-à-dire un ensemble de questions dont la résolution exigeait la collaboration d'une culture naturaliste et de disciplines expérimentales vouées à la compréhension du développement et de l'hérédité. De cette partie émerge le constat de la vigueur de la tradition de recherche embryologique, et un constat passablement terne en ce qui concerne la théorie naturaliste. L'ouvrage s'achève enfin sur des travaux relatifs à la médecine et à la biologie appliquée. Ces travaux permettent de mieux cerner la structure globale de la recherche biologique en France dans la période considérée.

Un premier résultat de la présente étude est bien la prégnance de l'idée de physiologie générale comme idéal régulateur de la recherche française. Selon une

M. Burian et Jean Gayon, « Un évolutionniste bernardien à l'Institut Pasteur? Morphologie des Ciliés et évolution physiologique dans l'œuvre d'André Lwoff », in *L'Institut Pasteur : Contributions à son histoire,* sous la direction de M. Morange, Paris, Éditions La Découverte, 1991, pp. 165-186.

définition de Claude Bernard, la physiologie générale « n'est pas la physiologie des généralités ni la physiologie complète ; c'est la physiologie de ce qu'il y a de général dans les êtres vivants ». C'est la science « de ce milieu intérieur qui est commun aux animaux et présente des variations selon les types »[7]. La recherche des phénomènes les plus généraux possibles et des lois correspondantes est un trait particulier de la recherche effectuée en France qui peut légitimement apparaître comme une réminiscence de l'épistémologie exposée dans les *Leçons* d'Auguste Comte, à condition de réaliser que cette épistémologie a été revue et corrigée par Claude Bernard : celui-ci s'est élevé à plusieurs reprises contre une école philosophique qui fait sa spécialité des généralités des sciences. La physiologie générale n'est donc pas la « physiologie des généralités », si l'on entend par physiologie des généralités « l'étude fondamentale de la vie générale » projetée par Auguste Comte dans la *Quarante-Troisième Leçon* du *Cours de Philosophie Positive,* qui doit élucider la relation entre les conditions d'existence des corps vivants, les intervalles de variation de ces limites, et le degré d'organisation des êtres correspondants. A ce genre de spéculation consistant à « émettre des hypothèses à propos des observations recueillies par d'autres », sans le souci de « vérifier ces hypothèses en expérimentant », Claude Bernard oppose un refus catégorique[8]. La physiologie générale bernardienne n'est pas un « système » de la vie, mais l'investigation expérimentale des propriétés générales, ou les plus générales possibles, des êtres vivants.

Un exemple de recherche physiologique menée dans cet esprit est l'étude de la photosynthèse effectuée par René Wurmser au début des années 1920 : celui-ci considérait l'intervention de propriétés physicochimiques de très grande généralité ainsi que la structuration des réactions correspondantes dans le milieu cellulaire. Un exemple analogue concerne les recherches de physiologie marine. La photosynthèse a été d'ailleurs étudiée en partie au laboratoire de Roscoff. La physiologie marine évoquée dans ce volume par le physiologiste Christian Bange, à travers l'exemple du laboratoire de Tamaris, n'est pas seulement la physiologie particulière des animaux marins. Elle relie ces propriétés, par exemple électrophysiologiques, à des phénomènes ioniques ou osmotiques très généraux, à des mécanismes élémentaires interprétables en termes physicochimiques. Cette physiologie générale ne se donne pas, semble-t-il, tous les moyens d'être une physiologie réellement comparée.

Un autre exemple concerne la biologie du comportement, dont Richard Burkhardt a dégagé les spécificités françaises. Dans la prédominance massive des études sur les invertébrés on peut reconnaître un choix théorique, car en étudiant le comportement chez des animaux inférieurs et plus diversifiés comme les invertébrés, on peut espérer parvenir à une compréhension plus générale. De même la psychologie zoologique d'Henri Piéron, étudiée par Paul Mengal, cherche entre autres à mettre en évidence la « communauté des lois sensorielles ». De la même manière, Charles Marx, dans son étude sur Gaston Viaud, montre comment celui-ci estimait essentiel d'élargir l'objet de la psychologie, traditionnellement définie

7. Cf M.D. Grmek, « Quelques notes intimes de Claude Bernard », *Archives internationales d'histoire des sciences,* 1963, 16, pp. 345-346.

8. Claude Bernard, *Introduction à l'étude de la médecine expérimentale,* Paris, J. Baillière et Fils, 1865, I, chap. 1, § 6, p. 46.

comme une science de l'homme, en une psychologie générale intégrant l'apport de la psychologie animale. La psychologie générale selon Viaud a pour objet les lois générales communes à l'homme et aux animaux. A côté des lois générales existent certes des lois particulières. Mais la connaissance des lois qui régissent le comportement des formes inférieures doit faciliter l'accès aux lois des formes supérieures. C'est dans cet esprit que Viaud s'est intéressé à un mécanisme fondamental, le phototropisme, étudié d'une manière comparative sur divers matériels biologiques en particulier des invertébrés. *A contrario,* cette orientation caractéristique des travaux français sur le comportement est peut-être la raison du constat institutionnel dressé par Richard Burkhardt : il n'est nullement clair que les chercheurs français aient tenté d'établir une science indépendante du comportement animal. D'où leur isolement sur la scène internationale, même lorsqu'il s'agit d'esprit innovateur comme Pierre-Paul Grassé.

La protistologie, étudiée par Charles Galperin dans l'œuvre de deux grands biologistes, Édouard Chatton et André Lwoff, présente le cas particulièrement remarquable d'une science physiologique vouée à l'étude d'un phénomène, la nutrition, qui permet des conclusions sur l'ensemble de l'évolution biologique, sur l'unité biochimique du monde vivant. Cette science débouche sur une vision de *L'Évolution physiologique* (selon le titre d'un ouvrage majeur publié par André Lwoff en 1943[9]), qui est caractérisée par l'idée d'une hiérarchie trophique des êtres vivants et par l'idée de l'évolution par perte de fonctions biochimiques : les êtres les plus complexes, les plus évolués, ont perdu l'indépendance nutritive ou autotrophie, qui caractérise les êtres les plus primitifs. S'il faut se garder de croire que les caractéristiques biochimiques et nutritives d'un organisme reflètent nécessairement des relations phylogénétiques, il n'en reste pas moins vrai que l'idée d'évolution par perte de fonction est une idée de grande importance. Il faut ajouter à cela que la protistologie va bientôt permettre un rapprochement fécond de la biochimie et de la génétique, l'une des source majeures de la biologie moléculaire : rappelons ici qu'un des premiers colloques internationaux du CNRS, *Unités biologiques douées de continuité génétique,* fut organisé par André Lwoff en 1948 sur un thème, la continuité génétique de particules extranucléaires, qu'il avait exploré avec Édouard Chatton. La « physiologie microbienne » représente une source de la biologie moléculaire. L'esprit de cette physiologie est typiquement bernardien.

Un même esprit imprègne encore les travaux du généticien Boris Ephrussi, à qui l'on doit d'avoir, dans les années 1930, à l'Institut de Biologie physico-chimique, posé les premiers jalons de la résolution du problème qui obérait la génétique depuis ses origines, celui de la nature de l'action directe du gène, question « physiologique » par excellence. Encore faut-il ajouter que les travaux en question n'ont pu être réalisés que grâce à une collaboration étroite avec des généticiens et biochimistes américains, en premier lieu George Beadle, avec l'aide de la Fondation Rockefeller (très active en France à l'époque qui nous occupe), et grâce à l'intégration de plusieurs disciplines, la génétique mendélienne, l'embryologie expérimentale, la biochimie.

9. André Lwoff, *L'Évolution physiologique. Étude des pertes de fonction chez les micro-organismes,* Paris, Hermann, 1943.

La prégnance du modèle physiologique, plus bernardien que positiviste, aboutit à des travaux qui favorisent une interprétation des phénomènes étudiés en termes physicochimiques. D'où, en France, un terrain favorable pour la « biologie physicochimique ». Mais en même temps, certaines particularités institutionnelles, évoquées par Jean-Paul Gaudillière (influence de la médecine, direction trop exclusive donnée par Gabriel Bertrand à l'étude des catalyseurs minéraux) ont empêché la biochimie française de rivaliser sérieusement avec des écoles aussi puissantes que les écoles allemande, anglaise, et américaine. Cette biochimie n'a pu se développer réellement qu'après la Seconde Guerre mondiale, lorsqu'elle s'est affranchie de ces contraintes. Une exception nous est rappelée par Harry Paul : le vin de Bordeaux. Dans la tradition pastorienne si liée à l'agro-industrie, l'activité du laboratoire de Louis Genevois à la Faculté des Sciences de Bordeaux est décrite.

L'interprétation ici proposée d'une des spécificités de la biologie pratiquée en France, l'intérêt pour la physiologie générale, n'est pas à prendre comme une explication universelle. En outre, il est nécessaire d'introduire des éléments comparatifs. La physiologie en Angleterre, entre 1920 et 1940, est à son sommet. Les physiologistes français ne peuvent réellement rivaliser avec une école particulièrement brillante. Celle-ci, avec ses prolongements outre-Atlantique, ne donne pas seulement, ironie du sort, un contenu réel aux intuitions de Claude Bernard sur les régulations du milieu intérieur[10]. Les physiologistes américains trouvent une source d'inspiration chez Claude Bernard[11]. L'école anglaise de physiologie, quant à elle, apporte des contributions de premier plan dans des domaines aussi divers que l'endocrinologie, l'électrophysiologie, la neurophysiologie, la physiologie respiratoire et musculaire. Joy Harvey, Jean-Claude Dupont ont étudié les controverses que les électrophysiologistes anglais ont pu entretenir avec Lapicque, controverses assez révélatrices de deux états d'esprit très différents. Les physiologistes en Angleterre sont plus portés à l'utilisation de modèles mathématiques et à l'élucidation de mécanismes élémentaires que leurs collègues français (ou ce qu'il reste d'eux, à savoir principalement André Mayer) d'inspiration plus qualitative. Si l'on accepte les termes de cette comparaison, on perçoit mieux qu'un certain cadre épistémologique mettant l'accent sur la recherche de lois générales des phénomènes constitue l'arrière-plan des travaux de nombre de biologistes français qui partagent une certaine idée de la biologie. Sans doute la généralité et le caractère qualitatif des questions débattues par les biologistes français est-elle également une circonstance favorisante pour l'existence en France d'une spécialité philosophique, la philosophie biologique, qui trouve chez Lamarck et Auguste Comte ses fondateurs, et qui paraît beaucoup moins pertinente dans d'autres contextes culturels, exception faite de l'Allemagne. C'est ici le lieu de rappeler la charge violente menée en 1943 par un jeune philosophe, Georges Canguilhem, dans son ouvrage *Le Normal et le Pathologique,* contre la thèse positiviste et bernardienne de la continuité des phénomènes physiologiques et pathologiques.

10. Cf à ce sujet l'article de Frederick L. Holmes, « La signification du concept de milieu intérieur », in Jacques Michel éd, *La nécessité de Claude Bernard,* Paris, Klincksieck, 1991, pp. 53-64.

11. Voir à cet égard le témoignage de Roger Guillemin dans son « Ouverture » du colloque de 1989, *La nécessité de Claude Bernard* (ibid, pp. 5-6).

L'influence de la tradition bernardienne est enfin particulièrement nette dans le cas du chirurgien René Leriche, dont la célébrité fut grande en son temps. Son œuvre de chirurgie du système neurovégétatif prend place en effet dans le cadre dessiné par Claude Bernard, rôle régulateur du système sympathique dans la vasomotricité, pratique expérimentale de sections. Comme le suggère Roselyne Rey, la connaissance a suivi également d'autres voies que la chirurgie. Leriche a lui-même reconnu qu'il a été dépassé par la neurochimie, la neuro-endocrinologie, les aspects proprement humoraux insaisissables par ses techniques. Leriche a indiscutablement sa place dans l'histoire de la neurochirurgie. Il illustre l'esprit et les limites du modèle bernardien.

Une deuxième conclusion issue du colloque de Dijon porte sur ces disciplines que l'on avait coutume de rassembler autrefois sous le vocable de « biologie générale ». Héritière de l'histoire naturelle, la biologie générale désignait communément dans la première moitié de ce siècle l'ensemble des connaissances susceptibles d'éclairer la diversité et l'évolution des vivants. Aussi associait-elle les ressources des disciplines descriptives classiques (zoologie, botanique, paléontologie), de disciplines de terrain comme la biogéographie et l'écologie, et de nouvelles sciences expérimentales comme la génétique. La réunion de Dijon a confirmé le diagnostic, souvent formulé, de l'obsolescence de ce vaste secteur dans la biologie hexagonale de l'entre-deux-guerres. Dans le moment même où s'organisait, dans de nombreux pays (Grande-Bretagne, Allemagne, Russie, États-Unis d'Amérique) le vaste mouvement de la « Synthèse évolutive »[12], les biologistes français ont bien souvent adopté les positions les plus rétrogrades en matière d'explication causale de la variation et de la diversité des vivants : une résistance sans égale à la génétique mendélienne, le mépris ou l'ignorance de l'approche populationnelle des phénomènes biologiques[13], une opposition passionnelle à Darwin — souvent associée à des réflexions spéculatives interminables sur l'adaptation, se sont conjuguées avec une intensité particulière dans le contexte universitaire. Paul Mengal et Henri Tintant en donnent des exemples saisissants lorsqu'ils évoquent, l'un, la figure d'Étienne Rabaud, l'autre, l'état de la paléontologie en France dans les années 1930.

Dans le temps où la génétique mendélienne, la systématique populationnelle et l'évolutionnisme darwinien réalisent leur synthèse dans les pays sus-nommés, l'isolationnisme rétrograde d'un grand nombre de naturalistes français n'est guère compensé de ce point de vue que par l'activité de quelques individualités, comme Georges Teissier et Philippe L'Héritier, qui acclimatent en France ces spécialités exotiques, d'origine et de style typiquement anglo-américains, que sont la biométrie et la génétique des populations. Henri Tintant nous montre par ailleurs comment la paléontologie n'a pas pu exister en France comme discipline autonome, mais a été plutôt conçue comme une discipline auxiliaire de la stratigraphie, c'est-à-dire de la chronologie des temps géologiques. A la même époque,

12 Voir sur ce sujet E. Mayr et W.B. Provine, *The Evolutionary Synthesis*, Cambridge, Harvard University Press, 1980.

13. La méfiance à l'égard des probabilités et des outils statistiques est un héritage typiquement comptien et bernardien, il convient de le rappeler.

la paléontologie était reconstruite, en Allemagne comme en Amérique, comme une discipline à visée théorique, cherchant à comprendre les phénomènes de la macro-évolution. Concernant l'écologie, Pascal Acot dresse un tableau contrasté. L'École de Montpellier a brillamment développé un aspect de l'écologie, la typologie des communautés végétales, des biocénoses, la phytosociologie. Par contre, elle a ignoré la notion d'écosystème, qui, en dépit de ses connotations sans doute trop physicalistes et réductionnistes, s'intéresse moins à des types qu'à des processus et est imprégnée de la vision variationnelle, darwinienne, du monde vivant. Pascal Acot attribue à des réminiscences vitalistes cette résistance, qui a privé l'écologie en France d'un outil conceptuel fondamental, développé ailleurs. La génétique elle-même aurait pu se développer en France, comme elle l'a fait ailleurs, en particulier aux États-Unis ou dans les pays scandinaves, dans d'autres contextes que le seul contexte universitaire, comme le contexte agronomique. Georges Valdeyron insiste sur le fait que la génétique a pu trouver droit de cité dans le milieu agronomique plus qu'elle ne l'a fait dans l'Université; témoin direct, il rappelle, à l'intention des historiens de la chose peut-être trop occupés de science théorique et universitaire, que certaines recherches ont pu être effectuées dans les écoles d'agriculture, qu'elle sont restées assez confidentielles, mais qu'elle sont demeurées au second plan par rapport aux missions proprement techniques de ces écoles, en particulier la sélection des variétés d'intérêt économique. Les généticiens des Instituts Agronomiques n'ont pas eu les moyens de leurs besoins. Ce témoignage est particulièrement instructif, si l'on songe que partout où la génétique s'est développée au début du vingtième siècle, elle l'a fait dans des contextes favorisant la collaboration entre des biologistes de formation universitaire et des instituts de recherche agronomique.

Une conclusion inattendue du colloque de Dijon émerge des contributions de Michel Delsol et Janine Flatin, de Richard Burian, d'Hervé Le Guyader et de Jean-Louis Fischer. Il s'agit de la vitalité remarquable de l'embryologie expérimentale et des recherches sur la morphogenèse en France et en Belgique, malgré le petit nombre de chercheurs, souvent éminents, qui s'y consacrent et trouvent leur place dans le contexte international. La tradition d'Étienne Geoffroy Saint-Hilaire ne s'est pas perdue, donnant lieu à de nombreux travaux d'embryologie expérimentale classique dont Michel Delsol a dessiné le tableau scientifique, ainsi qu'à un intérêt toujours soutenu pour la science des monstres, capable de livrer des vérités générales. De Pol Bouin et Paul Ancel (école dite de Nancy-Strasbourg, qui remonte à Auguste Prenant) à Étienne Wolff (lui-même passé par Strasbourg), des individualités remarquables (Max Aron, Jacques Benoit, Robert Courrier) sont à l'œuvre. Tout aussi originales sont les personnalités de Jean Brachet (Bruxelles) et d'Emmanuel Fauré-Frémiet (Paris, Collège de France). Richard Burian montre comment Jean Brachet combine les données embryologiques, biochimiques et génétiques en vue de comprendre la morphogenèse, ce qui est son dessein le plus profond. Mettant en œuvre des techniques nouvelles, Brachet apporte au problème de la biosynthèse des protéines des contributions importantes, devenues classiques, et anticipe le « dogme central » de la biologie moléculaire de Crick, exposant les relations entre ADN, ARN et protéines. Contrastant avec l'œuvre de Jean Brachet, riche de résultats, celle d'Emmanuel Fauré-Frémiet commentée par Hervé Le Guyader est riche de promesses mal réalisées. De la cinétique du développement aux substructures cellulaires, un problème se pose toujours en termes généraux, celui de l'organisation, problème perçu essentiellement dans ses aspects physicochimiques, structuraux ou dynamiques. Riche d'idées parfois prophétiques sur les substructures cellulaires, cette brillante individualité n'a pu aboutir à des contributions réelles et reconnues. La raison majeure en est sans doute dans le fait que Fauré-Frémiet travaillait en solitaire, alors même que le croisement de méthodes et de technologies dont il comprenait si bien la nécessité exigeait désormais une organisation collective du travail de laboratoire. On doit remarquer enfin que l'embryologie d'un Brachet, celle plus biométrique d'un Teissier, à quoi s'ajoutent la génétique physiologique d'Ephrussi et la physiologie microbienne de Lwoff, forment le climat intellectuel dans lequel va se développer l'exceptionnelle personnalité de Jacques Monod.

Un trait particulier de l'embryologie française qui peut être distinguée de l'embryologie causale à la manière allemande, est la connexion avec l'endocrinologie et les caractères sexuels. Ceci est particulièrement net dans les travaux de l'école de Nancy-Strasbourg, analysés particulièrement par Jean-Louis Fischer. D'autres écoles de province, celle de Lyon par exemple, sont mentionnées. Ces écoles sont implantées dans des Facultés de Médecine. Dans ce même cadre, une discipline nouvelle, la neuro-endocrinologie, ainsi dénommée par Rémy Collin à Nancy, se développe dans une tradition à la fois bernardienne et neurologique, tradition représentée en particulier dans les travaux de Jean Camus et de Gustave Roussy à la Salpêtrière à la veille de la Première Guerre mondiale. Pour des raisons d'isolement et d'insuffisances techniques, ces travaux n'aboutiront pas aux découvertes escomptées avant la Seconde Guerre, et ne pourront rivaliser avec les travaux allemands de l'entre-deux-guerres[14]. Des contributions majeures comme celles de Roger Guillemin se feront, plus tard, au prix de l'exil.

Quelques aspects de recherche médicale ont été présentés au cours du colloque de Dijon. William Schneider a montré l'émergence progressive, quantitative et qualitative de la recherche française sur les groupes sanguins entre les deux guerres. Ce constat peut être relié plus généralement à l'entreprise de rénovation de l'hématologie menée dans les années 1930 par quelques individualités, marquée par la fondation de la Société Française d'Hématologie en 1931. Une caractéristique française est l'intérêt pour les aspects anthropologiques et l'hématologie géographique, du fait des Instituts Pasteur d'outre-mer. Une autre caractéristique peut-être moins originale pour la France était la relation avec la transfusion sanguine, et l'action d'une personnalité remarquable, celle d'Arnault Tzanck, a été rappelée. C'est à partir de ce contexte que les travaux de Jean Bernard, Marcel Bessis, Jean Dausset donneront tout son éclat à l'hématologie après la Seconde Guerre mondiale, capable de rivaliser avec les succès d'outre-Atlantique.

L'industrie et la recherche pharmaceutiques en France sont envisagées par Marika Blondel-Mégrelis. Un homme éminent, Ernest Fourneau, personnifie les relations entre la recherche et l'industrie, l'Institut Pasteur et de puissants labo-

14. On pourra consulter sur ce sujet l'article de Fred Stutinsky, « How I did not discover neurosecretion », in J. Meites, B.T. Donovan et S.M. Mc Cann éds, *Pioneers in Neuroendocrinology*, vol 1, New-York, Plenum Press, 1979, pp. 281-293, ainsi que les contributions de Claude Aron et de Jacques Benoit dans le même volume. Sur Gustave Roussy, nous nous permettons de renvoyer à Claude Debru, « Créativité de la Médecine expérimentale : sur quelques questions d'endocrinologie et de neuro-endocrinologie », *Revue d'histoire des sciences*, 1991, 44 (1), pp. 3-21.

ratoires pharmaceutiques comme Rhône-Poulenc. Dans son ouvrage, *Une chimie qui guérit. Histoire de la découverte des sulfamides* (Paris, Payot, 1988), Daniel Bovet, qui découvrit les sulfamides à l'Institut Pasteur avec Jacques Tréfouël, a décrit ces relations. Rappelons en outre que le modèle allemand a été décisif pour Fourneau, qui a séjourné auprès de Paul Ehrlich à Berlin. Marika Blondel-Mégrelis a pour sa part insisté sur l'impact de la révolution thérapeutique sur l'enseignement de la pharmacie.

Les études rassemblées dans le présent ouvrage ont généralement privilégié les aspects proprement scientifiques ou les aspects conceptuels et méthodologiques de la science. Les aspects institutionnels de celle-ci n'ont pas été pour autant négligés, et leur importance est cruciale. Dans la période considérée par cet ouvrage, l'entre-deux-guerres, l'on doit souligner l'urgence particulière qu'ils ont acquis. Au lendemain de la Première Guerre mondiale, dans un contexte de destruction massive des élites, de régression démographique, de perte du pouvoir de renouvellement (qui semble se réveiller surtout au cours des années trente dans les disciplines qui nous occupent, pour des raisons, là encore, de structure démographique), la nécessité est clairement ressentie, dans certains cercles, de revitaliser la recherche scientifique pour relever la puissance économique et militaire du pays, en créant des institutions nouvelles exclusivement consacrées à cette tâche. Les prémices d'une politique scientifique volontariste, souvent pensée en référence à l'exemple allemand, voient ainsi le jour, dans un pays traditionnellement peu enclin à considérer la recherche scientifique comme une priorité nationale. Des germes ont été ainsi semés, qui permettent de comprendre comment l'entre-deux-guerres a pu être pour la biologie en France à la fois une période de décadence avancée et le terreau du relèvement des années 1950-1960. De la Caisse des recherches scientifiques au CNRS, l'histoire a déjà été racontée[15]. Un constat répétitif du colloque de Dijon est la faiblesse numérique de l'Université, l'étroitesse de ses missions (la transmission du savoir constitué), qui l'empêche de faire face avec succès au développement indépendant de la recherche scientifique, la faiblesse de ses capacités de renouvellement en personnel et en thématiques scientifiques[16]. En même temps, le désastre de 1914-1918, victoire trompeuse s'il en fut, pousse à une politique plus volontariste et plus spécifique en matière de recherche scientifique proprement dite, et aboutit à semer les germes de la divergence des systèmes d'enseignement et de recherche en France, encore largement constatée à l'heure actuelle. L'importance des institutions extra- ou para-universitaires dans la recherche ne saurait être suffisamment soulignée. Les laboratoires de biologie marine, liés ou non à des chaires universitaires mais aussi dépendants de fonds privés, ont été mentionnés. Le modèle pastorien de relation entre recherche fondamentale et recherche appliquée transparaît dans le colloque, mais les contributions de l'Institut Pasteur, souvent brillantes, ne furent point cependant, entre 1920 et 1940, de valeur

15. Sur ce sujet, nous renvoyons le lecteur à l'ouvrage de Jean-François Picard, *La République des savants. La recherche française et le CNRS*, Paris, Flammarion, 1990, ainsi qu'aux volumes qu'il a édités à l'occasion du Cinquantenaire du CNRS (cf supra, n° 2).

16. Sur ce point, voir les belles analyses de Stephen d'Irsay, dans la conclusion de son *Histoire des Universités françaises et étrangères*, Paris, 1933-35, t. II, pp. 290-297. Elles n'ont rien perdu de leur actualité.

comparable à ce qu'elles avaient été aux débuts de l'institution et à ce qu'elles devinrent par la suite. Les Instituts Pasteur d'outre-mer devraient également être évoqués. Soulignons qu'en dépit de son relatif déclin dans l'entre-deux-guerres, l'Institut Pasteur est demeuré, quantitativement et qualitativement, l'institution de recherche biologique et médicale la plus importante, ainsi que le plus important des organismes de recherche scientifique, toutes disciplines confondues. Il a constitué pour cette raison le modèle et l'un des agents majeurs dans la politique volontariste de recherche qui s'est mise en place à partir de la fin des années 1930, avec la fondation du CNRS et des autres grandes agences de recherche. La place modeste réservée à l'Institut Pasteur dans le présent ouvrage s'explique par l'existence de travaux récents qui lui sont exclusivement consacrés[17].

Un grand institut de recherche fondamentale, l'Institut de Biologie Physicochimique, fut créé en 1927 à l'initiative conjointe d'un grand mécène, Edmond de Rothschild, et d'un grand scientifique, Jean Perrin. Les espoirs qui ont été mis dans la création de cet Institut n'ont pas été déçus, car il a joué un rôle fondamental, tout comme l'Institut Pasteur, dans la genèse et le développement de la biologie moléculaire en France, en particulier grâce à l'action, discrète et constante, de René Wurmser. A la veille de la Deuxième Guerre, certains de ses laboratoires étaient à la pointe de la recherche internationale et accueillaient de nombreux chercheurs étrangers. C'est dans ce lieu que Boris Ephrussi, immigré russe qui ne pouvait en raison de sa nationalité être recruté par l'Université, a développé ses premières recherches, si importantes, de génétique physiologique. Emmanuel Fauré-Frémiet, quoique professeur à l'Université de Paris, puis au Collège de France, était aussi chercheur à l'Institut de Biologie Physicochimique. Cet exemple, loin d'être unique, montre que les universitaires français ont parfois su trouver un contexte institutionnel favorable à leurs travaux de recherche. Les fondateurs du Centre National de la Recherche Scientifique se sont particulièrement inspirés de cet exemple[18].

D'autres institutions, plus médicales, pourraient être évoquées, tels l'Institut du Radium et la Fondation Curie, l'Institut du Cancer projeté par Gustave Roussy. Par contraste, le Muséum National d'Histoire Naturelle, conçu à l'origine comme une grande institution de recherche et d'enseignement, vit entre les deux guerres une longue agonie.

Les institutions que nous venons de mentionner sont exclusivement parisiennes. Les ressources provinciales ont été éclairées par les travaux de Mary Jo Nye, qui a contesté l'idée traditionnellement reçue de la quasi-inexistence de la recherche scientifique dans les Facultés extra-parisiennes[19]. Parmi celles-ci,

17. *L'Institut Pasteur. Contributions à son histoire.* Ouvrage réalisé à partir des communications présentée au colloque international sur l'histoire de l'Institut Pasteur, 6-10 Juin 1988, sous la direction de Michel Morange, Paris, Éditions La Découverte, 1991. Voir aussi l'impressionnante somme de témoignages réunis dans le volume d'hommage à André Lwoff, *Of microbes and Life. Les microbes et la vie,* Jacques Monod et Ernst Borek éds, New-York, London, Columbia University Press, 1971.

18. Sur l'histoire de l'Institut de Biologie Physico-chimique, on pourra consulter la plaquette inédite de Denise Lévy-Astruc, *Histoire officielle, officieuse et marginale de l'Institut de Biologie Physico-chimique, Fondation Edmond de Rothschild, d'avril 1927 à décembre 1958,* Paris, 1970 (déposé à l'IBPC). Voir aussi le document, plus officiel, édité à l'occasion du cinquantième anniversaire de l'Institut en 1977 (édité par la Fondation Edmond de Rothschild).

19. Cf *supra,* n. 2.

l'Université de Strasbourg a toujours constitué un cas particulier, par la prégnance du modèle allemand d'unité de l'Université et de proximité entre enseignement, recherche et application tel qu'il fut particulièrement illustré à Strasbourg entre 1871 et 1919. Quelles qu'aient été les vicissitudes politiques de l'Alsace, cette référence est toujours restée présente dans l'Université de Strasbourg. D'autres particularismes favorables à la recherche peuvent être évoqués, comme les Facultés de Lyon souvent mentionnées dans le présent volume, les Facultés des Sciences de Bordeaux (où travailla, entre autres, Pierre Duhem) ou de Montpellier (où œuvra Charles Flahault). Ces particularismes culturels, souvent en opposition au « centralisme » parisien, ont été, dans quelques cas, facteurs de richesse dans l'atonie d'ensemble des Facultés de province.

Dans ce tableau, la recherche médicale constitue un cas à part, envisagé dans la longue durée par Jean-François Picard. Les traditions bernardienne, pastorienne et clinique s'y rejoignent, expliquant la puissance de la médecine française comme institution. Cependant, le déclin de la recherche fondamentale au début de la période considérée peut s'expliquer par l'isolationnisme professionnel des Facultés de Médecine, qui ne rencontre que de rares exceptions, et par l'importance de la tradition clinique qui nuit à la recherche fondamentale. Ceci se traduit en particulier par une moindre attention portée à l'exploration des mécanismes physiopathologiques[20]. Rarement en France un équilibre véritablement satisfaisant entre ces deux orientations de la médecine a été trouvé. Comme l'a noté Jean-François Picard, cette tension reste perceptible à l'intérieur des institutions de recherche médicale qu'il a été nécessaire de créer à l'extérieur des Facultés de Médecine, et en relation avec elles, pour assurer la vitalité de la recherche, de l'Institut national d'Hygiène à l'INSERM. On ne s'étonnera guère, pour finir, que des questions actuelles de politique de la recherche soient posées dans le présent ouvrage.

Les circonstances dans lesquelles cet effort collectif a pu être entrepris doivent être mentionnées. Nous sommes reconnaissants à François Dagognet, alors Directeur de l'Institut d'Histoire des Sciences, d'avoir accepté que soit organisé dans cet Institut un séminaire de recherche spécifiquement consacré à l'Histoire des Sciences biologiques et médicales en France. Nous sommes reconnaissants aux responsables de cet Institut ainsi qu'à l'Université de Bourgogne, en particulier au « Centre de recherches Gaston Bachelard sur l'imaginaire et la rationalité » d'avoir contribué à l'organisation du colloque de Dijon, au cours duquel la plupart des articles ici réunis ont pu être présentés et discutés. Nous remercions tous nos collègues et particulièrement nos collègues étrangers qui ont accepté de nous rejoindre. Nous sommes également reconnaissants à M. Alain D'Iribarne, Directeur scientifique du Département des Sciences de l'Homme et de la Société du CNRS d'avoir accepté la publication de cet ouvrage, à M. Jean-François Picard pour avoir admis cet ouvrage dans la collection qu'il coordonne et pour sa collaboration efficace dans l'élaboration du livre, ainsi qu'à M. Antoine Prost qui nous a communiqué des conseils utiles. Nous souhaitons surtout que la tâche ainsi engagée puisse se poursuivre et s'étendre, qu'elle suscite l'intérêt de nouveaux chercheurs et qu'elle puisse stimuler les plus jeunes, les vrais dépositaires de l'avenir.

20. Cf les commentaires de Jean Bernard, *C'est de l'homme qu'il s'agit*, Paris, Odile Jacob, 1988.

PHYSIOLOGIE GÉNÉRALE
ET COMPARÉE

La photosynthèse: Victor Henri, Otto Warburg, René Wurmser

Claude DEBRU*

Parmi les grandes disciplines biologiques, la biophysique a été brillamment mais fort peu représentée en France dans les années 1900-1930. Cette science définie par l'application des méthodes et des concepts de la physique à l'élucidation de questions biologiques peut être distinguée de l'enseignement de physique médicale qui existait dans les Facultés de Médecine. Le terme même de biophysique est à peu près contemporain de celui de biochimie, et ces dénominations sont héritées du dix-neuvième siècle. Mais il n'est peut-être plus aussi facile, à l'époque qui nous occupe, d'établir une distinction tranchée entre biophysique et biochimie, dans la mesure où les travaux que nous aurons à décrire concernent avant tout l'interaction entre matière et rayonnement. Cette interaction représente la problématique majeure de la physique des années 1900-1920. Cependant, s'il est admis que le rayonnement concerne la physique, l'interaction entre matière et rayonnement a pour intérêt essentiel de nous ouvrir les portes de la structure de la matière, domaine qui, à l'époque, voit s'établir une interdisciplinarité forte entre la physique et la chimie, et une nouvelle version de la chimie structurale. La distinction n'est donc pas toujours si claire, et les travaux que nous aurons à examiner relèvent tout autant de la photochimie que de la biophysique. C'est en réalité l'établissement d'un véritable continuum scientifique dans le domaine biophysicochimique que l'on observe alors.

Les recherches et préoccupations biophysiques ont été indéniablement représentées en France à l'époque qui nous intéresse. Un élève de Claude Bernard, le physiologiste Albert Dastre, publie en 1901 son ouvrage, *Physique Biologique. Osmose. Tonométrie. Cryoscopie*[1]. Des physiologistes comme André Mayer ou Émile Terroine se sont intéressés aux questions de biophysique. Victor Henri, élève de Dastre, a animé autour de 1910 un cours libre à la Sorbonne; il collabora avec les physiologistes et initia René Wurmser, dont il fut à la fois le maître

* Centre européen d'histoire de la médecine, Université Louis Pasteur, Strasbourg.

1. Albert Dastre, *Physique Biologique. Osmose. Tonométrie. Cryoscopie*, Paris, Masson, 1901.

et l'ami, à la recherche biophysique et photochimique[2]. Ce chercheur hors du commun a apporté à la physicochimie biologique et à l'étude des structures moléculaires des contributions fondamentales, mais ne fit, après la Première Guerre mondiale, pratiquement pas carrière en France. Dans notre pays, les recherches n'ont été que peu représentées, et ne furent guère institutionnalisées. Le Collège de France créa en 1931 une Chaire de Biophysique pour Jacques Duclaux, le fils du pastorien Émile Duclaux, qui consacrait ses travaux aux colloïdes. Il n'y eut aucune chaire de biophysique à l'Université avant celle qui fut finalement créée, après une occasion manquée avant la Deuxième Guerre, pour René Wurmser après la Deuxième Guerre. René Wurmser a été le promoteur du développement de la biophysique en France et a marqué de nombreux élèves de son influence qui est encore perceptible. On peut distinguer quatre étapes dans la très longue carrière de René Wurmser : le très jeune chercheur, d'avant la Première Guerre mondiale, le chercheur confirmé, le chef de service à l'Institut de Biologie Physicochimique après sa fondation, où il anime un groupe de renommée internationale, puis, après la Deuxième Guerre, le titulaire de la Chaire de Biophysique à la Sorbonne, dont le rayonnement pédagogique et institutionnel s'étend, enfin l'Administrateur de l'Institut de Biologie Physicochimique entre 1958 et 1963, le membre et président de divers comités d'organisation de la recherche, en particulier à la DGRST, où il joua un rôle aussi discret que décisif en faveur de la biologie moléculaire. A ce propos, un hommage particulier doit être rendu à René Wurmser, car il fut de ces hommes dont on peut dire que l'action a été constamment bénéfique, et cela n'est pas si commun. Jacques Duclaux, Victor Henri, René Wurmser : à ces noms, on peut ajouter ceux de quelques chercheurs appartenant aux Universités, qui se tournèrent quelque peu vers les problèmes de physicochimie biologique entre les deux guerres mondiales. Ainsi Fred Vlès, à Strasbourg, s'attacha à des travaux de spectroscopie de certains pigments. Le bilan est clair : quelques individualités remarquables, qui furent des pionniers, et qui atteindront à une grande notoriété, un ou deux groupes de chercheurs, aucune implantation universitaire.

VICTOR HENRI ET LA PHYSICOCHIMIE BIOLOGIQUE

Mon but dans ce travail n'est pas de m'interroger sur les causes, toujours multiples, ni même d'effectuer les comparaisons internationales qui seraient si désirables pour porter un jugement fondé sur la situation scientifique française, mais de restituer aussi fidèlement que possible les travaux de biophysique qui ont été effectués, parfois en collaboration, par Victor Henri et René Wurmser, et de tenter de les situer, autant que faire se peut, dans le contexte de la recherche internationale. J'essaierai donc de suivre leurs activités conjointes dès avant la Première Guerre mondiale.

2. Cf notre article « Victor Henri », *Dictionary of Scientific Biography Supplement II*, New-York, Scribners, 1991, vol 1, pp. 410-413 ; aussi le chapitre « René Wurmser », *Hommes de Science, 28 portraits. Entretiens et photographies de Marian Schmidt*, Paris, Hermann, 1990, pp. 244-250.

Victor Henri (1872-1940) est l'un des fondateurs de la physico-chimie biologique en France. D'origine russe, et aristocratique, on lui doit, dans sa thèse de 1903, d'avoir jeté les fondements de la cinétique enzymatique dix années avant la théorie de Michaelis-Menten. Ce résultat remarquable était obtenu à la suite d'un itinéraire original de recherches qui avait conduit Victor Henri à travailler avec des hommes aussi éminents qu'Alfred Binet, Théodule Ribot, Albert Dastre à Paris, Wilhelm Wundt à Leipzig, Georg Elias Müller à Göttingen et Wilhelm Ostwald à Leipzig, dans des domaines aussi divers que la psychologie expérimentale, la psychophysique, la psychophysiologie, la physiologie expérimentale et la chimie physique. Cet enchaînement de travaux va de la perception des relations spatiales dans le toucher à la fatigue intellectuelle et à la catalyse enzymatique. La transition de la physiologie à la chimie physique est sans doute due à l'influence de Dastre, moins ambigu sur ce point que son maître Claude Bernard. Après son travail sur les lois générales de l'action des diastases[3], Victor Henri enseigne la chimie physique à la Sorbonne, publie son cours en 1907[4], travaille sur les spectres d'absorption des molécules organiques, l'action chimique et biologique des rayonnements, la photochimie. Il commence à écrire un *Traité de Photochimie* avec René Wurmser. Plusieurs travaux de Photochimie, cosignés par les deux chercheurs, sont d'ailleurs publiés en 1912 et 1913, et leur collaboration se poursuivra après la Grande Guerre[5]. En 1913, dans leur travail sur l'absorption ultraviolette et l'action photochimique, Victor Henri et René Wurmser montrent que les molécules passent sous l'action de la lumière par un état activé qui est préalable à la réaction elle-même. *« La lumière,* écrivent-ils, *met les molécules dans un état tel qu'elles réagissent ensuite d'elles-mêmes »*[6]. Cette notion d'état activé sous l'influence de la lumière sera aussi importante pour la photosynthèse, bien qu'elle y soit appliquée différemment, qu'elle ne représente encore qu'un aspect très partiel des processus qui y sont à l'œuvre et qu'elle résume mal leur complexité.

Victor Henri publie, en 1919, des *Études de Photochimie* après avoir passé plusieurs années à Moscou. Cet ouvrage est fort instructif, non seulement pour son contenu scientifique, mais aussi par l'éclairage jeté, dans la Préface, sur l'activité du groupe de Victor Henri. Celui-ci déclare qu'il a commencé ses expériences de photochimie en 1907, qu'il a orienté dans cette direction tous ses collaborateurs, amis et élèves et qu'il a tracé un plan très vaste de recherches sur les propriétés physiques, les actions chimiques et biologiques des rayonnements depuis l'infrarouge jusqu'à l'extrême ultraviolet et aux rayons X. *« Nous faisions,* écrit Victor Henri, *des projets de recherches nouvelles sur les synthèses organiques*

3. Victor Henri, *Lois générales de l'action des diastases*. Paris, Hermann, 1903.

4. Victor Henri, *Cours de Chimie Physique*. Paris, Hermann, 1907.

5. Victor Henri et René Wurmser, « Étude de la loi d'absorption photochimique pour les réactions produites par les rayons ultraviolets », *Comptes rendus de l'Académie des Sciences,* 155 (1912), p. 503 ; « Loi d'absorption photochimique élémentaire », *ibid,* 156 (1913), p. 230 ; « Action des rayons ultraviolets sur l'eau oxygénée », *ibid,* 157 (1913), p. 126 ; « Absorption des rayons ultraviolets et action photochimique », *Journal de Physique théorique et appliquée,* 5e série, vol 3, avril 1913, pp. 305-323 ; « Le mécanisme élémentaire des actions photochimiques », *Le Journal de Physique et le Radium,* 6e série, vol 8, juillet 1927, pp. 289-310.

6. Victor Henri et René Wurmser, « Absorption des rayons ultraviolets et action photochimique », *Journal de Physique théorique et appliquée,* 5e série, vol 3, avril 1913, p. 305.

par l'emploi combiné des composés organomagnésiens et des rayons ultraviolets; nous nous préparions à entreprendre l'étude de l'assimilation chlorophyllienne, in vitro, sous l'influence des différentes radiations; mon ami et préparateur Adonis avait déjà commencé à faire les montages pour ces recherches; un traité général de photochimie avait été entrepris par mon ami René Wurmser et moi, dont plus de la moitié avait été rédigée, quand brusquement la guerre a arrêté tout ce travail. La Photochimie fut oubliée »[7]. Il y eut des morts, dont Dastre et Adonis, des blessés. Henri partit en 1915, envoyé en Russie par le gouvernement français pour aider les Russes dans des questions industrielles touchant à leur Défense nationale. Parmi ses collaborateurs, amis, élèves, Henri mentionne Chauchard, Fauré-Frémiet, Landau, Wurmser; il rappelle les réunions scientifiques amicales le samedi chez Langevin et le mercredi chez lui. Henri était très connu alors pour ses travaux de spectroscopie ultraviolette. Lorsqu'Einstein ou Nernst venaient à Paris, Victor Henri les recevait. Sa personnalité avait un grand rayonnement.

Les recherches nouvelles sur les synthèses organiques par l'emploi combiné des composés organomagnésiens et des rayons ultraviolets, l'étude *in vitro* de l'assimilation chlorophyllienne sous l'influence des différentes radiations sont des problématiques directement liées. Il s'agit d'étudier comment l'apport d'énergie fourni par les rayonnements se traduit par la synthèse de composés plus complexes, comme dans la photosynthèse. La photosynthèse sera le sujet de René Wurmser. Lorsque Victor Henri rentre à Paris en 1919 pour recommencer à travailler dans le laboratoire de Dastre, Dastre n'est plus. Il pouvait espérer lui succéder. Les méandres de la politique universitaire et certaines influences en décidèrent autrement. Louis Lapicque fut choisi, et l'on sait quelles conséquences très néfastes cela eut pour la neurophysiologie en France pendant trente ans. Mais Henri, perdu pour la France, eut mieux. On lui offrit en 1920 une chaire de Chimie Physique à l'Université de Zurich, où il eut pour collègues des personnalités du calibre de Hermann Weyl, Erwin Schrödinger, et Peter Debye. C'est à Zurich qu'il fit la découverte importante en Physique Moléculaire de la prédissociation des molécules, en étudiant la largeur des bandes d'absorption des molécules gazeuses. Henri publie en 1925 une monographie sur la structure des molécules[8]. En 1927, il publie avec René Wurmser un article important sur le mécanisme élémentaire des actions photochimiques. Dans cet article, Henri et Wurmser contestent l'application directe de la loi d'équivalence photochimique d'Einstein (selon laquelle le nombre de molécules réagissant à la lumière est égal au nombre de quanta absorbés) aux réactions photochimiques mesurées expérimentalement, car ces phénomènes comprennent en réalité plusieurs réactions élémentaires successives[9]. Bien des considérations développées dans ce travail, en particulier sur le rendement quantique et les facteurs qui l'affectent, sont d'une utilité directe pour l'étude de la photosynthèse. Parmi les travaux cités, on trouve particulièrement ceux du physicien berlinois Émile Warburg, le père du biochimiste Otto Warburg avec qui René Wurmser et bien d'autres entretiennent alors des discussions sur les méca-

7. Victor Henri, *Études de Photochimie*. Paris, Gauthier-Villars, 1919, Préface.
8. Victor Henri, *Structure des Molécules*. Paris, Hermann, 1925.
9. Victor Henri et René Wurmser, « Le mécanisme élémentaire des actions photochimiques », *Le Journal de Physique et le Radium*, 6e série, vol 8, juillet 1927, p. 292.

nismes de la photosynthèse. L'un des enjeux de ces discussions réside précisément dans les conditions d'utilisation de la loi d'équivalence photochimique.

Victor Henri est nommé en 1931 à Liège, où il retrouve Peter Debye, poursuit ses travaux de spectroscopie sur les molécules polyatomiques, s'intéresse à l'activation thermique, applique la spectroscopie ultraviolette à la recherche du neurotransmetteur sympathique poursuivie par son collègue liégeois le pharmacologue Zénon Bacq. Appelé en France en 1939 pour servir la recherche militaire au CNRS, Henri meurt à La Rochelle en Juin 1940. Ses amis et élèves, René Wurmser, Jules Duchesne à Liège, Léon Brillouin ont apporté des témoignages sur un homme et un chercheur d'exception.

RENÉ WURMSER ET LA PHOTOSYNTHÈSE

De la photochimie à la photosynthèse, le chemin était tout tracé. En 1919, René Wurmser fut nommé Préparateur de Physiologie Générale à la Faculté des Sciences de l'Université de Strasbourg, dont le gouvernement français voulait faire, à l'instar de l'Université allemande précédente, une université exemplaire — mais ces bonnes intentions ne durèrent pas très longtemps. Wurmser, qui resta deux ans à Strasbourg, y assista le physiologiste Émile Terroine. En même temps, il travaillait à sa thèse, à Paris, dans le laboratoire de Jean Perrin pour la partie *in vitro,* et au laboratoire de biologie marine de Roscoff pour la partie *in vivo.* Ce travail donna lieu à la publication de trois notes en 1920, dont l'une cosignée avec Germaine Duclaux, l'épouse de Jacques Duclaux, puis de la thèse, *Recherches sur l'assimilation chlorophyllienne,* en 1921[10]. Le travail, dira-t-il plus tard, a été effectué *« dans une grande solitude ».* Henri, à qui il rend hommage, n'était plus là. C'est à Victor Henri que René Wurmser attribue la paternité de la méthode d'analyse physique qu'il a suivie dans sa thèse. *« Les méthodes que j'ai adoptées ici,* écrit-il, *sont inspirées directement des recherches que nous avions entreprises ensemble, avant la Guerre »*[11]. En 1921, René Wurmser quitte Strasbourg pour devenir le préparateur du physiologiste André Mayer au Collège de France, avant d'obtenir une Direction d'Études à l'École Pratique des Hautes Études. D'autres contributions suivirent[12]. C'est ainsi que René Wurmser fut amené, en 1924, à proposer l'hypothèse que la réaction photochimique primaire de la photosynthèse

10. René Wurmser, « L'action de la lumière sur la chlorophylle colloïdale en présence de stabilisateurs », *Comptes rendus de la Société de Biologie,* 83 (1920), pp. 437-438; « Action sur la chlorophylle des radiations de différentes longueurs d'onde », *Comptes rendus de l'Académie des Sciences,* 170 (1920), p. 1610; « L'action des radiations de différentes longueurs d'onde sur l'assimilation chlorophyllienne », *Ibid.,* 171, (1920), p. 820; R. Wurmser et Mme J. Duclaux, « Sur la photosynthèse chez les algues floridées », *Ibid.,* 171 (1920), p. 1232; « Recherches sur l'assimilation chlorophyllienne », *Archives de Physique Biologique,* vol 1, n° 3, juillet 1921, pp. 33-141.

11. *Ibid.,* p. 37.

12. René Wurmser, « Sur le rendement énergétique de l'assimilation chlorophyllienne », *Comptes rendus de l'Académie des Sciences,* vol 177, 1923, pp. 644-646; « Sur l'activité des diverses radiations dans la photosynthèse », *Ibid.,* 181 (1925), pp. 374-376; « La loi de l'équivalent photochimique dans la photosynthèse chlorophyllienne », *Le Journal de Physique et le Radium,* 6e série, vol 7, 1926, pp.33-44.

est une photolyse de l'eau[13]. Ces contributions ont été reprises en 1930 dans son ouvrage, *Oxydations et Réductions*[14]. Une note récente[15] constitue une mise au point sur ses travaux de jeunesse, qui ont été par la suite passés sous silence par des chercheurs comme Robert Hill en 1939 et Van Niel en 1941 qui ont abouti aux mêmes conclusions que lui.

Au tournant du siècle, le problème de l'assimilation chlorophyllienne change de position. *« Ce n'est que dans ces toutes dernières années,* écrit René Wurmser en 1921, *qu'on paraît avoir cessé de le considérer comme une question de chimie et de physique pures. Des chimistes comme Willstätter et Stoll, des physiologistes comme Blackman et ses collaborateurs ont mis en relief le rôle actif du protoplasme. L'acte essentiel de la photosynthèse s'est trouvé ramené au nombre des réactions que la matière vivante sait accomplir chaque fois que d'autres réactions lui fournissent de l'énergie libre. En cherchant à déterminer les corps sur lesquels agit la lumière au cours de la réduction du gaz carbonique, j'ai été conduit à une conclusion analogue, mais par une voie bien différente et qui permet de saisir le rôle de la chlorophylle et du rayonnement »*[16]. Cette voie, c'est la voie biophysique, plutôt que la voie biochimique ou la voie physiologique. Voie physique d'abord, par l'étude des actions des rayonnements sur la matière. Voie biophysique ensuite, parce que cette étude se place dans le contexte de la structuration particulière et de la compartimentation de la cellule vivante. Mais avant de restituer la démarche de René Wurmser, il convient de dresser rapidement un état de la question au moment où il l'aborde. Deux importantes monographies consacrées à la Photosynthèse, celle de Walter Stiles (1925) et celle de H. A. Spoehr (1926), donnent une analyse extrêmement détaillée des nombreux travaux effectués à l'époque et des diverses hypothèses en cours[17]. Ces travaux témoignent de l'extrême complexité d'un problème qui n'a pu être résolu que par étapes (les étapes mêmes de la photosynthèse) et qui n'a été complètement éclairci qu'il y a une dizaine d'années, lorsque la structure du centre réactionnel photosynthétique a été enfin élucidée par la cristallographie aux rayons X. Les années qui nous occupent voient une prolifération d'hypothèses, ce qui était mauvais signe pour les théories en cours.

La réduction-polymérisation du gaz carbonique en sucre a longtemps été représentée par l'équation 6 CO2 + 6 H2O = C6H12O6 + 6 0_2, en raison du fait, observé par Boussingault en 1864, que les échanges gazeux entre gaz carbonique absorbé et oxygène dégagé ont lieu approximativement volume à volume. On a donc utilisé une unique réaction, tout en étant conscient du fait qu'il s'agissait d'un bilan et que ce bilan, d'ailleurs approximatif, pouvait comporter des étapes intermédiaires. Les travaux menés par F. F. Blackman entre 1895 et 1923 ont établi qu'en réalité il y a au moins deux étapes dans l'assimilation chlorophyllienne,

13. René Wurmser, « Le rendement énergétique dans la Photosynthèse chlorophyllienne », *Annales de Physiologie et de Physicochimie biologique,* 1 (1925), pp. 47-63.

14. René Wurmser, *Oxydations et Réductions,* Paris, Presses universitaires de France, 1930.

15. René Wurmser, « Letter to the editor », *Photosynthesis Research,* 13 (1987), pp. 91-93.

16. René Wurmser, « Recherches sur l'assimilation chlorophyllienne », *Archives de Physique biologique,* 1 (1921), p. 36.

17. Walter Stiles, *Photosynthesis. The assimilation of carbon by green plants.* London, Longmans, Green and Co, 1925. H. A. Spoehr, *Photosynthesis,* New-York, The Chemical Catalog Company, 1926.

une réaction dépendante de la lumière, une réaction obscure. Ainsi, Stiles remarque en 1925 que le terme de photosynthèse a le défaut de présupposer une synthèse qui se produit à la lumière, ce qui lui paraît douteux[18].

Blackman a étudié la photosynthèse d'une manière physiologique, en faisant varier les facteurs physiques et chimiques qui interviennent, en étudiant l'interaction de ces facteurs et en recherchant les facteurs limitants, définis comme ceux qui, étant les plus lents, limitent la vitesse du processus[19]. Il fut l'auteur de méthodes ingénieuses pour mesurer les échanges gazeux et pour déterminer les voies d'entrée du gaz carbonique. Les conditions essentielles de l'assimilation chlorophyllienne sont le gaz carbonique, la lumière, la chlorophylle, l'eau, la température, mais aussi un *« facteur protoplasmique »*, puisque le fait d'exposer le gaz carbonique à la lumière en présence de chlorophylle et d'eau à une température adéquate n'a jamais permis d'observer la photosynthèse. Ainsi, les principales étapes du processus photosynthétique pouvaient être représentées de la manière suivante : diffusion, réaction photochimique, réactions obscures ou chimiques. Chacune de ces étapes correspond à l'action de plusieurs facteurs, dont il est possible de montrer l'implication par la méthode des facteurs limitants[20]. Par exemple, le facteur de température pourrait influencer les réactions chimiques obscures, selon la loi de Van't Hoff, plus fortement qu'il ne le ferait pour la réaction photochimique[21]. De fait, le coefficient de température de la photosynthèse n'est pas celui d'une action photochimique mais d'une réaction chimique. L'approche de physiologie expérimentale adoptée par Blackman mettait donc en évidence les différents facteurs, leur rôle et leur succession.

Une autre approche fut adoptée par le chimiste Richard Willstätter, qui s'est interrogé sur le rôle de la chlorophylle et des autres pigments et a d'abord conçu une méthode d'estimation quantitative du contenu de ces pigments dans les organes de l'assimilation chlorophyllienne. Willstätter a isolé, purifié et déterminé chimiquement les divers pigments impliqués (les deux chlorophylles, les caroténoïdes, à quoi s'ajoutent les phycobilines étudiées par d'autres chercheurs). Ces travaux de Richard Willstätter ont représenté une étape importante dans l'histoire de la biochimie. Ils débutèrent dans les années 1905 et se poursuivirent avec son collaborateur Stoll à partir de 1910 tout au long de la guerre pour aboutir à un important mémoire publié en 1918[22]. Mais à côté des pigments, Willstätter reconnut le rôle du protoplasme cellulaire. En 1888, Theodor Engelmann avait exprimé l'idée que le stroma cellulaire incolore est la partie active dans l'assimilation, et que la chlorophylle ne joue que le rôle d'un sensibilisateur[23]. Willstätter et Stoll ont étudié la relation entre l'activité photosynthétique et le contenu en chlorophylle, et ont abouti à la conclusion que toutes choses égales d'ailleurs il n'y a pas de proportionnalité entre les deux. En étudiant l'influence de l'intensité lumineuse et de la température sur l'assimilation, ils conclurent que le facteur protoplasmique est

18. Walter Stiles, *op. cit.*, 1925, p. 4.
19. *Ibid.*, p. 78.
20. *Ibid.*, p. 85.
21. *Ibid.*, p. 100.
22. Richard Willstätter et Arthur Stoll, *Untersuchungen über die Assimilation der Kohlensäure*. Berlin, Springer, 1918.
23. Walter Stiles, *op. cit.*, 1925, p. 136.

un enzyme (la température agit sur l'activité enzymatique, la lumière sur l'activité du pigment). Willstätter et Stoll considèrent donc la photosynthèse comme l'enchaînement d'une réaction photochimique et d'une action enzymatique à l'obscurité.

Cependant, ces chimistes sont allés plus loin dans l'explication des mécanismes de la photosynthèse, ce en quoi ils se sont fourvoyés, car ils ont cru à partir d'expériences *in vitro* qu'en présence de gaz carbonique et d'eau, donc d'acide carbonique, la chlorophylle se décompose lentement et réversiblement en carbonate de magnésium et en une partie organique, la phéophytine. Cette réaction lente se ferait par l'intermédiaire d'un composé d'addition du type bicarbonate. La réaction photochimique s'effectuerait sur le bicarbonate. Il s'agirait d'une isomérisation produisant un composé plus riche en énergie, de type peroxyde, lequel serait décomposé enzymatiquement en formaldéhyde et chlorophylle régénérée. Le formaldéhyde serait ensuite polymérisé en sucre. La raison principale qui militait en faveur d'un mécanisme de ce genre aux yeux de Willstätter et Stoll était que le coefficient de l'assimilation chlorophyllienne, le rapport O_2/CO_2 était dans ce cas de l'unité[24]. Ce n'était pas la première fois que le formaldéhyde, composé toxique, était envisagé comme intermédiaire de l'assimilation chlorophyllienne. Adolf von Baeyer l'avait envisagé en 1870[25]. Baeyer pensait que la chlorophylle, comme l'hémoglobine, était capable de lier le gaz carbonique, qui serait alors réduit en oxyde de carbone sous l'action de la lumière. Le monoxyde serait ensuite réduit en formaldéhyde COH_2, point de départ de la synthèse du sucre. L'hypothèse du formaldéhyde était une hypothèse typique de chimiste organicien, recherchant l'enchaînement des réactions les plus aisées et vraisemblables pour aboutir à un but déterminé. Il en va de même du mécanisme imaginé par Willstätter et Stoll. Aux yeux de Walter Stiles, la plus grande partie de la théorie de Willstätter et Stoll sur les détails des étapes de la photosynthèse repose sur une base expérimentale ténue[26].

Un autre mécanisme pour la photosynthèse a été proposé par Otto Warburg entre 1919 et 1923, à la suite d'un travail commencé en 1914. La loi d'équivalence photochimique avait été énoncée par Einstein en 1912, et vérifiée par Émile Warburg dans le cas des acides bromhydrique (HBr) et iodhydrique (HI). Otto Warburg était donc lui aussi chez lui en matière de photochimie. De la photochimie à la photosynthèse, il n'y avait qu'un pas. Warburg utilisa des suspensions d'algues vertes unicellulaires, les Chlorelles, introduisit une nouvelle méthode manométrique pour mesurer le dégagement d'oxygène, en améliorant la technique de Haldane et Barcroft, effectua des expériences d'éclairement intermittent, tamponna sa suspension pour mieux contrôler les faibles concentrations de gaz carbonique, et utilisa des inhibiteurs (narcotiques) pour étudier les différentes étapes de la photosynthèse. Warburg était un technicien hors pair, mais en matière de photosynthèse il était parti d'une hypothèse erronée, car il voulait vérifier la loi d'équivalence photochimique d'Einstein pour le processus d'ensemble de la photosynthèse. Il cherchait à identifier, lui aussi, l'action photochimique primaire de

24. Walter Stiles, *op. cit.*, 1925, p. 136.
25. *Ibid.*, p. 194.
26. *bid.*, p. 183.

la photosynthèse. A la suite d'expériences qui faisaient varier les concentrations de gaz carbonique et les intensités lumineuses, Warburg fut conduit à l'hypothèse selon laquelle l'action primaire du rayonnement ne consiste ni à dégager de l'oxygène, ni à former un corps capable de libérer de l'oxygène, mais à former un « produit photochimique primaire » dont la vitesse de production est proportionnelle à l'énergie absorbée. Ce produit serait capable de réagir ensuite avec un « accepteur » dérivé de l'acide carbonique et produit dans la cellule par une série de réactions chimiques qui sont sous la dépendance de la température et peuvent être inhibées par le cyanure. Ce schème fondamental proposé par Warburg en 1920[27], selon lequel l'action primaire du rayonnement consiste dans la formation d'un corps susceptible de réagir ensuite avec le gaz carbonique, est compatible avec le schème proposé par Wurmser en 1921.

Telles sont, exposées d'une manière très simplifiée, les hypothèses en cours lorsque Wurmser effectuait ses recherches en vue de sa thèse. Le problème que René Wurmser cherchait à y aborder, et qu'il ne résolut que plus tard, était de déterminer la nature de la réaction photochimique qui a lieu dans la photosynthèse. A ses yeux, la chimie ne pouvait guère permettre d'avancer, car les corps formés dans la réaction photochimique sont présents en quantité minime ou ont une durée de vie éphémère. *« Puisque, du côté matière, le problème paraît insoluble, on doit chercher à l'étudier du côté rayonnement,* écrit-il. *Plus exactement, on peut se demander si l'interaction du rayonnement et de la matière n'obéit pas à des lois telles que la connaissance des radiations actives nous renseigne sur les substances réagissantes »*[28]. Ce point de vue était très exactement celui de Victor Henri, et avait gouverné le programme systématique de recherches photochimiques conçu en 1907. La fréquence des radiations actives devait renseigner sur la nature de la réaction. En 1913, Victor Henri et René Wurmser ont baptisé « susceptibilité photochimique » la sensibilité caractéristique de chaque corps aux différentes longueurs d'onde, le rapport entre l'action photochimique et l'énergie absorbée. De ce paramètre dépend la vitesse de la réaction considérée, et celui-ci représente la contribution de la fréquence active. D'où la nécessité d'établir la fonction reliant susceptibilité et fréquence. D'où aussi la nécessité d'établir les spectres d'absorption dans les mélanges réagissant, car les « sensibilisateurs optiques », comme la chlorophylle, et les substances réagissantes peuvent absorber l'énergie lumineuse à différentes longueurs d'onde.

Cette méthodologie étant établie, un certain nombre de conclusions pouvaient être tirées de considérations touchant la seule chlorophylle, sa stabilité, son oxydation, et surtout son environnement cellulaire colloïdal qui la protège. Aux yeux de Wurmser, la photosynthèse consiste dans la séparation physique de réactions photochimiques et de réactions obscures et le couplage énergétique de ces réactions obscures qui sont des réactions d'oxydoréduction. La réaction photochimique ne peut pas porter sur la chlorophylle elle-même, qui est protégée de la photooxydation par son environnement colloïdal. La chlorophylle sensibiliserait plutôt

27. Otto Warburg, « Über die Geschwindigkeit der photochemichen Kohlensäurezer-setzung in lebenden Zellen II », *Biochemische Zeitschrift,* 103 (1920), pp. 188-217.

28. René Wurmser, « Recherches sur l'assimilation chlorophyllienne », *Archives de Physique biologique,* 1 (1921), p. 36.

une réaction photochimique enrichissant le contenu en énergie d'une substance hypothétique. Ce produit diffuserait dans le stroma et céderait son énergie, alors utilisée pour la réduction du gaz carbonique. Ce schème fondamental restera celui adopté par Wurmser pour comprendre la photosynthèse.

Pour mieux pénétrer ces mécanismes, il convenait d'étudier le comportement de la chlorophylle vis-à-vis de lumières de différentes longueurs d'onde, ainsi que la manière dont ces différentes longueurs d'onde affectent la photosynthèse dans son ensemble, à travers deux paramètres, la vitesse de la réaction et l'énergie absorbée. L'énergie absorbée était déduite des spectres d'absorption, la vitesse était mesurée par une réaction colorimétrique qui permettait de suivre l'utilisation du gaz carbonique. La vitesse était reliée à la susceptibilité photochimique, variable en fonction de la longueur d'onde. La finesse de René Wurmser a consisté à se demander si, dans le cas de l'assimilation chlorophyllienne, les deux paramètres de la vitesse de la réaction et de l'énergie absorbée étaient reliés ou indépendants, alors que l'on savait qu'ils sont généralement reliés, puisque *« les régions de grande susceptibilité photochimique sont des régions de grande absorption »*, et que *« les fréquences chimiquement actives correspondent à des bandes d'absorption »*[29]. La constante d'absorption est différente selon la fréquence absorbée. En outre, *« toutes les recherches expérimentales ont confirmé, sinon la validité quantitative de la loi d'absorption photochimique, au moins un accroissement de la susceptibilité photochimique chaque fois que la constante d'absorption du système augmente »* [30]. Or il y a des systèmes à plusieurs bandes d'absorption, comme la chlorophylle, mais qui n'ont qu'un maximum de susceptibilité photochimique correspondant à un maximum d'absorption. Dans ce cas, le maximum unique de susceptibilité sert à déterminer le groupement chimique sensible à la lumière. Que se passe-t-il maintenant si, dans le système de l'assimilation chlorophyllienne, nous obtenons un maximum de susceptibilité photochimique dans une région d'absorption minimale? Dans ce cas, conclut Wurmser, *« la vitesse de la réaction ne dépend pas seulement de l'absorption de la chlorophylle, mais d'un autre facteur »* [31].

Ce phénomène a été observé par Wurmser au cours d'expérimentations sur une algue verte très mince, à deux couches de cellules, sur laquelle il a procédé aux différentes mesures de vitesse, d'énergie incidente, et de spectres d'absorption. En comparant la vitesse et l'énergie absorbée pour les radiations actives, le rouge, le vert et le violet, c'est-à-dire en déterminant le rendement de l'assimilation chlorophyllienne, il obtint le résultat surprenant que le rendement était le plus élevé dans la région où l'absorption était la plus faible, à savoir le vert, alors qu'il savait que la chlorophylle absorbe dans le rouge et le violet. Les mesures spectrophotométriques lui permirent donc d'affirmer que la photosynthèse ne dépend pas ou pas seulement d'une réaction photochimique intéressant le pigment. Le processus d'ensemble pouvait être représenté comme l'enchaînement de trois réactions, une réaction photochimique sensibilisée par la chlorophylle et productrice d'une substance riche en énergie, une libération de cette énergie dans le proto-

29. *Ibid.*, p. 40.
30. *Ibid.*, p. 91.
31. *Ibid.*, p. 91.

plasme, une utilisation de cette énergie pour la réduction du gaz carbonique. La première réaction suivrait la loi d'absorption photochimique, les autres réactions, obscures, dépendraient pour leur vitesse de la masse protoplasmique active. La vitesse serait inversement proportionnelle à la constante d'absorption pour les réactions obscures dans la masse protoplasmique. Le rendement paraissait le plus fort dans les régions du spectre les moins absorbées[32].

Ayant ainsi distingué, par un raisonnement portant sur des données d'ensemble spectrophotométriques, action photochimique et réaction chimique obscure, Wurmser considéra d'abord la première. Il montra par un raisonnement de même type que la chlorophylle, dans l'action photochimique, agit seulement à la manière d'un sensibilisateur optique. Un photosensibilisateur est une substance qui absorbe l'énergie lumineuse sans réagir elle-même chimiquement ni réémettre une lumière, et qui transfère une partie de l'énergie reçue à une autre molécule qui deviendra alors capable de réagir ou d'émettre une lumière. Ainsi, on peut accroître le domaine de sensibilité spectrale d'une plaque photographique par l'addition d'un colorant, lequel absorbe et transmet l'énergie reçue[33]. Le fait que la chlorophylle agisse plutôt comme un sensibilisateur que comme un catalyseur découlait selon Wurmser d'une comparaison des rendements dans les régions rouge et violette du spectre. Ces rendements étaient très différents (étant deux fois et demi plus élevés dans le violet que dans le rouge), alors que la seule réaction photochimique qui intéresse directement la chlorophylle, à savoir sa photo-oxydation, était également active à énergie égale dans le rouge et le violet, le rendement étant à peu près le même[34]. « *Nous devons donc conclure,* écrivait René Wurmser, *que le corps A directement sensible à la lumière n'est pas le seul pigment, et nous sommes amené à examiner si la chlorophylle n'intervient pas dans l'assimilation simplement à la manière d'un sensibilisateur* » [35]. Dans ce cas, le corps A sensible à l'action photochimique devrait posséder un maximum d'absorption dans le violet. La susceptibilité photochimique de la réaction sensibilisée par la chlorophylle augmente vers les faibles longueurs d'onde, la contribution apportée par la chlorophylle à la réaction s'ajoutant à ce phénomène de base par un facteur proportionnel à la constante d'absorption de la chlorophylle pour la longueur d'onde considérée. La différence observée pour le rouge et le violet dans le cas de l'assimilation chlorophyllienne proviendrait donc principalement du facteur dépendant de la réaction sensibilisée et devrait donc fournir un indice quant à l'identité de la substance réagissante. Mais Wurmser ne put guère aller plus loin dans la détermination de cette substance, au moment de sa thèse.

Les conclusions principales de sa thèse portaient donc sur la séparation de la réaction sensibilisée par la chlorophylle et de la réduction du gaz carbonique. La chlorophylle sensibilise la formation photochimique d'un composé riche en énergie qui cède dans le protoplasme cellulaire l'énergie qu'il contient pour la réduction du gaz carbonique. Wurmser s'écartait donc très fortement des conceptions ordinaires de la photosynthèse, qui reposaient sur l'action de la lumière sur

32. *Ibid.*, pp. 112-113.
33. Jacques Tonnelat, *Biophysique. I. Énergétique. Cinétique. Isotopes*, Paris, Masson, 1968, p.210.
34. René Wurmser, « Recherches sur l'assimilation chlorophyllienne », *Archives de Physique biologique*, 1 (1921), p. 84.
35. *Ibid.*, p. 113.

le système chlorophylle-gaz carbonique. Wurmser rejetait l'hypothèse de Willstätter et Stoll d'une union chimique entre la chlorophylle et l'acide carbonique, ainsi que les théories faisant intervenir une synthèse photochimique de formaldéhyde, qui serait déplacée par la chlorophylle de l'ultraviolet vers des longueurs d'onde plus grandes. Mais les arguments spectrophotométriques ne lui permettaient guère d'aller plus loin.

En 1922-1923, Warburg et Negelein publièrent eux aussi les résultats d'études sur le rendement de la photosynthèse. Le rendement, rapport de l'énergie utilisée sur l'énergie absorbée, changeait avec l'intensité du rayonnement absorbé. Warburg et Negelein recherchèrent l'intensité pour laquelle le rendement est maximum, en opérant sur une région étroite du spectre. Les valeurs trouvées étaient exceptionnellement élevées (70 pour cent), des calculs ultérieurs les abaissèrent quelque peu. En outre, le rendement décroît avec la longueur d'onde. Warburg et Negelein cherchèrent à interpréter ces résultats à l'aide de la loi d'équivalence photochimique d'Einstein, et à établir une proportionnalité simple entre le nombre de quanta absorbés et le nombre de molécules de CO_2 transformées. Cette tentative d'appliquer la loi d'Einstein à un phénomène global était erronée dans son principe. Ils trouvèrent quatre quanta dans le rouge, cinq dans le bleu. Dans le rouge, sur la base de quatre quanta, le rendement était de soixante cinq pour cent[36]. Dans un article publié en 1926, Victor Henri souligna que les résultats de Warburg montraient en réalité que les mesures du processus global de la photosynthèse par la libération d'oxygène étaient inappropriées pour établir le rendement quantique de la réaction photochimique et ne pouvaient s'interpréter simplement dans les termes de la loi d'Einstein[37]. Warburg, qui était particulièrement obstiné, répondit que les molécules de gaz carbonique adsorbées sur la surface du chloroplaste étaient réduites une par une par la chlorophylle activée par la lumière, et transformées en glucose avec libération d'oxygène. Cette libération était donc un témoin fidèle du processus photochimique primaire et des quanta absorbés[38].

La question du rendement énergétique de la photosynthèse était évidemment cruciale pour les théories en présence. Elle fit l'objet d'un travail effectué en 1924, dans lequel René Wurmser chercha corrélativement à avancer dans la détermination du substrat de la réaction photochimique. Wurmser discuta le procédé de Warburg pour la détermination de l'énergie absorbée[39], mais ses propres mesures donnèrent également des rendements extrêmement élevés. Que signifiaient ces rendements élevés ? Quelle était la substance formée au cours de la réaction photochimique ? Une indication pouvait être tirée du système oxydoréducteur fonctionnant à l'obscurité, lequel, pour avoir un fort rendement, devait fonctionner au voisinage de l'équilibre. *« Cette conséquence,* écrit Wurmser en 1924, *limite heureusement les hypothèses possibles sur la nature du corps formé dans la réaction photochimique I. On peut penser que cette réaction porte sur l'eau, comme*

36. Otto Warburg et Erwin Negelein, « Über den Einfluss der Wellenlänge auf den Energieumsatz bei der Kohlensäureassimilation », *Zeitschrift für physikalische Chemie,* 106 (1923), pp. 210-212.

37. Victor Henri, « Die spezifische photochemische Wirkung bei der Kohlensäureassimilation nach den Versuchen von Wurmser », *Die Naturwissenschaften,* 14 (1926), pp. 165-167.

38. Otto Warburg, « Erwiderung auf vorstehenden Aufsatz », *Ibid.,* pp. 167-168.

39. René Wurmser, « Le Rendement énergétique de la Photosynthèse chlorophyllienne », *Annales de Physiologie et de Physicochimie biologique,* 1 (1925), p. 55.

l'a fait Thunberg, mais de la manière suivante : La réaction photochimique sensibilisée par la chlorophylle serait : 2 H_2O = $2H_2$ + O_2» [40]. *« D'après les données thermochimiques,* écrit Wurmser en 1930, *l'eau seule, parmi les corps présents, paraît susceptible de fournir des réactions compatibles avec les résultats obtenus »*[41]. La réaction photochimique primaire de la photosynthèse serait donc une photolyse de l'eau. La réaction inverse d'oxydation aurait lieu dans le stroma cellulaire, où elle serait couplée à la réduction du gaz carbonique libératrice d'oxygène. Tel est l'argument fondamental de René Wurmser, et il s'agit d'un argument de nature thermodynamique.

Notons dans ce contexte que René Wurmser mentionne le travail de Thunberg[42]. Ni Wurmser ni Thunberg n'étaient les premiers à avoir invoqué une décomposition de l'eau sous l'action de la lumière. On trouve cette hypothèse dans une thèse de sciences soutenue à Lyon en 1908 par un botaniste, Kimpflin, *Essai sur l'assimilation photochlorophyllienne du carbone*[43], et l'idée est en réalité antérieure. Mais le schéma de Wurmser est différent de celui de Thunberg, car ce dernier fait appel à la formation d'eau oxygénée qui sert à réduire des sels d'acide carbonique en formaldéhyde (la théorie du formaldéhyde est rejetée par Wurmser). Baeyer, initiateur de la théorie du formaldéhyde, faisait aussi appel dans une deuxième étape du processus photosynthétique à une molécule d'hydrogène issue d'une photolyse de l'eau[44], mais selon un schéma là encore différent, l'action primaire de la lumière étant une décomposition du CO_2 en CO. Selon Wurmser, la réaction photochimique primaire de la photosynthèse est une photolyse de l'eau, qui donne lieu à dégagement d'oxygène et à formation d'hydrogène, et sur ce point l'avenir devait montrer qu'il avait dans l'ensemble raison. Son hypothèse avait sur les autres l'avantage de la simplicité. Simplicité à la fois du mécanisme envisagé et simplicité vis-à-vis de l'interprétation des résultats. Les deux ne vont pas toujours de pair, car, si l'on suit Tonnelat, il peut arriver un moment *« où l'on simplifie l'interprétation des résultats en admettant un processus plus complexe que le processus initialement envisagé »*[45]. Tel n'est pas ici le cas, et c'est certainement ce qui rend l'hypothèse de Wurmser si élégante et suggestive.

Tel est donc l'essentiel des recherches que René Wurmser a consacrées à la photosynthèse à son retour de la Première Guerre mondiale. L'hypothèse d'une séparation de la réaction photochimique et du système oxydoréducteur, la conjecture selon laquelle la réaction photochimique était une photolyse de l'eau se sont avérées justifiées. Cette dernière conjecture reposait sur un raisonnement hardi et sur des données expérimentales erronées, car le rendement de la photosynthèse tel qu'il était établi à l'époque était anormalement élevé et reposait sur des méthodes approximatives. Cependant, pour l'essentiel, René Wurmser a vu juste,

40. *Ibid.*, p 61.
41. René Wurmser, *Oxydations et Réductions*, Paris, Presses Universitaires de France, 1930, p. 48.
42. T. Thunberg, « Über einen neuen Weg von der Kohlensäure zum Formaldehyd. Ein Beitrag zur Theorie der Kohlensäureassimilation », *Zeitschrift für physikalische Chemie*, 106 (1923), pp. 305-323.
43. Walter Stiles, *Photosynthesiss. The assimilation of carbon by green plants*, London, Longmans, Green and Co, 1925, p. 195.
44. René Wurmser, *Oxydations et Réductions*, Paris, Presses Universitaires de France, 1930, p. 60.
45. Jacques Tonnelat, *Biophysique I*, Paris, Masson, 1968, p. 230.

même si la photolyse de l'eau n'est pas la seule réaction photochimique catalysée par les pigments de la photosynthèse, ni même la première. Son hypothèse a été confirmée plus tard par l'utilisation d'oxygène lourd[46]. Sa contribution de 1921 a été discutée par Stiles et par Spoehr dans leurs monographies. En 1926, René Wurmser discuta avec Warburg et Willstätter au cours d'un congrès international. Jamais Warburg n'admit publiquement qu'il n'y a pas d'action de la lumière sur le gaz carbonique. Les travaux ultérieurs de Robert Hill et de Van Niel ont ignoré la conjecture de Wurmser concernant la photolyse de l'eau.

En conclusion de son travail, René Wurmser remerciait la Fondation Rockefeller et la Fondation Edmond de Rothschild[47] : le processus qui allait aboutir à la fondation de l'Institut de Biologie Physicochimique, à laquelle René Wurmser devait participer, était en cours. Dans cette fondation, sur laquelle nous nous réservons de revenir, l'évolution des sciences rencontrait des raisons très fortes qui tenaient à la restauration de la puissance scientifique, technique, économique de la France.

Comme tout domaine scientifique, l'étude de la photosynthèse a pris à chaque époque le visage multiforme des approches diverses, des outils scientifiques et méthodologiques utilisés. Aujourd'hui, elle a pris celui de la biologie moléculaire, ce qui a donné lieu à des découvertes remarquables sur l'organisation, la structure et l'activité du centre réactionnel photosynthétique. La photosynthèse a été l'un des problèmes de bio-physicochimie les plus difficiles à résoudre. Cela permet d'apprécier à leur juste mesure les efforts considérables et les résultats obtenus à une époque où les techniques étaient fort grossières et imprécises par rapport aux merveilleux outils de la science contemporaine, et où les différentes orientations de pensée étaient d'autant mieux perceptibles.

Remerciements

Je dédie ce travail à la mémoire de Monsieur René Wurmser récemment disparu. Il était la mémoire de la biologie moderne, et cette mémoire s'est tue. J'ai bénéficié, ici comme ailleurs, de ses remarques critiques. Je remercie également le Professeur Édouard Seidler, Directeur de l'Institut d'Histoire de la Médecine à l'Université de Fribourg en Brisgau pour m'avoir permis de présenter une version du présent travail lors de la Südwestdeutsche Regionalkonferenz zur Wissenschaftsgeschichte en Novembre 1992.

46. *Ibid.*, p. 228.
47. René Wurmser, « Le Rendement énergétique de la Photosynthèse chlorophyllienne », *Annales de Physiologie et de Physicochimie biologique*, 1 (1925), p. 62.

De la protistologie à la biochimie de la nutrition : Édouard Chatton et André Lwoff

Charles GALPERIN*

Nous avons voulu répondre au programme du colloque en nous proposant une enquête sur l'œuvre des protistologues français avant 1940. Nous songions aux travaux protistologiques qui ont occupé durant plus de trente ans la vie scientifique d'André Lwoff. Quant à leur étendue, les travaux des protistologues français sont immenses : taxinomiques, cytologiques, de « biologie expérimentale et générale ». Les protistes sont alors un matériel de choix pour les études biologiques. Nous nous sommes restreints à l'œuvre d'Édouard Chatton et, dans une moindre part, à celle de Félix Mesnil. Ceux qu'André Lwoff considère comme ses maîtres.

Les études cytologiques et embryologiques seront rappelées, ainsi que l'importante notion de la continuité génétique d'un organite. Mais c'est l'introduction des techniques pasteuriennes dans les cultures qui retient l'attention. Ces techniques conduisent aux problèmes chimiques de la nutrition, c'est-à-dire aux recherches d'André Lwoff. On s'est attaché à leur style. Du point de vue historique et épistémologique, on remontera aux milieux de synthèse, c'est-à-dire aux travaux de Pasteur et de Raulin. On touchera ainsi aux facteurs de croissance, mais on n'entrera pas plus avant dans leur histoire.

En conclusion, on montrera comment l'évolution par perte de fonction sert de fil conducteur aux recherches biochimiques sur la nutrition.

* CRATS, Université Charles de Gaulle — Lille III.

1. E. Haeckel, *Generelle Morphologie der Organismen*, 1866, t. 1, pp. 191-238 ; cf. Dobell, *Arch. Protistenk*, 23 (1911), p. 269 ; A. Lwoff, *L'évolution physiologique, étude des pertes de fonctions chez les microorganismes*, Paris, Hermann, 1944, p. 71 sq.

LA PROTISTOLOGIE

On ne me tiendra pas rigueur de rappeler que le terme *protiste* introduit par Haeckel dans sa *Generelle Morphologie der Organismen,* (1866)[1], désigne les formes élémentaires du monde vivant, formes monocellulaires, qu'André Lwoff avec Édouard Chatton préférait appeler *monoénergides* ou *énergides* en reprenant un terme de J. Sachs[2]. L'énergide est constituée par l'ensemble : cytoplasme + noyau. Nous dirons donc après Chatton et Lwoff que les protistes sont *« un groupement* artificiel *comprenant les bactéries, les algues inférieures, les champignons inférieurs et les protozaires »*[3].

On sait que depuis Chatton (1926), repris par Lwoff (1932, 1944), on divise les protistes en *protistes procaryotes* et *protistes eucaryotes.* Les premiers sont dépourvus de noyau défini et de mitochondries individualisées : par exemple les bactéries et les formes affines. Les seconds sont pourvus d'un noyau et de mitochondries. Ce sont les *protozoaires* au sens large. Pour la commodité de l'exposé, en suivant André Lwoff (1932, 1944 chap. IV), nous répartirons les protistes eucaryotes doués de mobilité en trois groupes :

a) Les *chlorophytes.* Ils comprennent un ou plusieurs plastes[4], de la chlorophylle, mais également des espèces incolores sans pigment assimilateur[5].

b) Des *leucophytes* qui comprennent un ou plusieurs plastes mais sont dépourvus de chlorophylle. Ex. *Astasia*[6], *Polytoma*[7].

c) Les *protozoaires* au sens strict, dépourvus et de plastes et de chlorophylle.

Il existe un sens *évolutif* entre ces trois groupes, par perte successive de fonctions et d'organites. La distinction la plus fondamentale et historiquement la plus intéressante est évidemment la division des eucaryotes et des procaryotes. Elle est au centre de discussions récentes[8].

Édouard Chatton (1883-1947) naît à Romont en Suisse[9]. C'est à Roscoff, en 1902, qu'il a la révélation d'un monde nouveau. Il ne se passa plus d'année — sauf pendant la Première Guerre mondiale — qu'il ne revînt travailler à la mer.

2. J. Sachs, *Beiträge zur Zellentheorie* : *Flora,* 1892, I, p. 57. Au sujet de ce terme, E.B. Wilson écrit : « Sachs has proposed the convenient word *energid* to designate the essential living part of the cell, *i. e.* the nucleus with that portion of the active cytoplasm that falls within its sphere of influence, the two forming an organic unit both in a morphological and in a physiological sense. It is to be regretted that this convenient and appropriate term has not come into general use ». E.B. Wilson, *The Cell in Development and Inheritance,* 1900, 2e éd. p. 19, note 2.

3. A. Lwoff, *L'Évolution physiologique,* p. 71.

4. Organite articulé ; des grains d'amidon, i. e., des réserves en glucides se forment à l'intérieur des rameaux.

5. A. Lwoff, *op. cit.,* p. 75.

6. Ordre des *Englenida.* Cf. Pierre de Puytorac, Jean Grain, Jean-Pierre Mignot, *Précis de protistologie,* Fondation Singer-Polignac, Soc.nouv. des Éd. Boubée, Paris, 1987, p. 396. Ces organismes comprennent un seul flagelle, les formes sont vertes ou incolores.

7. Classe des *Phytomonadea.* Les Polytoma conservent un leucoplaste. Cf. Puytorac et coll. *op. cit.* pp. 396, 399.

8. Cf. E. Mayr, « A natural system of organisms ». *Nature,* 348 (1990), p. 491 ; C.R. Woese, O. Kandler, M.L. Wheelis, A natural classification, *Nature,* 1991, 351, pp. 528-529.

9. La plupart des informations sur la vie scientifique d'É. Chatton sont extraites de ses *Titres et Travaux,* précieux volume publié en 1938, Sottano, Sète, 1938.

En 1904, Pruvot l'accueille à la Sorbonne ; en 1905 nous le trouvons au laboratoire Arago à Banyuls sur mer.

« A Paris, j'avais pu réunir des observations sur trois protistes parasites des Daphnies. De l'un d'eux qui apparaissait comme le type d'un genre et même d'un groupe nouveau, j'avais reconstitué le cycle évolutif. A Banyuls, j'avais découvert, chez les Copépodes pélagiques, un organisme singulier faisant figure de métazoaire mais que je reconnus à la structure de ses germes, comme étant un Péridinien devenu pluricellulaire... du fait de son parasitisme ». Ces faits, publiés en 1906, retinrent l'attention des jeunes maîtres d'alors qui participaient au mouvement protistologique : Caullery, Perez, Duboscq...

Chatton suit le cours de Caullery à la Sorbonne, sur le cycle évolutif des protozoaires, en 1906-1907. C'est Caullery qui l'introduit à l'Institut Pasteur dans le laboratoire de « protistologie et microbiologie coloniale » dirigé par son beau-frère, Félix Mesnil. En 1913, il est à Tunis auprès de Charles Nicolle. Après la guerre nous le trouvons auprès de Bataillon, maître de conférences à l'Université de Strasbourg. Il devient titulaire de la chaire de biologie générale en 1922, directeur de l'Institut de Zoologie et de Biologie générale de Strasbourg. Là, il s'instruit à l'embryologie générale. En 1932, Chatton est nommé à la chaire de Zoologie et de Biologie générale de l'Université de Montpellier, directeur de la station maritime de Sète.

Considérons quelques aspects essentiels de son œuvre considérable et tout d'abord les séjours à la mer. Selon ses propres termes, ils ont surtout été consacrés à des travaux « d'exploration microscopique orientée ». Il appelait *« exploration orientée », « celle qui, tirant parti des documents fournis par l'étude d'une forme et de ses conditions de vie, mène à la présomption de l'existence, dans des conditions semblables, de formes voisines ».* Ce qui suppose *« qu'un bon nombre de nouvelles se groupent en ensembles* homogènes, *soit d'un point de vue œcologique, soit d'un point de vue phylétique »*[10].

Chatton étudie donc le cycle de développement, l'éthologie et la cytologie des *Péridiniens parasites*[11].

C'est ensuite le tour de l'ensemble des *ciliés thigmotriches,* étudiés avec André Lwoff. *« Ce sont des parasites des branchies des mollusques et des tuniciers... Nous avons démontré les rapports de toutes ces formes qui ont en commun une aire de cils spécialisés capables d'adhérer aux surfaces (thigmotactisme) ».*

Puis c'est l'ensemble des ciliés Apostomes qu'il vient à décrire avec André Lwoff[12]. On ne peut s'empêcher de citer ici une page d'Édouard Chatton qui est à la fois une leçon de style, de précision et de beauté.

« Quoique les formes qui composent ce groupe présentent dans leur évolution une complexité et une diversité jusqu'alors inconnues, elles constituent un ensemble phylétique dont l'homogénéité est indiscutable. Pour bien se le représenter, il faut considérer que ces infusoires étaient tous primitivement phorétiques

10. É. Chatton, *Titres et Travaux,* p. 34.
11. Ce sont des Dinoflagéllés, la plupart planctoniques, ex. les polykrikos. Cf. É. Chatton, *Titres et Travaux,* p. 63.
12. Cf. P. de Puytorac et alii, *op. cit.,* p. 531.

sur les crustacés. Ils ne s'y présentent plus aujourd'hui qu'à l'état de formes latentes, enkystées sur leur carapace. Ces formes éclosent à la mort ou la mue de l'hôte. Elles pénètrent dans le corps ou dans le fluide exuvial, s'y nourrissent et s'y accroissent considérablement. Au terme de leur croissance, elles s'enkystent et se multiplient sous le kyste, en donnant de nombreux petits ciliés qui, se fixant sur la carapace des crustacés, y reproduisent les formes latentes. Mais le cycle schématique comporte bien des variantes. La forme latente peut pénétrer dans le crustacé, s'y installer en parasite interne et y produire une génération supplémentaire. Elle peut éclore lorsque le crustacé est ingéré par un prédateur, anémone de mer, cténophore, ophiure, s'installer en parasite dans la cavité digestive de ceux-ci et y effectuer sa croissance. Le cilié a alors deux hôtes, un hôte primaire qui est toujours le crustacé, et un hôte secondaire. Certains Apostomes sont si évolués dans leur parasitisme chez l'hôte secondaire, ici un mollusque céphalopode, dont ils infectent le rein, qu'ils ont perdu toute trace de bouche à l'état végétatif. Mais une ébauche de cet organe réapparaît chez les formes de multiplication et de dissémination »[13].

« Ce qui ajoute beaucoup à l'intérêt de ces infusoires — ajoute Édouard Chatton— *et les distingue de tous les autres jusqu'ici connus, c'est que chacune des phases de leur cycle est séparée de la suivante par une métamorphose qui affecte profondément la ciliature. Cependant, ici encore nous constatons que, quels qu'en soient les remaniements, elle reste génétiquement continue »*[14].

André Lwoff devait rappeler la surprise de découvrir des infusoires à deux hôtes. Nous verrons que ces études devaient permettre de *« distinguer dans une ciliature ce qui est permanent de ce qui est transitoire et révéler la continuité génétique des cinétosomes »* [15].

Hors de ces ensembles, il faut ajouter un grand nombre de formes isolées, différentes des formes antérieurement décrites qui ont constitué *« des subdivisions nouvelles dans la classification des Protistes »*[16].

Venons-en aux considérations relatives au parasitisme. Chatton a dégagé quelques notions d'ordre général; nous n'en retiendrons que certaines.

Il est des cas où *« lorsqu'un parasite siège dans une cellule, ou dans un groupe de cellules, celles-ci au lieu d'être altérées ou détruites se mettent à son service, en fonctionnant vis-à-vis de lui comme nourrice. Elles forment avec lui un complexe xénoparasitaire qui se présente dans ses rapports morphologiques et physiologiques avec les tissus sains de l'hôte, comme un organisme autonome »*[17].

On peut observer une inhibition de sa multiplication[18]. *«Le parasitisme enfin, si poussé qu'il soit, n'a pas d'influence marquée,* note Chatton, *ni sur la forme des germes, ni sur la structure des noyaux du parasite, forme et structure demeurent révélatrices de sa nature, alors que celle-ci n'est plus reconnaissable à aucun autre caractère »*[19].

13. É. Chatton, *Titres et Travaux,* p. 36.
14. É. Chatton, *op. cit.,* p. 37.
15. A. Lwoff, *Titres et Travaux,* p. 13.
16. É. Chatton, *op. cit.,* p. 37.
17. É. Chatton, *op. cit.,* p. 39.
18. *Ibid.*
19. É. Chatton, *op. cit.,* p. 40.

LA CYTOLOGIE

La moindre des observations, écrit Chatton, met le protistologue, *« en présence des structures et des phénomènes cellulaires. C'est que, sauf dans quelques groupes à squelettes, la définition des espèces est basée sur des caractères cytologiques. On n'identifie point une amibe si l'on n'en connaît la mitose, un Flagellé sans la vision précise de sa cinétide, et un Cilié sans celle de son cinétome et de son argyrome »*[20].

Mais c'est surtout l'étude de l'appareil locomoteur flagellaire ou ciliaire de la cellule, *« ses organes basilaires et ses dérivés »* qui a retenu Chatton et Lwoff.

« De mes observations personnelles, comme de mes lectures, il m'était venu cette notion que l'appareil locomoteur flagellaire ou ciliaire représente, sous sa forme primitive, une unité douée par rapport aux autres constituants cellulaires, d'une large autonomie »[21].

Cette unité largement autonome, Chatton l'a nommée cinétide[22]. *« Son élément essentiel, le seul durable en l'absence des autres, et capable à tout instant de les régénérer, est le cinétosome. Les autres sont le flagelle ou les flagelles (le cil ou les cils)... L'autonomie de la cinétide se manifeste par le fait qu'elle peut indépendamment du noyau, se multiplier, involuer, évoluer, tout en restant douée de continuité génétique »*[23].

Résumons, d'après Chatton, en accord avec Lwoff, Duboscq, Grassé, Hovasse, les « faits » sur lesquels s'appuie ce corps de doctrine. La cinétide est une unité autonome. Le cinétosome, organe basilaire de la cinétide, peut se diviser indépendamment du noyau. Il n'est pas nécessairement un centrosome, bien que tout centrosome soit un cinétosome[24]. La cinétide peut disparaître comme dans les végétaux supérieurs. Elle peut se multiplier dans la cellule, indépendamment du noyau. Il peut y avoir plusieurs cinétides pour un énergide.

« La multiplication de la cinétide peut se faire sans que les cinétides filles se séparent les unes des autres, point de départ d'une complexité croissante »[25].

Phylogénétiquement, l'ensemble des cinétides peut se décentraliser.

Chez les Flagellés et les Ciliés, on observe que *« l'allongement ou la formation des cinétides est dû à la division des cinétosomes »*. Ces derniers, qui *« se*

20. É. Chatton, *op. cit.*, p. 41. Le cinétome désigne l'ensemble des cinétides. L'argyrome désigne lui, « la structure réticulaire mise en évidence par le nitrate d'argent à la surface de la cuticule des Protozoaires ciliés, de Sporozoaires, des Péridiniens ». Cf. *Biologie*, Encyclopédie de la Pléïade, 1965, p. 1913; É. Chatton, *Titres et Travaux*, p. 45.

21. É. Chatton, *op. cit.*, p. 42.

22. *Ibid.*

23. Nous avons été frappés par l'importance de cette notion, instruits par André Lwoff, lorsque nous avons étudié l'histoire des recherches sur la lysogénie. Cf. Ch. Galperin, « Le bactériophage, la lysogénie et son déterminisme génétique », *History and Philosophy of Life Science*, 9 (1987), p. 207. Richard M. Burian et Jean Gayon ont exposé avec précision et pénétration le rôle de cette notion dans leur étude : « Un évolutionniste bernadien à l'institut Pasteur? Morphologie des ciliés et évolution physiologique dans l'œuvre d'André Lwoff », in *L'Institut Pasteur, contributions à son histoire*, Michel Morange ed., Paris, La découverte, 1991, pp. 169-173.

24. É. Chatton, *op. cit.*, p. 43.

25. *Ibid.*

divisent suivant une ligne formant la cinétide, restent unis entre eux par une fibrille qui est toujours tangente à leur droite. C'est la règle de la desmodexie qui permet de reconnaître la polarité de l'infusoire »[26].

L'ensemble de la cinétide se comporte comme un système indépendant, synchronisé avec le noyau. Mais il existe un intérêt supplémentaire.

« La cinétide manifeste encore son individualité par le pouvoir qu'elle a de se transformer en des organites complètement déviés de la fonction locomotrice »[27]. Ainsi, non seulement Chatton et Lwoff postulent une infraciliature pour établir la continuité génétique d'une ciliature à une autre, mais ils en étendent la notion à d'autres formations comme les ciliatures buccales[28].

On citera, pour illustrer ces études, la genèse des trichocystes. L'origine de ces organites était obscure. Chatton, André et Marguerite Lwoff, montrent que chez les Apostomes, les trichocystes sont formés par le *cinétosome* [29].

L'œuvre d'Édouard Chatton, à laquelle il faut associer sa femme et collaboratrice, devra être comparée avec celle qu'ont laissée les zoologistes et protistologues français dont P.-P. Grassé serait l'un des plus marquants. Ces derniers nous ont paru être essentiellement des physiologistes et des naturalistes. Ils procèdent par description, techniquement assistée, de la morphogenèse et des organes primaires qui y président. On les voit encore, et spécialement pour les Protozoaires, parasitologues, cytologistes, taxinomistes et préoccupés de phylogenèse, avant d'être pour certains d'entre eux, comme Édouard Chatton et Félix Mesnil, maîtres en techniques microbiologiques de culture. Ce sera ici le grand apport des techniques pasteuriennes. On touchera là, nécessairement, à la biochimie de la nutrition où André Lwoff, pour la France, va exceller.

C'est bien là ce qui inclinait André Lwoff à quelque partialité envers les Protozoaires. *« Nul groupe,* écrivait-il, *n'oblige à cette diversité et ne pose à la fois tant de problèmes ressortissant à des disciplines aussi variées »*[30].

Des précédentes études nous retiendrons surtout deux conséquences :

L'une a trait à la cytologie. Édouard Chatton fera entrer la cinétide fonctionnelle, surtout avec le cinétosome et ses dérivés comme les trichocystes, dans la constitution cellulaire, à côté du protoplasme et du noyau. C'est d'ailleurs une des conséquences également de la notion essentielle de continuité génétique des organites cellulaires.

L'autre conséquence touche de façon particulière à des problèmes de phylogenèse. Pour reprendre les termes mêmes de Chatton, *« toute cellule non flagellée procède ontogénétiquement ou phylogénétiquement d'une cellule flagellée par perte (...) de la cinétide »*[31]. C'est la thèse de la filiation par perte de fonction.

26. É. Chatton, *op. cit.*, p. 44.
27. É. Chatton, *op. cit.*, p. 46.
28. É. Chatton, *op. cit.*, p. 45 ; cf. également le passage sur la continuité génétique *directe* et la continuité génétique *indirecte,* R.M. Burian et J. Gayon, *Op. cit.*, p. 171.
29. Cf. É. Chatton, *op. cit.*, p. 354, l'origine infraciliaire et la genèse des trichocystes et des trichites chez les ciliés Foettingeriidae (Chatton É., A. Lwoff, M. Lwoff, *C. R. Acad. Sci.*, 193 (1931), pp. 670-673).
30. A. Lwoff, *Titres et Travaux* (1959), p.10.
31. É. Chatton, *Titres et Travaux,* p. 50.

Ce qui s'applique ici à la cinétide, s'appliquera au plaste lorsque nous passerons avec André Lwoff des chlorophytes aux leucophytes et enfin aux Protozoaires. L'énergide est d'abord une *« énergide totipente »*[32].

Nous serions incomplets si nous omettions des travaux qui ont beaucoup occupé les protozoologistes depuis les études de Maupas, c'est-à-dire les « Recherches expérimentales sur la multiplication des infusoires ciliés », publiées en 1888, et poursuivies au siècle suivant entre autres par Calkins et Woodruff[33]. Ces travaux ont pour objet le « déterminisme de la conjugaison » chez les Protozoaires. Chatton les range sous la rubrique adéquate de « Biologie expérimentale ».

Il s'agissait tout d'abord d'établir que la formation des zygotes dépendait des conditions du milieu ; en second lieu, Chatton découvrait que la première des conditions était *« la réalisation de cultures à flore bactérienne connue, dans lesquelles la conjugaison ne se produisant jamais spontanément, on pouvait faire intervenir à volonté l'action des différents facteurs susceptibles de la déterminer »*[34].

Nous sommes évidemment tout près des études sur la nutrition. *« Il ne sera plus possible, à l'avenir, de faire aucun travail valable sur les questions de cet ordre, sans exercer le contrôle bactérien des cultures, en attendant que l'on puisse en réaliser le contrôle chimique »*[35].

On aura remarqué sans peine l'empreinte des Instituts Pasteur auxquels Édouard Chatton était attaché. Ce passage se traduit par *« l'application des techniques bactériologiques à l'étude des questions de Protistologie ou de biologie générale »*[36].

C'est bien le lieu d'évoquer l'autre maître d'André Lwoff, Félix Mesnil (1868-1938), celui qui l'a accueilli à l'Institut Pasteur de Paris en 1921. Lorsque Mesnil accueille le jeune André Lwoff, né en 1902, il a derrière lui une longue carrière de protistologue. Sa thèse de Doctorat porte sur *« le mode de résistance des vertébrés inférieurs aux invasions microbiennes artificielles »* (1885). Après avoir été le secrétaire de Pasteur et travaillé dans le laboratoire d'Élie Metchnikoff, il était devenu le collaborateur de Laveran. Alphonse Laveran avait reçu le prix Nobel en 1907 pour sa découverte de l'hématozoaire du paludisme. Avec Laveran, Mesnil publie en 1904 un ouvrage sur les *Trypanosomes et les Trypanosomiases* (2e ed. 1912). Il se tournera désormais vers des questions d'immunologie et de pathologie tropicale.

Toujours, cependant, il retrouvera *« ce tempérament de naturaliste »* dont parle Chatton. Chaque été, depuis 1896, il recueillait avec Caullery des matériaux à l'anse Saint-Martin dans la baie de la Somme. *« Notre effort a principalement*

32. *Ibid.*

33. On pourra consulter : G.N. Calkins, *The Protozoa,* New-York, 1901 ; *The biology of Protozoa,* 2e ed., Philadelphia, 1933 ; des études importantes se trouvent dans l'ouvrage édité par Gary N. Calkins et Francis M. Summer : *The Protozoa in biological Research,* Columbia University Press, 1941, en particulier : le chap. 1, par Calkins ; le chap. 13 : 'endomixis' par Lorende Loss Woodruff ; le chap. 14, « Sexuality in unicellular Organisms » par T.M. Sonneborn... Les chapitres comprennent une ample bibliographie.

34. É. Chatton, *Titres et Travaux,* p. 52.

35. É. Chatton, *op. cit.* p. 56.

36. É. Chatton, *op. cit.* p. 34.

porté sur l'étude d'organismes parasites, appartenant pour une part importante aux... Protistes. Pour tous les parasites quels qu'ils soient, les questions d'évolution, de différenciation ou de régression organiques, de cycle évolutif, de réaction mutuelle avec l'hôte, fournissent à côté de résultats morphologiques proprement dits, matière à des considérations physiologiques intéressantes »[37].

On se souvient du témoignage d'André Lwoff : *« Quand j'entrai dans le laboratoire de F. Mesnil, en 1921, celui-ci était fort éclectique. On y cultivait la protozoologie et l'entomologie, la bactériologie et la pathologie exotique... C'est auprès de F. Mesnil que je fus initié aux disciplines pasteuriennes... la maison comptait encore nombre de représentants de la période héroïque de la microbiologie... Je m'adonnai avec passion à l'étude des ciliés »*[38].

Il n'est donc pas étonnant qu'en 1923 André Lwoff obtînt la première culture bactériologiquement pure d'un cilié *Glaucoma piriformis* capable de se développer en milieu liquide. Il constatait que *Glaucoma piriformis* ne pouvait se développer que dans des milieux à base de « peptones » c'est-à-dire de polypeptides complexes. *« Toutes les tentatives de simplification du milieu ne nous donnaient que des résultats négatifs »*[39]. Arrêtons-nous donc sur les expériences d'André Lwoff avant de citer leur source pasteurienne.

Au moment où André Lwoff commençait ses recherches sur la nutrition des ciliés, E.G. Pringsheim publiait un travail sur la physiologie de quelques Flagellés saprophytes[40]. Ses conclusions étaient importantes puisqu'il montrait qu'un Flagellé (un leucophyte) pouvait, selon les termes d'André Lwoff, *« faire la synthèse de ses constituants à partir de corps très simples : sels d'ammonium (source azotée) et sels de l'acide acétique (source carbonée) »*. Bien entendu, Pringsheim mit au point un milieu chimique de culture[41]. André Lwoff, frappé par les différences

37. F. Mesnil, *Titres et Travaux*, p. 5. A rapprocher de Chatton : « J'accorde moins d'importance, dans la définition du degré de parasitisme, à la situation du parasite par rapport à son hôte, qu'au retentissement du parasitisme sur la morphologie et le métabolisme propre du parasite » (*Titres et Travaux*, p. 105). Sur ces recherches de F. Mesnil sur les invertébrés : « Études de morphologie externe chez les Annélides. I. Les spionidiens des côtes de la Manche ». *Bull. Sci*, 29, 1896. Sur Maurice Caullery et Félix Mesnil, on consultera l'ouvrage très documenté d'Éva Telkes, *Maurice Caullery, un biologiste au quotidien (1868-1958)*, Presses Universitaires de Lyon, 1993.

38. A. Lwoff, *Titres et Travaux*, p. 9. Sur l'œuvre de Félix Mesnil, se reporter au très bel hommage que lui a rendu André Lwoff dans sa notice nécrologique : *Annales de l'institut Pasteur*, t. 60, pp. 221-226. « ... Félix Mesnil, quelle que soit l'importance de son œuvre zoologique, a eté avant tout un protozoologiste, l'un de ceux qui ont le mieux assuré le rayonnement de l'école protistologique française. Ses travaux sur les Sporozoaires et les Cnidiés sont classiques... ».

39. A. Lwoff, *Recherches biochimiques sur la nutrition des protozoaires*, 1932, p. 13. Sur la nutrition des infusoires, *C. R. Acad. Sci.*, 176 (1923), p. 928.

40. E.G. Pringsheim, « Zur Pysiologie saprophytischen Flagellaten. (Polytoma, Astasia, und Chilomonas) », *Beit. d. Allg. Botanik*, t. 2, 1921, p. 88.

41. Milieu I de Pringsheim :

Acétate de Sodium	2
Glycocolle	2
Glucose	2
Carbonate de Potassium	2
Sulfate de Mg (cristallisé)	0, 1
Phosphate bipotassique	0, 2
Eau	1000

(Source : André Lwoff, *Recherches biochimique sur la nutrition des protozoaires*, 1932, p.10)

physiologiques entre le cilié *Glaucoma piriformis* et le flagellé *Polytoma,* résolut de vérifier les conclusions de Pringsheim[42].

Des expériences d'André Lwoff, retenons leur style. Considérons l'isolement d'un protiste : *Polytoma uvella* ou *Glaucoma piriformis.*

« A l'aide d'une pipette capillaire, on prélève quelques Polytoma *dans la culture impure... et on les dépose dans une des gouttes d'eau préparée en boîte de Petri. Sous la loupe binoculaire, on prélève alors, avec une pipette stérile un seul flagellé que l'on transporte dans une autre goutte. Les cinq premiers lavages sont faits très rapidement pour éliminer le gros des bactéries. Les dix autres sont faits plus lentement : on laisse le flagellé séjourner deux ou trois minutes dans chaque goutte, afin qu'il puisse se débarrasser des bactéries qui, par hasard, peuvent être accolées à sa membrane. Après le quinzième lavage, le* Polytoma *est enfin transporté dans un tube de gélose de Musgrave-Clegg additionnée d'eau peptonée. Huit jours après, une culture abondante de* Polytoma *s'est développée dans le liquide »*[43]. Cette culture sera ensuite ensemencée dans le milieu de Pringsheim. Comment ne pas se souvenir, en voyant André Lwoff isoler un flagellé, des expériences effectuées vingt-six ans plus tard avec une bactérie lysogène, une seule.

A la suite de Pringsheim, Lwoff étudie les sources azotées organiques, après avoir constitué son milieu d'entretien[44]. Il tente par exemple de *« déterminer les acides aminés utilisables par* Polytoma ». Ces derniers seront classés en trois catégories : ceux qui permettent une culture rapide, très abondante, (par exemple la cystine, le glycocolle, l'asparagine) ; ou une culture lente et pauvre ; ou pas de culture du tout. Comme source azotée de cette dernière catégorie : l'urée, les nitrates.

Une étude parallèle sera pratiquée avec les sources carbonées organiques. L'acide acétique est la plus favorable.

Il nous a paru extrêmement intéressant de voir André Lwoff établir une relation entre la *structure* des sources carbonées et azotées, et leur valeur alimentaire pour *Polytoma.*

Ainsi par exemple, *« la source carbonée ne dépend pas du nombre d'atomes de carbones présents dans la molécule du corps considéré ».* Elle est en relation avec le nombre des groupements CH_2. *« Il faut pour qu'un acide de la série grasse soit utilisable qu'il renferme dans sa molécule qui doit être à chaîne linéaire, moins de cinq atomes de carbone, un nombre pair de groupements* CH_2 *ou pas de groupement* CH_2 *du tout »*[45].

42. A. Lwoff, *op. cit.*, p. 14.
43. A. Lwoff, *Recherches...* 1932, p. 14. Les termes sont soulignés par l'auteur.
44.

Sulfate de Magnésium	0, 25
Chlorure de Potassium	0, 25
Biphosphate de Potassium	0, 25
Acétate de Sodium	2
Asparagine	2
Eau bidistillée	1000

45. A. Lwoff, *Recherches...* 1932, p. 36.

Les recherches sur la biochimie de la nutrition conduisent nécessairement à des études de physiologie comparée[46]. Malgré les faits assez peu nombreux, c'est un immense champ de recherche qui s'ouvre désormais devant nous. Il s'étend immédiatement aux chlorophytes (comme *Chlamydomonas*) qui font la synthèse de la chlorophylle à l'obscurité et ceux qui, comme *Euglena gracilis,* la perd. *« Les divers chlorophytes et Protozoaires que nous avons étudiés présentent donc des différences physiologiques considérables. Ces différences portent essentiellement sur la nutrition azotée (pouvoir de synthèse des acides aminés) et sur la nutrition carbonée (nécessité d'une source carbonée indépendante) »*[47].

L'étude comparée du pouvoir de synthèse requérant la constitution d'un « milieu artificiel » selon l'expression de Jules Raulin a évidemment une histoire.

De même, il existe une histoire de la classification physiologique, sur laquelle nous ne nous arrêterons pas[48]. André Lwoff dresse un tableau du pouvoir de synthèse à double entrée : pour la nutrition azotée, nous aurons des proto, auto, méso, métatrophes; pour la nutrition carbonée, des chimio, photo, oxy, haplotrophes. Ainsi les prototrophes seront des organismes assimilant l'azote moléculaire; les autotrophes des organismes à nutrition azotée et carbonée minérale[49].

Nous ne nous sommes pas arrêtés sur l'histoire de la classification physiologique du pouvoir de synthèse des microorganismes; par contre, il est impossible de ne pas faire une place absolument fondatrice à l'histoire des milieux chimiques artificiels de culture du moins dans son origine pasteurienne, puisqu'ils sont la condition des études sur les facteurs de croissance.

La source est connue. Elle remonte à la découverte « mémorable » de Pasteur, faite au cours de ses recherches sur la fermentation alcoolique, publiées en 1860.

On se souvient qu'alerté par la croissance des levures (Saccharomyces) aux dépens du sucre et la disparition de l'ammoniaque dans la fermentation, Pasteur *« se demanda,* commente son élève Jules Raulin, *si le sucre, l'ammoniaque et les éléments minéraux de la levure ne suffiraient pas à créer le végétal-ferment de toutes pièces, et il composa le milieu artificiel »*[50]. *« Il se forma peu à peu de la*

46. Ainsi dès les *Recherches*... 1932, deuxième partie, chap. premier : comparaison du pouvoir de synthèse de divers organismes, p. 95; études de Marguerite Lwoff sur la nutrition des *Trypanosomides;* études du pouvoir de synthèse des bactéries et des champignons. Lorsque la doctrine des facteurs de croissance sera fermement établie, ces travaux de physiologie comparée avec divers organismes occuperont les chapitres 9, 11, 12, de *L'Évolution physiologique* (1944).

47. A. Lwoff, *Recherches*... 1932, p. 96.

48. On trouvera une première introduction historique aux problèmes de la classification physiologique, dans les *Recherches Biochimiques,* d'André Lwoff, 1932, pp. 106-109; et liée spécifiquement aux facteurs de croissance, dans *L'Évolution physiologique* (1944, introduction et chap. 1er).

49 A. Lwoff, *Recherches*... 1932, p. 113.

50. Le milieu de Pasteur est le suivant :

Eau pure	100
Sucre candi	10
Tartrate d'ammoniaque	0, 1
Cendres de 1 gr de levure	
Traces de levure fraîche.	

Ce milieu est cité dans les *Recherches*... de Lwoff, p. 102. L'expérience « mémorable » de Pasteur est publiée dans le mémoire sur la fermentation alcoolique, *Annales de chimie et de physique,* t. 58, mars 1860, pp. 382, 384, 393; cf. les « Recherches sur le mode de nutrition des mucorinées », *C. R. Acad. Sci.,* 51 (1860), p. 709. Cf. Raulin, J., réf. 51, p. 90.

levure, en poids supérieur aux traces de matière organique qui pouvaient exister dans le milieu et identique par sa composition avec la levure naturelle... le problème fondamental de la méthode synthétique était résolu »[51].

Nous avons extrait ce commentaire de l'admirable thèse de Jules Raulin, les *Études chimiques sur la végétation* (Paris, 1870), dont la deuxième partie s'intitule : « Recherches sur le développement d'une mucédinée (il s'agit de *l'Aspergillus niger*) dans un milieu artificiel » et dont le programme était ainsi conçu : *« Réaliser les conditions les plus favorables à la production de ce végétal; chercher quels sont les éléments physiques ou chimiques qui influent sur son développement; mesurer numériquement les effets de chacun d'eux; découvrir par l'analyse les transformations des substances qui prennent part à la nutrition du végétal; en un mot déterminer complètement l'équation chimique qui résume le phénomène vital; enfin des résultats obtenus dégager les conséquences générales qu'ils comportent : tel était le problème à résoudre »*[52].

Raulin constituait donc son milieu synthétique défini. Il confirmait les conclusions de Pasteur. L'*Aspergillus « pouvait accomplir la synthèse de ses constituants à partir de sources azotées minérales »*[53].

Comment passer, nous demandera-t-on, de la découverte et des études sur les milieux dits synthétiques, aux facteurs de croissance ? Conceptuellement rien de plus aisé. Quelques mots d'André Lwoff suffiront.

LES FACTEURS DE CROISSANCE

Que nous montre Raulin ? Qu'*Aspergillus niger* se développe dans un milieu « synthétique » c'est-à-dire un milieu non additionné de facteurs de croissance.

« Dans l'esprit des microbiologistes, écrivait André Lwoff en 1944, *un milieu synthétique est un milieu de constitution chimique connue et dépourvu de facteurs de croissance »*[54]. *Ce sont des « milieux avitaminiques »*[55].

Pour rester chez les Protozoaires, soit un milieu synthétique donné pour *Potytoma obtusum.* Il s'y développe parfaitement bien et subira des repiquages en série. Mais *Polytoma ocellatum* ne s'y développe pas. Il se multiplie, par contre, abondamment si on y fournit du *thiazol.* Ce dernier est un facteur de croissance pour *Polytoma ocellatum*[56].

51. Raulin, J., *Études chimiques sur la végétation,* Thèse pour le grade de Docteur ès sciences physiques, Paris 1870, pp. 90-91. Nous avons trouvé, signalé par André Lwoff, l'intitulé de cette thèse « aujourd'hui classique » dans *L'Évolution physiologique,* p. 17. Notre admiration pour ce travail n'a cessé de croître depuis lors. C'est un des plus beaux ouvrages de l'école de Pasteur.

52. J. Raulin, *op. cit.,* p. 104.

53. A. Lwoff, *Recherches...,* p. 102.

54. A. Lwoff, *L'Évolution physiologique,* p. 18.

55. *Ibid.*

56. A. Lwoff, *op. cit.* p. 19.

Les études d'André Lwoff avec diverses *Phytomonadines — Euglena et Astasia* — avec les *Chlamydomonadines — Polytoma* — se sont poursuivies au moins pendant trente ans[57].

Ces recherches ont été une des principales voies d'accès aux travaux systématiques sur les facteurs de croissance qui se déploient de 1932 à 1938.

Sans entrer dans leur histoire, il est difficile de ne pas citer les travaux sur l'hématine ou le « facteur X »[58]. C'est le premier facteur de croissance à avoir été identifié dès 1917 par D.J. Davis, suivi par Olsen, Avery et Fildes, sur des cultures bactériennes[59]. Redécouvert par Marguerite Lwoff et étudié par elle sur les Trypanosomides, c'est, selon André Lwoff, *« le premier facteur de croissance pour lequel une action quantitative a été démontrée, la spécificité étudiée et le rôle physiologique défini »*[60].

La structure moléculaire de l'hématine était connue. Elle est constituée, écrit Lwoff, par *« un noyau, la porphine, comprenant quatre cycles pyrroliques unis par des groupements CH. Des dérivés de ce noyau donnent des porphyrines qui unies à un métal, le fer, constituent les hématines »*[61]. André Lwoff démontrera en 1936, qu'une des porphyrines, la protoporphyrine, est active quoique dépourvue de fer. Il proposera que son activité en tant que facteur de croissance soit en rapport avec son architecture moléculaire. Tout changement portant sur la position des groupements entraîne la perte de l'activité[62].

Nous voulions en venir jusque-là. Nous étions frappés par la beauté de la démarche qui, de la physiologie, atteignait par une pente naturelle au génie — biochimique ici — d'André Lwoff, le niveau de la structure moléculaire[63]. L'étude

57. Au moment où Lwoff apporte sa contribution décisive aux problèmes des bactéries lysogènes, du prophage et de l'induction, on relèvera les études suivantes : au célèbre colloque sur les *Unités biologiques douées de continuité génétique* réuni par lui à Paris, en 1948, son apport est consacré aux « organites doués de continuité génétique chez les protistes ». En 1949 : « Kinetosomes and the development of ciliate », *Growth*, 49 (1949), pp. 61-91 ; *Problems of morphogenesis in ciliate. The Kinetosome in development, reproduction and evolution*, John Wiley and sons, New-York, 1950; *Introduction to biochemistry of Protozoa.*, Acad. Press., New-York, 1951, I, pp.1-26.

58. Cf. l'admirable introduction de *L'Évolution physiologique*, pp. 22-31.

59. Pour les reférences à Davis, Olsen, Avery, Fildes, cf. la bibliographie de *L'Évolution physiologique*. –D.J. Davis, « Food accessory factors (vitamins) in bacterial cultures with especial reference to hemophylic bacili », *J Infec. Dis.*, 21 (1917), p. 392 ; « Food accessory in bacterial growth, III, Further observations on the growth of Pfeiffer's bacillus (*B. influenzae*) », *J Infec. Dis.*, 29 (1921), p. 171. –O. Olsen, « Ueber die Bedentung des Blutes fur das Wachstum des Pfeifferschen Influenzabazillus », *Zertr. f. Bakt.*, 85 (1921), p. 12. –O.T. Avery and H.J. Morgan, « The occurrence of peroxide in cultures of Pneumococcus », *J of exp. Med.*, 39 (1924), p. 289. –P. Fildes, « The nature of the effect of blood-pigment upon the growth of B. influenzae », *Brit. J exp. Path.*, 2 (1921), p. 16.

60. A. Lwoff, *L'Évolution physiologique*, p. 23.

61. A. Lwoff, *op. cit.*, figure 1, structure de l'hémine, p. 24 et p. 25.

62. Il semble bien que tout changement portant sur les groupements 2-4 entraîne la perte de l'activité (*Évol. Physiol.*, p. 26).

63. La source de l'inspiration qui relie la structure moléculaire à la nutrition est ici encore pasteurienne. Ce sont les travaux célèbres sur la dissymétrie moléculaire. « Le rôle de la dissymétrie moléculaire a été introduit également comme facteur des phénomènes de la vie, le jour où il a été constaté qu'un ferment organisé vivant faisait fermenter facilement l'acide tartrique droit et non son inverse l'acide tartrique gauche, et que des êtres vivants empruntaient à l'acide tartrique droit le carbone nécessaire à leur nutrition, de préférence au carbone de l'acide tartrique gauche. » (L. Pasteur, « Observations sur les forces dissymétriques », *C. R. Acad. Sci.*, 78 (1874), pp. 1515-1518, in *Œuvres de Pasteur*, réunies par Pasteur Vallery-Radot, t. 1, Masson, Paris. 1922, p. 361.

du rôle physiologique de la protoporphyrine fonctionnant comme facteur de croissance montrera qu'elle est utilisée effectivement pour la constitution des transporteurs d'oxygène du « système Keilin-Warburg »[64]. De 1932 à 1944, c'est l'histoire elle-même de la biochimie des coenzymes, de la chaîne respiratoire et du métabolisme intermédiaire qui avait changé[65].

Nous nous demanderons pour conclure comment l'évolution, et une évolution par perte de fonction, a pu servir de *« fil conducteur précieux pour l'étude de la nutrition »*[66].

« En fait — écrivait André Lwoff — *une conception un peu générale de l'évolution biochimique ne pouvait être utilement discutée qu'une fois identifiés quelques facteurs de croissance, une fois établis leur signification et leur rôle physiologique ».* Et cependant, avant que ce programme ait pu être rempli, André Lwoff avait ardemment défendu cette thèse dans ses *Recherches biochimiques* de 1932. La raison en était, *« qu'on ne pouvait conclure avec certitude que le défaut de la synthèse d'une substance était la conséquence d'une perte de fonction que si l'on était à même de reconnaître dans la série évolutive ce qui était primitif et ce qui était secondaire. Il fallait pouvoir comparer le pouvoir de synthèse d'organismes primitifs et évolués d'une part, et celui d'organismes libres et parasites d'autre part »*[67].

Il y a deux façons, dans l'étude de la nutrition, d'établir ce qui est premier et ce qui est second : (1) la relation qu'André Lwoff appelle la subordination nutritiale; (2) une étude comparée de l'évolution *morphologique* et *physiologique*. Dans le premier cas, parmi les protozoaires, et du point de vue de leur métabolisme, les organismes qui sont apparus les premiers *« sont les formes autotrophes dont la nutrition ne dépend que des corps inorganiques »*[68]. Les hétérotrophes viennent en second. Lwoff a toujours rejeté cette thèse. Il n'a jamais accepté que ce rapport de subordination entraînât *nécessairement* une relation phylogénétique. La subordination n'a pas de valeur absolue, *« elle doit être catégoriquement rejetée des discussions phylogénétiques »*[69].

C'est le travail de Pascher en 1925 sur les chrysomonadines[70], ses propres recherches sur la suppression expérimentale des chloroplastes chez les *Euglena*

64. A. Lwoff, *L'Évolution physiologique,* p. 26.

65. On sait qu'André Lwoff avait suivi de près et participé à cette histoire; en 1932-1933, il est boursier de la Fondation Rockefeller au Kaiser Wilhelm Institüt für Medizinische Forschung, à Heidelberg, au laboratoire d'Otto Meyerhof; et en 1936, au Molteno Institute, à Cambridge (Angl.) dans le laboratoire de David Keilin.

66. A. Lwoff, *Titres et Travaux,* p. 14.

67. A. Lwoff, *Titres et Travaux,* p. 40.

68. C'est « l'argument de la subordination nutririale » — *L'Évolution physiologique,* pp. 72-74, avec un historique de Bütschli (1844) à Winogradsky (1887) et au *Traité de Protistologie* de Reichenow, 1929. La thèse est nettement posée par Chatton : « Les protistologues s'accordent aujourd'hui à considérer les Flagellés autotrophes, comme les plus primitifs des Protozoaires à noyau vrai, des Eucaryotes… parce qu'ils sont les seuls à pouvoir faire la synthèse totale de leur protoplasme à partir du milieu minéral. Les organismes hététrophes sont donc subordonnés à leur existence… » (É. Chatton, *Titres et Travaux,* p. 50).

69 A. Lwoff, *Recherches biochimiques,* 1932, p. 128. *L'Évolution physiologique,* 1944, p. 73.

70. A. Pascher, « Die braune Algenreihe der Chrysomonadien », *Arch. f. Protistenk,* 52 (1925), p. 489.

en 1935[71], et ses études avec Chatton qui ont conduit André Lwoff à s'appuyer sur la série :

Chlorophytes (plastes, pigments assimilateurs)

–> Leucophytes (plastes, pas de pigment assimilateur)

–> Protozoaires (pas de plaste, pas de pigment assimilateur)[72].

Ce n'est pas une série naturelle, puisqu'un même organisme peut offrir des variétés dans les trois groupes. *« Elle n'a pas de valeur, au point de vue systématique »*[73]. Elle a une valeur évolutive puisque les chlorophytes peuvent, par régression ou par défaut de multiplication des plastes, faire souche de Protozoaires. C'est la leçon même, apprise avec Chatton où toute cellule non flagellée *« procédait ontogénétiquement ou phylogénétiquement »* d'une cellule flagellée par perte de la cinétide[74].

L'évolution par perte de fonction, étude morphologique et physiologique, était bien parallèle à l'étude biochimique par perte du pouvoir de synthèse. Elles se sont renforcées l'une l'autre.

71. A. Lwoff et H. Dusi, « La suppression expérimentale des chloroplastes chez *Euglena mesnili* », *C. R. Soc. Biol.*, 119 (1935), p. 1092.
72. A. Lwoff, *L'Évolution physiologique*, p.86.
73. *Ibid.*
74. É. Chatton, *Titres et Travaux*, p. 50.

Les recherches physiologiques à la Station maritime de Biologie de Tamaris (Var) de 1920 à 1950

Christian et Renée BANGE*

Les nombreuses Stations maritimes de biologie, créées en France à partir de 1859, laissaient peu de place, au contraire de celle de Naples, aux recherches physiologiques. C'est ce qui détermina le physiologiste lyonnais Raphaël Dubois à fonder à Tamaris près de Toulon, en 1890, un laboratoire spécialement équipé pour les travaux de physiologie comparée. Il y travailla principalement mais non exclusivement sur la biophotogenèse dont il avait découvert le mécanisme en 1885.

Lorsque Cardot remplaça Dubois en 1927 dans la direction effective de la Station maritime de biologie, il l'ouvrit largement aux chercheurs français et étrangers, et y installa, en outre, l'équipement spécialisé qui devait permettre d'entreprendre, sur différentes espèces d'Invertébrés, l'étude des phénomènes physico-chimiques sous-jacents à l'excitabilité neuromusculaire. Un flux important de publications atteste la vitalité de la Station. L'analyse des travaux qui y ont été effectués dans ce domaine de la physiologie montre que Cardot et ses collaborateurs ont réalisé d'importantes avancées, malheureusement freinées par la mort de Cardot et par la guerre. Ils ont privilégié, tout en évitant les excès, une approche biophysique de la physiologie générale, qui semble assez caractéristique de la physiologie pratiquée en France à cette époque. La raison en est discutée à la lumière de l'évolution ultérieure de la Station.

LA FONDATION ET LES DÉBUTS DU LABORATOIRE MARITIME DE TAMARIS (1890-1920)

L'intérêt croissant des zoologues et des botanistes français pour les organismes marins s'est traduit par la création en une trentaine d'années d'un grand nombre de laboratoires maritimes après la fondation de Concarneau, le premier

* Laboratoire de Physiologie des Régulations, Université Claude Bernard, Lyon.

d'entre eux, en 1859[1]. Mais ces laboratoires étaient essentiellement destinés à des études taxinomiques, faunistiques ou floristiques; ils n'offraient guère aux physiologistes les équipements spéciaux qui leur étaient nécessaires. Paul Bert installa avec un collègue zoologue de la Faculté des Sciences de Paris un laboratoire au Havre, en 1882. Ce laboratoire n'eut qu'une existence éphémère car il disparut après la mort de Paul Bert en 1886 en Indochine, où il avait accepté les fonctions de Gouverneur général. Mais l'assistant de Paul Bert, Raphaël Dubois, avait entrepris au Havre l'étude de la bioluminescence grâce à la capture accidentelle d'un insecte lumineux, un pyrophore, venu là avec un chargement de bois exotiques. Après des expériences sur la production de lumière par le pyrophore et la détermination des caractéristiques physiques de cette lumière, Dubois réalisa des travaux anatomiques et histologiques sur les organes photogènes, et réussit à établir que la lumière résulte chez le pyrophore de l'action d'un ferment soluble, qu'il nomma luciférase, sur un substrat non coagulable, présent uniquement dans les organes lumineux, qu'il nomma luciférine. Ces recherches de Dubois, qui continuent, fait exceptionnel, d'être citées dans la littérature scientifique contemporaine, constituèrent sa thèse de doctorat ès sciences, soutenue à Paris en 1886, et lui valurent d'être choisi pour occuper à Lyon, à la suite d'une vacance, la deuxième chaire de physiologie générale existant alors en France.

Dès sa nomination à Lyon, Dubois, souhaitant étendre ses investigations sur la bioluminescence à bien d'autres organismes, se mit en quête d'un laboratoire maritime lui offrant des possibilités de travail. Il ne put obtenir, malgré les encouragements de Lacaze-Duthiers, l'appui de Liard, directeur de l'enseignement supérieur, pour développer à Villefranche sur Mer, un laboratoire franco-russe projeté avec l'accord de Korotneff[2]. Après diverses tentatives, Dubois finit par intéresser à sa cause un officier de marine qui avait été chargé après la guerre de Crimée d'édifier un réseau de phares sur les côtes de l'Empire Ottoman ainsi qu'un port à Constantinople : enrichi grâce aux bénéfices des opérations de construction et aux redevances portuaires, le Commandant Marius Michel, devenu Pacha de l'Empire Ottoman (il sera aussi Comte pontifical en 1882) avait tenté de développer une station balnéaire dans son village natal, Sanary, puis avait fini par en créer une de toutes pièces à Tamaris près de La Seyne. La rencontre de Raphaël Dubois et de Marius Michel, dit Michel Pacha, permit l'établissement en 1890 à Tamaris, au moyen d'une généreuse donation[3], d'une station maritime de biolo-

1. Concarneau a été la première station marine du monde; Arcachon, sous forme d'un aquarium, a suivi en 1863; on trouve ensuite Marseille (1872; transféré à Endoume en 1881), Roscoff (1872; dans ses murs en 1876; rattaché à la Sorbonne en 1881), Wimereux (1873), Luc-sur-Mer (1874), Cette (1879, 1884), Tatihou (1881), Villefranche-sur-Mer (1882), Banyuls (1881, 1883), Le Portel (1888), Tamaris (1890), Ambleteuse (1894), Monaco (1899). Voir à ce sujet Kofoid (1910).

2. Cette tentative avortée a été rapportée par Petit (1966) et Trégouboff (1983).

3. Sur Michel Pacha, voir Ortolan (1989). La donation de Michel Pacha consistait en un terrain de 2715 m^2, ainsi que 1000 m^3 de pierre. L'Institut ainsi édifié devait porter le nom du donateur. Michel Pacha mit en outre à disposition une villa pour servir provisoirement de laboratoire. Les recherches purent commencer dès 1890. Tamaris ne bénéficia jamais des aides financières substantielles qui furent allouées à Roscoff ou Banyuls, ainsi qu'à la plupart des autres stations françaises de biologie rattachées aux établissements parisiens. Le financement des travaux de construction fut assuré notamment par des subventions de la commune de La Seyne et du département du Var, ainsi que par un emprunt contracté par l'Université. La contribution de l'État se limita à 800 francs destinés à l'équi-

gie construite en style mauresque et portant le nom de son donateur. Tant d'originalité, et l'insolente chance de Raphaël Dubois parvenu si rapidement à ses fins, allaient valoir des inimitiés durables à la Station, ainsi qu'à son créateur, qui put cependant en dépit des envieux[4] y accomplir une œuvre originale. Ses travaux sur la biophotogenèse ou sur la culture des perles eurent un retentissement suffisant pour que le prince Albert 1er de Monaco décidât d'ouvrir un laboratoire de physiologie à l'Institut Océanographique qu'il créa à Paris, laboratoire qu'il confia à Paul Portier et qui, avec Tamaris, devint l'un des foyers principaux de la recherche sur la physiologie des animaux marins en France[5].

Les séjours de Dubois dans son laboratoire maritime furent fructueux; il y séjournait chaque année de septembre à avril[6] et une bonne partie des 500 publications de Dubois se rapportent à des travaux effectués à Tamaris, aussi bien sur la thermogenèse de la marmotte que sur la culture des perles ou la bioluminescence. Il ne s'est guère soucié d'y accueillir des chercheurs, sinon quelques rares élèves parmi lesquels Allemand-Martin, qui y travailla sur l'huître perlière. Dubois parvint à se maintenir à Tamaris après sa mise à la retraite en 1919, sans toutefois y travailler aussi activement que par le passé. Son successeur, Émile Couvreur, qui avait été son Chef de Travaux, dut se contenter de diriger le seul laboratoire de Lyon, et de gérer de loin Tamaris qui était réputé en être une annexe. Mais la chaire lyonnaise devint de nouveau vacante à la suite du décès inopiné de Couvreur en 1926, et elle fut pourvue par un brillant naturaliste et physiologiste parisien, Henry Cardot, qui, rapidement, vint prendre possession de la Station maritime.

pement (Dubois, 1890 et Caullery, 1896). Comme le souligne Raphaël Dubois: *«Monsieur le Ministre fait remarquer que cette autorisation n'implique en rien la participation de l'État aux dépenses soit d'organisation, soit d'entretien du laboratoire projeté. Les laboratoires maritimes, dont les dépenses incombent à l'État, sont déjà trop nombreux pour qu'il paraisse possible d'en créer d'autres. L'établissement projeté n'aura donc qu'à compter sur les ressources particulières qui pourront être données à cet effet à la Faculté des sciences ou sur celles dont elle pourra disposer sur ses biens propres».* Faut-il ajouter que la situation ne s'est guère améliorée depuis un siècle ? Le financement des recherches de Cardot et de ses successeurs a été largement assuré par des subventions ou des contrats, et le récent «contrat quadriennal de développement de la recherche» établi en 1991 par le Ministère de l'Éducation Nationale a délibérément ignoré Tamaris.

4. Le prestige de la Station de Naples continuait d'obnubiler les biologistes français (Fischer, 1980); la physiologie était tenue en piètre estime par les biologistes influents de l'époque: sollicité par le Ministre de donner son avis sur l'opportunité de louer deux tables de travail au Laboratoire du Mont Rose, fondé par le physiologiste Angelo Mosso, Giard lui répondit que l'intérêt des études biologiques sur les hauts sommets reste limité par rapport aux études consacrées à la vie du monde animal et végétal de la mer, qui offre des possibilités nombreuses d'étudier des faunes et d'aborder des questions fondamentales d'embryogénie et de biologie évolutive. Ce mépris de la physiologie a longtemps persisté en France.

5. Sur la création de l'Institut Océanographique et la notoriété des travaux de Dubois, voir Fontaine (1980).

6. Il semble donc avoir pu bénéficier, du moins officieusement, d'une disposition dont jouissaient à l'époque les professeurs de la Sorbonne. Cette revendication figure dans Dubois (1891), qui la justifiait de la manière suivante: *«il existe en Suède et en Amérique... des Universités dont les Professeurs ne font des cours qu'une année sur deux... Il en résulte que le rendement scientifique tend chaque jour à devenir supérieur à l'étranger»* et il citait Dutrochet: *«la Science est fille des loisirs»* (p. 8).

LA FORMATION D'HENRY CARDOT

Nous avons qualifié Cardot de naturaliste : c'est que, dès l'enfance, il a parcouru aux côtés de son père la campagne ardennaise, où il est né le 26 juin 1886[7]. Son père, Jules Cardot, qui vivait sur un petit domaine familial, était un spécialiste réputé des Mousses, groupe auquel il a consacré de nombreux travaux jusqu'à ce que l'invasion allemande, lors de la guerre de 1914, le prive brutalement de son herbier et de sa bibliothèque. Son grand-père maternel était également naturaliste, c'était le botaniste belge Louis Piré. Son oncle, Philippe Dautzenberg, était zoologue. On peut comprendre que le jeune homme qui, à 17ans, a déjà publié son premier travail scientifique sur les Mollusques des environs de Montmédy, regimbe lorsque ses parents lui suggèrent d'entrer à l'École Polytechnique, et opte pour des études de sciences naturelles. Toutefois, sa santé fragile lui interdit de devenir géologue, comme il le souhaitait, et il se tourne vers la physiologie.

Il y apporte sa connaissance des Mollusques, et prépare à la Sorbonne, chez Dastre, son diplôme d'études supérieures réalisé sous la direction de Lapicque, avec lequel il signe sa première publication physiologique sur les actions polaires antagonistes dans le cœur de l'escargot. Assez rapidement, il délaisse ce matériel original en faveur des grenouilles. Reçu premier à l'Agrégation de Sciences naturelles en 1910, il obtient une bourse de doctorat qui lui permet de préparer chez Lapicque, devenu Professeur au Muséum, une thèse où il met en œuvre la méthode que Lapicque venait de proposer pour définir l'excitabilité nerveuse au moyen de deux paramètres, la rhéobase et la chronaxie[8]. Il soutient sa thèse à Paris le 26 novembre 1912: *«Sur les actions polaires dans l'excitation galvanique du nerf moteur et du muscle»*. Il reste quelque temps au Muséum, puis est Moniteur au Laboratoire de Physiologie générale de la Sorbonne (1913-14) et devient en 1913, préparateur, d'abord à l'Institut Marey (1913-1919), ensuite chez Charles Richet à la Faculté de Médecine de Paris (de 1917 à 1927).

Sa collaboration avec Richet l'oriente pour dix ans vers la microbiologie. Il étudie principalement la variabilité du bacille lactique, découvre des mutations brusques, établit que des cultures placées dans des conditions inhabituelles (température, composition ionique, poisons) peuvent présenter des adaptations qui se maintiennent malgré le retour aux conditions normales. Les auteurs de ces recherches (Richet, Bachrach, Laugier, Cardot) en concluent *«qu'il se produit une sélection, une élimination des individus microbiens les moins résistants au toxique... Mais un autre processus intervient aussi assurément : c'est un renforcement de la résistance initiale dans les générations soumises à l'action du toxique. Finalement, la race accoutumée peut généralement vivre en présence de la souche initiale. Il n'est donc pas niable qu'il ne se produit pas seulement une sélection, mais qu'il y a acquisition d'un caractère nouveau»* (Cardot et Laugier, 1925, p.106). Plusieurs notes sont intitulées : hérédité des caractères acquis. Ce type

7. Sur Henry Cardot, voir Bachrach (1942) et Binet (1942); sur son père, Jules Cardot, voir sa Notice nécrologique, dans *Bull.Soc.Hist. Nat. Ardennes*, 29 (1934), pp. 94-104.

8. Sur les travaux de Lapicque, voir dans ce Colloque la contribution de J.C. Dupont et de J. Harvey.

d'expérience fut repris par Eudoxie Bachrach lorsqu'elle rejoignit Cardot à Lyon, quelques années plus tard. Elle retrouva des faits similaires avec les Diatomées marines (1929), observant cette fois-ci la disparition définitive de la carapace siliceuse[9]. Il n'est pas sans intérêt de mentionner ici ces recherches, d'abord en raison de ce qu'elles illustrent assez bien l'attachement au lamarckisme de nombreux biologistes français de cette époque, mais aussi parce que pendant sa période lyonnaise, Cardot n'accordera plus aux facteurs du milieu qu'une attention somme toute limitée, ce qui n'a pas eu que des conséquences heureuses.

Ces travaux de physiologie microbienne n'empêchent cependant pas Cardot de poursuivre, avec son ami Henri Laugier, des recherches sur l'excitabilité neuromusculaire. En 1913, déjà, Cardot et Laugier avaient défini les lois polaires d'excitation, analysé leur inversion, et attaché leur nom à une loi nouvelle, la loi de l'excitation d'ouverture anodique. Par la suite, ils analysent le mécanisme du réflexe linguo-maxillaire, et montrent que de telles recherches peuvent servir, tout comme les réflexes étudiés par Sherrington, à la connaissance des mécanismes centraux.

HENRY CARDOT À TAMARIS

Sa nomination à la Chaire de Physiologie de Lyon donne à Cardot des moyens d'action qu'il met rapidement à profit pour développer des recherches sur la réactivité des tissus spontanément actifs, qu'il s'agisse du cœur des Mollusques gastéropodes ou du neurone géant de l'aplysie. Pour y parvenir, il sait remarquablement développer la Station de Tamaris, où l'on pouvait certes se procurer une partie du matériel vivant nécessaire mais qu'il fallait doter d'un équipement adéquat. Il bénéficie pour cela de crédits universitaires, de subsides de la Caisse nationale de la recherche scientifique et de subventions allouées par la Fondation Rockefeller. Témoins de cette époque, le Doyen Douin soulignait à quel point Cardot avait infusé à Tamaris la vitalité qui devait en faire un centre incomparable de recherches, et Hermann remarquait: *« C'est à Tamaris que Cardot éprouvait le plus la joie du travail »*[10]. Il fait profiter un grand nombre de chercheurs français et étrangers des ressources renouvelées de la Station qui avait fini par devenir bien somnolente pendant la vieillesse de Dubois. Il avait défini son programme dans sa leçon d'ouverture[11], faite le 2 mai 1927: *« Mon grand espoir — et j'espère que la réalité ne sera pas en dessous du rêve — c'est de voir Tamaris devenir un Centre actif d'études dont les physiologistes, étudiants ou*

9. Ces résultats sont publiés par Bachrach entre 1929 et 1938 et Cardot se plaît à les rappeler dans un bilan demeuré inédit, établi en 1941: *« Des problèmes touchant la physiologie cellulaire ont été abordés dans une partie du service où se trouvent réunis les divers appareils usuels dans tout laboratoire de microbiologie... De très intéressants résultats ont été obtenus par E. Bachrach, qui dirige cette partie du laboratoire. Ils montrent la possibilité de faire varier l'hérédité des cellules sous l'action de facteurs physiques et chimiques et d'obtenir ainsi des souches microbiennes ayant acquis des caractères nouveaux »*.

10. Discours prononcés aux funérailles d'Henry Cardot *in* Bachrach et coll. (1942).

11. Leçon d'ouverture publiée dans la *Revue Scientifique,* voir Cardot (1928).

maîtres, connaîtront le chemin, mais où les zoologistes et les botanistes voudront bien parfois aussi travailler à leurs côtés, pour le plus grand profit des uns et des autres». Aussi, l'année même de sa nomination à Lyon, Cardot invite-t-il à Tamaris ses collègues de la Faculté de Médecine de Paris, Léon Binet, Jeanne Lévy, Alexandre Blanchetière, qui revinrent par la suite en compagnie de Charles Richet, Eudoxie Bachrach, Georges Henri Roger, Jean Verne, heureux d'étendre aux animaux marins leur domaine de recherches, jusque-là cantonné aux Vertébrés terrestres. Les Poissons, puis les Invertébrés marins, vont payer tribut aux pharmacologues, qui étudient les effets des anesthésiques et de la morphine, aux biochimistes qui dosent le glutathion, aux physiologistes qui observent leurs réactions à l'asphyxie ou perfusent leurs organes isolés. Par la suite, de nombreux autres chercheurs français et étrangers[12], anglais notamment, viennent travailler à Tamaris, où Cardot accueille en outre en 1936 la dixième Réunion annuelle de l'Association des Physiologistes, au cours de laquelle 23 communications et démonstrations furent présentées, dont 6 avaient été élaborées à Tamaris. C'est la deuxième fois en quelques années que la jeune Association témoigne son intérêt pour la physiologie des organismes marins ; en 1929, la troisième réunion annuelle s'était déroulée à Roscoff et à Concarneau, et dans son discours d'ouverture, Demoor avait noté que *«pour déchiffrer le mécanisme de la vie, l'expérimentateur doit explorer cette vie partout où elle se manifeste, et a donc souvent grand intérêt à l'étudier expérimentalement chez les êtres plus simples que ceux dont il poursuit habituellement l'analyse»* [13].

Non content d'accueillir libéralement les chercheurs étrangers à Tamaris, Cardot y reprend ses propres recherches sur la contraction cardiaque chez les Mollusques. Elles découlaient de l'intérêt que Cardot, dès sa prime jeunesse, avait porté à la malacologie. Il avait consacré son Diplôme d'Études Supérieures à l'étude des réactions du cœur de certains Mollusques à la stimulation électrique, et sa première publication avec Lapicque avait été relative à un point de ce travail. Par la suite, il y revient à plusieurs reprises, en particulier lorsque le physiologiste portugais Freitas Veloso (1920) crut observer des variations rythmiques de l'amplitude de la contraction ventriculaire : Cardot (1920) montre qu'elles sont en fait imputables aux conditions ioniques du milieu de perfusion et plus précisément en rapport avec la concentration du potassium. Ayant pris possession de la Chaire de Lyon et de son annexe maritime, il peut du même coup compter sur un excellent collaborateur pour des recherches sur la physiologie des Mollusques en la personne de l'Assistant du Laboratoire, Antoine Jullien. Ce dernier, licencié ès Sciences et médecin, connaissait bien la faune marine de la baie du Lazaret

12. Français: ce sont des botanistes ou des zoologues: Bertin, Goux, Guinochet, Lefèvre, Vaney; des biochimistes: Derrien, Leulier, Roche; des physiologistes et des pharmacologues: Auger, Fessard, Lumière, Marduel, May, Meyer, Richard, Vilter, Vincent, Zerling. Étrangers: Baldwin, Barnes, Fox, Kruta, Needham, Tchou Si Ho, Ungar, auxquels on ajoutera le malgache Ratsimamanga, devenu par la suite Haut Commissaire de Madagascar en France. Remarquons la présence de nombreuses femmes parmi les physiologistes: outre Eudoxie Bachrach et Jeanne Lévy déja mentionnées, on peut citer: Marcelle Beauvallet, Aline Bernard, Valentine Bonnet, Catherine Veil, M. Vuillet.

13. Association des Physiologistes, *Comptes rendus de la Troisième réunion,* Roscoff, 8-10 Avril, Concarneau 10-11 Avril 1929. Paris, Doin, 1929, p. 3. Dans son allocution, après avoir rendu hommage à Lacaze-Duthiers, Demoor évoqua le souvenir et l'œuvre de Raphaël Dubois décédé en janvier 1929.

pour l'avoir étudiée entre 1921 et 1925; à plusieurs reprises, Jullien publia des contributions zoologiques faisant suite à son premier mémoire de 1924 sur la faune locale. De plus, Jullien avait entrepris sous la direction d'Albert Policard une série de recherches histologiques sur les processus inflammatoires chez les Céphalopodes, grâce au matériel recueilli et étudié à Tamaris, au temps où l'irascible Raphaël Dubois, bien que Professeur retraité, en excluait pratiquement tout le monde; cette recherche aboutit à la thèse de Doctorat ès Sciences de Jullien, soutenue en 1928. Dès 1929, Jullien entreprend aussitôt avec un autre élève de Policard, Georges Morin, des travaux sur l'automatisme cardiaque des Murex, puis, reconnaissant la nécessité d'une bonne connaissance anatomo-histologique du cœur, ils mettent à profit leurs compétences techniques en effectuant une étude détaillée de la structure du myocarde d'un certain nombre de Mollusques; en même temps, l'équipe procède à l'analyse du milieu intérieur et met au point le liquide de perfusion permettant la survie prolongée du cœur qui peut ainsi conserver une activité automatique normale pendant plusieurs jours. Suivent alors des travaux rigoureux sur le rôle des ions dans la régulation cardiaque chez les Mollusques, qui apparaissent comme différents des Vertébrés à ce point de vue. Ces études concernent les Invertébrés terrestres aussi bien que marins, et l'escargot localement répandu à Tamaris, *Helix pisana,* remplace l'escargot de Bourgogne. Les résultats ont fait l'objet d'une revue par Cardot (1933).

Pendant que Jullien continue ses travaux en recherchant, vainement d'ailleurs, les molécules organiques qui pourraient intervenir dans la contraction cardiaque, Cardot entreprend des recherches électrophysiologiques avec une jeune physicienne, Angélique Arvanitaki. Celle-ci, d'origine grecque, née à Alexandrie, est venue préparer en France une Licence de Sciences exactes. Ayant assisté, un peu par curiosité, au cours de Physiologie, elle se prend d'intérêt pour la mesure des phénomènes électriques qui se manifestent lors du fonctionnement des cellules nerveuses et musculaires. Elle contribue ainsi à la mise au point d'un appareillage extrêmement sensible permettant de mesurer avec précision les faibles potentiels (quelques millivolts ou dizaines de millivolts) générés lors de chaque contraction musculaire et de chaque transmission d'influx nerveux. Cet appareillage, dont la réalisation sera facilitée par le soutien financier de la Fondation Rockefeller, puis de la Caisse des Recherches scientifiques, va permettre à la jeune physicienne de compter parmi les meilleurs électrophysiologistes de l'époque. Après avoir étudié pendant quelques années les caractéristiques électriques de la réponse du cœur des Mollusques, Arvanitaki va s'intéresser avec un électrophysiologiste réputé, Alfred Fessard, aux potentiels d'action des nerfs d'Invertébrés marins. Ils découvrent l'intérêt de l'axone géant des Céphalopodes, puis des aplysies, et Arvanitaki peut étudier la réponse d'une fibre nerveuse *isolée* à divers types de stimulations. Elle découvre qu'il se produit dans la fibre nerveuse des réactions locales et graduées, qui précèdent la propagation (prépotentiels) et constituent un préalable à la transmission de l'influx, et elle contribue ainsi à établir la théorie moderne de l'excitabilité[14]. Les enregistrements directs des potentiels de la fibre nerveuse per-

14. Ces travaux d'Arvanitaki furent hautement appréciés par les plus éminents physiologistes de l'époque: Gasser, Adrian *(teste* Cardot *in sched.),* Hodgkin (communication verbale du Professeur Marx lors de ce Colloque).

mettent de se rapprocher le plus exactement possible du mécanisme intime de la transmission de l'influx nerveux; ils remplacent l'estimation, somme toute indirecte, de l'excitabilité du nerf grâce à la réponse, constatée à l'œil nu, du muscle qu'il innerve.

En 1938, commentant l'ensemble de ces résultats et les données de la littérature dans un ouvrage écrit en collaboration avec Claude Fromageot, Cardot prend ses distances avec la théorie de l'isochronisme du nerf et du muscle en rapportant longuement les travaux établissant l'hétérochronisme (p. 20-22); il reste réservé, en revanche, sur le point de vue de Hill (p. 23) et consacre l'essentiel de son rapport aux résultats nouveaux de l'électrophysiologie, dont l'interprétation n'exige en rien le recours à la chronaxie. La détermination de la chronaxie des éléments excitables ne constitue plus le seul objectif de l'électrophysiologiste, et la chronaximétrie s'efface ainsi peu à peu de la scène physiologique française, malgré les dernières et pathétiques publications que Lapicque consacre à sa théorie de l'isochronisme entre 1936 et 1943. *«Refoulé»* de Paris par Lapicque[15], Cardot, avec ses élèves, contribue au dépassement de la chronaximétrie, dont il serait cependant tout à fait injuste de minimiser l'utilité au moment où elle a été introduite.

LA PLACE DE TAMARIS DANS LE DÉVELOPPEMENT DE LA PHYSIOLOGIE DES ANIMAUX MARINS DE 1927 À 1945

La production de la Station[16] est publiée sous forme de notes ou de mémoires plus importants. Les notes, de une à trois pages, rarement plus longues, paraissent à peu près chaque année avec une remarquable rapidité dans les *Comptes rendus de la Société de Biologie* (on en dénombre cent trente-et-un en 17 ans) ainsi que dans les *Comptes rendus de l'Académie des Sciences* (18). Les communications (10) à l'Association des Physiologistes sont reproduites dans les *Annales de Physiologie et Physico-chimie biologique*. Quelques-unes sont présentées à des Sociétés plus spécialisées, telles que la Société Entomologique de France (1) ou la Société Linnéenne de Lyon (2). La revue anglaise *Nature* accueille 6 notes, entre 1935 et 1938.

Quant aux soixante-treize mémoires, ils sont publiés dans le *Journal de Physiologie* édité à Paris (24), les *Annales de Physiologie et Physico-chimie biologique* (4), le *Bulletin de la Société Zoologique de France* (2), les *Archives internationales de Physiologie* éditées à Liège (6), ainsi que dans les *Proceedings of the Royal Society* (5); d'autres publications paraissent plus occasionnelles: les *Archives de Zoologie expérimentale* accueillent 4 mémoires en 1928, 1933 et 1937, la *Revue algologique,* 3 en 1930 et en 1933. Enfin, certains travaux fran-

15. Selon l'expression du Recteur Roche *in litt.* 19 mai 1991.

16. Nous avons publié un répertoire bibliographique des travaux issus de Tamaris de 1927 à 1969: voir Bange et Bange-Barnoud (1968 et ssq).

çais trouvent place dans de prestigieuses revues étrangères ; c'est le cas d'un mémoire de 23 pages signé par Lapicque en 1933 dans le *Journal of Physiology* publié à Londres, ou d'un mémoire d'Arvanitaki dans le *Journal of Neurophysiology* en 1942. Mais on doit remarquer qu'il s'agit de cas exceptionnels, car la plupart des notes ou mémoires publiés en anglais sont dus à des chercheurs étrangers. Toutefois, si Harold Munro Fox ne cherche pas de périodiques français, le biochimiste Edward Baldwin n'hésite pas à faire présenter à la Société de Biologie des communications sur ses recherches à Tamaris ; mais pour intéressants qu'ils soient, ces travaux ne constituent qu'une part relativement faible dans l'abondante production de Baldwin, Fox ou Needham à cette même époque.

A propos de ces publications, on peut remarquer que les collaborations entre les chercheurs français et anglais ont été exceptionnelles : c'est tout au plus si l'on peut signaler un papier sur l'érythrocruorine associant les noms de Fox et de Roche qui ont fréquenté l'un et l'autre Tamaris entre 1931 et 1939. Les collaborations franco-françaises se sont établies plus facilement, par exemple entre Morin et Binet ou entre Fessard et Arvanitaki ; en revanche, il n'y eut pas de collaboration entre Jullien et Arvanitaki.

Au total, nous avons pu repérer 271 publications provenant du Laboratoire de Tamaris, de 1927 à 1943 inclus (auxquelles il conviendrait d'ajouter quelques travaux publiés après la guerre). Nous mettrons à part 20 publications concernant des Invertébrés terrestres. Sur les 251 publications restantes, l'écrasante majorité concerne donc les animaux marins. La floristique n'est représentée que par un seul travail sur les Algues de la baie de Toulon. La biologie animale au sens strict n'est concernée que par quelques notes de faunistique (7) ou d'embryologie (4) auxquelles s'ajoutent beaucoup de travaux d'anatomie et d'histologie dus à des chercheurs physiologistes qui avaient été élèves de Policard : il s'agit de Morin, devenu Professeur à la Faculté de Médecine de Marseille, et de Jullien, par la suite titulaire de la chaire de Zoologie de Besançon. La biochimie a eu une part notable (19), due à Baldwin (travaux sur le phosphagène dans la série animale) et surtout à Jean Roche, qui mit à profit la Station pour ses belles recherches sur la spécificité protéique des transporteurs d'oxygène. Mais c'est bien évidemment la physiologie qui se taille la part du lion, en particulier le métabolisme (16), le milieu intérieur (14), et surtout la physiologie neuromusculaire (111). Il est à noter que si les Crustacés et les Mollusques sont particulièrement représentés, les Coelentérés et les Poissons n'ont pas été négligés.

Ainsi donc, entre 1927 et 1940, la contribution de Tamaris aux travaux français relatifs à la physiologie des animaux marins est des plus importantes. Si un chiffrage précis est difficile, on peut cependant l'estimer en exploitant deux sources : d'une part, le dépouillement systématique des *Comptes rendus de la Société de Biologie* permet de recenser pour la période envisagée, près de 350 notes sur le sujet, dont le tiers (112) ont Tamaris pour origine, en tout ou partie ; 32 ont été réalisées à Roscoff, 17 à Concarneau, 12 à Arcachon et une vingtaine à Woods Hole, ce qui tient essentiellement à la fréquentation de ce célèbre Laboratoire américain par les physiologistes belges (en particulier par Rijlant) ainsi que par M. et Mme Lapicque. Le reste, pour la plus grande part, porte l'estampille de l'Institut Océanographique, qu'il s'agisse de travaux effectués à Paris ou à Monaco, ou publiés dans le *Bulletin* de l'Institut. Ce sont principalement les travaux de Portier, de Duval, de Drilhon, de Fontaine[17] et leurs collaborateurs. On peut, d'autre part, exploiter la bibliographie donnée à la suite de chacun des chapitres du *Comparative Animal Physiology* de Prosser; fortement sélective, elle néglige volontiers les publications françaises et ignore complètement le *Bulletin de l'Institut Océanographique*. Pourtant, bien que les physiologistes et biochimistes ayant travaillé à Tamaris ne se soient pas vraiment placés dans la problématique comparative qui est celle de Prosser (comme nous le verrons plus loin), ce sont leurs travaux qui représentent l'essentiel de la contribution française retenue par Prosser et ses collaborateurs. Ainsi, sur les 220 références trouvées dans cet ouvrage pour la circulation et la pression artérielle, dont 12 d'origine française, 9 articles proviennent de Tamaris. Fait plus significatif, ces 9 articles ont été publiés entre 1930 et 1940 et représentent le cinquième des références citées par Prosser pour cette décennie.

DE CARDOT À CORDIER: LE RETOUR À LA PHYSIOLOGIE COMPARÉE

Lorsque Cardot, en 1941, présenta dans un court rapport l'activité de son Laboratoire, il avait insisté sur l'avantage qu'offrait Tamaris: *« Cette Station,* écrit-il, *bien équipée pour la plupart des études biologiques a été, au cours des treize ans qui ont précédé la guerre, un lieu de rendez-vous pour de nombreux chercheurs français et étrangers. La réunion à certains moments, dans une atmosphère de cordialité et de camaraderie comme doit être celle d'un laboratoire, de chercheurs d'origines différentes et diversement spécialisés, est une chose excellente*[18]. *Grâce à des enseignements mutuels, à des contacts répétés au cours du travail, à des discussions amicales, chacun voit s'élargir son champ scientifique. Aussi, beaucoup de ceux qui fréquentaient Tamaris venaient s'y retrouver d'année en année pendant des périodes de vacances, fructueusement mises à profit pour les recherches, puisque les publications au titre de cette Station dépassent de 1927 à 1940 un total de 200. Ainsi les chercheurs du laboratoire de Lyon, au lieu de restreindre le champ de leurs travaux à la physiologie des quelques animaux usuels dans nos laboratoires (chiens, lapins, grenouilles et quelques autres) ont toujours pu disposer d'un matériel emprunté aux eaux richement peuplées de la Méditerranée. Or, les recherches de physiologie comparée sont celles qui permettent le mieux, à travers les différences offertes par les objets d'études, de saisir les traits communs à tous les êtres vivants, de déceler les mécanismes élémentaires caractéristiques de toute matière vivante, de les interpréter dans la mesure du possible sur des bases physico-chimiques, ce qui est le but de la physiologie générale ».*

17. Maurice Fontaine a également fréquenté Banyuls et Roscoff et reconnaît avoir «bénéficié ainsi d'échanges d'idées fructueux avec les grands hommes présents ou futurs qui hantaient alors cette station: Chatton, Prenant, etc. et aussi André Lwoff, Jacques Monod» (Fontaine *in litt.* 30 mai 1991).

18. Dans la mémoire des témoins de cette époque, l'atmosphère de Tamaris était des plus conviviales, quoique souvent frugale (communication verbale du Professeur Dessaux, ancien Assistant de Cardot).

En se réclamant de la physiologie générale, Cardot justifie à la fois une partie du titre de la Chaire lyonnaise (Physiologie générale et comparée), mais il n'en justifie qu'une partie, car ces deux disciplines constituent deux domaines bien distincts, et nous nous proposons, en guise de conclusion, de discuter à la lumière des travaux de Cardot et ses élèves, le statut de la physiologie comparée en France.

Dans l'analyse qu'il fit en 1899 des travaux présentés à la Société de Biologie de Paris au cours des cinquante premières années de son existence, Eugène Gley a rangé les effets exercés par le milieu sur les êtres vivants sous la rubrique du transformisme et il a fait la remarque que les membres de la Société avaient probablement été détournés de toute discussion à ce sujet *«par les tendances tout expérimentales et très positives qui y dominaient... Le positivisme, à commencer par son chef, a été très hostile au transformisme, et Ch. Robin, en particulier, a plus d'une fois manifesté cette hostilité».*

En définissant, en 1848, les objectifs que ses fondateurs assignaient à la Société de Biologie, Charles Robin avait précisé que la biologie se divise en quatre branches; considérée d'un point de vue statique, elle comprend l'anatomie et la biotaxie; du point de vue dynamique, elle englobe la physiologie et la science qui étudie l'influence du milieu ou des agents extérieurs sur les êtres vivants (on l'appellera parfois à cette époque éthologie). L'idée d'être organisé vivant est imparfaite si l'on ne prend le milieu en considération. On trouve ici l'écho fidèle d'Auguste Comte pour qui le grand problème biologique est de déterminer quelques lois générales exprimant l'harmonie entre l'organisme et son milieu. En ce qui concerne les animaux, Claude Bernard a bouleversé cette problématique, en substituant au milieu cosmique le milieu intérieur et en montrant que l'altération du milieu intérieur n'est le plus souvent que la conséquence et non la cause des altérations physiologiques affectant les tissus. Si le lien entre tissus et milieu intérieur a été peu à peu admis par les physiologistes français, ceux-ci ont eu plus de mal à reconnaître l'existence des relations physiologiques existant entre les organismes eux-mêmes grâce au milieu cosmique, vis-à-vis duquel, selon Claude Bernard, les plus évolués des animaux étaient libres et indépendants. L'importance accordée par Portier, Duval, Fontaine et ses élèves à l'influence des facteurs du milieu et aux possibilités d'adaptation des animaux marins fait à cette époque figure d'exception.

On conçoit que dans ce climat intellectuel, seul un petit nombre des recherches effectuées à Tamaris entre 1920 et 1950 aient été consacrées à l'influence des facteurs du milieu extérieur; l'endocrinologie, les spécificités métaboliques, les problèmes physiologiques soulevés par les migrations des animaux n'y ont pas été abordés. Qui plus est, si certains biochimistes ayant fréquenté Tamaris ont eu, comme Jean Roche, l'heureuse idée de s'attacher à l'étude descriptive d'espèces biochimiques dont la spécificité fonctionnelle a été par la suite clairement identifiée, beaucoup de physiologistes ont privilégié une approche biophysique, dans le cadre de théories qui se sont avérées hasardeuses, qu'il s'agisse de l'isochronisme du nerf et du muscle ou de l'état colloïdal de la matière vivante[19]. Ceci

19. Quelques travaux de Paul Meyer, publiés en 1935 et 1936 dans les *Comptes rendus de la Société de Biologie*, rapportent des déterminations de pression colloïdo-osmotique. Meyer, collaborateur d'Auguste Lumière, soutint une thèse d'Université sur le sujet (1937).

s'explique peut-être par la priorité accordée à l'établissement de «lois physiologiques». Un tel effort de rationalisation est sans nul doute à mettre en rapport avec les convictions de Cardot, actif militant de l'Union Rationaliste: il en a présidé la section lyonnaise, ce qui lui a permis d'inviter en qualité de Conférenciers les grands noms de la Science française de l'époque, qu'il s'agisse de Fréderic Joliot-Curie, Francis Perrin, Gustave Roussy ou Louis Lapicque.

On ne saurait sous-estimer l'importance des résultats obtenus à Tamaris dans le cadre de la physiologie générale, mais les recherches de Cardot, de ses élèves et de ses amis ont été interrompues par la guerre. La Station fut occupée par les troupes italiennes, puis allemandes, et toute recherche y fut interrompue. Cardot décéda après une brève maladie le 29 janvier 1942 et sa mort mit fin à toute tentative de synthèse susceptible de relier les résultats électrophysiologiques et les données relatives aux conditions ioniques; Arvanitaki était trop physicienne pour s'y engager, et il devait revenir à Hodgkin et Huxley d'établir, quelques années plus tard, la théorie de l'excitabilité. Les collaborateurs de Cardot poursuivirent, vaille que vaille, chacun pour sa part, l'œuvre entreprise[20]. Jullien créa à Besançon un groupe de physiologie cardiaque qui resta longtemps fidèle au matériel marin, et revint souvent à Tamaris après la guerre. Arvanitaki, avec une petite équipe, continua ses travaux d'électrophysiologie dans une cave de la Faculté des Sciences de Lyon, et finit par aller chercher à Monaco les Invertébrés marins qui lui étaient nécessaires, faute de pouvoir s'entendre avec le nouveau Directeur de la Station.

Celle-ci avait été réparée au prix de grandes difficultés et rouverte en 1948 par le successeur de Cardot, Daniel Cordier[21]. Vétérinaire de formation, Cordier avait étudié les effets métaboliques des variations des tensions gazeuses, et soutenu, contre l'opinion de Y. Henderson et avec raison, que le manque d'oxygène provoquait à la longue une acidose par production d'acides organiques (Henderson se bornait à observer pour sa part l'alcalose gazeuse consécutive à l'hyperventilation déclenchée par le manque d'oxygène, qui entraîne au moins temporairement un déséquilibre entre l'élimination accrue du CO_2 dans l'air expiré et sa production métabolique). Réfugié à Cambridge entre 1940 et 1945, Cordier avait eu l'occasion de fréquenter les physiologistes et biochimistes anglais (Barcroft, Haldane et beaucoup d'autres) plus orientés que les Français sur la physiologie comparée. Aussi, lorsqu'il obtint la chaire de Physiologie et son annexe maritime, il entreprit une série de travaux sur les réponses métaboliques d'espèces animales variées (Mammifères, Poissons, Invertébrés marins) aux modifications des facteurs du milieu. L'ouvrage de William Harvey sur l'eau de mer, le traité de biochimie de Baldwin, le stimulant petit livre de Marcel Florkin sur la biochimie comparée, puis le *Comparative Animal Physiology* publié par Prosser en 1950 servirent en permanence de guides à Cordier et à ses élèves (parmi lesquels figuraient les auteurs de ces lignes). S'il n'est pas question d'analyser dans le détail cette nouvelle phase de l'activité physiologique de Tamaris, puisque les publications qui en résultent

20. Après le décès de Cardot, la direction du Laboratoire fut assurée par Émile Terroine, titulaire de la Chaire de Physiologie de Strasbourg, replié personnellement à Lyon, alors que le reste de la Faculté des Sciences avait trouvé refuge à Clermont-Ferrand. En raison des circonstances, Terroine ne put rien faire à la Station de Tamaris, qui fut occupée par les troupes ennemies et gravement endommagée.

21. Sur Daniel Cordier, voir G. Pérès (1960).

n'apparurent qu'après 1950, force est de souligner qu'elle correspond mieux que la précédente aux objectifs de la physiologie comparée, ce en quoi elle diffère de la physiologie générale: mettre en rapport les modalités adaptatives des phénomènes physiologiques avec les conditions de vie imposées par le milieu, sans oublier les facteurs biotiques[22]. Elle se rapproche de l'authentique physiologie océanographique, que Maurice Fontaine (1980) a définie comme la physiologie d'une population au sein d'un écosystème. Dans le temps même où elle intègre enfin les relations avec le milieu cosmique parmi les processus qu'elle doit prendre comme objet d'étude, la physiologie cesse d'être subordonnée à la morphologie et s'évade ainsi de la place secondaire qui lui était assignée dans la classification d'Auguste Comte. Cette autonomie retrouvée s'est d'ailleurs concrétisée dans les faits à Tamaris, puisque l'ancienne Station maritime de Biologie a repris en 1965, à l'initiative de Gabriel Pérès, la désignation de Laboratoire maritime de Physiologie que Dubois avait initialement souhaité lui donner.

Sources manuscrites

Peu de choses ont survécu aux destructions commises pendant la guerre, puis en 1946. Nous avons cependant pu consulter certains documents conservés, en original ou photocopie, dans les archives des Laboratoire de Physiologie de Lyon (LY) ou de l'Institut maritime de Physiologie à Tamaris (TAM): Cahiers d'expériences de Raphaël Dubois (TAM); Inventaire des appareils, livres et mobiliers (LY); Aperçu des travaux effectués à la Station au cours de l'année 1930-1931, 2 pages dactyl. (LY); Rapport de Cardot sur l'activité de la Station maritime de Biologie de Tamaris, sans date (vers 1941), 7 p. dactyl. (LY); Rapport de Cardot sur la candidature de Mademoiselle Arvanitaki, 2 pages autogr., sans date (LY). Dossier sur la section lyonnaise de l'Union rationaliste (Arch. Bange).

Bibliographie

ARVANITAKI, A. *Les variations graduées de la polarisation des systèmes excitables,* Paris, Hermann, 1938, VIII — 220 p.

BACHRACH, E. «Variations expérimentales chez les diatomées. Perte de la carapace», *Ann. Physiol. Physicoch. biol.,* 5, 1929, pp. 529-531.

BACHRACH E. et Coll. «Henry Cardot, Professeur de Physiologie générale et comparée à la Faculté des Sciences de Lyon (1886-1942)», *Annales Univ. Lyon,* 1941-1942; tiré-à-part, Lyon, Bosc et Riou, 1943, 28 p., bibl., portr.

22. Sur la définition de la physiologie comparée, voir la préface et l'introduction de Prosser (1950) ainsi que Fontaine (1980); sur ses liens avec la physiologie générale, nous renvoyons le lecteur à un article en préparation.

BALDWIN, E. *Dynamic aspects of Biochemistry,* (2nd ed.), Cambridge, Univ. Press, 1952, XX — 544 p.

BANGE C., BANGE-BARNOUD R. «Répertoire des travaux effectués à l'Institut Michel Pacha depuis 1927», *Ann. Inst. Michel Pacha,* 1 (1968), pp. 70-84; 2 (1969), pp. 36-52; 3 (1970), pp. 73-90; 4 (1971), pp. 102-107.

BINET L. «Henry Cardot, 1886-1942», *J. Physiol.* (Paris), 38 (1941-43) [1942], pp. 5-8.

CARDOT H. *Réactions du Cœur de quelques mollusques à l'excitation électrique. Résumé du Mémoire présenté à la Faculté des Sciences de l'Université de Paris pour l'obtention du Diplôme d'Études Supérieures (Physiologie),* Paris, Masson, 1909, 16 p.

CARDOT H. «Sur les oscillations du tonus dans le cœur suspendu de l'escargot», *C.R. Soc. Biol.,* 83 (1920), pp. 1376-1377.

CARDOT H. «Aperçu sur l'évolution de la Physiologie et sur l'œuvre des Physiologistes lyonnais», *Revue Scientifique,* 66 (1928), pp. 1-9.

CARDOT H. «L'automatisme cardiaque d'après les recherches relatives aux invertébrés», *Ann. Physiol. Physicoch. biol.,* (1933), pp. 585-666.

CARDOT H., FROMAGEOT Cl. *Propriétés générales du nerf et du muscle, Contraction musculaire (juillet 1937-juillet 1938),* Paris, Hermann, 1938, 82 p.

CARDOT H., LAUGIER H. «Contribution à l'étude de l'accoutumance, de la sélection et de la transmission des caractères acquis chez les microbes», *Ann. Physiol. Physicochimie biol.,* 1 (1925), pp. 105-122.

CAULLERY M. *La Station de Biologie maritime de Tamaris,* Lyon, s.d., 1896, 16 p.

DUBOIS R. *Documents relatifs au laboratoire et à la chaire de Physiologie générale et comparée de la Faculté des Sciences de Lyon. Travaux du Laboratoire de Physiologie de l'Université de Lyon,* 1 (1889) [1890], pp. 77-84, 4 pl.

DUBOIS R. *La décentralisation universitaire et la Station maritime et terrestre de l'Université lyonnaise. Bulletin de l'Université de Lyon,* 1891; tiré-à-part, 18 p.

DUBOIS R. *Leçons de Physiologie générale et comparée,* Paris, Carré et Naud, 1898, 532 p.

DUBOIS R. «De la place de la biophotogenèse dans la série des phénomènes lumineux». *Ann. Soc. Linn. Lyon,* 61 (1914), pp. 247-256.

FESSARD A. *Propriétés rythmiques de la matière vivante. I. Nerfs isolés, 1ère partie: Nerfs myélinisés; 2ème partie: Nerfs non myélinisés,* Paris, Hermann, 1936, 100 p., 64 p.

FISCHER J.L. «L'aspect social et politique des relations épistolaires entre quelques savants français et la Station zoologique de Naples de 1878 à 1912», *Rev. Hist. Sc.,* 33 (1980), pp. 225-251.

FLORKIN M. *L'évolution biochimique,* (2e éd.), Paris, Masson; Liège, Desoer, 1947, 210 p.

FONTAINE M. «From the physiology of marine organisms to oceanographic physiology or physiological oceanography», In *Oceanography: the past,* M. Sears and D. Merriman ed., New York, Heidelberg, Berlin, Springer, 1980, pp. 353-359.

GLEY E. «Rapport sur l'histoire et l'œuvre de la Société de Biologie», *C.R.Soc. Biol.,* 51 (1899), pp. 1011-1080.

HARVEY H.W. *The chemistry and fertility of sea waters,* Cambridge, Univ. Press., 1955, VIII- 224 p.

KOFOID C.A. *The biological stations of Europe,* Washington, U.S. Bureau of Education, 1910, XIV — 360 p.

MEYER P. *Recherches sur la physiologie comparée de la pression colloïdo-osmotique du milieu intérieur,* Monaco, Académie méditerranéenne, 1937, 48 p.

ORTOLAN G. *Michel Pacha (1819-1907), enfant de Sanary. Créateur de Tamaris,* (2e éd.), La Seyne, G.R.A.I.C.H., 1989, 60 p.

PERES G. «Le Professeur Daniel Cordier», *Bull. Soc. Sc. Vét. Méd. Comp. Lyon,* 62 (1960), pp. 315-318.

PERES G. «Le Professeur Raphaël Dubois et son œuvre à Tamaris. Esquisse biographique», *Bull. Acad. Var,* 1964, pp. 3-16.

PERES G. «Le Professeur Raphaël Dubois, physiologiste, précurseur de la Biophysique» *Bull. Acad. Var,* 1979, pp. 273-282.

PETIT G. «Henri de Lacaze-Duthiers (1821-1901) et ses «carnets» intimes», *Premier Congrès International d'Histoire de l'Océanographie, Communications,* vol. 2, pp. 453-465 (*Bull. Inst. Océanog. Monaco,* 1968, n° spécial 2).

PROSSER C.L. et coll. *Comparative Animal Physiology,* (1ère éd.). Philadephia, London, Saunders, 1950, X-888 p.

RIPPLINGER J. «Le professeur Antoine Jullien, (1891-1963)» *Ann. Sci. Univ. Besançon,* sér.2, 19 (1964), pp. 1-12.

ROCHE J. *Essai sur la biochimie générale et comparée des pigments respiratoires,* Paris, Masson, 1936, 170 p.

TREGOUBOFF G. *Histoire de la Station zoologique de Villefranche-sur-Mer,* Paris, Comité des Travaux historiques et scientifiques, 1983, 134 p.

VELOSO F. «Oscillations du tonus dans le cœur d'*Helix aspersa* M.», *C.R. Soc. Biol.,* 1920, pp. 1334-1336.

Remerciements

Nous devons au Professeur Dessaux (communication verbale) et au Recteur Roche (lettre du 19 mai 1991) d'intéressants témoignages personnels sur Henry Cardot, ses élèves et sur le Laboratoire de Tamaris, et nous rendons à leur mémoire un hommage reconnaissant. Monsieur le Professeur Maurice Fontaine a également bien voulu nous faire bénéficier de précieux renseignements sur son activité scientifique et nous lui exprimons notre vive gratitude. Enfin, nous remercions Mademoiselle Nicole Gilardi et Madame Dominique Rochet de leur aide efficace dans la préparation et la mise au point de ce travail.

L'autre côté du miroir (The Other Side of the Mirror): French Neurophysiology and English Interpretations

Joy HARVEY*

A discussion of neurophysiology in France in the early decades of the twentieth century invokes the image of Louis Lapicque, the neurophysiologist at the Sorbonne who rose and fell on his conception of nerve-muscle action which he defined as *«chronaxie»* (sometimes termed the *«strength duration curve»*). Lapicque's theory was more than a simple time duration measurement; it was a grand theory of the nervous system which guided a great deal of research in France and throughout Europe. His own investigations extended from 1901 until his death in 1953. He taught and worked with students and collaborators first at the Muséum d'Histoire Naturelle and then at the Sorbonne[1].

My title «l'autre côté du miroir» reflects (if you will excuse the pun) my original intention to look at the description by Anglo-American researchers of the image of Louis Lapicque. I was struck by the manner in which both recent and contemporary descriptions depict the events in which Lapicque's theory of «chronaxie» was ruled out of international neuroscience by the experiments of W. H. Rushton. This story has been told over and over again with varying degrees of delight by the English nobelist Rushton himself, by the Belgian Z. M. Bacq, by both Americans and English in the 1970s. Very recently, Whitteridge in his review of a hundred years of International Congresses of Neuroscience tells the story once again[2]. The question remains to what degree the same perspective of events

* Darwin Correspondence Project, Université de Cambridge, Grande-Bretagne.

1. A. M Monnier, «Louis Lapicque», *Dictionary of Scientific Biography* VII, pp. 28-30 scribners, New York, 1973.

2. See especially the autobiographical recollections of Rushton, Gerard, J.Z. Young, Jasper and others in F. O. Worden, Judith Swazey, George Abrams Eds. *Neurosciences, Paths of Discovery,* M.I.T. Press 1974; and Ralph Gerard, «Neurophysiology Diary and Summary Report of a Survey of European Science in Relation to Neuropsychiatry for the Rockefeller Foundation May 14, 1935» (444 pages plus appendices and index), Rockefeller Foundation Archives RG 6.1 Series 1.1.(700a), Box 18, File 130, 131. I have looked at the role of the Rockefeller Foundation in funding a certain kind of neurophysiological research in a talk for the History of Science Society, «The Rockefeller Foundation's Program in Neurophysiology: Politicis and Instrumentation in the Medical Sciences», Seattle, Washington, October 1990. See D. Whitteridge's account below for a very recent retelling of the story.

existed among both the French and the Anglo-Americans. Was it primarily a retrospective construction? What was the function of this presumed defeat for the neurophysiology community?

As late as the sixties according to one medical student of that period, chronaxie was still taught in the École de Médecine as the central theory of neurophysiology. Recently, the French have adopted the Anglo-American perspective, privately describing the period of chronaxie as *«a shameful period of French science»*. The recent autobiography by Paillard, a psychophysiologist trained immediately after the second world war by Alfred Fessard, hails him in the postwar period as *«searching to create a modern neurophysiology revitalized by electronic progress in reaction against a French neurophysiology still dominated by the dogmatism of theories of chronaxie»*[3]. For the historian a whiff of gunpowder comes across the old battlefield.

The problem for a historian is aggravated by the fact that Lapicque's term chronaxie has not been ruled out of science completely, as the current historians of neurophysiology in England seem to believe[4]. It has been retained in a very limited sense by American, and French text books as a useful method of calculating (and predicting) the change of the strength duration curves over time. I will return to this at the end of the paper. Nor did Lapicque fail to adopt the technology of his day, as some of the recent comments have implied.

This term, *«chronaxie»*, coined by Louis Lapicque, was initially defined a strength duration curve over time. It provided a cohesive way of describing excitability of many different types of tissues through examination of the duration of these curves. By developing a measure which took a threshold (rheobase) sufficient to fire the nerve. The *«chronaxie»* (which Lapicque explained as «time-value») by definition was an intensity double the rheobase. The time axis of this curve might be calculated in seconds, tenths of seconds, hundredths of seconds or milliseconds, depending on the type of tissue and the organism, but the curves were identical in shape. Using small electrodes of silver to stimulate, one produced what Lapicque termed an *«invariable chronaxie»*. Searching for a reason for this, preliminary work of Lapicque in 1913 with his student Legendre indicated that in myelinated nerves the diameter of fibers accounted for the size of the chronaxie. *«The diameter [of the fiber] was greatest when the chronaxie was smallest, that is to say when the speed was greatest»*. Other parameters can be varied, or the chronaxie of abnormal tissues can be examined to study disrupted func-

3. «Autobiographie de Jacques Paillard», in Parot et Richelle, *Psychologues de langue française*, Paris, PUF, 1992, pp 177-206 [p. 178], which says of Fessard and his colleagues: «(...) cherchait à imposer une neurophysiologie moderne, renouvelée par les progrès de l'electronique, en réaction contre une physiologie française encore dominée par le dogmatisme des théories chronaxiques».

4. Tillie Tansey for example in England, working on Adrian's papers at the Wellcome Institute for the History of Medicine, London has has expressed this belief as does D. Whitteridge (former prof Physiology Edinburgh and Oxford) in *One hundred years of Congresses of Physiology*. (Published by the International Union of physiological sciences, Finland, 1989).

tions. For example, it was possible to study the effect of a variety of nerve and muscle toxins (like curare, strychnine, etc.) on the chronaxie of those tissues.

A useful tool? Yes, but Lapicque was not content with chronaxie as a tool: he believed that this regularity hid a basic theory of nerve function. In the period during the first decades of the twentieth century when constants in physics were proving so fruitful, it is no wonder that the discovery of a constant in physiology would seemed so suggestive. Lapicque was interested in physics, his work in medicine had been in a laboratory of medical physics. He warmly greeted Nernst's ideas of polarization in 1907 and 1909 when Nernst suggested their relevance for nerve action[5].

A little of the background of Lapicque and his theory suggest what seems to have been at stake in the international community. It is important to point out that Lapicque was a man of the nineteenth century. He was born in 1866 and trained at the end of the last century in medicine and science, obtaining a doctorate in both fields. His medical degree was in Paris, his natural science degree at Oxford. As a young man he was clinical chief in one of the laboratories of the Faculty of Medicine, a prestigious position. Interested in physics of medicine, he also was an associate professor at the Sorbonnne in 1899. For a while he worked as a biological anthropologist with Léonce Manouvrier, head of the Société d'Anthropologie, making physical measurements on peoples of Oceania in the course of a long voyage. Later, from 1911-1919 he directed a laboratory of general physiology at the Muséum d'Histoire Naturelle. and following that, he was Professor at the Sorbonne in a chair of general physiology where he also had a laboratory. His interest in nerve function seems to have been stimulated at the turn of the century by his professor, George Weiss, chairholder in medical physics at the Faculté de Médecine and Later dean of the Faculty at Strasbourg. Weiss in 1901 began to work with Lapicque and another young medical clinician, Bourguignon on the interesting curve which could be produced by nerve stimulation. Lapicque made this his life work. He began to define this curve more carefully, naming the strength duration function «chronaxie» in 1907. He reached the height of his fame in 1926, when as professor of physiologie générale at the Sorbonne, he published his widely read book, *L'Excitabilité en fonction du Temps*. Highly influential in France, especially in Paris where he came to epitomize the science of neurophysiology, his influence began to wane in Anglo-American circles following the systematic attack by A.V. Hill, Henry H. Dale and their student W. Rushton in England in the 1930s. At the time of Rushton's attack Lapicque was 67 years old. It is this attack, and the response to it, which is the center piece of my paper.

From the beginning of the century, Louis Lapicque worked closely with his wife, who had received a doctorate in sciences for her thesis on excitation times of tissues in a variety of different organisms in 1905. He credited her as an ini-

5. See for example Louis Lapicque, «Recherches quantitatives sur l'excitation électrique des nerfs traité comme une polarisation», *J de Physiol et Path gen,* 9 (1907), pp. 620-635; «Conditions physiques de l'excitation électrique étudiées sur un modèle hydralique de la polarisation», *J de Physiol et de Path gen.,* 11 (1909), pp. 1009 and 1035. He cites in his 1926 book a series of studies of Nernst including «Zur theorie der galvanischen Polarisation», *Sitz ber der K Preuss Akad der Wiss,* I[e] sem. p. 1.

tiator of many of his ideas and techniques. More than half of Lapicque's papers were published jointly with her, and she also published independently with Lapicque's colleagues and students[6]. Lapicque made a definite attempt to underscore her importance in the introduction to his book *La machine nerveuse*. Here he noted *«[Ma femme] Marcelle de Heredia m'a donné depuis l'origine une collaboration riche en initiatives heureuses»*[7]. Curiously, her name has dropped out of many of the Anglo-American necrologies. Even Monnier's tribute to his teacher in the *Dictionary of Scientific Biography* fails to mention her. Yet there was already a tradition in studies of the nervous system for husband and wife teams. Jules Déjerine, the leading neuropathologist of the previous generation worked closely with his wife, the first woman *interne* in France, of American origin[8]. Although I have no time to develop the interesting sidelight, I might add that the field of neurophysiology seems unusually full of husband and wife teams, in America and Germany as well as a number more recent examples in France[9].

From 1903 to 1938, Lapicque had an enormous influence, and his theory was at first seen as stimulating to research. Scientists from America, Belgium, Japan, Ireland and South America came to work in his laboratory in the 1920s and 1930s and to learn his techniques. The best known to Americans was Herbert Gasser, then a student, later a colleague of Joseph Erlanger of Washington University, St. Louis, with whom he won the Nobel prize. With a grant from the Rockefeller Foundation (through the National Research Council) Gasser went to study in Europe in 1924, and spent some time in the laboratory of A.V. Hill as well. Gasser worked in Lapicque's lab for part of 1924, where he examined nerve fibers, as he wrote back to Erlanger, *«to see if there is anything in the relations between size and function»*[10].

A.V. Hill encouraged Gasser and Erlanger to develop the oscillograph for studying the nerve impulse «action potentials» which they would demonstrate so dramatically in 1929 at the International Congress of Physiology in Boston and

6. Her thesis was on electrical excitability of muscle in vertebrates and invertebrates (1905). Her publications with J. Weill, C. Veil and M. Nattan-Larrier are also cited.

7. Louis Lapicque, *La machine nerveuse*, Flammarion, Paris 1943, p.7.

8. Augusta Klumpke of American origin successfully won the right with Blanche Edwards (grandaughter of Henri Milne-Edwards) to compete for the internat. Dejerine, like Lapicque, credited her work in his prefaces and on his title pages and continued to work closely with her until his death. Augusta Klumpke became a member of the Société de Biologie only after his death in the 1930s.

9. Lapicque's student Monnier worked closely with his wife Andrée Monnier. Henri Piéron worked with his wife Mathilde in his laboratory. Even more recently, Alfred Fessard and his wife Denise Albe-Fessard have been important models of cooperative work.

10. Nov 27 1924 H. Gasser to J. Erlanger in Joseph Erlanger Papers, Washington University, StLouis, Missouri. Later the two would demonstrate this successfully with their new electronic equipment. Erlanger, Joseph and H.S. Gasser «The Action Potential in Fibers of Slow Conduction in Spinal Roots and Somatic nerves» (*Am J Phys*, 92 (1930), pp. 43-81 Lapicque says that the fundamental basis for work Gasser completed with Erlanger on relationship between fiber diameter and speed of impulse begun in his lab which Gasser then began to question. Erlanger seemed to reluctant to credit Lapicque for his first suggestion of this in 1913 with Legendre but Gasser answered him in 11 dec. 1934 *«I know on all accounts that Lapicque and Legendre's evidence for association of chronaxie and fiber size is wrong. They made the association of properties and size on a fallacy but nevertheless they made the association and it takes paragraphs to explain the history since»* (Erlanger papers), december 1934.

which received heavy funding from the Rockefeller. Rockefeller money also allowed a Lapicque student, A. M. Monnier to go to St. Louis to learn the new oscillograph techniques in 1929-1930. Monnier, returning to Lapicque's laboratory, received significant annual funding from the Rockefeller Foundation until 1938 first to purchase a Gasser-Erlanger oscillograph and later to develop his own electronic equipment in Lapicque's laboratory[11]. It is therefore incorrect to say, as a recent scientist has claimed, that Fessard in the post-war period was the first French scientist to use the new electronic instruments[12].

H. H. Jasper came from America to work with Monnier and Fessard, in Lapicque's laboratory. Jasper obtained a French degree during this period. Later he made his name for his work on electronic recording of Penfield's experiments on the brain in Montreal. A Belgian neurophysiologist, Z. M. Bacq, who had developed the first hints of chemical release of noradrenaline at the synapse with Walter B. Cannon in America, also worked with Monnier in Lapicque's laboratory. According to Bacq, Lapicque was more welcoming to the ideas of foreigners in his laboratory than to those of his collegues and students. Bacq explained the new ideas of chemical transmission at the synapse to Lapicque with some trepidation in 1934, and to his surprise found Lapicque publicly conceding to his students and collegues that he was convinced by Bacq that this occurred at least at the autonomic nervous system. He was assured by Lapicque's colleagues that this sort of concession would never have made had Bacq not been a foreigner, since Lapicque was not willing to listen to challenges from his own students.

11. Ali Monnier is listed in 1936 as Maître de Recherches, Laboratoire de Physiologie generale, Sorbonne, University of Paris. *«The Physiology laboratory of the Sorbonne had been since the end of the war [WWI] mainly devoted to neuromuscular physiology. Research had been essentially based upon the methods of electrical excitation. The director of this laboratory, Professor Lapicque felt the need of using another line of approach to the problem i.e. recording of electrical activity of tissue. It is (sic) at that time (1929) that he advised me to study the latest developments in this technique. A Rockefeller Fellowship in America gave me the opportunity to work with Dr. Gasser and Dr. Erlanger and to become acquainted with this new field open to research... For four years this equipment revealed itself very satisfactory. In 1930 a complete Cathode ray recording outfit was installed in our office».* He added at the end of his report : *«Au fur et à mesure de ces recherches, les conditions de leur réalisation apparaissaient plus clairement: le succès dans la recherche en électrophysiologie ne dépend pas de l'existence d'appareils achetés à grands frais mais de celle d'un équipement réalisé avec l'aide de chercheurs spécialisés. Cette intervention est absolument décisive dans la réalisation d'expériences qui requièrent la mise en service d'instruments de plus en plus sophistiqués».* Ali Monnier, Report to Rockefeller Foundation (1937) in Rockefeller Foundation Archives RF 6.1 series 1.1., box 3, folder 37. By 1938 Monnier received a final 'terminal' grant of 45 000 francs, after receiving grants each year for specified equipment.

12. See Jacques Paillard in Françoise Parot et Marc Richelle (directeurs), *Psychologues de Langue Francaise*, Paris: Presses Universitaires de France, 1992. *«[Fessard] m'expliqua le principe de ces nouvelles méthodes d'exploration des activités électriques des muscles et le fonctionnement de ce merveilleux appareil que constituait l'oscilloscope à faisceau cathodique dont il fut, je crois, le premier utilisateur dans la recherche biologique en France»* p.182-3. Monnier, however had earlier adapted the same instruments for research on chronaxie measurements. Fessard became a very important figure in international neuroscience. Among other works, Fessard edited *Handbook of Sensory Physiology*, III/3, and wrote «I-Introduction: Physiology of electroreceptors». pp 60-64 and «II – Peripheral mechanisms of electroceptors in teleosts», *Ibid.*, pp. 64-95.

Why did the English particularly see Lapicque as a source of irritation ? Why was it so important to eliminate his theory ? Chronaxie would appear to have been a useful theory for research since in 1933 and 1934 hundreds of papers were generated on this subject. One reason seems to have been Lapicque's incorporation of the totality of current experimental evidence under the rubrique of his grand theory. He had criticized Sherrington's great work on the reflex arc as *«simplistic»*, suggesting that the concept of coordination at the spinal level should be rethought in terms of interactions within the spinal cord. He also denied any real importance in the role of the synapse in an era when chemical vs. electrical transmission at the synapse and the role of the sodium pump in effecting polarization and depolarization were seen to be the *«hot topics»*.

The electrical analogy of the nervous system had been an important one in physiology since the work of Hermann Helmholtz on the measurement of the nerve impulse in the mid 19th century, refined and defined by DuBois-Reymond who as friend and colleague of Helmholtz, had in 1877 hinted at the possibility of a chemical mode of neural transmission. That alternative possibility led to much heated debate over the next 70 years. Nerve and muscle measurements were expanded by many new electrodes and stimulation devices and recorded first by the traditional smoked drum and then by Marey's stimulation and recording devices, and serial photographs. By the 1920s new oscilloscope techniques (using the cathode ray tube) permitted one to visualize the action potential of the nerve[13].

There had been a parallel development of interest in time-constants and strength duration curves in England, with the work of A.V. Hill and Keith Lucas. Lucas had developed a strength duration curve, and in 1910, Hill had developed a time constant to which he gave a mathematical expression. Lapicque, while he gave extensive credit to British investigations in his courses at the Sorbonne, discussed the British in his articles and books primarily in connection with his own ruling idea of chronaxie[14].

In 1930, a major challenge to Lapicque's work came from England. A young neurophysiologist, W. H. Rushton, began to publish a series of articles in the *Journal of Physiology* [of London] challenging chronaxie as a useful theoretical concept. Lapicque began to answer the criticisms in the same journal, convinced he had done so successfully. The young Rushton then challenged Lapicque in person at the Fourteenth International Congress of Physiology in 1932. This event was later reported by a large number of observers as the highlight of the meeting. Lapicque in his morning coat spoke on *«metachronosis»*, his new term for changes in chronaxie following drugs or cellular effects. According to Whitteridge's account:

13. Gasser and Erlanger who developed this instrumentation most completely received a Nobel prize, although the apparatus seems to have been envisioned first by Hill. They demonstrated their apparatus publicly at the Boston 1929 meeting of the International Congress of Physiology.

14. Note the limited referencing Lapicque made to the work of the multiple groups in England actively engaged in neurophysiological work, after Charles Sherrington (It may be significant, for example, that only the first of A. V. Hill's studies is cited here and that one was from 1910 : A.V. Hill «A new mathematical treatment of changes of ionic concentration in Muscle and Nerve under the action of electrical currents with a theory as to their mode of excitation», *Journal of Physiology,* 20 (1910), pp. 190-224. In 1943, in his book *La Machine Nerveuse,* Lapicque mentions the English «école de physiologie» as though it were a single group, and hints at Rushton's objections without naming him.

...ich causes failure of conduction from nerve ...ngthen the chronaxie of muscle. According ...of two tissues differ by a ratio of more than ...ushton then pointed out that in Lapicque's ...e normal chronaxie of muscle, since he had ...made no attempt to use an area free of intra... ...ought was the chronaxie of muscle was in ...nches. Following Keith Lucas, Rushton had ...le nerve-free area. The normal chronaxie of ...excitation time is much longer than that of ...] There was an unprofitable discussion of ...ed that the name chronaxie should be limi... ...ll electrodes and that values obtained with ...called «excitation times». It was clear that ...of equality of chronaxie of nerve and muscle ...el should not be unexpected as scientists are not always open minded and an immense amount of work had been done on chronaxies of all excitable tissues by Lapicque and his many pupils. Rushton was booed. Fredericq and others poured scorn upon him, but he was stoutly defended by J. F. Fulton»[15]. So runs Whitteridge's description, but the story does not end there.

Rushton followed up this attack with a long paper in the *Journal of Physiology* in which he systematically repeated his attack on Lapicque's studies of curare using the concept of chronaxie, concluding: *«If then chronaxie does not play the important physiological role that has been attributed to it, if it is not the pass sign of nerve-muscle conduction, what finally is the value of this measure ?»*[16]. He added that since Lapicque had not wanted the term used for large fluid electrodes. *«If we mean [by chronaxie] a measure satisfying all Lapicque's recent restrictions...then clearly the utility of chronaxie will be limited»*[17]. Rushton substituted the term «excitation time» instead (which one might note is not a constant in the same sense as Lapicque's term). Although Rushton's paper explicitly attacked only Lapicque's study of curare using chronaxie, it was greeted as a dismissal of all of Lapicque's work.

Reading Rushton's paper today, it seems like a model of experimental argument and proof. Yet there are some questions which are raised by it. The fluid electrodes of the size which Rushton (and Lucas) used appear to give a very different value for the *«chronaxie»* or strength duration curve. Rushton's dismissal of Lapicque's interpretation of the action of curare and by extension all of Lapicque's work includes the doubtful insistence by Rushton that curare acts «on the nerve not the muscle»

15. D. Whitteridge [former professor of Physiology, Edinburgh and Oxford), *One hundred years of Congresses of Physiology* (Published by the International Union of physiological sciences Finland), 1989. Page 23, he goes on to compare this reception of a «newcomer» with the much pleasanter reaction by Alan Hodgkin when challenged. Whitteridge's account written in 1989, was given to him by H. M. Sinclair.

16. W.A. H. Rushton «Lapicque's theory of curarization», *J. Physiology London*, 44 (1933), pp. 337-364.

17. *Ibid.*

Perhaps the story has been oversimplified in retrospect. The importance of the concept of chronaxie in international science in the mid to late nineteen thirties is shown by the enormous numbers of references under that term, and related terms in the *United States Surgeon General's Catalogue* for 1938, in German, Italian, Spanish, Roumanian as well as English and French, most of them dating from the period between 1930 to 1936[18].

Had Lapicque gone down to defeat with the finality of the retrospective accounts? It was only some years later that Lapicque understood how absolutely the English had slammed the door on his theory. At the urging of Z. M. Bacq and A. Fessard who were in Plymouth England in 1936 at the time, the English physiologist A.V. Hill invited Lapicque to cross the channel on his yacht, «The Axon» to visit the Marine Biology laboratory there. According to Bacq, Hill was surprised to find that he, his wife and a single sailor would have navigated the Channel in that way. To which Lapicque replied *«My dear colleague, you never believe anything I say»*. The result, however was some serious discussion between Hill and Lapicque[19].

Lapicque reviewed his discussions with Hill in a note published in the *C.R. Académie des Sciences* in 1937. He reported the discussions as friendly although the *«eminent English physiologist had a prejudice against my conceptions»*. According to Lapicque, Hill had declared that *«he would have no more theoretical objections to make if they were presented in a different form the principle of which he indicated to me. In the correspondence which followed our accord appeared more difficult and I have not succeeded in finding the exact form acceptable to M. Hill»*. Was there more than a touch of sarcasm here, or a real wish to mend fences? He continued : *«It appeared worthwhile to me to try once more to clarify our differences and for that reason each to explain his point of view publicly»*[20]. Lapicque explained his objections to Rushton's experiments once again, and rehearsed his own point by point dismissal of them. In a follow-up note on isochronism, he more fully explained Hill's suggestions that chronaxie should, to be truly useful, include not only time but amplitude of impulses. But Lapicque argued that this was implicit in his concept of para-resonance which his colleague Monnier had examined. He insisted that the elevation of the rheobase of the muscle could very adequately explain curarization[21].

Lapicque also had some correspondence with Henry H. Dale, the strong advocate of chemical transmission in England to whom he insisted that it was necessary to combine the two theories in order to explain nerve transmission. But for Lapicque, who had questioned the concept of the synapse repeatedly, this concession was accompanied by a comment that *«the theory of a chemical intermediary*

18. «Chronaxia», U. S. Surgeon General's Catalogue Index Medicus, Vol «C», Washington D.C. 1938.

19. Z. M. Bacq, *Chemical Transmission of Nerve Impulses: A historical sketch,* Pergamon Press Oxford, New York, Toronto, 1975 (French edition 1974).

20. L. Lapicque and M. Lapicque, *CR Acad Sciences,* 205 (1937), pp. 502-[503] His note on isochronism is *CR Acad Sciences,* 205 (1937), pp. 530-541.

21. Ibid.

has grave problems». In this he was not alone since John Eccles was hotly contesting Henry H. Dale's chemical transmission at the same time[22].

It was hard for Lapicque to accept the challenge to his ideas because for him neither chronaxie nor isochronism were theories. They were *«quantitative facts independent of all hypotheses»*[23]. Chronaxie, he explained once more was, in a limited sense, only a particular measure of physiological time, but chronaxie in the larger sense included by definition *«the nervous impulse and the process what ever it may be by which this impulse excites the following element»*[24]. Hill had jokingly called this Lapicque's «credo» in their discussion, but to Lapicque his theory was only a *«generalization from known facts»*[25]. Lapicque insisted that, apart from the explanatory power of chronaxie and isochronism (*«large although not unlimited»*), his ideas had *«the merit of opening up new directions of research, the fertility of which is not yet at an end»*[26].

Lapicque was wrong. Chronaxie as a theory was more or less dead in the water. The new concepts of polarization, of measurement of action potentials and chemical transmission made the older theory too restrictive. Lapicque's little book, *La Machine Nerveuse* written in part when he was imprisoned by the Gestapo during the Second World War recounts the earlier history of chronaxie, but refers only in a footnote to the challenge *«by the English school of physiology»*.

After the war, when French science was revived, Alfred Fessard was made the head of neurophysiological research at the College de France, taking a chair specially created for him. He, not Monnier now received heavy funding from the Rockefeller Foundation. Lapicque's old laboratory at the Sorbonne, headed by Monnier had become something of a backwater. Lapicque in the late 1940s, still took up the question of curare, still argued for the validity of the research done ten years before. He made major concessions on the subject of the synapse, but too late. The community was no longer listening[27].

This story like all stories may have a moral, but I am suspicious of morals. One might say for example that when a theory explains too much, it also fails to focus on new questions in a useful manner, as occurred in Lapicque's effort to absorb both chemical and electrical transmission under *«heterochronism»*. The theory weakened as it became a dogma as well as a credo. But how is the researcher who has devoted his life to these ideas to recognize that his fruitful hypotheses have become too rigid and are choking the young crop of ideas?

22. See Bacq's account above. The correspondence of Lapicque with Henri Piéron may illuminate this period of L's thought see Papiers de Henri Piéron, Archives Nationales, AP 520 /7. See also the papers of A. V. Hill in Churchill College, Cambridge University.

23. Louis Lapicque, *CR Acad Sciences*, 205 (1937), pp. 530-541 ; see p. 533.

24. *Ibid.* «l'influx nerveux et le processus quel qu'il soit, par lequel cet influx excite l'élément suivant.»

25. *Ibid*, p. 533.

26. *Ibid.*, p. 534. The quotation is the last sentence of the paper.

27. See for example the papers by Lapicque which cites further theoretical work with A.M. Monnier in 1947, 1948. Louis Lapicque «Sur la curarisation préventative dans la convulsothérapie psychiatrique», *Bulletin Académie de Médecine*, 132 (1948), pp. 136-142. He avoids the reference to chronaxie here, however. Monnier's later work, after the death of his «spiritual father» in 1951 seems to have broken some new ground. He became the editor of *Actuelles neurophysiologiques*, from 1959 and lectured in England, America and South America in the mid 1950s.

Yet one wonders if Lapicque had made concessions to Hill, if he had agreed to the more limited application of his terms, if he had incorporated the new research into his theory, expanding it and making it flexible, whether the events of the Rushton-Lapicque encounter would have been recalled in the same manner. We must not forget that Lapicque was now seventy, the events of the Second World War obliterated many of the final arguments, not all of them faulty on Lapicque's side.

In contrast, another scientist in danger of finding himself marginalized in neuroscience by the English community, publicly underwent a spectacular public conversion. The future nobelist John C. Eccles, who had been in Sherrington's lab in the 1930s found himself very much in the provinces, teaching during and after the Second World War in New Zealand where he met Karl Popper. He used his friend Popper's philosophy of scientific *«falsification»* to facilitate an abandonment of his ardent defence of electrical transmission at the synapse, and to adopt chemical transmission, to public acclaim[28].

Perhaps the story of chronaxie would not be as interesting if there had not been a recent resurgence of the term with multiple recent citations to Lapicque in America. L.A. Geddes and his co-workers at Purdue have found it a useful predictive measurement in the field of electroencephalography, and published a number of papers between 1985 and 1989 using Lapicque's term. Admittedly, it is no longer the center piece in a systematic theory of nervous activity[29]. In England, however, even the term seems to have dropped out of the literature. Something suspiciously like Lapicque's chronaxie curve is illustrated in a very recent edition of English book on *Nerve and Muscle* by R. D. Keynes and D. J. Aidley, but here the citation is to the very article in which Rushton attacked and demolished Lapicque and the theory of chronaxie[30].

The study of failed theories in biology, may illustrate much more clearly than any «success» the role of theoretical structures in science, their usefulness as a heuristic, and the dangers of retaining a theory too long after its usefulness has been shown to be limited. The complication of this story is the nature of that so-called 'defeat' and the surprising nature of the triumphant delight as the community of neuroscientists have retold the story of chronaxie. Like Fraser's

28. John C. Eccles, «The Synapse from Electrical to Chemical transmission», *Ann. Rev. Neuroscience*, 5 (1982), pp. 325-339. Bacq's account of this carries with it a touch of sarcasm about the usefulness of Popper's philosophy in the conversion, making a virtue out of a change of heart.

29. Konrad, L. A. Geddes, W. A. Tacker jr., D. Reuter, D. Schooler and S. Dull, «Existence of a strength-duration curve for spinal cord motor evoked potentials in cats», *EEG and clinical Neurophysiology*, 74 (1989), pp. 463-468; L. A. Geddes and J. D. Bourland, «The Strength Duration Curve», *IEEE Trans Biomedical Engineering*, 32-6 (1985), pp. 458; G. A. Mouchawar, L. A. Geddes, J. D. Bourland and J. A. Pearce, «Ability of the Lapicque and Blair Strength-Duration Curves to fit Experimentally Obtained Data from the Dog Heart.» *IEEE*, 36-9 (1989), pp. 971-974. The three authors are with Hillenbrand Biomedical Engineering Center, Purdue (Indiana). See another article by a group from Strasbourg : Pierre Schmitt, Guy Sandner, Pierre Karli, «Escape and Approach induced by Brain stimulation : a parametric analysis», *Behavioral Brain Research*, 2 (1981), pp. 49-79. This is from Laboratoire de Neurophysiologie, Centre de Neurochimie, CNRS, Strasbourg.

30. R. D. Keynes and D. J. Aidley, *Nerve and Muscle*, Cambridge University Press, (2nd edition), 1991. They cite to W. A. H. Rushton, «Lapicque's theory of curarization», *J. Physiology Lond*, 44 (1933), pp. 337-364.

accounts of the death of the fertility god every spring, it has the aura of myth. It may recount not simply the defeat of a theory but the triumph of youth over age, of new science over old. The other side of the mirror may not reflect the Anglo-Saxon world looking at French science, or French science looking backwards at itself, but the old scientist looking in the mirror and reflecting on his past, seeing himself young again vanquishing the old king.

Autour d'une controverse sur l'excitabilité : Louis Lapicque et l'École de Cambridge

Jean-Claude DUPONT*

La destinée du physiologiste et médecin français Louis Lapicque (1866-1952) offre le contraste saisissant entre une brillante carrière nationale et une reconnaissance médiocre hors de nos frontières. Alors que, relayant la science allemande, les Anglo-saxons nous lèguent tous les concepts de base de la physiologie du signal nerveux, la France, dominée par les conceptions chronaxiques, connaît un échec cuisant et un retard incontestable en ce domaine, et ceci au moins jusqu'à la Seconde Guerre mondiale.

Nous nous sommes précédemment interrogés sur les circonstances de cette faillite spécifiquement française en analysant les résistances de Lapicque à la transmission chimique de l'influx nerveux, voie de recherche pourtant ouverte dès le début du siècle par l'École de Physiologie de Cambridge (Elliott, Langley)[1]. Lapicque se présentait alors comme un farouche partisan d'une transmission purement électrique de l'excitation. On se propose ici d'examiner plus particulièrement une deuxième controverse, connexe à la première, qui l'opposera à l'École de Cambridge (Lucas, Rushton) et qui concerne plus spécialement les conditions de l'excitabilité. On dégagera l'enjeu biologique commun de ces discussions sur les phénomènes d'excitation. On tentera alors de comprendre, parallèlement à leur rejet par le monde anglo-saxon, le relatif succès initial et la persistance des thèses chronaxiques en France.

* CRATS, Université Charles de gaulle — Lille III.

1. Cf. J.C. Dupont, «Les résistances à la neurotransmission chimique : le cas de l'école française», *Cahiers d'Histoire et de Philosophie des Sciences,* 40 (1992), pp. 247-257; *Les origines de la théorie chimique de la neurotransmission : contribution à une histoire de la neurobiologie et du message cellulaire,* Thèse d'histoire des Sciences et des Techniques, Lille III, 1992.

POSITION DU PROBLÈME, GENÈSE DE LA NOTION DE CHRONAXIE

Il est plus facile, pour suivre les débats assez techniques qui vont avoir lieu, d'envisager d'abord les origines des conceptions chronaxiques[2].

La notion de chronaxie et la loi de l'isochronisme sont nées de la critique par Lapicque des thèses de Claude Bernard, de Du Bois-Reymond et de son élève Brücke concernant l'excitabilité et l'intoxication par les curares.

L'excitabilité avait été étudiée dès l'âge classique en tant que phénomène distinctif des tissus vivants (Glisson, Von Haller). La préparation musculaire de grenouille (muscle gastrocnémien; Swammerdam) s'imposera comme le modèle expérimental classique de la neurophysiologie après Volta, lorsqu'on utilisera systématiquement le courant électrique comme agent excitant. Pour exciter un tissu, ce courant doit posséder certaines caractéristiques : *«brusquerie»*, intensité, durée... Ces facteurs seront étudiés au XIXe siècle par divers auteurs, parmi lesquels Du Bois-Reymond[3]. A la suite de ses travaux entre 1843 et 1848, Du Bois-Reymond propose comme mesure de l'excitabilité, l'intensité liminaire d'un courant établi instantanément, c'est-à-dire la valeur minimale en dessous de laquelle l'excitation ne peut plus être obtenue («seuil galvanique»). Ce seuil d'intensité était valable quelle que soit la brièveté du passage du courant. Pour cet auteur, la seule condition chronologique de l'efficacité de l'excitation est la variation de l'intensité en fonction du temps[4].

Mais le chariot que Du Bois-Reymond utilisait ne pouvait donner des temps de passage très brefs du courant excitant. On chercha d'abord à dépasser cette limite instrumentale en travaillant sur des tissus moins excitables. Fick, Engelmann montrèrent l'importance de la durée d'excitation: le courant doit, pour être efficace, être plus intense pour des passages brefs que pour des passages longs[5]. Mais le «dogme» de Du Bois-Reymond et les conditions chronologiques de l'excitation ne furent véritablement révisés qu'après qu'Hoorweg, utilisant des décharges de condensateurs (1892), puis Weiss, grâce à un dispositif balistique (1901), fussent parvenus à obtenir des durées d'excitation extrêmement brèves[6]. La durée du courant excitant s'imposa alors comme le principal facteur chronologique de l'exci-

2. Cf. L. Lapicque, *L'excitabilité en fonction du temps; la chronaxie, sa signification et sa mesure*, Paris, Presses Universitaires de France, 1926; *La chronaxie et ses applications physiologiques*, Paris, Hermann, 1938.

3. Cf. C.C. Pupilly, E. Fadiga, «The origins of electrophysiology», *Cahiers d'Histoire Mondiale*, VII-2 (1963), pp. 547-589; W.A.B. Brazier, *A history of neurophysiology in the 17th and 18th century*, New York, Raven Press, 1984; *A history of neurophysiology in the 19th century*, New York, Raven Press, 1988.

4. E. Du Bois-Reymond, *Untersuchungen über tierische Electrizität* (2 vol.), Berlin, Reimer, pp. 1849-1884; *Abhandlungen zur allgemeinen Muskel und Nervenphysik*, Liepzig, Veit, pp. 1875-1877.

5. A. Fick, *Beiträge zur vergleichenden Physiologie der irritabelen Substanzen*, Braunschweig, 1863; Engelmann, «Beiträge zur allgemeinen Muskel and Nerven Physiologie. I. Ueber die elektrische Erregung der ureter, mit Bemerkungen über die elektrische Erregung in allgemein», *Pflügers Archiv*, 3 (1870), p. 247.

6. Hoorweg J.L., «Uber die elektrische Nervenerregung», *Pflügers Archiv*, 52 (1892), pp. 87-108; M.G. Weiss, *Comptes rendus de la Société de Biologie*, 53 (1901), pp. 253-255, pp. 400-402, pp. 466-468.

tation. Les premières courbes hyperboliques intensité-durée d'excitation furent tracées et Weiss énonça ainsi sa loi de l'excitation électrique des nerfs: *«Quand une excitation électrique parcourant un nerf a une durée* t, *la quantité d'électricité* (Q = it) *nécessaire pour provoquer la réponse minima est liée au temps par la formule* Q = a + bt, a *et* b *étant deux coefficients dépendant des conditions de l'expérience»*[7].

Partant de cette loi d'Hoorweg-Weiss, les travaux de Louis et Marcelle Lapicque aboutirent à la fameuse notion de chronaxie comme caractéristique de l'excitabilité tissulaire. A partir de 1903, ils montrèrent que tous les tissus donnent une courbe semblable sous réserve du choix convenable de l'échelle graphique. Pour des temps longs, la courbe est horizontale, pratiquement parallèle à l'axe de temps. Le seuil galvanique, que Lapicque appelle rhéobase, est lié à l'excitabilité. Mais puisqu'il y a convergence asymptotique, la mesure ne peut être effectuée avec précision et dépend en outre de certaines conditions expérimentales. Une fois déterminée la rhéobase, il est en revanche facile de chercher la durée pour laquelle on est au seuil avec une intensité double par exemple. Cette constante de temps, que Lapicque nomma plus tard chronaxie (1909) rend inutile le tracé de la courbe intensité-durée point par point et suffit à caractériser avec précision l'excitabilité[8].

GENÈSE DE LA LOI DE L'ISOCHRONISME

Pour obtenir ces résultats, Louis et Marcelle Lapicque avaient dû multiplier les mesures d'excitabilité sur des muscles variés de vertébrés et d'invertébrés. Mais une question s'imposait alors à eux: s'agissait-il réellement de chronaxies musculaires ? Le courant électrique pouvait avoir atteint les filets nerveux épars dans le muscle. Claude Bernard avait établi «la conservation de l'irritabilité musculaire» en montrant que lorsque le complexe nerf-muscle est curarisé de façon à ce que le nerf paraisse inexcitable, l'excitabilité musculaire paraissait inchangée[9]. Brücke (1867) avait montré qu'en réalité, pour les courants brefs, l'excitabilité du muscle curarisé était diminuée[10]. Or selon la conception bernardienne, le muscle n'est pas touché par le poison. Comme l'explique Prochiantz : *«Parce qu'il suit l'activité nerveuse par ses effets sur la fibre musculaire et parce que*

7. M.G. Weiss, «La loi de l'excitation électrique des nerfs», *Comptes rendus de la Société de Biologie,* 1901, p. 466.

8. Les travaux de L. et M. Lapicque ayant abouti à la chronaxie s'échelonnent dans un nombre considérable de notes à la Societé de Biologie et à l'Académie des Sciences. On en trouve l'essentiel dans livre de Lapicque : *L'excitabilité en fonction du temps : la chronaxie, sa signification et sa mesure,* Paris, Presses Universitaires de France, 1926. Cf. aussi la thèse de M. Lapicque : *Recherches sur l'excitabilité électrique de différents muscles de vertébrés et d'invertébrés*, Lille, 1905.

9. C. Bernard, T.J. Pelouze, «Recherches sur le curare», *Comptes rendus de l'Académie des Sciences,* 31, pp. 533-537, 1850 ; Cf. aussi *Notice sur les travaux d'anatomie et de physiologie de M. Claude Bernard,* Paris, Martinet, 1850.

10. Brücke E., «Ueber den Einfluss der Stromesdauer auf die elektrische Erregung der Muskeln», *Sitz. der K. Akad. d. Wissensch.,* Wien, Math-Natur Cl., 2e Abth, 56 (1867), p. 594.

la fibre musculaire reste stimulable directement, même en présence de curare, Claude Bernard conclut que c'est le nerf moteur qui est touché»[11]. La théorie suivante s'était alors naturellement imposée : à l'état physiologique, l'excitabilité musculaire est moins importante que celle du nerf. On ne peut donc l'atteindre avec des courants brefs. Autrement dit, l'excitabilité «lente» du muscle est normalement masquée par l'excitabilité plus «rapide» des éléments nerveux, qui sont toujours excités les premiers. Elle est démasquée seulement lorsqu'on supprime le nerf par la curarisation. Selon cette conception, le facteur temps de l'excitabilité, représenté par la durée de l'excitation, est modifié par la curarisation. Mais c'est de l'excitabilité nerveuse qu'il s'agit.

Les Lapicque contestèrent cette théorie. Ils constatèrent des accroissements de chronaxie d'autant plus grands que la dose de curare était plus forte. Il n'y avait donc pas de chronaxie musculaire définie, accessible après que le curare ait mis les nerfs hors de cause. Pour Lapicque cela signifiait que le curare pouvait agir sur le muscle pour modifier son excitabilité. Ceci impliquait la remise en cause de la doctrine de Claude Bernard concernant le mode d'action des curares, censé être limité aux terminaisons nerveuses. De son propre aveu, Lapicque n'osa formuler cette hypothèse qu'après avoir entendu Langley émettre une opinion semblable au Congrès de physiologie de Heidelberg (1907)[12].

Langley s'appuyait sur des considérations fort différentes pour rompre avec la conception classique du mode d'action des poisons. Rappelons qu'au début du siècle, l'Université de Cambridge était considérée comme le premier centre de recherche sur le système nerveux autonome, grâce aux travaux de Langley, Gaskell, Dickinson, qui en étudiaient de façon approfondie l'anatomie et la physiologie depuis 1880, en utilisant des techniques de dénervation et de badigeonnage des ganglions à la nicotine[13]. Langley avait noté que les extraits surrénaliens avaient les mêmes effets que ceux de l'excitation des nerfs sympathiques (1901). Dans les expériences après dégénérescence, les extraits agissent directement sur le muscle lisse. Par ailleurs, pour certaines cellules musculaires lisses, la stimulation du sympathique et l'injection d'adrénaline produisent une contraction, et pour d'autres un relâchement. Pour expliquer ces effets opposés d'agents identiques, Langley, s'inspirant des conceptions d'Ehrlich sur l'immunité, formula l'hypothèse qu'il existe dans les cellules réagissantes deux types de *«substances réceptrices»*, excitatrice et inhibitrice. Lorsque l'adrénaline atteint une cellule, elle se fixe et son action est déterminée par le type de substance réceptrice qui y est présente (1905). C'est la naissance du concept de récepteur. Poursuivant ses études pharmacologiques sur la contraction musculaire, il montra que la contraction de certains muscles causée par la nicotine est inhibée par le curare, même après dénervation. Cet effet n'est donc pas dû à l'excitation des terminaisons nerveuses présentes dans le muscle. La nicotine comme le curare devaient agir sur des substances

11. A. Prochiantz, *Claude Bernard : la révolution physiologique*, Paris, PUF, 1990, p. 76.

12. Lapicque relate cette histoire et celle de l'isochronisme dans *L'isochronisme neuro-musculaire et l'excitabilité rythmogène*, Paris, Hermann, 1947.

13. On doit à Langley la majeure partie de la terminologie actuelle concernant le système nerveux autonome. (Cf. J.N. Langley, *Le système nerveux autonome*, Paris, Vigot, 1921). Sur l'École de Physiologie de Cambridge, Cf. G.L. Geison, *Michael Foster and the Cambridge School of Physiology*, Princetown, Princetown University Press, 1978.

réceptrices situées à l'intérieur de la masse musculaire (1906)[14]. Mais les milieux pharmacologiques restèrent longtemps divisés entre partisans d'une action directe des poisons sur la masse musculaire (Langley, Lapicque) et partisans de l'action directe sur le nerf (Dixon) selon la conception ancienne. Le débat alimenté par des expériences d'inhibition de l'action de l'adrénaline par des substances telles que codéine, ésérine, pilocarpine, avec ou sans dégénérescence provoquée des nerfs (travaux de Dixon, Brodie, Anderson) était fort complexe. Dans les manuels de physiologie (A. Waller, H. Fredericq) on préférait encore reprendre l'idée de Vulpian et envisager une action des poisons sur une structure intermédiaire («matière organisée») entre le nerf et muscle, appelée *«plaque terminale»* (Rouget) ou plus tard *«jonction neuro-musculaire»* (Brodie).

Bien qu'encore confuse, cette notion de substance réceptrice apporta un soutien important à la théorie chimique de la transmission de l'excitation, dont la première exposition claire est due à un autre physiologiste de Cambridge, Elliott (1904), presque vingt années avant ce qui en représenta la première validation expérimentale, les travaux de Loewi et ceux de Dale[15]. Mais cette notion n'impliquait pas à elle seule celle d'une neurotransmission de nature chimique. Lapicque révélera plus tard son opposition farouche à cette hypothèse, qui pourtant ouvrait la voie à un champ d'investigations extraordinaire, tant sur le plan physiologique que pharmacologique[16].

En 1907, Lapicque ne retenait de Langley que sa prise de position en faveur d'un tropisme musculaire de curare. Car pour lui, cette action directe des curares sur l'excitabilité musculaire avait surtout deux conséquences. D'une part, à l'état normal, l'excitabilité d'un muscle était chronologiquement identique à celle de son nerf moteur : *«dans l'excitation du complexe nerf-muscle,* écrit Lapicque, *la chronaxie pouvait être indifféremment celle du nerf ou du muscle parce que toutes deux étaient égales»*[17]. D'autre part cet isochronisme était *nécessaire* à la transmission de l'excitation du nerf au muscle. Ainsi, de l'analyse chronologique de l'intoxication par le curare naquit cette loi de l'isochronisme au lieu de l'hypothèse de la neurotransmission chimique. Cette loi de l'isochronisme allait permettre à Lapicque de rendre compte du mode d'action des poisons (strychnine, pilocarpine, atropine, nicotine...) qui sera systématiquement interprété en terme de curarisation neuro-musculaire, entendue comme arrêt de la transmission entre nerf et muscle par modification de la chronaxie d'un des éléments[18].

14. J.N. Langley, «Observations on the physiological action of extracts of suprarenals bodies», *J. Physiol.*, 27 (1901), pp. 235-256; «On the reaction of cells and of nerves-endings to certain chiefly as regards the reaction of striated muscle to nicotine and curari», *J. Physiol.*, 33 (1905), pp. 374-413; «On nerve endings and on special excitable substances in cells», *Proc. Roy. Soc. B*, 78 (1906), pp. 170-194.

15. Cf. T.R. Elliot, «On the action of adrenalin», *J. Physiol.*, 31 (1904); Loewi O., «Über humorale übertragbarkeit der Herznervenwirkung», I, *Pflügers Archiv*, 189 (1921), pp. 239-242, 1921; H. Dale, W. Feldberg, M. Vogt, «Release of acetylcholine at voluntary nerve endings», *J. Physiol.*, 86 (1936), pp. 353-380.

16. Cf. Z.M. Bacq, *Les transmissions chimiques de l'influx nerveux*, Paris, Gauthiers-Villars, 1974.

17. L. Lapicque, *L'isochronisme neuro-musculaire et l'excitabilité rythmogène*, Paris, Hermann, 1947, p. 14.

18. L. Lapicque, «Excitants et paralysants dans le domaine du système nerveux autonome», in *Rapport au Congrès de l'Association des Physiologistes*, Nancy, Mai 1934, *Ann. Physiol.*, 10 (1934), p. 555; *Les poisons, notes prises au cours de Louis Lapicque par D. Kohler*, Paris, CDU, 1933.

PREMIÈRE CONTROVERSE AVEC L'ÉCOLE DE CAMBRIDGE: KEITH LUCAS

Lapicque ne polémiqua donc pas avec Langley mais avec un autre physiologiste de Cambridge, Keith Lucas, qui présenta ses propres travaux sur l'excitabilité musculaire à ce même Congrès de Heidelberg (1907). A l'époque où commença la controverse, Lucas était brillamment en passe d'étendre la «loi du tout ou rien» établie par Bowditch pour le muscle cardiaque, à la fibre musculaire du muscle squelettique, grâce à une remarquable habileté expérimentale. Voulant éviter des phénomènes de dessiccation, il utilisa des électrodes liquides entre lesquelles le muscle faisait pont. Lucas travailla sur un muscle connu pour être dépourvu à l'une de ses extrémités d'éléments nerveux (partie aneurale du muscle couturier de la grenouille). Sur ce matériel il trouva, au lieu de la courbe unique de Lapicque, trois courbes d'excitabilité. La plus lente, c'est-à-dire celle dont Lapicque dirait qu'elle a la chronaxie la plus élevée, nommée a, correspondrait au muscle, car elle est la seule observée à l'extrémité pelvienne du couturier dépourvue de nerfs et la seule qui persiste dans le muscle complètement intoxiqué par le curare. Une seconde excitabilité, de vitesse intermédiaire, nommée g, disparaît lorsque le muscle est faiblement intoxiqué; elle correspondrait au nerf. L'excitabilité la plus rapide (b), supprimée par curarisation profonde, correspondrait à la substance intermédiaire. Chacun des trois tissus est donc associé à une «substance excitable» et chacune répond ainsi différemment aux mêmes courants excitants[19]. L'influence de la théorie des substances réceptrices de Langley est claire. Comme l'explique Geison : *«Langley a certainement aidé Lucas à se convaincre que la région entre le nerf et le muscle contenait quelque chose dont les propriétés différaient de façon marquante de celles des nerfs et muscles ordinaires. Lucas suppose alors que ce quelque chose était un type spécial de tissu, plutôt qu'une substance chimique»,* ainsi que le suggéraient déjà Langley et Elliott[20].

Ce qui importe ici est que Lucas, avec ses trois courbes d'excitabilité, est très directement en désaccord avec la loi de l'isochronisme de Lapicque. Arguant d'une mauvaise reproductibilité de l'expérience de Lucas avec ses propres électrodes punctiformes, Lapicque va alors attribuer les résultats de Lucas à des artefacts liés à son dispositif. Les électrodes fluides pourraient produire des chronaxies anormales et variables par distorsion des lignes de courant à leur voisinage. Les tissus pouvaient ne pas être en équilibre avec le liquide de Ringer, de sorte que dans ces conditions, l'excitabilité des fibres superficielles pouvait différer de celle des fibres profondes, ce phénomène étant pris pour différentes excitabilités[21]. La mort prématurée de Lucas (1916) mit fin, temporairement, à la polémique. Mais

19. K. Lucas, «The analysis of complex excitable tissues by their response to electric currents of short duration», *J. Physiol,* 35 (1907), pp. 310-331 ; «The excitable substances of amphibian muscle», *J. Physiol,* 36 (1907), pp. 113-135.

20. G.L. Geison, «Keith Lucas», In *Dictionary of scientific biography,* New York, Scribners, 1981, p. 534.

21. L. Lapicque, *L'excitabilité en fonction du temps : la chronaxie, sa signification et sa mesure,* Paris, Presses Universitaires de France, 1926.

pour les neurophysiologistes anglais, l'hétérochronisme faisait déjà loi[22]. Alors que Lapicque et son école développaient les conceptions chronaxiques et croyaient vérifier le caractère universel de l'isochronisme, l'école de Cambridge montra que les chronaxies musculaires varient systématiquement avec la taille des électrodes[23].

DEUXIÈME CONTROVERSE AVEC L'ÉCOLE DE CAMBRIDGE: W.A.H. RUSHTON

La polémique sur l'isochronisme rebondit au début des années trente lorsqu'un autre physiologiste de Cambridge, W.A.H. Rushton, décida de modifier le dispositif de Lucas pour répondre aux objections de Lapicque et pour élucider l'influence de la taille des électrodes sur les mesures de chronaxie. Il immergea complètement le muscle dans le liquide d'une cuve rectangulaire, dont les deux faces opposées étaient constituées de lames d'argent formant les électrodes. Grâce à un dispositif de rotation, les lignes de force du courant étaient orientables par rapport au muscle. Avec ce dispositif, Rushton retrouva les courbes *g* et *a* de Lucas. La courbe *a* est prédominante ou exclusive quand les lignes du courant sont parallèles aux fibres musculaires, alors que la courbe *g* ne se manifeste que lorsque la direction du courant est oblique ou perpendiculaire. La courbe *a* (chronaxie longue) est donc pour Rushton la vraie caractéristique de l'excitabilité musculaire et la courbe *g* (chronaxie courte) celle de l'excitabilité nerveuse. Rushton abandonna prudemment par la suite le terme de substance excitable *a* ou *g* préconisé par Lucas. Il retrouva aussi les résultats de Lucas sur les curares et renouvela ainsi les thèses de Brücke[24].

Face à Rushton, Lapicque changea alors de stratégie. Il ne contesta pas ses résultats, et admit même *a posteriori* ceux de Lucas. Mais son interprétation fut totalement divergente[25]. Il chercha à montrer que *«la différence doit tenir à un*

22. Cf W.M. Bayliss, *Principles of General Physiology*, Longman, New York, 1927.

23. H. Davies, «The relationship of the chronaxie of muscle to the size of the stlimulating electrode», *J. Physiol*, 57 (1923), p. 81 ; C.F. Watts, «The effect of curari and denervation upon the electrical excitability of striated muscle», *J. Physiol*, 59 (1925), pp. 143-152.

24. Rushton a publié ses principaux articles «antichronaxiques» dans le *Journal of Physiology* entre 1930 et 1935 : «Excitable substances in the nerve-muscle complex», *J. Physiol.*, 70 (1930), pp. 318-337; «The normal presence of *a* and *g* excitabilities in the nerve-muscle complex», *J. Physiol*, 71 (1931), pp. 265-287; «Nerve supply to Lucas's alpha substance», *J. Physiol.*, 74 (1932), pp. 231-261; «Lapicque's canonical strength duration curve», *J. Physiol*, 74 (1932), pp. 424-440; «Identification of the gamma excitability in muscle», *J. Physiol.*, 74 (1932), pp. 161-189; «Identification of Lucas' *a* excitability», *J. Physiol.*, 75 (1932), pp. 445-470; «Lapicque's theory of curarisation», *J. Physiol.*, 77 (1933), pp. 337-364; «The time factor in electrical excitation», *Biol. Rev.*, 10 (1935), pp. 1-17. Cette défense acharnée des conceptions de Lucas contre celles de Lapicque retarda le développement des propres vues, originales, de Rushton sur l'excitabilité et la conduction nerveuse.

25. On trouve également dans le *Journal of Physiology* les réponses de Lapicque : «Has the muscular substance *a* longer chronaxie than the nervous substance?», *J. Physiol.*, 73 (1931), pp. 189-214; «On electric stimulation of muscle through Ringers'solution», *J. Physiol*, 73 (1931), p. 219; «Retrograde polarisation, a theory of systematic errors in measurements of muscular chronaxie through Ringer's fluid with large electrode», *J. Physiol.*, 76 (1932), p. 261 ; «*a* and *g* curves in slow muscle»,

processus particulier d'excitation se développant dans le muscle, et non dans le nerf, quand ces tissus réunis ou séparés, sont soumis longitudinalement au courant électrique sans qu'il y ait une concentration localisée de celui-ci»[26]. Ainsi pour Lapicque, les courbes obtenues par Rushton et Lucas sont des effets particuliers des courants diffus sur le tissu musculaire, effets que l'on ne retrouve pas lorsque l'on emploie des électrodes étroitement localisées. Ces courbes *a* ne sont pas «canoniques» et ne *«fournissent une valeur ferme du temps qui pourrait être pris comme chronaxie»*[27]. Pour Lapicque comme pour Rushton, «sur le muscle, *a* varie systématiquement avec la grandeur des électrode, tendant vers *g* lorsque cette grandeur tend vers zéro»[28]. Mais pour Rushton cela signifie que les petites électrodes faussent les mesures : elles révèlent sur le muscle non une excitabilité *g* mais une excitabilité *a* artificiellement diminuée jusqu'à devenir semblable à *g*. L'isochronisme est donc un artefact. Pour Lapicque au contraire les grandes électrodes comme celles de K. Lucas introduisent dans la chronaxie musculaire un phénomène perturbateur menant à des chiffres beaucoup trop élevés, ce phénomène étant encore amplifié dans le bain de Rushton. C'est donc l'hétérochronisme qui est artificiel. Chaque auteur propose même sa théorie pour rendre compte des effets perturbateurs des électrodes de l'adversaire. Rushton pense qu'une diffusion latérale du courant intervient pour diminuer la chronaxie lorsque l'électrode est étroite. Lapicque prétend qu'avec les larges électrodes intervient un phénomène de polarisation rétrograde qui allonge les *«pseudochronaxies»*.

Au-delà de la loi de l'isochronisme, ce fut même l'existence d'une chronaxie comme réalité physiologique objective qui fut un moment contestée par Rushton. Lorsque Grundfest (1932) tenta de montrer que même la chronaxie nerveuse est sensible à cette taille des électrodes[29], Rushton déduisit qu'on ne peut plus fixer ni pour la chronaxie nerveuse, ni pour la chronaxie musculaire aucune valeur, l'une et l'autre dépendant toujours du mode de stimulation.

La discussion devint de plus en plus âpre. Lapicque ne lâcha jamais prise. Pour interpréter les courbes *a* de Lucas, il s'inspira des travaux de Fessard et de ses collaborateurs (1936) sur l'activité rythmique des nerfs. Pour Fessard, il existe à côté de l'excitation classique aboutissant à un influx isolé, une excitabilité qui déclenche des pulsations rythmiques[30]. Les données de Benoit lui permirent d'appli-

J. Physiol., 76 (1933), p. 1 ; «Neuro-muscular isochronism and chronological theory of curarisation», *J. Physiol.*, 81 (1934), p. 113. Il reprendra l'ensemble de ses arguments dans *L'isochronisme neuromusculaire et l'excitabilité rythmogène*, Paris, Hermann, 1947.

26. L. Lapicque, *L'isochronisme musculaire et l'excitabilité rythmogène*, Paris, Hermann, 1947, p. 20.

27. *Ibid.*, p. 21.

28. *Ibid.*, p. 25.

29. H. Grundfest, «Excitability of the single nerve-muscle complex», *J. Physiol.*, 76 (1932), p. 95.

30. A. Arvanitaki, D. Auger, A. Fessard, «Existence de longues durées d'utilisation dans le déclenchement galvanique des pulsations nerveuses chez les crustacés», *C.R. Soc. Biol.*, 121 (1936), p. 638. En dehors de *L'isochronisme neuro-musculaire et l'excitabilité rythmogène* (Paris, Hermann, 1947), on pourra trouver, également dans les *Actualités Scientifiques et Industrielles,* les travaux sur les propriétés rythmiques de la matière vivante de Fessard (Paris, Hermann, 1936) et Arvanitaki d'autre part (Paris, Hermann, 1938). Cf. aussi A.M. Monnier, P.H. Benoit, A. Monnier, *Propriétés générales du nerf et du muscle,* Paris, Hermann, 1940 et pour la défense des conceptions chronaxiques : P. Chauchard, *Les facteurs de la transmission ganglionnaire,* Paris, Hermann, 1939.

quer cette hypothèse dualiste au muscle strié[31]. L'excitabilité *a* correspondrait à cette excitabilité musculaire rythmogène mise en œuvre par les conditions expérimentales particulières de Lucas et Rushton, c'est-à-dire l'excitation par les courants diffus. Des conclusions analogues sont tirées de l'étude de la stimulation par les courants progressifs (courbes de climalyse), c'est-à-dire de l'étude du facteur chronologique de Du Bois-Reymond. La stimulation a conduit à des lois d'excitation dont les paramètres chronologiques ne traduisent pas la rapidité fonctionnelle du tissu mais varient en fonction de son aptitude à l'autorythmicité.

Pour Lapicque la loi de l'isochronisme se trouvait ainsi préservée. Mais pourquoi un tel acharnement de Lapicque en faveur de l'isochronisme?

LE VÉRITABLE ENJEU, LE FONCTIONNEMENT NERVEUX CENTRAL

Ces discussions byzantines sur l'excitabilité neuro-musculaire cachaient en réalité un enjeu intellectuel considérable pour Lapicque. Car dès 1907, il fut amené à des considérations plus générales sur le fonctionnement nerveux, reposant sur la loi de l'isochronisme[32]. Il accorda au facteur temps (représenté par la chronaxie) un rôle fonctionnel considérable dans la transmission de l'influx nerveux. Dans cette théorie chronaxique de la transmission, analogue en son principe à la résonance entre émetteur et récepteur radio, il n'y a pas intervention de substances chimiques : seule la forme physique de l'influx compte pour qu'il y ait transmission. Or pour Lapicque le rôle des centres consiste essentiellement en un aiguillage adapté des influx. Cet aiguillage, qu'on ne peut expliquer anatomiquement, se conçoit parfaitement si les centres jouissent du pouvoir de changer les chronaxies des divers neurones, les accordant (isochronisme) ou les désaccordant (hétérochronisme) suivant les besoins. L'inhibition constatée par Sherrington dans son fameux schéma de l'arc réflexe élémentaire n'est pour lui qu'un aspect de ce mécanisme. Dès 1923, Lapicque constata l'insuffisance de cette dynamique (signe de Babinski, données de A. et B. Chauchard, de M. Lapicque, de Bourguignon...). Il introduisit en 1928 le concept de *«subordination»*; les chronaxies sont subordonnées aux centres (*«métachronoses de subordination»*) et les centres inférieurs sont à leur tour subordonnés aux centres supérieurs. Par la suite, les nombreux travaux réalisés par lui-même et ses collaborateurs étendirent cette notion de subordination des neurones moteurs périphériques aux neurones végétatifs et centraux, c'est-à-dire à tous les étages du système nerveux[33]. Car bien au-delà d'une simple

31. P.H. Benoit, M. Benoit, «Réponse rythmique du muscle strié à la stimulation galvanique. Influence de la dimension des électrodes», *C.R. Soc. Biol.*, 122 (1936), p. 649.

32. L. Lapicque, «Plan d'une théorie physique du fonctionnement du système nerveux», *C. R. Soc. Biol.*, 63 (1907), p. 787.

33. Cf. P. Mollaret, *Interprétation du fonctionnement du système nerveux par la notion de subordination,* Masson, Paris, 1937. On trouvera dans cet ouvrage une somme considérable de références bibliographiques sur les travaux chronaxiques. Lapicque a résumé ses conceptions dans *La machine nerveuse,* Paris, Flammarion, 1943, ouvrage qui connut une diffusion considérable. On pourra bien saisir l'ambition des conceptions chronaxiques dans l'œuvre de P. Chauchard, *Le système nerveux et ses inconnues,* Paris, PUF, 1948, et *Les mécanismes cérébraux de la prise de conscience,* Paris, Masson, 1956.

analyse des conditions de l'excitabilité nerveuse, l'ambition de Lapicque est bien comme Sherrington ou Pavlov, de proposer un mécanisme de l'harmonie nerveuse, et le fonctionnement de sa «machine nerveuse» repose tout entier sur la loi de l'isochronisme. C'est sans doute cette ambition fonctionnelle qui va engager en partie la neurophysiologie française dans une impasse.

ÉCHEC DES CONCEPTIONS CHRONAXIQUES

Car il s'agit bien d'une impasse. Certes, la notion de chronaxie n'est pas artificielle et est bien en rapport avec des propriétés membranaires et certaines caractéristiques qui en découlent comme la vitesse de l'influx nerveux. Avec la chronaxie on disposait pour la première fois d'un paramètre pour mesurer les effets des divers agents sur le nerf (température, drogues, anesthésiques) et en clinique, pour suivre l'évolution des processus dégénératifs ou régénératifs. La chronaximétrie est introduite dans le cadre de l'électrodiagnostic. Bourguignon proposera une classification fonctionnelle des muscles et décrira des syndromes chronaxiques[34].

Mais Lapicque ne travaillait pas avec des éléments isolés, mais des tissus complexes comme un nerf ou un muscle, et donc avec des systèmes hétérogènes, dans lesquels les *«lois de l'excitabilité»* se présentent déformées par la superposition de tout un ensemble d'éléments à caractéristique d'excitabilité différente. Il ne mesurait pas la chronaxie d'un ensemble hétérogène de fibres qui constituent le nerf, mais seulement des fibres les plus excitables. Utile en physiologie comparée ou en pathologie humaine, la chronaxie restait cependant une mesure trop grossière du facteur temps dans l'excitation et était donc difficilement susceptible de généralisation fonctionnelle au niveau central.

Par ailleurs les variations de chronaxies n'interviennent pas seules dans l'excitabilité. Monnier montrera que les variations de la rhéobase, explicables par les variations de polarisation de la fibre, s'accompagnent de modifications de chronaxies. L'obstacle à la transmission pourrait résider en un désaccord entre l'intensité de l'influx excitant et la rhéobase de l'élément excité, davantage qu'en un hétérochronisme[35].

Notons en outre que même si l'isochronisme était grossièrement respecté (on devrait plutôt parler d'*«homochronisme»*), sa nécessité pour la neurotransmission n'a pas été confirmée. Lapicque n'admettra jamais que les «médiateurs chimiques» et non l'isochronisme, sont la véritable cause de la neurotransmission, par leur action électrogène propre. Pour lui, ces derniers n'ont qu'un rôle secondaire qui est celui de modifier les chronaxies pour permettre le passage de l'influx. Lapicque fait jouer aux effets le rôle de causes.

34. G. Bourguignon, *La chronaxie chez l'homme*, Paris, Masson, 1923.
35. Cf. A.M. Monnier, *L'excitation électrique des tissus. Essai d'interprétation physique*, Paris, Hermann, 1934.

De plus, comme l'explique bien Fessard[36], Lapicque s'enferme constamment dans un seul type d'explication de la sélectivité des aiguillages. Pour lui, l'obstacle synaptique est l'hétérochronisme. Le potentiel d'action étant de durée et d'amplitude fixes (loi du tout ou rien), c'est au second neurone qu'incombe la charge du triage: la transmission normale a lieu dans ce schéma «coup pour coup», par impulsion unique. Lapicque va certes étudier la sommation et même établir les lois selon lesquelles les voies hétérochrones peuvent être vaincues par la répétition des excitations[37]. Mais ce fonctionnement itératif reste pour lui une modalité «anormale» de transmission, imposée par le physiologiste. D'autres auteurs à la suite d'Adrian, élève et collaborateur de Lucas à Cambridge, montrèrent pourtant en France que l'impulsion naturelle est essentiellement de forme rythmique et prolongée (Auger, Fessard, Arvanitaki). Mais pour Lapicque, les travaux de Fessard par exemple, présentent surtout l'intérêt de pouvoir nier l'importance physiologique des courbes de Lucas et Rushton. Comme le souligne encore Fessard, la rythmicité et la sommation pouvaient pourtant remplacer avantageusement l'isochronisme pour expliquer la sélectivité des aiguillages. Il n'y a plus notamment dans ce cas nécessité de postuler, comme le fait Lapicque, *«pour les propriétés liées à l'excitabilité, l'homogénéité de toutes les parties du neurone»,* puisque l'obstacle est constitué par l'inexcitabilité du pôle récepteur du deuxième neurone à une impulsion unique. La première révolution microphysiologique, à savoir la découverte effective au niveau de la plaque motrice de potentiels tout différents du potentiel d'action, dès la fin des années trente, n'a pourtant pas conduit Lapicque à réviser ses conceptions chronaxiques[38].

De même que l'étude fine des trafics d'influx dans les voies afférentes et motrices, par les méthodes «réflexologiques». Lapicque ne tenait pas compte de l'hétérogénéité des afférences aux centres nerveux. Car le modèle neuro-musculaire à partir duquel fut élaborée la loi de l'isochronisme était un modèle trop simple, où l'influx parcourt simultanément tout un groupe de fibres. Dans les centres nerveux, où convergent les voies afférentes, un tel synchronisme est rarement respecté. Selon Sherrington et ses élèves, c'est grâce à la participation d'impulsions multiples, convergentes, non synchrones que s'édifie un état central d'excitation *(Central Excitatory State)* conditionnant la transmission ou plutôt la réémission de l'influx[39]. L'obstacle devient ici l'insuffisance d'excitation apportée par une impulsion élémentaire isolée, et vaincue par la convergence sur le même neurone de plusieurs impulsions excitatrices ou par la disparition d'impul-

36. A. Fessard, «Émission et transmission des pulsations nerveuses», *La Revue Scientifique,* (1944), pp. 219-234; «Trois conceptions du fonctionnement nerveux central», *Journal de radiologie et d'électrologie,* 27 (1946), pp. 145-150.

37. Cf. L. Lapicque, *L'excitabilité itérative,* Hermann, Paris, 1936.

38. H. Schaefer, P. Haass, «Über einen lokalen Erregunsstrom an der motorischen end-plate», *Pflügers Archiv,* 242 (1939), pp. 364-381 ; J.C. Eccles, W.J. O'Connor, «Action potentials evoked by indirect stimulation of curarised muscle», *J. Physiol.,* 94 (1938). L'école neurologique de Vienne n'admettait pas plus que l'électrophysiologie anglo-saxonne les conceptions chronaxiques (Cf. H. Schaefer, *Elektrophysiologie,* 2 vol., Wien, Deuticke, 1940-1942).

39. R.S. Creed, D. Denny-Brown, J.C. Eccles, E.G.T. Liddel, C.S. Sherrington, *Reflex activity of the spinal cord,* London, Oxford University Press, 1932. L'ouvrage physiologique majeur de Sherrington reste *The integrative action of the nervous system,* New-Haven and London, 1906.

sions inhibitrices. On sait comment Eccles, ultérieurement, donna à ces impulsions une réalité électrophysiologique avec la mise en évidence des potentiels post-synaptiques d'excitation et d'inhibition (1952) et de leur sommation, grâce aux enregistrements intracellulaires inaugurant ainsi une deuxième révolution microphysiologique[40]. Mais à la fin des années trente, tandis que les auteurs anglo-saxons s'efforcent déjà de donner une base physiologique à ces conceptions, en combinant de façon souple les données électrophysiologiques déjà disponibles (cycle d'excitabilité du neurone de Graham, Erlanger, Gasser) et les données histophysiologiques (réseaux neuronaux de Lorente de No), Lapicque cherche toujours à imposer sa loi physiologique univoque et les variations de chronaxie par les centres comme les seuls facteurs dynamiques responsables de la transmission de l'excitation.

Enfin, la science anglo-saxonne, parallèlement à cette compréhension globale de l'excitation (et de l'inhibition) dans les centres nerveux, s'oriente aussi rapidement vers des études fines de l'excitation élémentaire. En dépit de virtuosités mathématiques, on ne disposait pas de véritable théorie physique ou physico-chimique de l'excitation électrique[41]. L'étude des lois d'excitation ne pouvait fournir que des informations limitées. Elle ne renseignait que sur l'aboutissement de la série d'événements qui conditionnent la naissance de l'excitation propagée. Les équations de la théorie du câble reproduisaient les faits observés au cours de l'excitation, donnaient des indications sur les relations entre l'excitabilité et la distribution du courant dans le nerf[42]. On connaît le rôle que jouèrent Rushton mais aussi Katz ou Arvanitaki dans ces domaines. Rushton a notamment prévu l'existence d'une réponse locale sous-liminaire dans le nerf, trop faible pour initier une réponse propagée. Lorsque l'intensité est au-dessus d'un seuil, le potentiel d'action se greffe sur la réponse locale. Ce décours temporel de la réponse locale et son extension spatiale permit de comprendre les phénomènes de sommations spatiales et temporelles[43]. Les travaux de Rushton influencèrent directement un autre physiologiste de Cambridge, Hodgkin, qui imposa finalement la théorie membranaire (Bernstein) et celle des circuits locaux (Hermann). Il montra, avec le groupe de Woods Hole (Coles et Curtis), que la conductance membranaire augmente bien durant l'émission du potentiel d'action, ce qui apportait la première preuve directe que ce phénomène résultait d'un mouvement d'ions à travers la membrane. On sait dans quelles conditions Hodgkin, grâce aux enre-

40. L.G. Brock, J.S. Coombs, J.C. Eccles, «The recording of potential from motoneurones with a intracellular electrode», *J. Physiol.*, 117 (1952), pp. 431-460. Cette «découverte» de Eccles porta un coup fatal à la théorie électrique de la neurotransmission et acheva sa «conversion» en faveur de l'hypothèse chimique (Cf. note [1]).

41. Les tentatives pour donner une expression mathématique au phénomène de l'excitation furent fort nombreuses: en dehors de celles de Lapicque, on peut citer Hill, Monnier, Blair, Lassalle, Fabre, Ozorio De Almedia...

42. Les premiers «nerfs artificiels», modèles de conducteurs nerveux d'après la conduction des métaux, apparaissent autour des années vingt à Chicago (Lillie). C'est dans le même esprit que Rashevsky y forma une école qui établit des modèles de circuit simulant les phénomènes membranaires (Cf. P. Rashevsky, *Mathematical Biophysics*, Chicago, University of Chicago Press, 1938).

43. W.A.H. Rushton, «Initiation of the propagated disturbance», *Proc. Roy. Soc.* B, 124 (1937), pp. 210-243. Comme le montreront Katz, Hodgkin, Arvanitaki, la réponse électrique locale de la fibre représente le processus primaire d'excitation essentielle et ne suit pas la fameuse «loi du tout ou rien».

gistrements intracellulaires, étudia directement les processus physico-chimiques dont la membrane est le siège et identifia les ions en cause. La mécanique ionique de la conduction de l'influx nerveux était ainsi totalement élucidée par les physiologistes de Cambridge[44]. Rushton se consacra alors à la physiologie sensorielle (vision). Lapicque, en revanche, ne se préoccupa jamais des propriétés électriques fines de la membrane axonale, qui la différencierait de la membrane synaptique. Sans doute cette exploration microphysiologique était rendue encore plus difficile par son postulat de l'isochronisme et de l'homogénéité des propriétés électriques du neurone. Tout à sa vision strictement physicaliste du système nerveux, il n'amorça jamais pour la transmission le passage de l'électrique au chimique qui avait été suggéré dès le début du siècle par Bernstein et Overton pour la conduction.

CONCLUSION

Ainsi s'éclaire la stratégie constante de Lapicque. Au fur et à mesure que les nouvelles données microphysiologiques, électrophysiologiques, réflexologiques anglo-saxonnes tendaient à révéler la trop grande simplicité de son modèle, son attitude fut de nier leur validité jusqu'à ce qu'il parvienne à les conciler avec l'isochronisme qui restait pour lui la seule loi importante, ce qui revenait à négliger leur importance physiologique propre. Les polémiques avec Loewi et Dale ou Lucas et Rushton sont à cet égard rigoureusement analogues. Cette obsession fonctionnelle va, peut-être davantage que l'insuffisance instrumentale, retarder en France l'étude des mécanismes élémentaires de l'émission et de la transmission de l'influx nerveux.

Il ressort donc que la faillite des théories de Lapicque est sans doute davantage liée au caractère réducteur, infécond et même stérilisant de sa rationalité chronaxique, qu'à une critique ou réfutation expérimentale directe de l'isochronisme par Lucas ou Rushton. La substance *b* de Lucas n'a pas persisté dans la pensée physiologique, et Rushton n'élucide pas le mode d'action des curares. Les preuves physiologiques ou pharmacologiques restent toujours ambiguës en l'absence de conceptions claires des mécanismes sous-tendant les fonctions.

L'insuffisance des théories chronaxiques fut pourtant rapidement perçue même en France, aussi bien dans les milieux physiologiques proches de Lapicque (Monnier, Fessard, Arvanitaki, Cardot, Laugier...) que dans les milieux pharmacologiques et médicaux (Justin-Besançon). Mais ce n'est qu'au lendemain de la Seconde Guerre mondiale que les conditions du redressement seront réunies, notam-

44. Comme l'explique Hodgkin, c'est à la suite de la lecture de Rushton qu'il fut convaincu de l'importance de la théorie du câble dans les études sur les tissus excitables (Cf. A.L. Hodgkin, «Some recollection of William Rushton and his contribution to neurophysiology (1925-1952)», *Vision Research*, 22 (1982), pp. 623-625). Il rapporte sa vision et contribution à l'histoire de la théorie ionique de la conduction nerveuse dans : «Chance and design in electrophysiology : an informal account of certain experiments on nerve carried out between 1934 and 1552», *J. Physiol.*, 263 (1976), pp. 1-21; «Beginnings : some reminiscences of my early life», *Ann. Rev. Physiol.*, 45 (1983), pp. 1-16. Cf. aussi Coles K.S., «Mostly membranes», *Ann. Rev. Physiol.*, 41 (1979), pp. 1-24.

ment lorsque Fessard, disposant de la confiance du CNRS, obtient la création d'un Centre d'études de Physiologie nerveuse et d'Électrophysiologie (1947) bientôt rattaché au Collège de France. Avec Albe-Fessard, Buser, Tauc, et grâce à l'introduction massive des techniques microphysiologiques, la neurophysiologie «élémentaire» fait enfin son entrée.

Mais les théories chronaxiques eurent un impact extraordinaire dans la biologie française d'entre les deux guerres. Faut-il attribuer à Lapicque la responsabilité du retard? Faut-il incriminer les institutions et dénoncer les dangers du système mandarinal? Professeur au Muséum d'Histoire Naturelle (1911), Professeur à la Sorbonne (1919) (les deux chaires occupées par Claude Bernard), membre de l'Académie de Médecine (1925), membre de l'Académie des Sciences (1930), l'autorité et le prestige de Lapicque sont immenses au moment où il défend ses conceptions chronaxiques contre les Physiologistes de Cambridge. Il y a donc incontestablement un facteur institutionnel propre à la recherche française qui explique la persistance des théories chronaxiques en dépit des oppositions endogènes. Mais si la responsabilité de Lapicque, souvent accusé d'autoritarisme, est indéniable, la fascination qu'a exercée sa vision globale du système nerveux l'est aussi auprès de ses partisans dont certains le considèrent même comme un précurseur de la cybernétique[45]. La perspective d'une «machine nerveuse» hiérarchisée et fonctionnant selon quelques principes physiques simples comme la loi de l'isochronisme n'était pas sans séduction à une époque où la biologie était encore loin d'être moléculaire.

Keith Lucas préconisait de choisir d'abord la méthode consistant «à rechercher avec tout le soin possible si les phénomènes élémentaires de conduction, tels qu'ils nous apparaissent dans le simple nerf moteur attenant à son muscle, peuvent ou non fournir une base satisfaisante des phénomènes centraux»[46]. Mais Lucas ajoutait: *«s'ils ne le peuvent pas, mais seulement alors, on sera contraint de postuler un mécanisme nouveau spécifique du système nerveux central».* Lucas insistait d'abord de la sorte sur la nécessité de ne pas multiplier les entités et hypothèses *ad hoc.* C'est précisément dans ce piège qu'est tombé Lapicque. Incapable de renoncer à sa loi de l'isochronisme qui lui permettait de *«bâtir un système logique presque complet»*[47], il ne put intégrer les données nouvelles autrement que comme des hypothèses *ad hoc,* au lieu de chercher à leur attribuer une véritable signification fonctionnelle. Il s'enferma ainsi dans une explication univoque.

45. P. Chauchard, «Les fondateurs de la neurophysiologie moderne», in *Les prix Nobel de Physiologie et de médecine,* Monaco, Union Européenne d'édition, 1962, p. 343.

46. K. Lucas, *La conduction de l'influx nerveux,* Paris, Gauthier-Villars, 1920, p. 9.

47. L. Lapicque, *La chronaxie et ses applications physiologiques,* Paris, Hermann, 1938, p. 23.

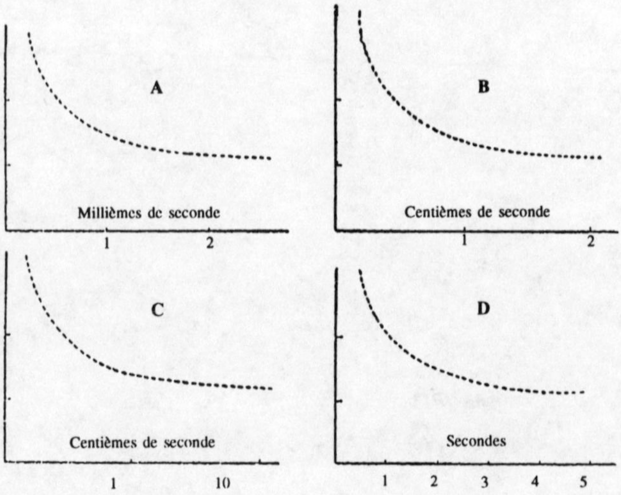

Fig. 1 — L'excitabilité selon Louis Lapicque (*La machine nerveuse*, 1943, p. 14). A: gastronocnémien de la grenouille; B: ventricule cardiaque de la grenouille; C: rétracteur du pied de l'escargot; D: estomac de la grenouille.

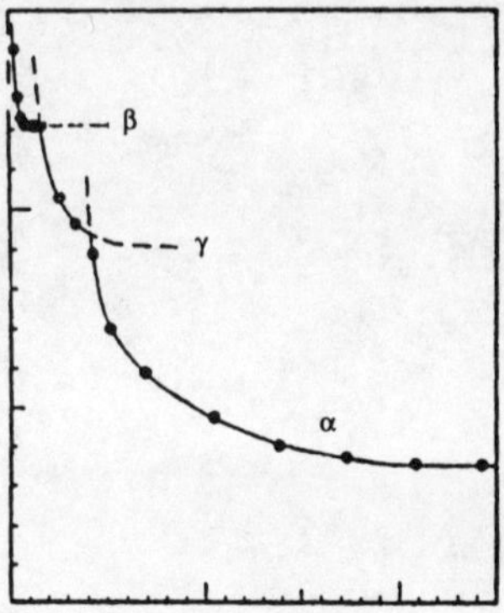

Fig. 2 — L'excitabilité selon Keith Lucas (*J. Physiol.*, 36, 1907, p. 124).

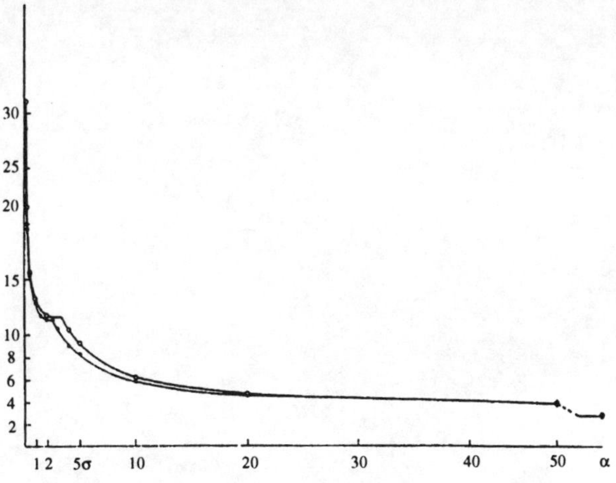

Fig. 3 — L'excitabilité selon W.A.H. Rushton (*J. Physiol.*, 70, 1930, p. 326).

Le comportement animal et la Biologie française (Animal Behavior and French Biology) 1920-1950

Richard W. BURKHARDT, Jr.*

In recent years, historians of science have come to pay increasing attention to the ways in which various scientific ideas and practices have reflected the particular institutional and cultural settings and contingent circumstances in which they were generated. Given the great variety of issues, methodologies, aims, and cultural and ideological associations that the study of animal behavior might potentially engender, the history of animal behavior studies seems especially well suited for exploring how different traditions of scientific research developed in different locations. Sustained historical scrutiny has not been given previously to animal behavior studies in France in the twentieth century. This is a topic, nonetheless, that lends itself well to the kinds of questions posed by the organizers of the present conference on the biological and medical sciences in France from 1920 to 1950. One can examine the extent to which it is legitimate to think of a specifically French tradition of animal behavior research in this period. One can likewise consider how the presence or absence of particular institutional structures aided or hindered the study of animal behavior in France over the time in question. Finally, one can ask about the extent to which the concepts and practices of behavior researchers in other countries influenced the study of animal behavior in France, and conversely whether French work was important for biologists in other countries. The present paper is intended as a preliminary exploration of a subject that requires more extended research.

In order to provide chronological brackets to this study and also to identify some of the features of French animal behavior studies that require attention here, it will be helpful to begin by citing the observations of three French biologists who figured prominently in the history of animal behavior studies in France : Georges Bohn, writing in the 1910s, and Rémy Chauvin and Pierre-Paul Grassé, writing in the 1950s.

In 1911, Georges Bohn, Directeur du Laboratoire de Biologie et Psychologie Comparé à l'École des Hautes Études, published a book entitled *La Nouvelle psy-*

* Department of History, University of Illinois, Urbana-Champaign, USA.

chologie animale. He claimed there that « [la psychologie animale] *s'est trouvée complètement renouvelée* », and he cited four examples of the new kinds of research that were transforming animal psychology. These included : (1.) several hundred studies done in the United States on both invertebrate and vertebrate behavior, (2.) Bohn's own work in France, which he characterized as the application of « *la méthode éthologique à l'étude des activités des animaux inférieurs* », (3.) the work of Pavlov and his disciples in St. Petersburg, and (4.) the work of Claparède in Geneva. He indicated, however, that not all countries were participating equally in the changes in animal psychology then in progress. In his words : « *L'Allemagne et surtout l'Angleterre sont restées quelque peu en dehors du grand mouvement de rénovation de la psychologie animale* »[1].

Bohn's assessment represented the perspective of a practitioner of researches of one particular type, not a comprehensive picture of the wide variety of animal behavior studies that flourished in this period. It is useful, nonetheless, to compare Bohn's assessment with those of two other French biologists writing some forty years later, by which time the fortunes of animal behavior studies in the countries Bohn had mentioned had changed significantly. By the 1950s, a new approach to animal behavior was thriving. The practitioners of this approach called it « ethology. » But while « ethology » was a word that had been used not only by Georges Bohn but by other French biologists both before and after him, the major centers for the new ethology were not in France. Nor, for that matter, were they in the United States, Russia, or Switzerland. Instead they were in Germany and England — the countries that Bohn had identified as lagging behind in behavior studies early in the century — and in the Netherlands, which Bohn had not mentioned at all.

The new ethologists were led by the Austrian zoologist Konrad Lorenz and the Dutch zoologist Nikolaas Tinbergen. By the early 1950s, these two men were directing, respectively, a new Max Planck Institute devoted to animal behavior in Buldern, Germany and a new animal behavior research group in the Department of Zoology of the University of Oxford in England. In France, the biologist who embraced the work of Lorenz and Tinbergen most enthusiastically was Rémy Chauvin, a young entomologist who had recently been named Directeur de Recherches à l'Institut national de la Recherche agronomique at Bures-sur-Yvette[2]. Chauvin accepted the ethologists' claim that they were offering a particularly *objectivistic* approach to the study of animal behavior, and, like other French biologists, he referred to Lorenz, Tinbergen, and their disciples as « l'école objectiviste ». In 1956, he went so far as to state : « *Je crois bien que l'objectivisme marquera dans l'histoire de la psychologie animale autant que l'évolution dans les sciences biologiques* »[3].

1. Georges Bohn, *La Nouvelle psychologie animale*, Paris, Félix Alcan, 1911, pp. 1-2.

2. Chauvin was born in 1913. His thesis at the Faculté des Sciences (Paris) in 1941 was entitled : *Contribution à l'étude physiologique du Criquet pèlerin et du déterminisme des phénomènes grégaires*. In the 1940s, he was named Maître de Recherches au C.N.R.S. At Bures-sur-Yvette, he had the title of Directeur de la Station de Recherches Apicoles as well as Directeur de Recherches à l'Institut national de la Recherche agronomique. He was named professor and head of the Psychophysiology department at the Université de Strasbourg in 1963, following the retirement of G. Viaud.

3. Rémy Chauvin, *Vie et Mœurs des Insectes*, Paris, Payot, 1956, p. 71.

Not all French biologists of the time, however, considered the work of the Lorenz-Tinbergen school to be quite so revolutionary. Among these was Chauvin's mentor, Pierre-Paul Grassé, the dean of French zoology and Professeur titulaire de la chaire de « Zoologie, Évolution des êtres organisés » at the Faculté des Sciences in Paris. Grassé expressed his views at an important conference on instinct that he helped organize in Paris in 1954 under the sponsorship of the Fondation Singer-Polignac. After hearing Konrad Lorenz deliver his paper entitled « the objectivistic theory of instinct », Grassé commented :

« Qu'il me soit permis de dire ici que les entomologistes français, dont les initiateurs furent Réaumur et H. Fabre, ont découvert à peu près tous les principes mis en œuvre par l'École objectiviste. Mais ils ont eu le tort de ne pas les fondre en un corps de doctrine ».

Grassé went on to note :

« Mon essai de 1942 sur l'essaimage des Termites et la parade nuptiale est resté totalement ignoré des Objectivistes qui s'intéressent surtout aux Oiseaux, aux Mammifères, et, à titre épisodique, aux Insectes »[4].

Grassé's comments deserve to be taken seriously. There were a variety of traditions of animal behavior research existing in different countries in the first half of the twentieth century. These traditions displayed a wide range of differences with respect to the kinds of questions they asked, the kinds of methodologies they employed, and the kinds of animals and behavior patterns they studied. There were also differences from country to country with respect to the kinds of intellectual, social, cultural, or ideological resources an investigator could draw upon in attempting to make sense of animal and human behavior and with respect to how the study of animal behavior studies might be expected to fit into a professional scientific career.

Grassé was right in suggesting that it was in entomology that the French tradition of behavioral studies was especially strong. He was likewise right in suggesting that the « objectivists » had paid particular attention to birds. He happened to be wrong, however, in stating that the objectivists had also been especially concerned with mammals. Mammals were not the subject of any of Tinbergen or Lorenz's major researches up into the 1950s. Tinbergen consciously steered his students away from mammalian studies, encouraging them to work instead on birds, on fish, and — Grassé's comments notwithstanding — on insects. Though Lorenz never worked on insects, Tinbergen wrote his doctoral dissertation on a problem in insect behavior, and insect studies predominated in the summer field work he conducted with his students in the 1930s and 1940s.

To begin to gain a clearer sense of what was and what was not distinctive about animal behavior studies in France, one needs a more systematic, comprehensive, and comparative overview of the different kinds of animal behavior studies conducted in different countries from the end of the First World War to roughly 1950. As a step toward developing such an overview, I have surveyed a range of French, German, and American abstracting journals for the fields of biology and psychology over the period in question. The single most useful source

4. P.-P. Grassé, commentary in J. Autouri et al., *L'Instinct dans le comportement des animaux et de l'homme,* Paris, Masson, 1956, p. 75.

in this regard, and certainly the most comprehensive source with respect to French animal behavior studies, proves to be *L'Année psychologique*, edited by the French psychologist Henri Piéron. One can use this as a preliminary means of identifying who were the major French writers on behavior in this period and what kinds of research practices and programs they promoted.

Between 1914 and 1950, *L'Année psychologique* reported on approximately 500 notes, articles, or books on animal or comparative psychology by some 175 different French authors[5]. Comparing those publications devoted explicitly to invertebrate behavior with those devoted explicitly to vertebrate behavior, one finds that the preponderance of invertebrate studies was overwhelming : French publications on the behavior of invertebrates outnumbered French publications on the behavior of vertebrates more than three to one. For the 1930s, the ratio was more than four to one[6].

This pattern of publication was unique to France. In both Germany and Belgium in the 1930s, invertebrate and vertebrate behavior studies appeared with approximately equal frequency. In Holland and the United States over the same period, vertebrate studies were strongly in the majority. The contrast between behavior studies in France and in United States indeed proves particularly striking. From 1920 to 1939, there was only one year (1930) when *L'Année psychologique* did not report more French than American studies of *invertebrate* behavior[7]. In contrast, the number of American studies of *vertebrate* behavior published in a single year, 1932, surpassed the total number of French papers on vertebrate behavior for the entire twenty-year period[8]. Though the bulk of the American work was undertaken by so-called comparative psychologists who studied the white rat and little else, a number of American investigators undertook

5. Over the course of the period in question, the journal added successive distinctions to the subcategories employed under the general category, « psychologie comparée. » In the counts reported here, I have included all the items listed under the heading « questions évolutives générales. » Under the heading « psychologie zoologique et biologie », I have included items listed under the sub-headings « études générales et méthodologie », « tropismes », « comportement des invertébrés », and « comportement des vertébrés », but excluded items listed under the sub-headings « mécanismes nerveux, fonctions sensorielles chez les Invertébrés » ; « mécanismes nerveux, fonctions sensorielles chez les Vertébrés » ; and « l'apprentissage chez les animaux ».

For the figures comparing French behavior studies with studies undertaken in other countries, I have narrowed the period under consideration to the twenty years from 1920 to 1939. Beginning about 1940, owing presumably to wartime difficulties, the coverage in *L'Année psychologique* became considerably less comprehensive than it had been over the previous two decades.

6. By my count, there were 164 papers on invertebrate behavior and 51 on vertebrate behavior for the entire period. For the 1930s, the figures are : 64 invertebrate behavior reports, 18 vertebrate behavior reports. These figures are exclusive of « general » studies and studies on tropisms. Counting the latter would make the ratios still higher.

7. These figures are biased to some degree by the selection of journals that *L'Année psychologique* consulted. For example, it consulted French and Belgian entomological journals but not American entomological journals. This, however, does not alter the fact that animal behavior studies between the wars were dominated in the United States by comparative psychologists studying vertebrates and in France (where the contributions of biologists and psychologists were closer to equal) by individuals who focused on invertebrates and particularly insects.

8. There were 51 French papers on vertebrate behavior from 1920 to 1939, and 57 American papers on vertebrate behavior for 1932 alone. Of these 57 American papers, 40 involved research on white rats.

research programs involving other vertebrates, particularly primates. In France, the only sustained vertebrate research program seems to have been the work on primates conducted at the ménagerie of the Muséum National d'Histoire Naturelle by the psychologists Paul Guillaume and Ignaz Meyerson, beginning about 1930.

To say that the French concentration on invertebrate behavior studies was unique is not so say, however, that French studies dominated this field. J.-H. Fabre's *Souvenirs entomologiques* inevitably inspired critical follow-up studies by his countrymen, among them Paul Marchal, Charles Ferton, E. Roubaud, Étienne Rabaud, and Lucien Berland. But France did not have a monopoly on insect behavior studies. The number of German articles on invertebrate behavior reported in *L'Année psychologique* in the 1930s equaled the number of French articles. Important work on insect behavior was done in Germany by Karl von Frisch, Mathilde Hertz, and A. Molitor; in the Netherlands by Niko Tinbergen and G. P. Baerends; and in Belgium by Louis Verlaine, to name only a few. Of the major insect behavior studies published in the 1940s, Grassé's paper on swarming in termites, important as it was, was not as widely influential as von Frisch's series of papers on the orientation and dance language of the bees or Baerends' dissertation on reproductive behavior and orientation in the solitary wasp, *Ammophila campestris*[9].

Let us look more closely now at the most productive of the French students of behavior. Of the 175 or so French writers whose works were reported in *L'Année psychologique* between 1914 and 1950, some forty-three contributed three or more publications; eight contributed nine or more publications[10]. Of these eight, by far the most prolific was Étienne Rabaud, Professor of Experimental Biology at the Sorbonne. Rabaud's seventy-four publications on behavioral topics more than tripled the number of the next most prolific writer, G. Viaud, the psychophysiologist at Strasbourg who studied tropisms. Following Viaud (who had 24 publications) were the psychologist Henri Piéron (22 publications); the biologist Grassé (14 publications), A. Rochon-Duvigneaud, an ophthalmologist at l'Hopital Laennec, who studied vertebrate vision (also with 14 publications); the entomologist Lucien Berland, who during the period in question went from assistant in entomology to sous-directeur du Laboratoire de l'entomologie at the Muséum d'Histoire Naturelle (12 publications); Marguerite Combes, author of eleven publications on ants; and the entomologist Rémy Chauvin (9 publications). Of these eight, only the ophthalmologist Rochon-Duvigneaud worked primarily with vertebrates. Rabaud and Piéron covered the sweep of zoological psychology. The bulk of Rabaud's research, however, was on insects, and the other five authors also worked primarily on insects or, in Viaud's case, with simpler organisms.

It is not possible in a limited space to comment on the contributions or careers of all of these scientists. It will simply be noted here that all of the seven men in question seem to have had successful careers with respect to the positions they achieved within the scientific establishment. The same may not be true for

9. G. P. Baerends, « Fortpflanzungsverhalten und Orientierung der Grabwespe *Ammophila campestris* », *Tijdschrift voor Entomologie,* 84 (1941), pp. 68-275. Baerends' study, the product of five years of field work, was a major contribution to ethological theory.

10. I have not been able to confirm the nationality of all forty-three of these authors. It is possible that a few of them were not French but instead Swiss, Belgian, or some other nationality.

Marguerite Combes, for whom this author has been unable thus far to find any biographical information. My comments here will focus primarily on Étienne Rabaud.

Étienne Rabaud was a major figure in French biology. One of Alfred Giard's disciples, he was named « Préparateur au laboratoire d'évolution des êtres organisés » at the Faculté des Sciences in 1903. He subsequently became maître de conferences in 1907, professeur-adjoint in 1919, and ultimately professeur titulaire in 1923, when he was awarded a new chair at the Faculté des Sciences, the chair of « Biologie expérimentale. » He held this position until his retirement in 1938. He was in addition one of the eight members of the comité de redaction that took responsibility for the continuation of the *Bulletin biologique de la France et de la Belgique* following Giard's death in 1908. He was also active in the Société française de psychologie, serving as president of that society after the First World War. He was one of the original members of the Institut de Psychologie de l'Université de Paris in 1920 and inaugurated instruction in animal psychology there. In addition to serving as president of la Société française de Psychologie, he served also in the course of his career as president of la Société entomologique de France, la Société zoologique de France, l'Association des naturalistes parisiens, l'Association française pour l'Avancement des sciences, and l'Institut français d'Anthropologie[11].

Rabaud did not establish his reputation solely or even primarily through his studies of animal behavior. When he arrived in Paris in the 1890s as a student, he worked initially on histology and embryology under Mathias-Duval and then on experimental teratogenesis with Dareste. By the time he was named professor of experimental biology at the Sorbonne three decades later, he had written one general text on the elements of biology; four other books on transformism, teratogenesis, heredity, and adaptation and evolution, respectively; and a host of additional monographs and shorter studies. In the course of his career, his total production of scientific publications reached approximately 400 items.

Rabaud's understanding of animal behavior was guided by a number of intellectual stances that shaped the whole of his biological thought. He was both a transformist and a positivist, displaying the sort of theoretical agnosticism with respect to evolutionary theory that was common in French biology at the time. He also insisted on conceiving of the organism and its environment as a complex whole, an attitude that he may have imbibed while working with Le Dantec under Giard. He was fiercely determined, furthermore, to reject all finalistic interpretations in biology[12].

Rabaud did not simply embrace these positions. He heaped scorn on those of his predecessors and contemporaries whose thinking betrayed any elements of anthropomorphism or finalism or manifested an insufficient appreciation of the

11. On Rabaud see Étienne Rabaud, *Titres et travaux scientifiques de M. Étienne Rabaud*, Laval, Barnéoud, 1935, and Pierre-Paul Grassé, « Étienne Rabaud, 1868-1956 », *Bulletin biologique de la France et de la Belgique*, 92 (1958), pp. 1-6.

12. Camille Limoges, « A Second Glance at Evolutionary Biology in France, » in Ernst Mayr and William Provine eds., *The Evolutionary Synthesis*, Cambridge, Mass, Harvard University Press, 1980, pp. 322-328. Grassé, « Étienne Rabaud », indicates that the influence of Le Dantec on Rabaud was not entirely positive.

complexity of biological phenomena. Appalled, for example, by the esteem in which the work of Fabre was coming to be held, Rabaud devoted an entire volume to contesting Fabre's originality, emphasizing the inaccuracies of Fabre's observations, and attributing Fabre's contemporary vogue to Fabre's finalist and anti-evolutionary views[13]. He described Fabre's accounts of insect behavior as « *superficielles, tendancieuses, et si souvent fantaisistes* »[14]. The founders of evolution, however, fared scarcely better with Rabaud. Despite his belief that the organism and its environment constituted a whole, he had few kinds word for Lamarck. Lamarck, in his view, had attributed much too large a role to adaptation in the evolutionary process. He condemned the Darwinians for the same reason. In his 1922 book, *Adaptation et Évolution,* Rabaud argued that not only did organic forms and instincts not display the perfect adaptedness typically ascribed to them, the phenomenon of adaptation did not exist at all[15].

Rabaud was also caustic in his opposition to the chromosome theory of inheritance and the theory of the gene. In 1936, the pages of the *Bulletin biologique de la France et de la Belgique* witnessed a bitter exchange between Rabaud on the one hand and Maurice Caullery and Émile Guyénot on the other. After Rabaud attacked modern hereditary theory as represented in the works of Caullery and Guyénot, Caullery and Guyénot responded[16]. Caullery viewed Rabaud's attack as an unprovoked and « *visiblement malveillante* » critique of his work, and he retaliated by identifying Rabaud as a significant factor in retarding the progress of genetics in France. Caullery maintained that the only members of the scientific community likely to be impressed by Rabaud's commentary on genetics were those who were not beyond « *la distance où ne se fait pas sentir l'action personnelle* »[17]. He concluded his remarks by quoting the geneticist Richard Goldschmidt, who in a recent review had expressed pleasure « *que la jeune génération de biologistes français tend à se libérer du flot phraséologique sans valeur d'un Rabaud et à se placer sur le terrain du progrès* »[18].

Rabaud remained unchastened by Caullery's reply. Indeed, he seems to have taken pleasure in crafting a rebuttal to Caullery and Guyénot[19]. As Grassé later observed in his 1958 obituary notice of Rabaud :

13. Rabaud, *J-H. Fabre et la Science* (Paris, Chiron, 1924).

14. Étienne Rabaud et François Picard, « Préface », in Ch. Ferton, *La Vie des Abeilles et des Guêpes,* Paris, Chiron, 1923, p. v.

15. Rabaud pursued this theme many places, as for example in his paper with M.-L. Verrier, « Notes sur le comportement et l'adaptation des Triongulins », *Bulletin biologique de la France et de la Belgique,* 74 (1940), pp. 185-194. Here he effectively challenges the uncritical acceptance of the idea of the good of the species as well as the idea of perfect adaptation. He does not acknowledge, however, that Darwin himself had years previously renounced the idea of perfect adaptation.

16. Rabaud, « Commentaires sur l'hérédité », *Bulletin biologique de la France et de la Belgique,* 70 (1936), pp. 409-455.

17. Maurice Caullery, « A propos des commentaires sur l'hérédité de M. Étienne Rabaud », *Bulletin biologique de la France et de la Belgique,* 71 (1937), pp. 1-9, p. 8. See also Émile Guyénot, « La génétique et les illusions de M. Rabaud, » *Bulletin biologique de la France et de la Belgique,* 71 (1937), pp. 10-21.

18. Caullery, « A propos des commentaires sur l'hérédité de M. Étienne Rabaud », p. 9.

19. Rabaud, « A propos d'hérédité : réplique à deux réponses », *Bulletin biologique de la France et de la Belgique,* 71 (1937), pp. 22-30.

« C'est en partisan qu'il a traversé son temps. Il aimait pourfendre ses adversaires et se complaisait dans la bataille.... Rabaud prenait son temps et décochait à l'ennemi une flèche, que dis-je un dard acéré et cruel, le clouant au poteau du ridicule ou de l'ignorance. Il fut assurément un grand polémiste, valant infiniment plus par la plume que par la parole. La joute oratoire ne fut jamais son fort. Ses mots d'esprit lui ont attiré des haines tenaces, car les universitaires, comme la mule du pape, n'oublient pas volontiers les piqûres faites à leur amour-propre »[20].

It may have been no coincidence that when it was time for Rabaud to retire in 1938, the chair of experimental biology that he had come to occupy fifteen years earlier was eliminated[21].

Intellectually, Rabaud was more of a destroyer than a builder. The same seems to have been generally true with respect to his personal relations with other scientists[22]. Rabaud was disinclined in his writings to cultivate allies by situating his work within the context of ongoing research programs. By the end of his career, his caustic attacks on others and his stubbornness in his own opinions left him increasingly isolated[23].

As of the late 1930s, Rabaud was for the most part restating positions he had announced years earlier. In 1938, in one of those remarkable juxtapositions that at least in retrospect seems pregnant with significance, *L'Année psychologique* placed an account of a paper by Rabaud entitled « Psychologie animale et finalité » side by side with an account of a paper by Konrad Lorenz entitled « Biologische Fragestellung in der Tierpsychologie » (« Point de vue biologique en psychologie animale »)[24].

The contrast between these two papers is striking, even though Rabaud and Lorenz had some of the same things to say. Both insisted on the importance of careful observation. Both insisted on the importance of comparative studies. They adopted positions that were diametrically opposed, however, with regard to the issue of the adaptiveness of behavior. Rabaud denied the phenomenon of adap-

20. Pierre-P. Grassé, « Étienne Rabaud, 1868-1956 », *Bulletin biologique de la France et de la Belgique*, 92 (1958), p. 5.

21. Grassé, « Rabaud », p. 2. The elimination of Rabaud's chair took place, in Grassé's words, *« malgré l'opposition de ceux qui voulaient ignorer les querelles personnelles »*. An announcement of Rabaud's retirement, without any mention of the elimination of his chair appears in *Annales de l'Université de Paris*, 14 (1939), p. 113. Rabaud was allowed to continue to work in the laboratory of experimental biology. In addition, he was named « professeur honoraire. »

22. Rabaud's relations with other scientists is a topic that deserves further analysis. Grassé as a young man seems to have gotten along well with Rabaud, and he continued to do so even as his ideas grew apart from those of the older biologist. Grassé reports that Rabaud's attacks on established science made him popular with students. That Rabaud had a cadre of loyal disciples is suggested by the volume, *Notes et Mémoires, réedités par un groupe d'élèves et d'amis à l'occasion de son jubilé scientifique/Étienne Rabaud*, Laval, Barnéoud, 1938, 720 p.

23. Rémy Chauvin mentions having been criticized unjustly by Rabaud for anthropomorphic thinking. See Chauvin, « Le transport des proies chez les fourmis. Y-a-t-il entr'aide ? », *Behaviour*, 2 (1950), pp. 249-256 (p. 254).

24. Étienne Rabaud, « Psychologie animale et finalité », *Journal de Psychologie*, 34 (1937), pp.305-323 ; Konrad Lorenz, « Biologische Fragestellung in der Tierpsychologie », *Zeitschrift für Tierpsychologie*, 1 (1937), pp. 24-32.

tation altogether. Lorenz, in contrast, assumed that species-specific behavior patterns had developed through natural selection for the good of the species. Rabaud furthermore did not display the interest Lorenz did in using behavior patterns for phylogenetic purposes. Most importantly, the two differed dramatically from each other in the tone and urgency of their messages.

Rabaud, who had been the son of a pastor, offered a paper that was in many ways a sermon. Warning of the dangers of finalism, it concluded with a pious recital of the virtues of the experimental method, patiently pursued in the face of the complexities of the organic world. It did not promise, however, that new revelations would be revealed in the immediate future. Lorenz's paper, to the contrary, was in effect a call to arms for a new approach to research. It was based on a paper Lorenz had delivered to the first general meeting of the newly formed Deutsche Gesellschaft für Tierpsychologie. Lorenz exhorted the German animal psychologists to be more biological in their thinking, promising that the field of animal psychology would be dramatically energized when one asked simultaneously about a behavior pattern's physiological causation, its survival value, its evolutionary history, and how it fit within the total pattern of the animal's activities within its environment.

Lorenz's program attracted numerous followers in Germany. Lorenz also found great support in the work of the Dutch zoologist Niko Tinbergen, whose analytical and experimental talents complemented well Lorenz's original insights and exuberant theorizing. The Second World War interrupted the interaction between Lorenz and Tinbergen. When the war ended, Tinbergen looked initially to British, Swiss, Finnish, and American colleagues for assistance in rebuilding the institutional foundations of ethology. He felt it would take some time before he could work with German biologists again. Significantly, he did not identify any biologists in France to whom he could turn.

Interestingly enough, however, it was precisely in the late 1930s and early 1940s that Grassé felt that the French had succeeded in developing a particularly valuable and distinctive line of behavioral researches relating to insect sociality. Rabaud had become interested in insect sociality in the 1920s, and then published more and more frequently on the subject up to an including his 1937 book, *Phénomène social et sociétés animales*[25]. The study of insect sociality had also attracted Grassé. As Grassé wrote in 1948 in the autobiographical notes and survey of his writings that he prepared for his election to the Académie des Sciences :

« L'observation de l'animal en action, l'expérimentation à laquelle il s'offre m'ont toujours plus intéressé que la dissection ou même le débitage en coupes. Aussi, depuis une dizaine d'années, la psychophysiologie est-elle devenue mon principal champ de recherches.

«Les animaux sociaux constituent mon matériel d'étude préféré. Ils posent de multiples problèmes, tous d'un grand intérêt, et se prêtent admirablement à l'expérimentation; c'est en particulier le cas des Termites...

Les idées classiques sur les sociétés animales, sur l'évolution de celles-ci ont subi depuis quelques années, à la suite des résultats acquis par l'expérimenta-

25. Étienne Rabaud, *Phénomène social et sociétés animales*, Paris, Félix Alcan, 1937.

tion, un changement profond qui aura, sans doute, une répercussion sur la sociologie humaine »[26].

France was the site of two important international conferences on animal behavior in the early 1950s. The first was a CNRS-sponsored colloquium organized by Grassé and held in Paris in March, 1950. Its topic, « Structure et physiologie des sociétés animales », reflected the particular area where Grassé felt French behavioral studies had become particularly distinctive[27]. The second conference was the 1954 conference sponsored by the Fondation Singer-Polignac on « L'instinct dans le comportement des animaux et de l'homme »[28].

Not surprisingly for conferences held in Paris, French participants played substantial roles on both of these occasions. However, the French role in the international development of ethology in the 1950s and 1960s remained relatively slight. One index of this is their scanty participation in the international ethological conferences that began to be convened on an approximately every-other-year basis, beginning with an informal symposium arranged by Erich Von Holst at Wilhelmshaven in 1950 and followed in the course of the decade by conferences at Buldern, Oxford, Groningen, Freiburg, and Cambridge. The first French biologist to be on the program of one of these meetings was Chauvin, from Bures-sur-Yvette, at the Buldern meeting in 1952. At Oxford in 1953 and Groningen in 1955, Bures was again the only French center represented, with contributions from Chauvin and two of his co-workers. At Freiburg in 1957, there were four French biologists on the program (Chauvin and R. Darchen from Bures-sur-Yvette, E. Boesiger from Gif-sur-Yvette, and P. B. Richard from Pougnardoresse). This represented a high point until 1969, when the eleventh international ethological congress was held in Rennes, the first time one of these international ethological congresses was held in France. At the Rennes conference, thirteen out of a total of 146 speakers were French researchers[29].

The following remarks are offered as a conclusion to this brief overview of behavior studies in France in the first half of the twentieth century.

If one is to ask about the various factors that may have aided or impeded the progress of French animal behavior studies in the period from 1920 to 1950, at least three points must be kept in mind.

26. Pierre-P. Grassé, *Notice sommaire sur les travaux scientifiques de Pierre-P. Grassé*, 1948, pp. 7-8.

27. « Structure et physiologie des sociétés animales », *Colloques internationaux du Centre National de la Recherche Scientifique*, 34 (1952). There were nine French participants and nine foreign participants. The French participants were : Grassé, G. Le Masne, F. Bourlière, Rémy Chauvin, André Soulairac, Ch. Noirot, F. Bernard, Éd. Ph. Deleurance, and E. Roubaud. The foreign participants were W. C. Allee, L. Pardi, G. P. Baerends, F. Fraser Darling, C. R. Carpenter, T. C. Schneirla, K. von Frisch, H. Hediger, and Alfred E. Emerson.

28. M. Autuori et al., *Instinct dans le comportement des animaux et de l'homme*, Paris, Masson, 1956. The French participants were G. Viaud (Strasbourg), Éd. Ph. Deleurance (Paris), M. Fontaine (Paris), J. Benoit (Paris), Marc Klein (Strasbourg), P.-P. Grassé (Paris), H. Piéron (Paris), M. P. Bénassy (Paris), and R. Ruyer (Nancy). The foreign participants were K. Lorenz (Buldern), M. Autuori (São Paulo), Desmond Morris (Oxford), Karl von Frisch (München), T. C. Schneirla (New York), Robert Gesell (Ann Arbor), Daniel S. Lehrman (Newark), H. Hediger (Zurich), J. B. S. Haldane (London), Curt P. Richter (Baltimore), O. Koehler (Freiburg im Breisgau).

29. The author thanks W. M. S. Russell for providing him with copies of the programs of the early International Ethological Congresses.

The first is that biological studies of behavior were fragile enterprises wherever they existed in the first half of the twentieth century. There was no well-established *discipline* of biological studies of behavior in any country. These studies depended very much on local circumstances and the initiatives of individuals exploiting local resources.

The second is that the discipline that Lorenz and Tinbergen eventually established (insofar as it can be claimed to have achieved disciplinary status) was shaped by highly contingent circumstances. It could certainly have developed differently. The success of a discipline of animal behavior studies of precisely the form that Lorenzian ethology assumed in the 1950s was by no means predetermined.

The third is that it is not evident that French biologists tried to establish an independent science of animal behavior. Individual researchers could pursue animal behavior studies in the service of more traditional or better established enterprises, such as zoology, entomology, or psychology. This seems to have been the case, for example, with Lucien Berland at the Muséum d'Histoire Naturelle, whose work on the behavior of wasps was simply one aspect of a larger project on the systematics of a whole group of organisms. Even Grassé, despite his early enthusiasm for behavior studies, came to regard them as secondary or subsidiary to his *Traité de Zoologie* project, which he conceived of in 1942 in part with the chauvinistic intent of showing to the world *« la vitalité de la Science française dans un domaine que les Buffon, Lamarck, Cuvier, Geoffroy-St.-Hilaire, H. Milne-Edwards, H. de Lacaze-Duthiers, Maupas, Laveran, Giard, Delage... [sic] ont tant contribué à defricher »*[30]. Alternatively, behavior studies, particularly studies on tropisms, seem to have served some biologists as an introduction to laboratory research, from which they went on to more dramatic accomplishments. Jacques Monod, for example, wrote three of his first seven scientific papers on tropisms[31].

When Alfred Giard in 1888 presented his Leçon d'ouverture for his « Cours d'évolution des êtres organisés, » he underscored the significance of establishing a chair for evolutionary biology at the Sorbonne and the further importance of creating a laboratory for the experimental study of evolution. He commented : *« si l'on peut dire avec Lamarck que toute science a ou doit avoir sa philosophie, il est peut-être exagéré de prétendre qu'une science ne fait de progrès réels que par sa philosophie »*[32].

It cannot be said that the French proponents of animal behavior studies lacked institutional resources and power. On the other hand, Rabaud's chair of experimental biology at the Sorbonne was not specifically a chair to do behavior work, and much of Rabaud's behavioral research was done in his months away from Paris in the countryside. Grassé, occupying the chair of evolutionary biology that had once been Giard's, became the most powerful zoologist in France, but, as

30. Pierre-P. Grassé, *Notice sommaire sur les travaux scientifiques de Pierre-P. Grassé,* p. 43.

31. Jacques Monod, « Indépendance du galvanotropisme et de la densité du courant chez les Infusoires ciliés », *C. R. hebd. Séanc. Acad. Sci. Paris,* 198 (1934), pp. 122-124. « Données quantitatives sur le galvanotropisme des Infusoires ciliés », *Bulletin biologique de la France et de la Belgique,* 67 (1933), pp. 474-479; « Galvanotropisme et âge physiologique », *C. R. hebd. Séanc. Acad. Sci. Paris,* 198 (1934), pp. 1882-1883.

32. Alfred Giard, *Controverses transformistes,* Paris, C. Naud, 1904.

indicated above, he proceeded to devote much of his energies to the *Traité de Zoologie* and also to developing a distinctive view of evolution. In other major European cities, most notably Berlin and Amsterdam, significant animal behavior research programs were established at zoos, but this does not seem to have occurred in Paris, despite the fact that a century earlier the ménagerie at the Muséum d'Histoire naturelle had been the site of pioneering studies on animal behavior conducted by Frédéric Cuvier. In 1935 the Muséum did establish a new chair, the chair of « éthologie des animaux sauvages », the occupant of which was to be responsible for the direction of the Parc Zoologique de Vincennes. The first holder of this chair, however, was Achille Urbain, a man whose claim to the position was primarily a function of his previous veterinary researches and who was more interested in studying health and disease in zoo animals than the animals' behavior[33].

French biologists and psychologists also did not have a journal or a society devoted to behavior studies. The Germans in contrast in 1937 founded the *Zeitschrift für Tierpsychologie* as the organ of the Deutsche Gesellschaft für Tierpsychologie (founded in 1936), and both of these served as loci for discussions of what the aims and methods of animal behavior studies ought to be. After the war, Tinbergen moved quickly to found the international journal *Behaviour*[34].

Beyond this, French biologists do not seem to have made special efforts to situate their work in a context of broader, international discussions of problems of animal behavior. This was true not only of Rabaud but also, at least in some measure, of Grassé. Grassé's study of swarming in termites cited only other termite literature, not the growing literature on behavioral problems in general. Though many of the ideas he was promoting in the late 1940s sound very much like ideas of the Lorenzian school, he did not in his published writings make any efforts to compare and contrast his ideas with those of the objectivists and to indicate the sources of their similarities and differences.

One may also note the potential significance of personal factors in the development of a small field. It is difficult to conceive of a field watched over by Étienne Rabaud as a particularly attractive field for a young scientist to enter, though Grassé, for one, found the field to his liking. It will be worth investigating further whether Grassé opened the field up to a variety of approaches or whether he insisted that his own students adhere to the particular lines of research that he himself had cultivated[35].

33. See however Achille Urbain, « Leçon inaugurale du cours d'éthologie des animaux sauvages », extr. des *Archives du Muséum national d'histoire naturelle*, 6ᵉ série, t. XII, 1935 and *Psychologie des animaux sauvages : instinct, intelligence*, Paris, Flammarion, 1940.

34. French animal behavior studies continued to be hampered into the 1960s by the lack of a French journal for behavior studies. Writing to Tinbergen in 1966 about the establishment of a French journal that would bring together articles on animal behavior rather than have them scattered through various periodicals, Chauvin asked Tinbergen to lend his authority to the project by serving on the « comité d'honneur ». Chauvin to Tinbergen, 21 avril 1966, Nikolaas Tinbergen papers, Oxford University Library. The journal in question was *Revue du comportement animal*, which began publication with Chauvin as editor in 1966.

35. That the latter may have been the case is suggested in a letter from Chauvin to W. H. Thorpe dated 24 August 1976 in the W. H. Thorpe papers, Cambridge University Library.

The French work on animal behavior in the 1930s and 1940s, particularly on insect sociality, deserves a full study, not simply in terms of its immediate subject matter but also in terms of the broader cultural and intellectual resources on which the French biologists drew. Perhaps enough has been mentioned here, nevertheless, to indicate some of the ways in which French behavioral studies were distinctive in this period and some of the reasons why Niko Tinbergen, when he sought allies in building up ethology immediately after the war, did not immediately turn to France.

Henri Piéron (1881-1964) et les Néo-Lamarckiens français

Paul MENGAL*

Les rapports entre psychologie et biologie sont fondamentaux pour comprendre l'histoire des sciences de l'homme. Dans le cas particulier de l'œuvre du physiologiste et psychologue Henri Piéron, ces rapports ont déterminé chez lui un projet de constitution d'une discipline à laquelle il a donné le nom de *psychologie zoologique*. Une étude de ses travaux montre l'influence décisive d'un groupe de biologistes français appartenant au courant néo-lamarckien dans la réalisation de ce projet. C'est sur cette relation privilégiée entre Piéron et ce groupe de biologistes que nous avons centré notre recherche.

Nous avons restreint notre enquête à l'analyse d'un ensemble de documents rassemblés par Henri Piéron lui-même. Ces documents ne sont pas inédits mais dispersés dans un nombre considérable de revues. Heureusement le caractère méticuleux de Piéron l'avait amené à faire relier des tirés-à-part de ces publications et à les classer par thèmes de recherche. Nous devons à Françoise Parot d'avoir déniché ce précieux fonds d'archives qui ne comprend pas moins de 240 gros volumes qui se trouvent entreposés, encore sans classement, dans la bibliothèque de l'Institut de psychologie de l'Université Paris V qui porte le nom de Bibliothèque Henri Piéron[1].

BIBLIOGRAPHIE INTELLECTUELLE

C'est en 1901, avant même de passer l'agrégation de philosophie, que Henri Piéron prend contact avec la psychologie en entrant, comme préparateur, au Laboratoire de psychologie expérimentale dirigé par E. Toulouse à l'asile de

* Université de Paris XII.

1. Thérèse Charmasson et Françoise Parot ont par ailleurs classé les archives et la correspondance d'Henri Piéron déposées aux Archives nationales sous la cote 520 AP 1 à 51. On peut également consulter F. Parot, Les archives d'Henri Piéron, *Gazette des Archives,* 145 (1989), pp. 136-144.

Villejuif et récemment rattaché à l'École des Hautes Études[2]. Piéron, qui avait fréquenté durant ses études la clinique neurologique de la Salpêtrière où il assistait aux consultations de Pierre Janet, oriente ses premiers travaux vers la séméiologie du rêve. Mais à la même époque, *«Félix Le Dantec, ancien élève de mon père*[3]*, mathématicien extraordinairement précoce fourvoyé en biologie m'attira au laboratoire d'Alfred Giard, lui-même camarade de mon père, et [qui] exerça sur moi une réelle influence »*.

C'est là, semble-t-il, que se révèle la vocation de Piéron pour les sciences naturelles. Il accompagne souvent Giard à Wimereux, travaille à Arcachon avec Jolyet et surtout à l'île Tatihou, le laboratoire de biologie marine créé par Edmond Perrier en 1887[4].

Il faut encore ajouter à ce réseau de relations la rencontre avec Albert Dastre, un autre ami de son père, dans le laboratoire duquel Piéron entreprend des travaux sur la physiologie du sommeil qui se concrétiseront dans une thèse de sciences soutenue en 1912. Il a également de nombreux contacts avec le physiologiste Charles Richet à l'égard duquel il émet cependant quelques réserves : *« mais j'étais frappé de l'absence de critique, qui se manifestait chez lui, en particulier dans ses expériences métapsychiques »*.

Piéron, positiviste convaincu, s'était illustré dans la dénonciation de la supercherie des rayons N, et ne pouvait que rejeter les intérêts douteux de Charles Richet pour l'hypnotisme, le spiritisme, les ectoplasmes et autres manifestations métapsychiques[5]. Cette affaire des rayons N lui donna l'occasion de se lier d'amitié avec le physicien Jean Perrin qui fera entrer Piéron au Conseil Supérieur du CNRS en 1933.

Enfin, parmi ses amis, il faut faire une place importante à Étienne Rabaud, l'un des chefs de file du néo-lamarckisme français[6], dont l'influence sur le travail de Piéron sera considérable.

Le décès prématuré d'Alfred Binet en 1911 laisse vacant le poste de directeur du Laboratoire de psychologie physiologique[7] de la Sorbonne. Le recteur

2. Les informations biographiques sont empruntées à l'édition française de l'autobiographie d'Henri Piéron dont une version anglaise avait paru en 1952 dans le volume IV de la série *A History of Psychology in Autobiography*. La version française vient d'être publiée par F. Parot et M. Richelle, *Psychologues de langue française. Autobiographies,* Paris, PUF, 1992. Nous avons également utilisé la *Notice sur ses travaux scientifiques par Henri Piéron,* Paris, A. Davy et fils aîné, 1923. En 1898, Piéron est bachelier en philosophie (Lycée Louis-le-Grand) en 1899, licencié et agrégé en 1903 ; licencié ès sciences en 1905 et docteur ès sciences en 1912.

3. Le père d'Henri Piéron, Nicolas-Dominique Piéron (1847-1906) fut reçu premier au concours de l'École normale supérieure en 1868. Agrégé de mathématiques, il enseigna à Besançon, puis au lycée Charlemagne à Paris. Il occupa, dès 1877, la chaire de mathématiques spéciales du lycée Saint-Louis avant d'être promu, en 1892, inspecteur général de l'Instruction publique.

4. C. Blanckaert, « Edmond Perrier et l'étiologie du « polyzoïsme » organique », *Revue de Synthèse, Les néo-lamarckiens français,* 95-96 (1979), pp. 353-376.

5. Piéron publia de nombreux textes pour dénoncer la supercherie des rayons N entre 1904 et 1907.

6. On trouvera une analyse des positions des biologistes français de l'époque en matière de génétique dans l'article de R. Burian, J. Gayon & D. Zallen, « The Singular Fate of Genetics in the History of French Biology, 1900-1940 », *Journal of the History of Biology,* 21 (1988), pp. 357-402.

7. Ce laboratoire avait été créé en 1889 et son premier directeur fut H. Beaunis, professeur de physiologie.

Louis Liard incite Piéron à se porter candidat à la succession et le poste lui est effectivement attribué en 1912. Il hérite du même coup de la direction de la revue *L'Année Psychologique* dont les éditions Masson lui céderont bientôt l'entière propriété. Dès lors Henri Piéron va mener de front et avec un égal succès plusieurs carrières scientifiques et administratives. Signalons simplement la création de l'Institut de Psychologie en 1920 dans le Conseil de direction duquel il appelle son ami Étienne Rabaud et surtout l'élection de Piéron au Collège de France, en 1923, à la chaire de Physiologie des Sensations.

LA CONCEPTION DE LA PSYCHOLOGIE ET LES CHOIX ÉPISTÉMOLOGIQUES

Dans sa *Notice sur ses travaux scientifiques,* Piéron déclare : *« L'attitude générale que j'ai adoptée est celle qui m'a paru, dans l'histoire de la science, avoir la plus grande valeur heuristique. Faire comme si tous les phénomènes étaient réductibles aux mêmes mécanismes fondamentaux, relevaient exclusivement des mêmes principes généraux; mais, en même temps, se montrer sévère au point de vue des réductions affirmées avant de les considérer comme établies, et ne pas adopter des explications physico-chimiques simplistes de certains phénomènes complexes, telles qu'en a souvent donné Loeb, tout simplement parce qu'elles vont dans le sens des progrès généraux de la science.*

Au point de vue du domaine propre de mes recherches, j'ai envisagé la science psychologique comme l'étude des lois propres de l'activité globale, de la conduite des organismes, de leur comportement, de façon entièrement objective[8]*, cherchant à retrouver ces lois par la détermination des mécanismes physiologiques qu'impliquent les actes des organismes, sans soulever le problème de la conscience que je considère comme insoluble dans l'état actuel de nos connaissances »*[9].

Cette psychologie physiologique dont se réclame Piéron se voue à l'étude du comportement animal dans toutes ses dimensions. Il en détermine les méthodes dans un article de 1904 publié dans la *Revue Philosophique*. Son ambition est de ne s'intéresser qu'à des phénomènes objectivement constatables mais il se refuse néanmoins à exclure *« l'analyse subjective de son propre sens intime »*. Faut-il voir dans cette concession à l'introspection chère à la psychologie de conscience le résultat d'une profonde influence qu'a exercé sur lui, comme sur tant d'autres à l'époque, la philosophie de Bergson ? En tout état de cause Piéron ne se départira jamais de cette attitude qui le rendra toujours difficilement assimilable aux behavioristes américains dont l'influence se développe à cette même époque. A cet égard, il est piquant de constater le soin jaloux avec lequel Piéron revendique

8. A. Lalande, dans le *Vocabulaire technique et critique de la philosophie*, Paris, PUF, 1926, critique l'emploi du terme de psychologie objective : « il présuppose, dans le cas de la psychologie, qu'on n'y peut rien découvrir d'*universellement valable* que par le procédé *d'observation externe*, ce qui est extrêmement douteux », 15e éd., 1985, p. 855.

9. H. Piéron, *op. cit.*, p. 15.

d'avoir été le premier à parler d'une psychologie comme science du comportement des organismes. C'est en effet en 1908 qu'il emprunte ce terme au vocabulaire pascalien et l'utilise pour la première fois comme équivalent de l'anglais *behaviour* et de l'allemand *Verhalten*[10]. Il s'attache également à se démarquer des propositions de Beer, Bethe et von Uexküll qui proposaient un langage nouveau pour parler de la psychologie des animaux. « *Le langage psychologique n'implique aucunement l'existence de phénomènes conscients* »[11], et il n'y a pas lieu pour Piéron de proposer une terminologie nouvelle pour décrire des mécanismes communs aux animaux et aux hommes. La psychologie expérimentale doit se borner à constater les phénomènes et en formuler les lois de production selon des méthodes que Piéron avait déjà pu détailler dans un livre collectif publié avec Toulouse et Vaschide sur la *Technique de psychologie expérimentale*[12].

La *psychologie zoologique* porte sur l'activité des êtres et leurs rapports sensori-moteurs avec le milieu. C'est ainsi que Piéron définit le comportement des organismes. En définissant de la sorte son objet d'étude, il devait rapidement rencontrer la question des rapports des organismes avec leur environnement et le rôle déterminant des adaptations. Piéron distingue alors la *sélection naturelle* et la sélection physiologique ou *adaptation*. Le premier facteur ne rend compte que du progrès phylogénique alors que le second contribue au progrès ontogénique. Dans son article sur *L'évolution du psychisme*[13], Piéron s'appuie sur l'ouvrage de Cope *The primary factors of organic evolution*[14]. Il souligne également l'importance du rôle de la mémoire et de « *l'influence du passé, chère à M. Alfred Giard, qui en a montré toute l'importance, [et qui] a été maintes fois vérifiée ; mais elle ne doit pas rester localisée à l'individu, car les acquisitions se transmettent, et ce n'est qu'en jouant sur les mots qu'on peut nier l'hérédité des caractères acquis, sans laquelle il n'y aurait point de progrès phylogénique, point d'évolution* »[15].

On reconnaît dans ce texte de Piéron l'influence des conceptions transformistes de Giard qui distinguait trois facteurs d'évolution : « *l'influence du milieu, sa transmission héréditaire et la sélection naturelle* »[16].

Piéron est un homme informé si l'on en juge par l'abondance des notes critiques de lecture qu'il fait paraître dans plusieurs revues scientifiques. Nous relevons au passage une analyse de l'édition française d'un ouvrage d'Hugo de Vries

10. H. Piéron, « L'évolution du psychisme et l'étude objective du comportement », *Revue du mois,* mars 1908, pp. 291-310. Ce texte a été reproduit dans l'ouvrage *De l'actinie à l'homme,* Paris, PUF, 1958, pp. 3-22.

11. H. Piéron, « Les méthodes de la psychologie zoologique », *Revue Philosophique,* 29 (1904), pp. 171-173.

12. E. Toulouse, N. Vaschide et H. Piéron, *Technique de psychologie expérimentale,* Paris, Doin, 1904 (rééd. 1909).

13. H. Piéron, « L'évolution du psychisme », *op. cit.*, p. 297.

14. Edward D. Cope, *The primary factors of organic evolution,* Chicago, London, The open court publishing company, 1896. Sur Cope, on peut consulter l'étude de G. Laurent, « Un néo-lamarckien américain, Edward Drinker Cope (1840-1896) », *Les néo-lamarckiens français, Revue de Synthèse,* 95-96 (1979), pp. 297-310.

15. H. Piéron, *op. cit.*, p. 302.

16. G. Gohau, « Alfred Giard (1846-1908) », *Les néo-lamarckiens français, Revue de Synthèse,* 95-96 (1979), pp. 393-406.

Espèces et variétés, paru en 1909[17]. Piéron s'attache particulièrement à la différence entre espèce et variété. Il distingue entre les fluctuations autour d'un type moyen qui se distribuent normalement, *« selon la loi binomiale de Quetelet »* et les variations *« ever-sporting »* qui ne suivent plus la même loi. Ces deux premières catégories de variations ne sont pas stabilisables. Il existe par contre des « variétés stables » qui naissent par mutation comme naissent les espèces élémentaires. Dans cette conception très weismannienne, souligne Piéron, *« la variété ne diffère de l'espèce dont elle dérive que par la manifestation ou par la non-manifestation d'un caractère impliqué dans la constitution du plasma germinatif de l'espèce »*[18].

Piéron note encore avec insistance qu'il n'y a pas de place dans cet ensemble pour des variations produites sous influence du milieu et conclut ainsi : *« Mais le plus gros problème à cet égard concerne la possibilité, en dehors des mutations d'origine incertaine et des fluctuations conformes aux lois du hasard, de variations adaptatives dues à l'influence du milieu. Tous les cas de variation adaptative individuelle, le jeu de la sélection naturelle ne pouvant dès lors être invoqué, sont-ils réductibles à l'explication ingénieuse par le dimorphisme, c'est ce qui est bien douteux, surtout dans le domaine zoologique où les questions apparaissent souvent sous un aspect un peu différent de celui qu'elles revêtent dans le règne végétal. C'est là le gros débat toujours pendant de la transmission des caractères acquis, pouvant s'accumuler et modifier les espèces par variation continue.*

En admettant que toute variation darwinienne soit brusque et constitue une mutation, on n'a pas éliminé par là-même la possibilité d'une variation régie par l'action directe du milieu, d'une variation lamarckienne »[19].

Piéron signale encore que Cuénot explique l'adaptation par une heureuse coïncidence entre une mutation et une migration et par l'idée de pré-adaptation du caractère mutant au nouveau milieu, mais cette hypothèse n'élimine pas pour autant, souligne-t-il, l'existence de la post-adaptation.

En 1911, il analyse l'ouvrage de Hans Pringsheim, *Die Variabilität niederer Organismen. Eine Descendenztheorie* et se réjouit presque que l'auteur n'aborde pas la question des mutations et ne reconnaisse, parmi les variations que l'on rencontre chez les micro-organismes, que les fluctuations et les adaptations fonctionnelles, les premières dues à des causes internes et les secondes à des causes externes. Ces adaptations fonctionnelles sont héréditaires, affirme-t-il, et plus elles sont profondes, plus est difficile le retour au type originel. Considérer le lamarckisme comme une théorie finaliste apparaît inacceptable à Piéron : *« A mon avis il y a là une certaine méconnaissance de l'esprit même du lamarckisme, car c'est*

17. Piéron intitule son analyse : « L'état actuel du problème mutationniste », *Scientia,* 6 (1910), pp. 154-160. Il s'agit de la critique de l'ouvrage d'Hugo de Vries, *Espèces et variétés,* trad. de L. Blaringhem, Paris, F. Alcan, 1909. Ce volume est la traduction d'une série de conférences prononcées par de Vries devant les étudiants de l'université de Berkeley selon les travaux exposés dans *Die Mutationstheorie*.

18. H. Piéron, *op. cit.*, p. 156.

19. H. Piéron, *op. cit.*, p. 160. Il ajoute en note : « L'existence des variations dues à l'influence du milieu et susceptibles d'engendrer des caractères « spécifiques » paraît ressortir très nettement d'observations et de recherches récentes d'I. Marchal sur des cochenilles et de E. Delcourt sur des Notanectes ».

justement en faisant appel à l'action directe du milieu qu'on peut échapper au finalisme qui fait le fonds des explications dans les conceptions darwiniennes exclusives; et l'adaptation fonctionnelle n'est pas nécessairement à coup sûr une conception vitaliste, comme le croit Mr Pringsheim, qui l'admet d'ailleurs comme telle »[20].

Tels sont les choix qui vont orienter les travaux de Piéron jusqu'à l'éclatement de la Première Guerre mondiale. En particulier, ses recherches de *psychologie zoologique* s'organiseront autour de thèmes très courants chez les néo-lamarckiens : adaptations fonctionnelles, autotomie, mimétisme, mémoire. C'est environ quatre-vingt-dix publications que Piéron consacre entre 1904 et 1914 à des questions de *psychologie zoologique*. De cet ensemble imposant se dégagent quelques thèmes principaux parmi lesquels l'étude de l'autotomie occupe une place prépondérante. Nous avons choisi de prendre ce thème pour exemple afin d'illustrer plus concrètement les positions évolutionnistes de Piéron. De plus l'autotomie a été, à la même époque, un des thèmes de recherche favori d'Étienne Rabaud dont l'influence a été permanente sur l'œuvre de Piéron.

LES RECHERCHES SUR L'AUTOTOMIE

Piéron a publié une douzaine de travaux expérimentaux sur l'autotomie entre 1907 et 1909. Le terme a été proposé par Léon Fredericq en 1882 pour désigner les phénomènes d'amputation spontanée des membres chez les animaux. Alfred Giard en avait établi une classification biologique en 1887[21] distinguant l'*autotomie reproductrice,* dans laquelle la partie séparée de l'organisme forme le point de départ d'un organisme nouveau, et l'*autotomie défensive* se subdivisant à son tour en *autotomie économique* et *autotomie évasive*. La première opère une réduction du volume par amputation volontaire parce que l'animal se trouve dans des conditions défavorables du point de vue de la nutrition ou de la respiration alors que la seconde est une amputation spontanée pour échapper au danger par la fuite. En 1908, Piéron propose une nouvelle classification plus complexe mais surtout s'intéresse à la psycho-physiologie de l'autotomie qui lui permet d'aborder la question du pourquoi après avoir répondu au comment, c'est-à-dire avoir mis en évidence les mécanismes physiologiques de ce comportement. A l'idée que l'autotomie est un réflexe déterminé par des excitations violentes, Piéron, analysant principalement les autotomies évasives, conclut qu'il s'agit *« d'un mouvement de fuite au même titre que tous les autres actes locomoteurs et volontaires comme eux, au même degré »*[22]. S'intéressant ensuite au rôle biologique de l'autotomie du point de vue évolutif, il conclut que ce comportement paraît bien en rapport

20. Henri Piéron, « Compte rendu de Hans Pringsheim », *Die Variabilität niederer Organismen. Eine Descendenztheorie,* Berlin, Springer, 1910, in *Scientia,* 9 (1911), p. 455.

21. Alfred Giard, « L'autotomie dans la série animale », *Revue Scientifique,* 1er semestre 1887, pp. 629 et sq.

22. H. Piéron, « Le problème de l'autotomie », *Bulletin Scientifique de la France et de la Belgique,* 42 (1908), pp. 185-246.

avec l'intérêt biologique des animaux qui s'y livrent mais qu'il y a des difficultés à généraliser ce rôle utile. Cet utilitarisme est, du point de vue des néo-lamarckiens, une caractéristique déterminante du modèle darwinien. Considérer que l'animal se comporte en fonction d'un principe d'utilité leur apparaît comme un recours inexcusable à des explications de type finaliste. C'est cette même critique que Piéron adresse à l'usage de ce principe lorsqu'il signale l'existence *« d'instincts inutiles et même nuisibles à l'espèce qui constitue une singulière difficulté pour les théories transformistes n'admettant que la sélection naturelle comme principe explicatif : la genèse d'une forme ou d'un acte ne peut résider, pour ces théories, que dans leur utilité générale »* [23].

Piéron veut voir dans l'existence de ces phénomènes une réfutation décisive de la généralité de la théorie sélectionniste. Prenant l'exemple d'une étude de Wasmann sur la symphilie[24], désignant le fait que certains coléoptères soient tolérés dans les fourmillières, y soient même soignés et nourris, il commente ainsi : *« Ces conduites ne sont d'aucune utilité au point de vue de la conservation de l'individu ou de l'espèce, et la sélection, pour en expliquer la perpétuation et le développement prend une forme nouvelle, celle de la « sélection amicale » de Wasmann, qui fait d'ailleurs intervenir le principe lamarckien du développement fonctionnel »* [25].

Il rappelle encore dans un autre texte sur la « sélection amicale » de Wasmann[26] que Giard avait déjà montré combien l'amour maternel était fondé sur la satisfaction d'instincts égoïstes. Le « finalisme » darwinien est la cible de toutes les critiques des néo-lamarckiens. Piéron le compare souvent au finalisme théologique et souligne avec insistance qu'il y a là d'intéressants problèmes de filiation intellectuelle.

Si l'on situe ces travaux de Piéron dans l'ensemble des recherches de la biologie française de l'époque, on ne peut qu'être frappé par leur grande cohérence doctrinale. Une remarquable synthèse de ces positions a été donnée par Rabaud dans un long mémoire sur ses *Recherches sur l'hérédité et la variation* publié en 1919[27]. Rabaud y soutient que l'idée d'adaptation est secondaire dans l'œuvre de Lamarck et que l'idée principale est celle d'évolution sous l'influence des incidences externes qui exercent, à tout instant, leur action sur les organismes. Il insiste sur le fait que cette idée de l'évolution est conçue du point de vue d'un rigoureux déterminisme. Commentant longuement les travaux d'Aimé Pictet[28], Rabaud propose d'abandonner la distinction weismannienne entre *germen* et *soma* et de délaisser définitivement l'idée de « caractère » et de modification locale :

23. H. Piéron, « Les instincts nuisibles à l'espèce devant les théories transformistes », *Scientia*, 9 (1911), pp. 199-203.

24. Erich Wasmann, « Ueber das Wesen und Ursprung der Symphilie », *Biologisches Centralblatt*, 3-5 (1910), pp. 97-102.

25. H. Piéron, *op. cit.*, p. 200.

26. H. Piéron, « Une forme nouvelle de la « sélection artificielle » : la sélection amicale de Wasmann », *La Revue de Mois*, 5 (1910), pp. 105-108.

27. Étienne Rabaud, « Recherches sur l'hérédité et la variation. Étude expérimentale et théorie physiologique », *Supplément au Bulletin Biologique de la France et de la Belgique*, suppl. 1 (1919), pp. 1-313.

28. A. Pictet, « Un nouvel exemple de l'hérédité des caractères acquis », *Archives des sciences physiques et naturelles*, 1911.

« Toute variation est un processus général, et le "caractère" n'est que la localisation secondaire sur une partie ou une autre, de ce processus général »[29].

Le mécanisme de la transmission d'un caractère est un processus global et l'organisme y participe tout entier, les cellules sexuelles au même titre que les autres. Cherchant à expliquer le mécanisme qui sous-tendrait ce processus totalisateur, il évoque la possibilité de sécrétions qui modifieraient l'état du milieu interne dans lequel baignent les cellules et rappelle l'hypothèse de Cuénot selon laquelle il s'agirait peut-être de l'émission d'une toxine[30]. Rabaud cherchant le mécanisme par lequel une constitution nouvellement acquise devient héréditaire, insiste sur le caractère global des réactions et indique que *« .. la composition de la substance des gamètes ou de l'œuf éprouve parfois une perte d'équilibre telle que cet équilibre ne se rétablit que lentement, comme si l'action directe s'exerçait avec une force trop grande »*[31].

Cette évocation de rupture d'équilibre global et de son rétablissement fait immédiatement penser aux spéculations évolutionnistes[32] de Jean Piaget dont l'environnement scientifique a été, à peu de choses près, le même que celui d'Henri Piéron.

Une semblable critique du finalisme darwinien est encore donnée par L. Cuénot dans ses recherches sur la valeur protectrice de l'homochromie. On y voyait, dit-il, l'une des meilleures preuves de l'action édificatrice et utilitaire de la sélection naturelle. Pour Cuénot, le point de départ de la théorie sélectionniste est un jugement anthropomorphique. Dans le cas particulier de l'homochromie, les naturalistes sont souvent trompés et toujours étonnés par les ressemblances de teintes et de formes et pensent instinctivement que les prédateurs sont abusés comme les naturalistes. La conclusion de son étude est encore une réfutation du principe utilitaire : *« Il ressort des essais expérimentaux que l'homochromie n'a aucun intérêt en tant que déguisement, soit parce que l'espèce est incomestible ou à peu près invulnérable par suite de son genre de vie, soit parce que les ennemis naturels ne prennent garde qu'aux mouvements et ne chassent pas les proies immobiles. (...) D'après ce que l'on sait déjà pour d'autres animaux homochromes, il est permis de penser que ces résultats se généraliseront dans la suite et que l'on sera forcé d'abandonner dans une très large mesure la théorie si séduisante de la coloration protectrice, qui a été brillamment développée par Wallace et tant d'autres auteurs »*[33].

C'est cet esprit évolutionniste néo-lamarckien qui constitue l'armature de l'enseignement que Rabaud dispense dès l'année universitaire 1921-1922 dans son cours de *Psychologie zoologique* qu'il donne à l'Institut de Psychologie récemment fondé par Piéron. Il y insiste tout particulièrement sur le rôle fondamental

29. E. Rabaud, *op. cit.*, pp. 263.

30. L. Cuénot avait émis cette hypothèse pour interpréter le phénomène de l'épilepsie des cobayes consécutives à une section du nerf observée par Brown-Séquard. Cf. L. Cuénot, *Genèse des espèces animales,* Paris, Alcan, 1911.

31. E. Rabaud, *op. cit.*, pp. 267-268.

32. On peut consulter sur ce sujet l'étude de J. Gayon et P. Mengal, « Théorie de l'évolution et psychologie génétique chez Jean Piaget », in D. Andler, P. Jacob, J. Proust, F. Récanati & D. Sperber éds., *Épistémologie et cognition,* Paris, Mardaga, 1992.

33. L. Cuénot, « Valeur protectrice de l'homochromie », *Annales des sciences naturelles, Série botanique et zoologique,* 10 (1927), pp. 123-147.

de l'assimilation : *« Le phénomène essentiel de la vie élémentaire, celui qui domine tous les autres, est l'assimilation, résultat des échanges de l'organisme avec son milieu »*[34].

Rabaud rappelle ici une idée maîtresse de Félix Le Dantec dont il fait l'éloge dans la notice nécrologique qu'il lui consacre.

LE DESTIN DE LA PSYCHOLOGIE ZOOLOGIQUE

En 1914, Henri Piéron est mobilisé et bientôt affecté en qualité de médecin-assistant au service de neuropsychiatrie de l'hôpital de Font-d'Aurelle près de Montpellier. Les commotions et blessures cérébrales que l'on y soigne principalement lui fournissent le matériau pour de nouvelles recherches. En 1918, il est démobilisé et rejoint son laboratoire de la Sorbonne. Mais il semble que ses intérêts se sont orientés dans une autre direction. Aux recherches de psychologie zoologique[35] vont succéder des travaux de psychophysiologie des sensations[36] dont la notoriété le conduiront, en 1923, à occuper la chaire de Physiologie des sensations au Collège de France. Ces années sont également pour Piéron l'époque d'une intense activité administrative. Il s'intéresse de très près aux applications de la psychologie, crée un laboratoire de psychologie appliquée à l'École pratique des Hautes Études, est élu, dès 1926, membre du comité directeur de la section des sciences naturelles et fonde, en 1928, l'Institut national d'orientation professionnelle.

Malgré le déplacement de ses préoccupations, sa conception de la psychologie ne semble pas avoir varié. Dans le *Traité de psychologie* de Georges Dumas, il consacre un chapitre à la psychologie zoologique dont il définit ainsi l'objet d'étude : *« Ce que la psychologie zoologique étudie, ce sont uniquement les actes et les attitudes des animaux, envisagés dans le complexus des circonstances passées et actuelles qui les enserrent et les conditionnent, — c'est leur comportement »*[37].

Les travaux menés par Piéron jusqu'en 1914 occupent une place de choix dans cette revue de questions et il y a ajouté les recherches conduites après la Première Guerre dans le domaine de la physiologie des sensations. Il faut cependant noter que ce chapitre est totalement dépourvu de discussion des questions évolutionnistes que Piéron ne manquait jamais d'aborder au moment de conclure

34. E. Rabaud, « Félix Le Dantec (1869-1917) », *Bulletin Biologique de la France et de la Belgique,* 51 (1917), pp. I-XI.

35. Piéron rassemblera les plus intéressants de ses travaux de psychologie zoologique dans un volume intitulé *De l'actinie à l'homme,* Paris, PUF, 1958. Seuls quelques textes de la quatrième partie du second volume sous le titre « De l'enfant à l'homme et de son humanisation » sont postérieurs à la Première Guerre mondiale.

36. Une vue d'ensemble de ces travaux sur la psychophysiologie des sensations est donnée dans l'ouvrage d'Henri Piéron, *Aux sources de la connaissance. La sensation guide de vie,* Paris, Gallimard, 1945.

37. H. Piéron, « Psychologie zoologique », *in* G. Dumas (éd.), *Traité de psychologie,* Paris, Félix Alcan, 1923-1924, pp. 635-698. Le texte de Piéron forme le chapitre premier des *Sciences annexes.*

les premiers exposés de ces expériences. En 1931, il affirme à nouveau une même conception de la psychologie : *« La psychologie m'est apparue comme la science de l'activité globale des êtres vivants, du « comportement » pour employer ce vieux mot pascalien qui était tombé en désuétude et que je réveillai en 1907. Et je montrai que l'on trouvait des lois identiques dans l'étude des animaux, et même des animaux inférieurs, et dans celle de l'homme... L'étude des processus perceptifs m'a conduit depuis à des constatations analogues, et la communauté des lois sensorielles est une donnée solidement acquise »*[38].

Pourtant une faille semble se faire jour dans le terrain des certitudes, des propos assurés que Piéron, à l'instar de son ami Rabaud, tenait en matière de conceptions évolutionnistes. Une différence de ton apparaît chez Rabaud dans un article qu'il publie en 1932 proposant un panorama des doctrines évolutionnistes : *« L'excès qui consiste à négliger les facteurs externes domine, à l'heure actuelle, l'opinion d'une importante majorité de chercheurs »*[39].

Ces facteurs externes ne sont plus les facteurs décisifs dans le processus évolutif, ils sont simplement négligés parce que d'autres ont été mis à l'avant-plan. Ce que Rabaud ne peut admettre, c'est la tendance interne à la variation. Mais il concède encore : *« Naturellement, il faut éviter l'erreur des premiers lamarckiens et cesser de considérer l'organisme comme se pliant au gré des influences extérieures »*[40] et conclut ainsi après avoir discuté des modifications morphologiques : *« L'adaptation n'est pas là. Elle réside dans les échanges que l'organisme effectue avec son milieu, elle est d'ordre métabolique. Les modifications morphologiques qui en peuvent résulter sont, par rapport à elle, toujours quelconques, à plus forte raison sont-elles quelconques par rapport à la manière de vivre; le mieux qui se puisse produire est qu'elles n'empêchent pas l'organisme de vivre; souvent elles entraînent une gêne qui place l'organisme aux confins du pire »*.

Rabaud abandonne manifestement l'un des dogmes de la pensée néo-lamarckienne selon lequel les modifications morphologiques se produisent, chez tout animal qui n'a pas dépassé le terme de son développement, par l'usage ou le non-usage des organes[41]. Mais il maintient encore sa critique de la tendance interne à la variation dans un article qu'il donne en 1934 à la *Revue Philosophique* en soulignant que ce point de vue rend au terme d'évolution son sens primitif de déroulement de dispositions pré-existantes. Ce point de vue lui paraît découler de la tendance mystique qui caractérise l'esprit humain et dont les hommes de sciences, affirme-t-il, ne se libèrent pas aisément[42].

38. H. Piéron, « La psychologie comme science biologique du comportement des organismes », *Revue de synthèse,* 2 (1931), p. 59.

39. E. Rabaud, « L'évolution en biologie. Aspect actuel des doctrines », *Revue de synthèse,* 1932, pp. 29-44.

40. E. Rabaud, *op. cit.*, p. 40.

41. Ce principe est clairement formulé par A. Giard, « Les facteurs d'évolution », *La Revue scientifique,* 23 décembre 1889. Ce texte reproduit la leçon d'ouverture du cours d'*Évolution des êtres organisés* créé en 1888.

42. E. Rabaud, « Le monde vivant sans hérédité », *Revue philosophique,* 117 (1934), pp. 39-49. Le terme de mystique doit être entendu au sens, que lui donnait Lévy-Bruhl, de pensée magique opposé à celui de rationalité discursive.

Les critiques que Rabaud adresse au néo-darwinisme vont cependant prendre une autre tournure sous la pression des faits accumulés par les écoles américaine et anglaise. Dans des *Commentaires sur l'hérédité*[43] qu'il donne en 1936, Rabaud s'en prend à la théorie chromosomique et à l'existence problématique du « facteur » ou du « gène » : *« La confusion naît d'un mode de raisonnement qui serait légitime s'il ne reposait, au point de départ, sur un postulat tout à fait arbitraire, relatif au mode de correspondance des aspects morphologiques avec la constitution de la matière vivante »*[44].

La théorie chromosomique a été introduite en France par des ouvrages de E. Guyénot[45] et de Maurice Caullery[46], mais Rabaud pose encore la question de savoir si les processus héréditaires s'expliquent de façon satisfaisante en les rattachant sans réserve aux chromosomes. Il ne s'agit là que d'une manière de maintenir ouvert le débat entre hérédité nucléaire et hérédité cytoplasmique. Mais cette fois le débat semble avoir quitté le terrain des arguments factuels pour se placer sur celui de la querelle épistémologique, voire même idéologique. Pour mieux comprendre le nouvel affrontement, il faut mettre en parallèle deux phrases, l'une de Caullery, l'autre de Rabaud : *« ... il s'est établi en France, à l'égard de la génétique, un état persistant de méfiance et de scepticisme obstiné et stérilisant. Une fois de plus, la hantise de la rigueur dans la démonstration et le souci exagéré, — je serai tenté de dire morbide, — de ne pas dépasser la portée des faits positifs, a inhibé toute hardiesse créatrice et amené, dans notre pays, une regrettable stagnation qui fait l'étonnement des étrangers »*[47].

Rabaud, qui cite cette phrase, la commente en ces termes : *« Cette conception de la recherche scientifique surprend un peu dans le pays de Descartes et de Claude Bernard, où n'ont guère droit de cité l'arbitraire et le sentiment ; où toute hypothèse s'appuie sur des faits bien établis et ne prend jamais la valeur d'une certitude ; où les théories mettent en œuvre les faits, sans en excepter aucun, s'efforçant de donner à chacun son importance relative pour l'explication des phénomènes »*[48].

Cette leçon de méthodologie, un peu pédante, est davantage inspirée par des positions qui relèvent d'un matérialisme et d'un positivisme étroits que par de véritables défauts de méthode repérés dans les travaux des adversaires. Ce que ne peut admettre Rabaud, c'est la notion de gène et il récuse tout à la fois les travaux sur la structure des chromosomes, la théorie du *crossing-over* et la notion de gène létal dominant proposée par Cuénot : *« On aperçoit surtout que ces « gènes » létals ou autres, sont de pures étiquettes, par elles-mêmes dénuées de toute signification. Désignant des processus divers et sûrement dissemblables, chacune d'elles donne l'illusion d'unité, en même temps que de simplicité ; elle installe donc la confusion là où il faudrait quelque clarté. De surcroît, elle fixe l'attention sur les seuls chromosomes, égarant ainsi toute recherche sérieuse. Il*

43. E. Rabaud, « Commentaires sur l'hérédité », *Bulletin biologique de la France et de la Belgique,* 70 (1936), pp. 409-455.
44. E. Rabaud, *op. cit.*, p. 409.
45. E. Guyénot, *L'hérédité,* 2e éd., Paris, Doin, 1930.
46. M. Caullery, *Les conceptions modernes de l'hérédité,* Paris, Flammarion, 1935.
47. M. Caullery, *op. cit.*, pp. 7-8.
48. E. Rabaud, *op. cit.*, p. 417.

faut donc abandonner cette conception sans valeur et envisager, avec le noyau, le cytoplasme »[49].

On remarque que Rabaud ne fait plus aucune référence à l'arsenal classique des arguments néo-lamarckiens mais se contente de donner des leçons méthodologiques qui seront d'ailleurs très mal reçues.

Lorsque paraît, en 1941, le *Nouveau traité de psychologie* de Georges Dumas[50], Piéron y publie un long chapitre de psychologie zoologique qui se présente comme la version profondément remaniée et enrichie de la première édition parue en 1924. La conclusion de Piéron, qui ne figure pas dans la première édition, est intitulée *Variation et évolution* et on peut y lire : *« L'opposition, source de débats où les considérations philosophiques se mêlent étroitement aux données de fait, se marque surtout aujourd'hui entre le mutationnisme mécaniste qui ne fait appel qu'au hasard, et le vitalisme adaptatif, qui invoque l'action d'un facteur de direction »*[51].

Piéron a parfaitement identifié la nature des enjeux en présence et rejette à la fois le hasard comme explication du processus des mutations et la téléologie qu'il décèle dans certaines conceptions de l'adaptation.

CONCLUSION

La Seconde Guerre mondiale interrompt brutalement un débat qui ne sera jamais repris. Henri Piéron continue de diriger son laboratoire qui tourne au ralenti. Rabaud quitte le conseil de direction de l'Institut de Psychologie où il est remplacé par P. P. Grassé. Dans les archives de la période d'après-guerre que nous avons consultées, on ne trouve plus aucun document relatif aux questions évolutionnistes. Piéron a rassemblé un grand nombre de dossiers, selon son habitude, sur des questions variées comme le conditionnement, les tropismes et taxies, la perception, l'apprentissage animal et la perception sans compter plusieurs volumes sur des sujets de psychologie appliquée. Son intérêt pour l'évolution semble s'être affaibli au fur et à mesure de la diffusion en France de la génétique et bientôt de la biologie moléculaire. Son dernier ouvrage, *L'homme, rien que l'homme*[52], publié après son décès en 1961, traite longuement du processus d'hominisation mais sans faire la moindre allusion aux conceptions évolutionnistes. Piéron s'est trompé, comme bien d'autres en France, qui partageaient une conviction commune pour les idéaux du rationalisme et du positivisme. En 1958, lorsque Rabaud meurt, Piéron ne consacre pas une ligne dans *L'Année psychologique* à rendre hommage à celui qui avait été son compagnon de route pendant autant d'années.

49. E. Rabaud, *op. cit.*, pp. 436-437.

50. G. Dumas, *Nouveau traité de psychologie,* Paris, PUF, 1941. La contribution de Piéron, *La psychologie zoologique* figure au tome VIII, pp. 1-255.

51. H. Piéron, *op. cit.*, p. 229.

52. H. Piéron, *L'homme, rien que l'homme. De l'anthropogenèse à l'hominisation. Introduction d'Y. Galifret,* Paris, PUF, 1966. Nous remercions le professeur Y. Galifret de nous avoir donné des informations sur les dernières années d'activité de Piéron avec lequel il avait collaboré dès 1941.

Gaston Viaud (1899-1961) et le développement de la psychologie animale

Charles H. MARX*

L'œuvre de Gaston Viaud commence au cours des trois décennies 1920-1950, et prolonge cette période qui a vu le développement et l'individualisation d'une discipline biologique nouvelle, la psychologie animale et finalement sa reconnaissance officielle comme matière d'enseignement à l'université.

Longtemps la psychologie avait été, comme branche de la philosophie, la science de l'âme humaine et de ses facultés, puis au cours du XIXe siècle, devenue plus expérimentale et plus scientifique, elle a élargi et diversifié son champ : à l'instar de la démarche médicale qui cherchait à comprendre le fonctionnement normal de l'organisme à partir de l'étude de la maladie considérée comme une expérimentation naturelle, la psychologie, après Th. Ribot, s'est orientée vers le domaine clinique et la pathologie psychique ; une autre voie fut l'étude du développement des fonctions psychologiques chez l'enfant conduisant à l'épistémologie génétique de J. Piaget ; l'application à l'homme des techniques de la psychophysique de G. Th. Fechner donna naissance avec W. Wundt à la psychologie expérimentale humaine et à la psychologie différentielle ; enfin les naturalistes poursuivant la démarche de Ch. Darwin dans son *Expression of Emotions in Man and in Animals* créèrent l'éthologie avec K. Lorentz et N. Tinbergen fondée sur l'observation des animaux dans leur milieu naturel, comme l'avait déjà fait H. Fabre ; enfin l'expérimentation des conditions artificielles mais contrôlées forma la base du béhaviorisme de J. Watson et de la psychologie du comportement de H. Piéron.

En 1945, faisant le bilan de la discipline, G. Viaud constate que *« la Psychologie a été d'abord une science très spéciale et elle est restée une science très spéciale de l'Homme ou des divers types humains. Elle n'est devenue que récemment une science générale, appartenant au groupe des sciences biologiques »* à savoir : la *« psychologie générale »*[1]. Quant à sa situation institutionnelle, il remarque : *« Traditionnellement, la Psychologie est enseignée en France dans les*

* Centre européen d'histoire de la médecine, Université Louis Pasteur, Strasbourg.

1. G. Viaud, *Psychologie générale*, texte dactylographié, 1945.

Facultés des Lettres. Ce n'est pas fait pour orienter les recherches psychologiques vers l'élaboration et le développement de la Psychologie générale, science biologique expérimentale (..). De plus nous sommes obligés de constater que la Psychologie n'est représentée dans nos Facultés des Lettres que par deux chaires : une à la Sorbonne [P. Guillaume] *et une à Strasbourg* [D. Lagache]. *Toutefois, un progrès considérable a été réalisé par la création de l'Institut de Psychologie de l'Université de Paris, sous la direction de la Faculté des Lettres, de la Faculté des Sciences, du Collège de France et de l'École pratique des Hautes Études ». « Quant aux laboratoires où l'on fait des recherches de Psychologie générale ou comparée, il n'y en a qu'à Paris à l'heure actuelle [1945 : Laboratoire de Psychologie expérimentale et Physiologie des Sensations, à la Sorbonne et au Collège de France, et Laboratoire de Biologie et d'Éthologie comparée (Faculté des Sciences et École pratique des Hautes Études)* [dirigé par P.P. Grassé] »[2].

Pourtant les premiers signes d'une évolution commençaient à apparaître : en 1944, H. Piéron avait obtenu la création d'un Certificat d'Études Supérieures de Psychophysiologie à la Faculté des Sciences, et, à la Faculté des Lettres, la Psychologie allait être séparée de la Philosophie par la création d'une licence de Psychologie en 1946. Cette évolution continuera par le développement de la psychologie animale à laquelle G. Viaud a consacré tous ses efforts.

Si je parle aujourd'hui de Gaston Viaud, c'est d'abord parce que je l'ai bien connu et que je lui dois une bonne part de ma formation intellectuelle, mais surtout parce que son œuvre est trop mal connue, même si de son vivant son mérite a été reconnu : il fut secrétaire de la section « Psychologie expérimentale et comportement animal » de l'Union internationale des sciences biologiques, section qu'il avait fondée avec H. Piéron le 4 octobre 1956; il fut président de la Société française de Psychologie à la fin de sa vie; il reçu le prix Montyon de Physiologie de Académie des Sciences en 1961, et la médaille d'argent du CNRS, et après sa mort, Jean Médioni et Marcel Abeloos ont évoqué l'œuvre de Viaud[3] devant la Société de Psychologie du sud-ouest lors de l'hommage que cette société a rendu en 1962, à la mémoire des deux pionniers de la psychologie animale : Paul Guillaume et Gaston Viaud (elle a également donné la bibliographie complète des œuvres de Gaston Viaud)[4].

LA CARRIÈRE DE GASTON VIAUD

Jean Gaston Viaud est né le 3 novembre 1899 à Nantes. A la fin de ses études secondaires au Lycée de sa ville natale, il fut appelé sous les drapeaux le 23 avril 1918, mais put néanmoins passer la baccalauréat de Philosophie à Rennes.

2. *Ibid.*

3. M. Abeloos, « Des tropismes à l'intelligence », *Cahiers de Psychologie,* 5 (1962), pp. 187-199 ; J. Medioni, « La nouvelle psychologie animale, science biologique », *Cahiers de Psychologie,* 5 (1962), pp. 153-171.

4. G. Viaud, « Les sensations », in : *Traité de Psychophysiologie* par G. Viaud, Ch. Kayser, M. Klein et J. Médioni, Paris, Presses Universitaires de France, 1967, Tome 2, pp.469-657.

A la fin des trois ans de service militaire qu'il effectua en partie en Rhénanie, il se fixa à Strasbourg. Il obtint un poste de répétiteur des Lycées, ce qui lui permit d'entreprendre des études de philosophie.

Viaud suivit à la Faculté des Lettres les enseignements de philosophie générale de Maurice Pradines (1874-1958), de psychologie de Charles Blondel (1876-1939) et de sociologie et de pédagogie de Maurice Halbwachs (1877-1945). Après sa licence ès Lettres (mention Philosophie) acquise en octobre 1923, il prépare un mémoire de Diplôme d'Études Supérieures en Philosophie sur « Perception et représentations collectives », qu'il soutient en juin 1924[5].

Charles Blondel lui conseille alors de s'inscrire au certificat d'Études Supérieures de Biologie générale de la Faculté des Sciences en vue de la préparation de l'agrégation de philosophie. L'ambiance de ce certificat était fort différente de celle des autres C.E.S. Étienne Wolff l'a évoquée en 1990 dans ses souvenirs *Trois pattes pour un canard : « C'est là que je trouvais le climat scientifique et affectif qui m'encouragea à continuer. Le cours principal était donné par le professeur Chatton, savant de haute classe, qui enseignait la protistologie, c'est-à-dire le monde des êtres unicellulaires. Cet homme était enthousiaste de son sujet et il faisait partager son enthousiasme. D'autre part, il ne se désintéressait pas de ses élèves et de leur avenir »*[6].

Après le certificat de Biologie générale passé en 1925, Viaud qui préparait l'agrégation se rendit rapidement compte que son manque total d'intérêt pour la métaphysique ne lui laissait que très peu de chances de réussite ; il décida d'abandonner cette orientation et de se tourner vers la recherche, même si cette voie était ardue. E. Wolff note qu'*« un jeune désireux d'entrer dans la recherche scientifique n'avait à sa portée aucun poste de chercheur. Ces postes étaient rares et très enviés. C'étaient des emplois d'assistants. Il y en avait en général deux par discipline, c'est-à-dire par professeur : l'un de chef de travaux, l'autre d'assistant. Il n'existait d'autre part que peu de chaires dans toute la France. On était loin de la multiplicité des universités et du nombre presque illimité des assistants actuels, renforcé par des chargés de recherche du C.N.R.S., en nombre variable et non défini »*[7]. La seule solution était de trouver un poste dans l'enseignement secondaire et de faire de la recherche en à-côté.

En 1927 Viaud obtient un poste de professeur de philosophie, d'abord au collège de Thann, puis l'année suivante à Bischwiller, à 25 km au Nord de Strasbourg. Après avoir consacré deux années à la mise au point de son enseignement de philosophie, il sollicita en 1930 une place dans le laboratoire de Biologie générale dirigé par Éd. Chatton.

Édouard Chatton (1883-1947) était au témoignage d'Étienne Wolff *« un homme énergique, bienveillant, familier »* Il fut *« aussi un des premiers biologistes à faire œuvre d'expérimentateur »*[8]. Il accueillait dans son laboratoire une demi-douzaine de « doctorants », chercheurs bénévoles désireux de préparer une thèse, tels André Lwoff, Étienne Wolff ou Gaston Viaud.

5. G. Viaud, *Curriculum vitae et titres et travaux,* texte dactylographié, 8 août 1951.
6. É. Wolff, *Trois pattes pour un canard,* Paris, Éditions de la Fondation Singer-Polignac, 1990.
7. É. Wolff, *Ibid.*
8. É. Wolff, *Ibid.*

Viaud commença par étudier la vision des Insectes, mais en 1931 Éd. Chatton lui suggéra de se consacrer au phototropisme, problème qui présentait un grand intérêt général. *« Je vis bientôt* — écrit Viaud — *que ces recherches constitueraient pour moi un véritable apprentissage, c'est-à-dire que j'y apprendrais comment on peut traiter un problème de psychologie (comportement) à la manière des biologistes; comment aussi, en général, la Psychologie peut devenir une science biologique »*[9]. Ses efforts furent encouragés par Éd. Chatton puis après le départ de celui-ci à Montpellier, par Louis Bounoure, son successeur, par ses maîtres de la Faculté des lettres : Ch. Blondel et Maurice Pradines (ce dernier tiendra compte des travaux de Viaud dans son *Traité de Psychologie générale*, 3 vol, 1943-1946), enfin par H. Piéron ainsi que par Paul Marais de Beauchamp, d'abord maître de conférences puis professeur de Zoologie de la Faculté des Sciences de Strasbourg. La Caisse de la Recherche Scientifique lui accorda une bourse en 1933, puis une charge de recherche en 1937. Ses recherches expérimentales lui fournirent la matière de sa thèse de Lettres (mention philosophie), qu'il soutint en juin 1938 : *Recherches expérimentales sur le Phototropisme des Daphnies* (thèse principale)[10] et *Le Phototropisme animal. Exposé critique des problèmes et des théories* (thèse secondaire)[11]. Après sa thèse, il entreprit des recherches sur le phototropisme des Rotifères que P. Marais de Beauchamp pouvait mettre à sa disposition car il les cultivait pour ses propres recherches. Mobilisé en 1939 comme affecté spécial au Laboratoire de Physiologie de la Sorbonne il participa avec Alexandre Monnier à l'organisation d'un centre d'examens sensoriels destinés à sélectionner le personnel de la D.C.A. de Paris.

Après la défaite de 1940, Viaud alla rejoindre sa famille réfugiée à Clermont-Ferrand tout comme l'Université de Strasbourg. Tout en assurant un service de professeur de philosophie au Centre d'Enseignement par Correspondance et par Radio, il reprit ses recherches et en particulier sur le comportement singulier d'un Rotifère, le Brachion, qui se fixe sur les Daphnies. Avec des moyens rudimentaires, il put démêler les facteurs déterminants de ce comportement et décrire un nouveau tropisme, l'oscillorhéotropisme[12].

En 1943 le professeur Paul Guillaume, titulaire de la chaire de Psychologie générale de la Sorbonne, l'appela à Paris. Il lui demandait de le seconder comme chargé d'un cours complémentaire, et de l'aider à organiser des séances de démonstrations de Psychologie expérimentale. En même temps il fut chargé de mission à la Fondation française pour l'Étude des Problèmes Humains, fondée par Alexis Carrel au début de 1942. Accueilli à l'Institut Marey administré par Alfred Fessard, il y étudia le sommeil chez l'homme normal. En 1945, sur proposition de H. Piéron il fut chargé de faire un cours de Psychologie générale dans le cadre du C.E.S. de Psychophysiologie de la Faculté des Sciences. La même année il fut aussi

9. G. Viaud, *Curriculum vitae et titres et travaux*, texte dactylographié, 8 août 1951.

10. G. Viaud, *Recherches expérimentales sur le phototropisme des Daphnies. Études de psychologie animale*, Publ. de la Fac. des Lettres de Strasbourg, Société d'édition Les Belles Lettres, Paris, 1938.

11. G. Viaud, *Le phototropisme animal. Exposé critique des problèmes*, Publ. de la Fac. des Lettres de Strasbourg, Société d'édition Les Belles Lettres, Paris, 1938.

12. G. Viaud, « Recherches expérimentales sur les tropismes des Rotifères. L'oscillorhéotropisme de Brachionus rubens Ehrenberg, cause de la fixation de ce rotifère phorétique sur les Daphnies et autres crustacés d'eau douce », *Ann.des Sc. Nat., Zool.*, 11ème série, IX (1949), pp. 39-62.

chargé d'un cours de psychologie de l'enfant à l'École Normale Supérieure de Saint-Cloud. A la dissolution de la Fondation Carrel, il continua ses recherches sur le sommeil dans le cadre du CNRS comme chargé de recherches[13]. En 1946 Paul Guillaume prit sa retraite et Daniel Lagache lui succéda dans la chaire de Psychologie générale de la Sorbonne. La discipline changea d'orientation. Comme le rappelle D. Lagache dans sa leçon inaugurale de 1947[14], deux attitudes dominantes s'offraient aux psychologues des années 1930-1940 : pour les uns, la psychologie était une science de la nature, pour les autres, une science de l'homme. Avec la nomination de D. Lagache c'est l'attitude humaniste, appuyée sur la clinique et la psychanalyse qui succède à l'attitude naturaliste de P. Guillaume, pour lequel l'homme n'est intelligible que s'il est placé dans l'immense perspective du monde animal[15].

En octobre 1946 Viaud revint s'établir à Strasbourg. Une nouvelle période de sa carrière commence. Chargé de recherches puis à partir de 1948 maître de recherches du CNRS, il peut se consacrer entièrement à l'expérimentation et au développement de la Psychologie animale. En même temps les conditions faites à la recherche commençaient à s'améliorer, le tableau évoqué par Étienne Wolff se modifiait. Soutenu par le CNRS qui lui accorde pour commencer un aide technique et une stagiaire de recherches, Viaud obtiendra de la direction de l'Institut de Zoologie et de Biologie des locaux pour y organiser un laboratoire qu'il intitulera : « Laboratoire de Psychologie animale ». Il y poursuit ses recherches sur le phototropisme et les étend aux planaires. Ces études font l'objet de sa thèse de sciences soutenue le 3 février 1950 : *Le phototropisme chez les Cladocères, les Rotifères et les Planaires* (thèse principale)[16], et *Problèmes psychophysiologiques posés par les Migrations animales* (thèse secondaire)[17]. Avec ses collaborateurs, J. Médioni, N. Bonaventure, E. Schwartz, A. Tabouret-Keller, il aborde d'autres tropismes, le chimiotropisme, le géotropisme et surtout le galvanotropisme. La thèse secondaire marquera aussi un jalon dans la réflexion théorique que Viaud a continuellement conduite en parallèle avec ses expériences et qui visait à édifier une Psychologie générale, Science biologique, dont l'objet doit être l'étude des *« actions (ou comportements ou conduites) des hommes et des animaux, et plus précisément, la recherche des facteurs et des lois qui forment le déterminisme de ces actions »*[18].

Dans le même temps, la Faculté des Sciences lui demande d'organiser à partir d'octobre 1947, l'enseignement théorique et pratique du C.E.S. de Psychophysiologie. Les professeurs Charles Kayser et Marc Klein, respectivement professeurs de Physiologie et de Biologie médicale à la Faculté de Médecine, lui apportent leur concours pour l'enseignement de la neurophysiologie et de la neu-

13. G. Viaud, *Curriculum vitae et titres et travaux*, texte dactylographié, 8 août 1951.

14. D. Lagache, « Leçon inaugurale » professée à la Sorbonne le 29 novembre 1947, publiée sous forme développée aux Presses Universitaire de France, 1949, rééd. 1990.

15. P. Guillaume, *Psychologie animale*, Paris, A. Colin, 1940.

16. G. Viaud, *Le phototropisme chez les Cladocères, les Rotifères et les Planaires*, 120 p. dactylogr. Résumé dans *Année Biol.* 27 (1951), pp. 365-378.

17. G. Viaud, *Problèmes psychophysiologiques posés par les migrations des animaux*. Résumé dans *J. Psychol. norm. et pathol.*, 46 (1953), pp. 12-48.

18. G. Viaud, *Psychologie générale*, texte dactylographié, 1945.

roendocrinologie. En 1952 la Faculté des Sciences crée pour lui une maîtrise de conférence de Psychophysiologie, le nomme en 1955 Professeur à titre personnel, et enfin Professeur titulaire après la transformation de la maîtrise de conférence en chaire en 1958. Par ailleurs le laboratoire est doté d'assistants, un premier en 1950, un second en 1955, et en 1959, d'un chef de travaux.

En 1960, le laboratoire de Psychologie animale de la Faculté des Sciences comprenait un professeur, un chef de travaux, deux assistants, un maître de recherches du CNRS, deux chargés de recherches, un technicien et une secrétaire CNRS auxquels s'ajoutent des chercheurs bénévoles, par exemple un conservateur du Musée zoologique.

Mais l'activité de Gaston Viaud s'est étendue au-delà de Strasbourg ; de 1951 à 1954 il s'est rendu plusieurs fois chaque année universitaire à Bordeaux pour y donner une série de cours. Avec ceux d'André Soulairac, titulaire de la chaire de Psychophysiologie de Paris, ces cours ont contribué à la création d'un C.E.S. de Psychophysiologie à Bordeaux.

A partir de juillet 1960 la santé de Gaston Viaud s'est inexorablement dégradée. Il a pourtant continué à diriger, souvent de son lit d'hôpital, son laboratoire, et à rédiger des textes, dont certains comme son importante contribution au *Traité de Psychophysiologie,* en deux volumes, en collaboration avec Ch. Kayser, M. Klein et J. Médioni ne paraîtront aux Presses Universitaires de France qu'en 1967[19]. Gaston Viaud est mort le 29 décembre 1961 terrassé par une crise cardiaque.

L'ŒUVRE SCIENTIFIQUE

Lorsque G. Viaud a commencé ses recherches expérimentales sur le phototropisme des Daphnies, *« l'étude du comportement animal n'était pas acceptée à part entière dans la science moderne »* (N. Tinbergen). Quelles furent les raisons qui avaient motivé Viaud à étudier, sur les conseils de ses maîtres Chatton et Blondel, le comportement de ces petits crustacés d'eau douce fortement attirés par la lumière ? Il y en eut plusieurs : toute sa vie il s'est intéressé à la fonction visuelle et à son évolution, le phototropisme lui donnait l'occasion d'étudier les relations entre lumière et comportement sous un aspect simple, avec l'espoir de saisir les premiers stades de l'évolution de la fonction visuelle ; le phototropisme posait aussi aux biologistes et aux philosophes un redoutable problème : il semblait n'avoir aucune utilité pour les animaux ; enfin, comme les tropismes formaient un domaine où régnait la plus grande confusion, il était tentant de relever le défi et de chercher à clarifier la situation.

Mais Viaud avait encore d'autres objectifs, plus ambitieux qu'il expose dans sa thèse de 1938[20] : contribuer à l'édification d'une *« psychologie animale, branche*

19. G. Viaud, « Les sensations » in : *Traité de Psychophysiologie* par G. Viaud, Ch. Kayser, M. Klein et J. Médioni, Paris, Presses Universitaires de France, 1967, Tome 2, pp. 469-657.

20. G. Viaud, *Recherches expérimentales sur le phototropisme des Daphnies. Études de psychologie animale,* Publ. de la Fac. des Lettres de Strasbourg, Société d'édition Les Belles Lettres, Paris, 1938.

de la psychologie générale des comportements et des conduites » qui serait *« avant tout, une psychologie comparée de l'homme et des animaux »*, car *« il doit y avoir des lois générales du psychisme, c'est-à-dire des lois communes aux différents types de comportements humains et animaux »*, et *« à côté de ces lois générales, des lois particulières aux diverses formes de psychisme, la détermination de ces lois, pour les formes supérieures doit nous être d'autant plus aisée que nous connaissons mieux les formes inférieures »*. Dans ce but : *« il faut que nous ayons l'espoir que la connaissance des réactions des êtres unicellulaires nous amènera, comme par une voie naturelle, à celle des réactions des Spongiaires et des Cœlentérés, à celle des Vers, des Mollusques, des Arthropodes, des Vertébrés et finalement aux réactions et aux actions de l'Homme »*. Ce programme l'amènera à s'intéresser à une grande diversité d'espèces : Rotifères, Planaires, Étoiles de mer, Cladocères, Poissons rouges, Grenouilles, Pigeons, ainsi qu'au différents types de tropismes. Ajoutons que la méthode élaborée au cours des recherches sur les Daphnies lui servira quand il s'occupera du sommeil chez l'homme, ou encore quand il discutera les problèmes posés par les instincts ou par l'intelligence.

L'œuvre scientifique de G. Viaud présente deux volets : d'une part, les études expérimentales sur les tropismes animaux et le sommeil, et d'autre part des études plus théoriques sur la psychologie animale, sur les grandes fonctions psychiques et leur place dans la structure psychique des organismes et sur les rapports existants entre psychisme animal et psychisme humain.

Le travail expérimental demandait la mise en œuvre de techniques, certes simples, mais qu'il fallait créer soi-même. Viaud était un bricoleur habile et astucieux; en témoignent par exemple, la fabrication de filtres colorés ou les dispositifs utilisés dans l'étude de l'oscillorhéotropisme. Il accordait une grande importance aux techniques d'études et aimait à répéter que *« la psychologie se fait avec un marteau et un fer à souder »*. Il avait le plus grand souci d'obtenir des résultats quantitatifs. Ces préoccupations étaient particulièrement nécessaires pour l'étude des tropismes.

Maurice Rose avait fait en 1929 une revue approfondie dans son livre *La Question des Tropismes*[21]. Il constate dans ses conclusions : il y a des *« lacunes considérables et très nombreuses de nos connaissances sur beaucoup de points importants... nos connaissances sont souvent mal assises et trop fragmentaires... un trop grand nombre (de travaux) n'a qu'une valeur tout à fait relative. Les recherches ont été trop souvent conduites à partir d'une idée préconçue, qu'on a voulu confirmer à tout prix; les observations ont été très superficielles, les méthodes suivies très douteuses »*.

Ce constat sévère de Maurice Rose tenait au fait que la question des tropismes était le domaine où s'affrontaient plusieurs conceptions biologiques et philosophiques inconciliables.

Certes la psychologie animale était tolérée, mais certains se demandaient encore si ce n'était pas simplement de la physiologie du système nerveux. Les opinions divergeaient aussi sur les rapports entre le psychisme animal et le psy-

21. M. Rose, *La question des tropismes*, Paris, Presses Universitaires de France, 1929.

chisme humain : y a-t-il continuité ou rupture ? Mais la controverse majeure était celle que symbolisaient les noms de Jacques Loeb et de Herbert Spencer Jennings.

Jacques Loeb (1859-1924), hanté par l'angoissante question métaphysique du libre arbitre, en avait cherché la réponse d'abord dans la philosophie, et ensuite dans la science. *« Puis vint sa conversion au mécanisme. La foi dans le mécanisme devint la religion à laquelle il a consacré sa vie, et ce fut une religion que par amour de la vérité il fut contraint à mettre à l'épreuve des critères scientifiques les plus rigoureux »*[22]. A Würzburg, chez son ami le botaniste Julius von Sachs, il conçut en 1886, l'idée que les comportements des animaux déclenchés et orientés par certains facteurs du milieu devaient relever des mêmes mécanismes que ceux des tropismes végétaux, c'est-à-dire uniquement de facteurs physiques et chimiques propres à l'organisme, à l'exclusion de tout recours à des notions comme l'« instinct » ou la « volonté » ; un organisme n'est qu'une machine chimique. Loeb se sert du même mot « tropisme » pour les végétaux et les animaux. Les tropismes sont des réactions forcées, imposées par certains facteurs du milieu et sans aucune utilité pour l'être vivant. Loeb propose de se représenter le phénomène en se référant à l'idée de Faraday de lignes de force d'un champ : dans une réaction tropistique, l'organisme est placé au milieu de lignes de force d'un champ (lumineux, gravitationnel, électrique ou de diffusion) ; ces lignes vont agir sur certaines parties de cette machine chimique qu'est l'organisme, lui imposer une direction et la faire se mouvoir dans ce champ[23]. Loeb pensait que ce type d'explication mécaniste pouvait être généralisé et même être appliqué à des comportements humains.

Herbert Spencer Jennings (1868-1947) était un protistologiste américain qui avait complété sa formation à Iéna chez Verworn en 1897. L'observation minutieuse du comportement d'animaux inférieurs (bactéries, protozoaires, cœlentérés) lui avait montré que les phénomènes étaient beaucoup plus complexes et que les explications de Loeb s'avéraient simplistes[24].

Les êtres vivants qui entrent en contact avec certains facteurs physiques ou chimiques du milieu, réagissent par des conduites d'évitement : dans le cas du tropisme négatif, lorsque l'activité spontanée de l'organisme le conduit à entrer en contact avec des conditions « défavorables », il change de direction et évite ces conditions ; dans le cas du tropisme positif, la réaction qui se produit lorsque l'organisme sort d'une région où règnent des conditions « favorables » ou « agréables », est une réaction d'évitement des conditions moins favorables, l'organisme semble alors être « attiré » par les facteurs physiques ou chimiques de la zone où il se trouve.

Ces réactions d'évitement ont donc un intérêt évident pour les organismes. Elles reposent sur la distinction entre ce qui a une valeur positive et ce qui a une valeur négative pour les organismes. Ce sont des comportements régulateurs obéissant à la loi de l'intérêt, c'est-à-dire des adaptations.

22. P. Naitoh, « Minimal sleep to maintain performance : the search for sleep quantum in sustained operations » in *Polyphasic and ultra short sleep-wake patterns*, ed. by Cl. Stampi, Birckhauser, Boston, 1992.

23. J. Loeb, « Die Tropismen », in *Handb. der vergl. Physiol.*, Iena, G. Fischer, 1913, IV, pp. 451-519.

24. H.S. Jennings, *Behaviour of lower organisms* (1906), reed. Bloomington, Indiana Press, 1962.

Loeb ne voulait tenir compte que de ce qui était physique et chimique, alors que Jennings reconnaissait aux organismes des fonctions psychiques, telles : essais et erreurs, perception, choix, fonctions certes très primitives chez les êtres élémentaires, mais irréductibles à des phénomènes physiques ou chimiques. Une autre source de désaccord portait sur la conception même de l'activité des êtres vivants : pour Loeb, le mécaniste, ce sont le ou les stimuli du milieu qui provoquent l'activité; pour Jennings, elle était fondamentalement spontanée, d'origine interne à l'organisme, les conditions du milieu ne faisant que la guider.

Abordant ces problèmes, Viaud s'est efforcé dès ses premières recherches, de rendre ses observations quantitatives. L'enregistrement des déplacements d'un individu unique dans un faisceau de lumière parallèle, permet de déterminer sur le tracé la vitesse de ses déplacements dans le sens de la lumière ou dans le sens opposé, ainsi que la durée des déplacements dans chaque sens. En photographiant à intervalles réguliers, 50 à 80 individus placés dans les mêmes conditions, il peut déterminer la position du centre de gravité de la population et traduire alors graphiquement les déplacements de ce point en fonction du temps. Il étudie alors le rôle des facteurs du milieu sur le comportement tropistique, telles l'intensité de la lumière blanche, la couleur (c'est-à-dire la longueur d'onde de lumières d'égale énergie), l'action simultanée de deux faisceaux lumineux ayant des directions différentes.

Très rapidement il est conduit à distinguer différents aspects dans le comportement :

1. — un même animal va tantôt vers le stimulus (tropisme positif) tantôt le fuit (tropisme négatif). Le comportement dépend donc de l'état de l'animal; c'est lui qui dicte le sens du comportement. Le sens, positif ou négatif de la réaction, est un facteur fondamental primaire.

2. — Secondairement intervient ensuite l'orientation plus ou moins précise du corps de l'animal par rapport au stimulus. Dans le cas du phototropisme, l'orientation par rapport à la lumière existe même en l'absence des yeux (animaux opérés ou espèces aveugles); les yeux ne font que préciser l'orientation. La précision de l'orientation dépend de la qualité de la lumière : pour des lumières de différentes longueurs d'ondes mais d'égale énergie, la précision est maximale pour les lumières vertes (540 nm), et décroît tant pour les lumières de longueur d'onde plus courtes, vers le bleu (450 nm) que plus longues, vers le rouge (580 nm) (fig. 1).

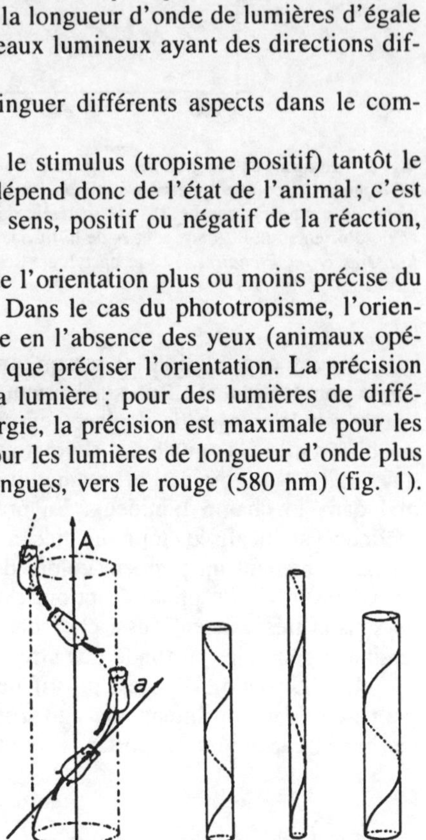

Fig. 1. Nage hélicoïdale du Brachion : 1— A : axe de l'hélice, parallèle aux rayons lumineux. a : axe longitudinal du corps du Brachion, il définit l'orientation de l'animal par rapport à la lumière. 2 — trajectoires décrites par le même individu en 6 secondes dans des lumières d'égale énergie rouge (580), verte (540), et bleue (480 nm.). (Viaud G., *Bull. biol.*, 74 (1940), pp. 249-308).

3. — Le stimulus exerce un effet cinétique; par exemple, la vitesse de nage vers la lumière augmente à peu près proportionnellement avec le logarithme de l'intensité de la lumière blanche; par contre la vitesse de fuite est pratiquement indépendante de l'intensité, au moins jusqu'à des valeurs élevées; quant à l'effet cinétique des lumières colorées d'égale énergie, il augmente régulièrement du rouge (650 nm) au bleu-violet (450 nm) (fig. 2).

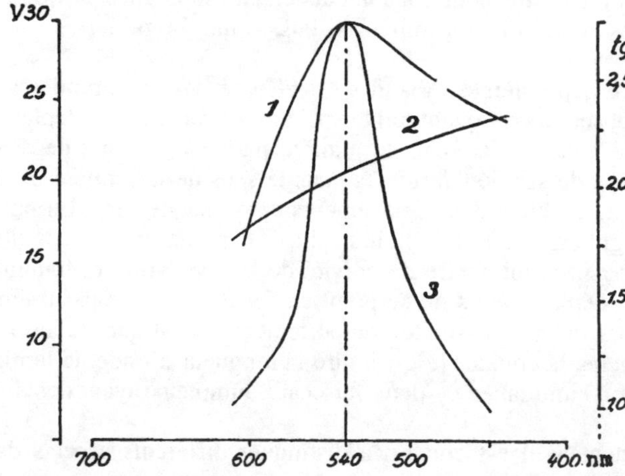

Fig. 2. Variations en fonction des longueurs d'onde des radiations lumineuses d'égale énergie : courbe 1 : distance parcourue en mm. par minute en direction de la source lumineuse (cf. fig. 1, S2T, longueur du cylindre); courbe 2 : vitesse réelle de progression le long de l'hélice de nage; courbe 3 : angle d'orientation 0' (entre a et A de la fig.1). (G. Viaud, *Le phototropisme chez les Cladocères, les Rotifères et les Planaires*, 120 p. dactylogr. Résumé dans *Année Biol.* 27 (1951), pp. 365-378.)

De ces constatations il ressort que la lumière exerce deux effets différents sur le comportement : l'un sur l'orientation du corps par rapport à ce stimulus, et l'autre sur la vitesse de déplacement. Viaud rapporte ces effets à deux sensibilités différentes, la sensibilité dermatoptique, déjà invoquée par Graber en 1883, qui serait à l'origine de l'effet cinétique, et la sensibilité visuelle qui oriente l'animal dans le champ lumineux. La première sensibilité est diffuse alors que la seconde est localisée, toujours liée à une structure circonscrite, parfois ponctiforme, contenant un pigment coloré de nature caroténoïque. Il faut voir dans ce deuxième mode de photoréception, l'origine de la fonction visuelle. Ces formes de sensibilités existent aussi chez des végétaux. On est donc en présence d'une tendance générale, profonde des êtres vivants, d'un fait de biologie générale[25].

4.— Un animal qui est positif peut devenir négatif, en particulier si le stimulus devient trop intense ou agit trop longtemps. La réaction positive est limitée par la capacité à supporter le stimulus, la capacité pathique.

25. G. Viaud, « Le phototropisme et les deux modes de la photoréception », *Experientia*, 4 (1948), pp. 91-120.

Ces caractères fondamentaux se retrouvent plus ou moins nettement dans tous les tropismes, tant animaux que végétaux. C'est la raison pour laquelle Viaud n'a pas jugé utile de distinguer entre tropismes, réactions d'organismes immobiles, et taxies, réactions d'organismes mobiles.

L'examen critique de ses résultats et des données de la littérature ont conduit Viaud à rejeter la conception selon laquelle tropismes positifs et négatifs sont un seul et même comportement qui ne diffère que par le sens. Au contraire de J. Loeb et de H.S. Jennings qui n'avaient pas mis en doute l'unicité des tropismes bien que proposant des explications très différentes, Viaud établit une distinction nette entre tropismes positifs, *« tropismes vrais »*, et tropismes négatifs ou *« pathies »*. Seul le tropisme vrai est un comportement imposé et commandé par le stimulus. Les pathies sont des réactions d'évitement où le stimulus joue un rôle différent.

Il existe en fait deux types de pathies :

1.— les pathies liées à un tropisme vrai. Ce comportement apparaît quand l'animal ne peut plus supporter l'effet du stimulus, quand sa capacité pathique est dépassée, et que le tropisme s'inverse. Après un temps de récupération, l'animal peut redevenir positif et la séquence phase positive, dépassement du seuil de pathie, phase négative et récupération peut recommencer. Le tropisme est alors polyphasique, alternativement positif et négatif.

2.— Pour certains stimuli le comportement n'est fait que de pathies, faites de réactions d'évitement (par exemple pour la température, la salinité, l'état acidobasique), l'animal se détourne des stimuli ou trop élevés ou trop bas, et se cantonne dans une région intermédiaire qu'il semble préférer.

Viaud distingue alors deux ordres de comportements (fig. 3) :

a) le comportement à maximum du tropisme vrai : l'animal qui se dirige vers la source du stimulus cherche à en obtenir le plus d'excitation possible, il obéit à la loi du maximum d'excitation,

b) le comportement à préférendum, où l'animal tend à se soustraire à l'excitation et cherche à éviter les conditions désagréables ou défavorables.

Les tropismes vrais sont des réactions qui ne semblent pas être finalisées, qui n'obéissent pas à la loi de l'intérêt. Ce sont des phénomènes *« irrationnels »*, *« qui nous paraissent incompréhensibles »* écrit Viaud[26], il les compare à des phénomènes physiques comme l'attraction universelle, phénomène également irrationnel qu'il faut accepter sans pouvoir en rendre compte. Cette façon de voir est en accord avec la conception de J. Loeb.

Les pathies, au contraire, ont une valeur adaptative, elles obéissent à la loi de l'intérêt. Ce sont des régulations contre les excès dans les deux sens. Ces conduites, remarque Viaud, *« nous apparaissent clairement comme compréhensibles car elles sont de l'ordre de notre intelligence, car celle-ci est fille de l'adaptation »* [27]. Ce point de vue est celui de H.S. Jennings.

Comportements à maximum et comportements à préférendum dépendent de deux organisations fonctionnelles particulières : dans le premier cas, le compor-

26. G. Viaud,, *Tropismes*, Paris, Presses Universitaires de France, 1951.
27. G. Viaud, *Ibid.*

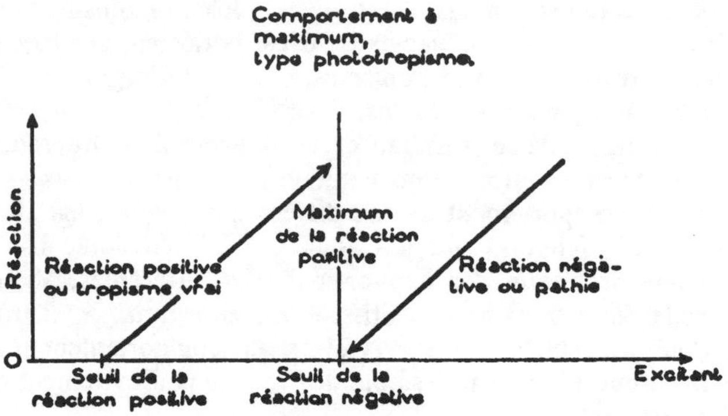

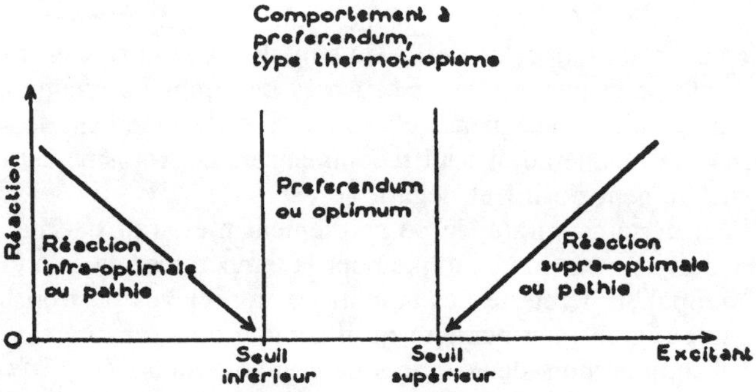

Fig. 3. Schémas des « comportements à maximum » et des « comportements préférendum ». (G. Viaud, *Tropismes,* Paris, Presses Universitaires de France, 1951)

tement est tel qu'il a pour effet d'accroître l'effet excitateur du stimulus, la réponse déclenchée a pour conséquence d'augmenter la stimulation, la « cause » produit un *« effet »* qui amplifie la *« cause »*, c'est une rétroaction positive ; dans le second cas, le comportement a pour conséquence de diminuer l'excitation, le stimulus déclenche une réaction qui réduit la cause qui l'a produite, c'est une rétroaction négative.

Ces deux grands modes d'organisation du psychisme sont des exemples de ces lois générales dont Viaud avait fait l'un des objectifs de ses recherches. Au cours de nos conversations familières, nous avons souvent évoqué ces aspects et leurs relations avec des notions de Biologie générale. Car la vie se présente de deux façons :

— d'une part comme un phénomène expansif, exubérant, une tendance à croître, à proliférer, un *« élan vital »* ;

— d'autre part comme un état d'équilibre, où formes et composition chimique restent constantes grâce aux régulations, aux adaptations.

Nous avons aussi évoqué un autre problème général, la similitude entre comportement à préférendum et fonction physiologique homéostasique. Dans certains cas, la tendance psychologique peut anticiper la fonction physiologique au cours de l'évolution : par exemple les reptiles ont un préférendum thermique tel que la température interne atteigne 37°C, ce qu'ils réalisent de façon transitoire par le comportement « se dorer au soleil », alors que leurs descendants, les oiseaux et les mammifères, le réalisent de façon permanente par des moyens anatomiques et physiologiques héréditaires.

Dans le prolongement des recherches expérimentales, divers problèmes se sont posés : quelle est la place des tropismes dans la psychologie animale ? quels sont les rapports entre les divers comportements ? Viaud a examiné à plusieurs reprises ces questions[28].

Les réactions élémentaires et primitives des animaux inférieurs (tels les tropismes et pathies) sont déclenchées et entretenues par des agents physiques ou chimiques dont l'intensité détermine celle de la réponse, aussi Viaud désigne-t-il ces facteurs par l'expression de stimuli-agents. Par contre, les réactions plus complexes des animaux supérieurs (par exemple les actes instinctifs) sont déclenchées par des stimuli dont le caractère déterminant est la qualité et non plus l'intensité, ce sont des stimuli-signes. Ces stimuli déclenchent le déroulement de séquences motrices préexistantes dans le répertoire des activités de l'animal. Au cours de l'évolution les réactions perceptives se sont développées à partir des stimuli-signes. Quant aux stimuli-agents, ils provoquent et entretiennent les réactions d'ajustement et de d'adaptation aux circonstances dans lesquelles se déroulent les activités déclenchées par les stimuli-signes, ce que Lorenz appelle la composante taxique des réactions instinctives.

Comportements de niveau élémentaire et comportements de niveau plus élevé diffèrent encore sur un autre point : les tropismes, par exemple, ne sont pas des réactions motivées[29] ; dans les actes instinctifs, la privation du stimulus facilite le déclenchement de la réaction, cela n'est pas le cas pour les tropismes ; d'autre part, l'intensité des réactions des animaux inférieurs ne dépend que du seul facteur externe, alors que celle des animaux supérieurs est dictée à la fois par le ou les facteurs externes et par les facteurs internes qui les motivent (double quantification des réactions instinctives).

D'un point de vue plus général, *« on ne peut expliquer le comportement d'un animal que si l'on connaît la manière dont il perçoit le monde extérieur (schèmes perceptifs), la valeur qu'il attache aux objets de ce monde (schèmes affectifs), le mode de ses actions motrices innées (schèmes moteurs) et l'ensemble de ses acquisitions mnémoniques »*[30].

L'analyse des comportements conduit ainsi Viaud à distinguer un certain nombre de composantes fondamentales, les *« systèmes »* ou *« ensembles organisés »*. Ce sont :

28. G. Viaud, *Ibid.* ; « Taxies et tropismes dans le comportement instinctif » in *L'instinct dans le comportement des animaux et de l'homme, Colloque de la Fondation Singer-Polignac,* Paris, Masson, 1956, pp. 5-43 ; *Cours de Psychologie animale : 1e Partie : Les comportements des animaux inférieurs,* Paris, Centre de Documentation Universitaire, 1956. *2e Partie : Les comportements des animaux supérieurs,* Paris, Centre de Documentation Universitaire, 1958.

29. G. Viaud, *Cours de Psychologie animale : 1e Partie : Les comportements des animaux inférieurs,* Paris, Centre de Documentation Universitaire, 1956. *2e Partie : Les comportements des animaux supérieurs,* Paris, Centre de Documentation Universitaire, 1958.

30. G. Viaud, « La Psychologie animale », *Psychol. franç.*, 6 (1961), pp. 241-248.

— un système représentatif comprenant les structures réceptives ou sensorielles ainsi que les processus perceptifs; ils constituent l'entrée (input) de ce que Viaud appelle le *« milieu intérieur psychologique »*[31]. Ce système définit l'Umwelt de l'animal (J. von Uexküll 1906), c'est-à-dire les seuls aspects du monde que l'animal perçoit.

— un système affectif, ensemble des valeurs attribuées aux éléments de l'Umwelt selon, entre autres, l'état physiologique de l'animal.

— un système d'action (action system de H.S. Jennings, 1906), répertoire d'actes dont dispose l'animal. Ce système constitue en quelque sorte la sortie du *« milieu intérieur psychologique »*.

— un système des habitudes, association entre certaines conditions du milieu et certaines activités, où le passé influence le comportement présent.

Chez les animaux les plus évolués, il faut encore ajouter les mécanismes de solution de problèmes que les réponses innées ou acquises ne parviennent pas à résoudre, ce sont les opérations de l'intelligence. Viaud leur a consacré deux études importantes[32]. L'intelligence pratique, commune aux animaux et à l'homme, aussi bien que l'intelligence conceptuelle particulière à l'homme, ont pour fonction d'inventer des conduites nouvelles, adaptées à chaque cas.

Dans les deux volumes de son *Cours de Psychologie animale*[33], Viaud a décrit les comportements des animaux des diverses branches de l'arbre généalogique du règne animal et dressé un tableau de l'évolution des diverses composantes des comportements : le domaine de la psychologie animale s'étend ainsi *« des tropismes à l'intelligence »*.

Les recherches sur le sommeil[34] montrent comment Viaud aborde un problème humain.

La Fondation Française pour l'Étude des Problèmes Humains lui a demandé, dans l'esprit d'Alexis Carrel, de définir les conditions physiques externes pour obtenir le meilleur sommeil. Viaud cherche au préalable à préciser deux points :

1— Peut-on mesurer ce qu'intuitivement on appelle *« restauration par le sommeil »* ?

Un sommeil réparateur doit maintenir constantes les performances du sujet d'un jour à l'autre, malgré la fatigue journalière. Pour apprécier les performances Viaud choisit trois tests : énonciation de signes, énonciation de couleur et mesure de l'acuité stéréoscopique. Pour établir la validité de ces tests, il étudie en collaboration avec Mme C. Nony de l'Institut de Psychologie de l'Université de Paris, la corrélation entre les performances et la durée du sommeil qui peut être raccourcie jusqu'à une durée de une heure par nuit. La meilleure corrélation est obtenue avec les performances mesurées au moment de la journée où elles sont

31. G. Viaud, *ibid.*

32. G. Viaud, *L'intelligence*, Paris, Presses Universitaires de France, 1946; « L'intelligence pratique et l'intelligence conceptuelle » in *Encyclopédie Française*, tome IV, *La Vie*, Paris, Soc. nouv. de l'Encycl. Franç. 1960, pp.490-499.

33. G. Viaud, *Cours de Psychologie animale : 1e Partie : Les comportements des animaux inférieurs*, Paris, Centre de Documentation Universitaire, 1956. *2e Partie : Les comportements des animaux supérieurs*, Paris, Centre de Documentation Universitaire, 1958.

34. G. Viaud, « Le pouvoir réparateur du sommeil et sa mesure », *J. Psychol. norm. path.*, 40 (1947), pp. 195-231.

maximales, c'est-à-dire au moment où la température du corps est maximale, soit vers 17 heures ; d'autre part, la corrélation n'est bonne que pour des durées de sommeil inférieures à 5 heures (fig. 4). Cette notion, retrouvée par James Horne[35] puis par Paul Naitoh[36], est ce qu'ils appellent « core sleep », durée minimale de sommeil continu indispensable pour que les performances ne se détériorent pas d'un jour à l'autre.

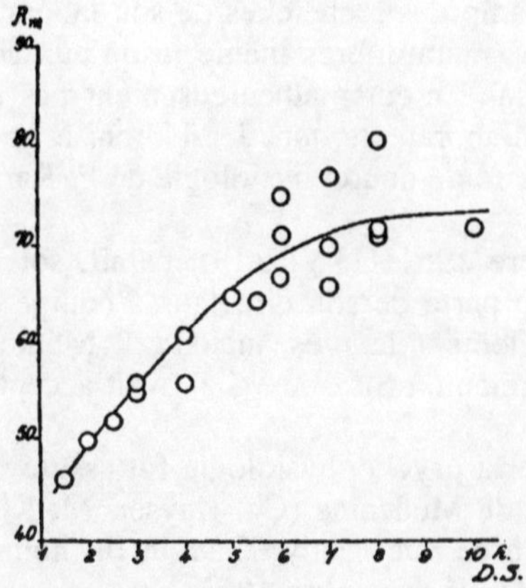

Fig. 4. Rendement diurne maximal (Rm) en fonction de la durée du sommeil nocturne (D.S.). (G. Viaud, « Le pouvoir réparateur du sommeil et sa mesure », *J. Psychol. norm. path.*, 40 (1947), pp. 195-231).

2— Peut-on mesurer cette grandeur intuitive qu'est la *« quantité de sommeil »* ?

Endrès et von Frey avaient défini la quantité de sommeil comme le produit de la durée par la profondeur, profondeur mesurée par l'intensité minimale du stimulus capable de réveiller le dormeur. Viaud rejette cette méthode qui perturbe le sommeil, et ne disposant pas d'électroencéphalographe, il choisit une méthode actographique. Un lit capable d'enregistrer les moindres mouvements du sujet a été construit à l'Institut Marey par l'ingénieur Noguès. Selon le nombre et l'amplitude des mouvements, on peut définir un *« indice de tranquillité »* ; la quantité de sommeil est alors le produit de la durée par l'indice de tranquillité.

Ces études interrompues par la fin de la guerre et la dissolution de la Fondation pour l'Étude des Problèmes Humains, ont été reprises en partie par des élèves de Viaud au Centre d'Études Bioclimatiques du CNRS de Strasbourg, dirigé par B. Metz.

Toute l'œuvre de Gaston Viaud est dominée par ses efforts pour élaborer une psychologie scientifique, utilisant les mêmes méthodes d'investigation et adop-

35. J. Horne, *Why we sleep,* Oxford, New-York, Oxford University Press, 1988.

36. P. Naitoh, « Minimal sleep to maintain performance : the search for sleep quantum in sustained operations » in *Polyphasic and ultra short sleep-wake patterns,* ed. by Cl. Stampi, Birckhauser, Boston, 1992.

tant les mêmes critères de validation des hypothèses que les autres sciences biologiques. Cette orientation explique que Viaud a toujours montré une grande réserve, pour ne pas dire hostilité, à l'égard de la psychanalyse. Elle se traduit dans sa préférence pour les aspects sensoriels et moteurs des comportements qui lui paraissent plus objectifs que les aspects affectifs et émotionnels. Les projets auxquels pensait Viaud en 1956[37] montrent qu'il avait conscience de la nécessité de dépasser le domaine des tropismes et des comportements des animaux inférieurs et d'élargir le champ des recherches de son laboratoire aux comportements des animaux supérieurs (mammifères même jusqu'aux singes, en particulier leur perception visuelle). Viaud n'eut malheureusement pas le temps de les réaliser, mais certains de ses collaborateurs, tant J. Médioni à Toulouse, que d'autres travaillant dans le laboratoire de neurophysiologie de P. Karli, purent s'engager dans cette voie.

Lorsqu'en décembre 1961 G. Viaud disparaît, son laboratoire est frappé à mort : car en plus de la perte de son directeur, l'équipe était aussi privée depuis octobre 1961 de son élément le plus ancien : J. Médioni; après sa thèse (mai 1961), n'ayant pas été retenu à Strasbourg, il avait accepté une maîtrise de conférence à Toulouse.

L'enseignement de la psychophysiologie fut assuré en majeure partie par les collègues de la Faculté de Médecine (Ch. Kayser, M. Klein, P. Karli) et certains élèves de Viaud jusqu'à ce que Rémy Chauvin fut nommé titulaire de la chaire de psychophysiologie, le 1er décembre 1963.

Quant aux chercheurs et techniciens, ils se dispersèrent; une partie fut affectée soit au laboratoire de physiologie de la Faculté de Médecine (Ch. Kayser), soit au laboratoire de neurophysiologie du CNRS (P. Karli).

Remerciements

Je tiens à remercier les membres de la famille de Gaston Viaud ainsi que ses élèves et collaborateurs (J. Médioni, E. Dreyfus, N. Bonaventure, A. Tabouret-Keller, A. Malan) pour leurs souvenirs et leur aide dans la préparation de cet exposé.

37. G. Viaud, « Le laboratoire de psychologie animale de la Faculté des Sciences de Strasbourg », *Sciences-Information*, oct. 1956, pp. 15-16.

DÉVELOPPEMENT, HÉRÉDITÉ ET HISTOIRE NATURELLE

L'embryologie en France de 1920 à 1950

Michel Delsol*, Janine Flatin*

L'histoire des recherches effectuées dans le domaine de l'embryologie en France entre 1920 et 1950 ne sera marquée tout d'abord que par quelques travaux où l'on reconnaîtra surtout les noms de l'école de Strasbourg. Cependant, à la fin de cette période, on assiste à une renaissance qui apparaîtra en filigrane à la fin des années 40 pour fleurir en 1950. Nous diviserons cet exposé en deux parties ; après avoir décrit les concepts, nous essayerons de situer les écoles.

I — LES CONCEPTS

1/ l'embryologie descriptive

En 1920, les grands schémas de l'embryogenèse des principaux groupes du monde vivant sont déjà en bonne partie connus. On peut définir cette époque comme celle des Traités. En 1921, Albert Brachet de l'Université de Bruxelles publie, chez Masson à Paris, un *Traité d'Embryologie des Vertébrés*. Deux ans plus tard, il commence une nouvelle édition mais il est enlevé par une grave maladie. Madame Brachet demande à Dalcq et Gérard de poursuivre cette nouvelle œuvre qui sortira en 1935. En 1928, paraît également chez Masson le *Traité d'Embryologie comparée des Invertébrés* de Dawidoff. Cet auteur, qui avait quitté rapidement la Russie de la révolution, avait emporté avec lui un ouvrage sommaire qu'il avait écrit quelques années auparavant pour ses étudiants de Petrograd. Réfugié en France, où il deviendra l'un de nos grands embryologistes, il développe l'ouvrage originel pour en faire le Traité de 1928. Nous nous servons encore aujourd'hui de ces œuvres magistrales.

* Laboratoire de Biologie Générale de la Faculté Catholique des Sciences de Lyon et laboratoire d'Étude du développement post-embryonnaire des Vertébrés inférieurs de l'EPHE.

On considère alors que les grandes œuvres de l'embryologie descriptive ont atteint une phase importante de leur histoire et une autre étape s'annonce pour cette science : celle de la précision.

En 1925, Vogt met au point la méthode des marques colorées. Peu après, en France, Wintrebert reprend cette technique avec du brun Bismark ; avec ce colorant, les marques subsistent chez des embryons fixés et coupés par les méthodes d'histologie classique. Ce système permet de préciser les mouvements morphogénétiques chez l'embryon et d'étudier l'origine des ébauches. Wintrebert (1930) utilisera ce procédé chez les Amphibiens. La technique sera aussi appliquée par Teissier chez les Hydres (1931), et par Wolff chez les Oiseaux en 1936. Une autre méthode, mise au point par Ancel et Vintemberger, permettra également de repérer les mouvements embryonnaires : celle des marques électrolytiques effectuées à travers la gangue de l'œuf. Elle consiste à provoquer de petites lésions dont on peut suivre ultérieurement la trace. Grâce à ces méthodes, on comprend mieux la morphogenèse et on prend conscience de son unité profonde dans l'ensemble de l'embranchement des Vertébrés, mais évidemment ces recherches étaient difficiles à pratiquer chez les Mammifères.

Le développement de la précision dans les descriptions va s'accompagner de l'introduction des traitements mathématiques et des analyses de type architectural pour l'étude des développements post-embryonnaires. Cette imprégnation nouvelle, qui ne va pas tarder à marquer toute la biologie moderne, nous vient sans doute des premiers travaux sur l'hérédité et en même temps de la création, en Angleterre, de la revue *Biometrica*. En France, Teissier qui était rentré à l'École Normale Supérieure dans la section de Mathématiques consacre sa thèse à la croissance des Insectes et ouvre ainsi la voie aux travaux relatifs à la biométrie. Ses recherches sur les étapes successives de la croissance des Crustacés en font un précurseur dans ce domaine. Il montre que la croissance d'une partie du corps ou d'un organe ne peut pas toujours être représentée par la même relation d'allométrie. Un changement de coefficient d'allométrie correspondra alors à un changement de régime de la croissance globale, c'est-à-dire à un stade critique. Teissier s'attache particulièrement à cette notion. En outre, il essaye de définir une théorie de la *« similitude biologique »* entre individus de tailles différentes. Dans le même temps, Abeloos expose au Congrès International de Zoologie de 1948 que, chez le fœtus de veau de 1 kg, le mouton de 250 gr, le cobaye et le lapin de 10gr, les stades critiques affectent de la même façon le foie, les poumons, les reins et d'autres organes. Il les désigne sous le nom *« d'éveil hormonique »* car ils coïncident avec l'apparition des premiers signes histologiques d'activité du pancréas et de la thyroïde. Selon les organes, les stades critiques sont associés différemment. Ainsi, chez l'homme, le stade critique de l'œil n'est pas contemporain de l'éveil hormonique. Dans tous ces cas, on essaie en somme de reconnaître les liens qui unissent les étapes de la croissance des organes et qui donnent à l'être vivant son unité.

A la même époque, on réalise des recherches similaires dans le règne végétal. Ainsi, en 1948 et 1949, Plantefol publie chez Masson deux ouvrages dont les titres indiquent bien ce type de préoccupation. Le premier s'intitule *La théorie des hélices foliaires multiples — Fondement d'une théorie nouvelle phyllotaxique*, le deuxième : *L'ontogénie de la fleur — Fondements d'une théorie florale nouvelle ;* on notera que nous situons ce type de recherches sous la rubrique de l'embryologie descriptive. Il est important de rappeler en effet que les lois d'allométrie indiquent des liens entre des phénomènes, c'est-à-dire des lois de construction, mais n'en révèlent pas la cause. Il est évident que ces travaux sont très utiles pour la compréhension des causes mais tels quels ne les indiquent pas.

Un autre trait caractérise encore les débuts de cette période de précision. Sans doute à cause de l'esprit mathématique qui imprègne cette époque, on voit s'éteindre les descriptions embryologiques qui correspondaient à ce que l'on appelait dans le siècle précédent *« l'histoire naturelle »*. Il est amusant par exemple de comparer deux types de figures qui représentent les étapes du développement et de la métamorphose des Batraciens : l'une de Schreiber en 1937, et l'autre de Taylor et Kollros en 1947. Un monde sépare ces deux dessins. On a l'impression qu'à une décennie d'intervalle, une nouvelle rigueur est entrée dans la description de l'embryogenèse. On a compris que l'on ne pouvait plus rien décrire sans la plus grande précision. Peu après, au début des années 50, à Bordeaux, un élève d'Avel, Cambar, dont nous aurons l'occasion de reparler, fera réaliser par ses chercheurs, pour plusieurs espèces de Batraciens, des tables de descriptions embryologiques de la plus haute précision.

Enfin, toujours semble-t-il parce que la première phase des recherches morphologiques paraît achevée, un autre concept de cette embryologie commence à se développer. On pourrait le situer dans l'embryologie causale, mais il semble qu'à ce moment il n'en était encore qu'à un stade descriptif : c'est l'embryologie chimique. On considère habituellement que cette science est née avec le Traité de Needham de 1931 qui se nommait justement *Chemical Embryology*. Needham y examine les diverses substances qui se trouvent dans l'œuf et suit leurs variations qualitatives et leur métabolisme. En 1944, Jean Brachet écrit un ouvrage qu'il dédie à la mémoire de son père Albert, l'auteur du premier traité qui avait marqué la période que nous étudions. Il est intéressant de noter que l'on y reconnaît déjà de grands problèmes. Ainsi, dans le chapitre relatif au rôle des acides nucléiques dans le développement, Brachet écrit que ces acides abondent dans l'ergastoplasme des cellules glandulaires et des jeunes oocytes, qu'on les trouve partout où se réalise une forte synthèse de protéines. Il est bien connu que cet auteur s'intéresse particulièrement à des entités cytoplasmiques, les plasmagènes, dont les propriétés ressemblent à celles des acides nucléiques et qui doivent correspondre aux microsomes. C'est la thèse qu'il soutient en France en 1948 au colloque sur les entités cytoplasmiques douées de continuité génétique. Mais ses travaux devaient être poursuivis évidemment en Belgique. L'embryologie chimique allait d'ailleurs bientôt devenir une embryologie causale.

2/ Le développement post-embryonnaire

Les descriptions relatives aux têtards et aux larves correspondent en général à un type d'étude différent de celui des premiers stades de l'embryogenèse et on peut considérer qu'elles sont alors beaucoup moins connues que ces derniers. Ceci s'explique facilement. Les étapes du développement post-embryonnaire sont infiniment plus variées que les grands types de l'embryogenèse. Le moment où l'on pourra en dresser une première image d'ensemble est encore aujourd'hui très éloigné. De tels travaux se poursuivent, entre 1920 et 1950, suivant le rythme des recherches de l'anatomie comparée et de la zoologie.

En France, en 1922 et 1923, Teissier publie des travaux sur le développement des Hydraires, qu'il poursuivra à Roscoff pendant de longues années. Drach décrit en 1936 les états successifs des téguments et un peu plus tard les mues et les cycles d'intermues des Crustacés décapodes. Le Calvez, à la veille de la guerre, reconnaît le cycle de plusieurs espèces de Foraminifères et la sexualité de leur gamonte. Chez les Vertébrés, en 1941, Couteaux montre qu'à toutes les phases du développement embryonnaire, les ébauches de muscles striés demeurent le siège d'une différenciation de nouvelles fibres musculaires à partir d'éléments cellulaires interstitiels. Ce sont des structures uninucléées qui s'allongent parallèlement au grand axe des fibres et deviennent elles aussi striées. Au début de leur croissance, leurs extrémités sont libres. Ensuite, elles se rapprochent des niveaux d'insertion des muscles et s'y insèrent parfois par une seule de leur extrémité. Il n'y a donc pas, au cours de la croissance du muscle, clivage des fibres déjà formées. En outre, Couteaux démontre que les fibres musculaires présentent une individualité propre et s'insèrent à leur extrémité au sarcoplasme du tissu tendineux Les terminaisons motrices libres ne semblent pas avoir d'influence sur la croissance des fibres ni sur leur néoformation. Lorsque s'établit la jonction des neurites moteurs et des fibres musculaires, les noyaux musculaires se multiplient. Ceci confirme les distinctions que Ranvier avait établies entre noyau de l'arborisation et noyau de la sole. Couteaux montre que cette sole se constitue à la fois aux dépens de la fibre musculaire et aux dépens du syncytium de Schwann. La plaque motrice se trouve à la confluence de trois tissus, tissu nerveux, syncytium de Schwann, tissu musculaire, et reste en continuité avec chacun d'eux. Par la suite, en 1947, Couteaux montre bien l'existence d'une discontinuité entre la terminaison nerveuse et le sarcoplasme. En outre, il précise que le sarcoplasme juxtaterminal est une zone différenciée de la fibre musculaire striée.

De nombreux travaux portent aussi sur la régénération. Un ouvrage d'Abeloos, paru chez Gauthier-Villars en 1932 témoigne de l'importance de cette question à cette époque. Ainsi, Avel travaille sur la régénération des Annélides et Dubois donne ses premières publications sur la migration des cellules de régénération chez les Planaires. L'importance de ce type de recherches apparaît avec évidence dans les actes du Congrès International de Zoologie qui se tient à Paris en 1948, et rassemble pour quelques jours tous les grands embryologistes de ce temps. Il ne faut pas oublier du reste que c'est à cette époque (1941) que Child démontre chez les Planaires l'existence d'un gradient de possibilités étagées d'une extrémité à l'autre, selon laquelle il se reformera, après une excision, suivant les cas, une tête ou une queue.

3/ Embryologie causale

Dès que les hommes de science ont observé et décrit un phénomène, ils cherchent à en donner une explication causale. Les premiers embryologistes descripteurs n'ont pas échappé à cette règle. Les premières formulations de ces problèmes ont été clairement exprimées par His en 1874 dans un ouvrage intitulé *La forme*

de notre corps et le problème physiologique de sa réalisation — Principe des territoires organogènes du germe. Cependant, on admet que c'est dans les années 1880 que cette discipline sort de sa période spéculative avec deux protagonistes : Chabry en France et Roux en Allemagne. Les travaux de Chabry ont été longuement décrits par J.L. Fischer (1990). On peut schématiser les grands problèmes soulevés à partir de cette époque, et en particulier en France pour la période qui nous intéresse, en sept points.

a — Parthénogenèse

Les découvertes essentielles sur ce sujet, celles de Loeb, Delage et Bataillon, parthénogenèses chimiques ou traumatiques, ont été publiées avant 1920, et aussi très bien décrites dans le travail de J.L. Fischer déjà cité. Il faut ajouter pour la période que nous étudions ici quelques notes de Jean Rostand sur la parthénogenèse traumatique chez les Batraciens et deux ouvrages de cet auteur qui paraîtront l'un chez Hermann en 1938 : *La parthénogenèse des Vertébrés,* l'autre aux Presses Universitaires de France en 1950 : *La parthénogenèse animale.* D'autre part, Vandel publie une remarquable série de travaux sur la parthénogenèse naturelle chez l'Isopode *Trichoniscus.* Il en a notamment étudié la répartition géographique et essayé d'en comprendre l'origine.

b — Régulation et mosaïque

Il semble que l'un des premiers concepts d'embryologie causale dont on a discuté fut celui-ci : l'œuf est-il une mosaïque de parties diverses évoluant, au cours de l'ontogenèse, chacune pour leur propre compte, ou bien est-il capable de remplacer certaines de ses parties et de remodeler à l'occasion un nouvel ensemble (phénomène que l'on dénomme la régulation).

Chabry, travaillant sur les Annélides, avait constaté avant cette époque qu'en enlevant certains blastomères il obtenait un embryon incomplètement constitué, auquel il manquait justement les parties qu'auraient dû donner les cellules qu'il avait enlevées. Mais d'autres auteurs avec d'autres espèces avaient obtenu au contraire de remarquables régulations. A la fin du XIXe siècle et au début du XXe, on en avait conclu qu'il y avait deux types d'œufs : les œufs à régulation et les œufs en mosaïque. Cependant, très vite, on reconnut que ceci était trop simple et l'on fut amené à concevoir que régulation puis mosaïque correspondaient plutôt à deux stades du développement.

En 1931 et 1934, Teissier a décrit la régulation chez les Hydraires. Avec des contrôles par des marques colorées, il a montré que, chez *Amphisbetia opercu-lata* jusqu'au stade 16, on peut obtenir, par isolement des blastomères, des planula de taille réduite mais normales. Il a obtenu des résultats semblables chez d'autres espèces et conclu que les Hydraires possèdent un pouvoir de régulation très étendu et cela jusqu'à des stades avancés de développement.

En 1948, Lutz, élève de Wolff, apporte aussi au problème de la régulation une importante contribution. Chez le poulet ou la cane, il fissure le blastoderme avec des lames de verre. Si la fissuration est parallèle à l'axe présumé, il se forme deux embryons parallèles de même orientation. Si la section est perpendiculaire à l'axe présumé, on obtient alors deux embryons qui sont situés soit tête contre tête, soit tête contre queue. Si on fissure le blastoderme en plusieurs bandes, on obtient dans certains cas autant d'embryons que de bandes quel que soit l'axe d'orientation de la section. Cette capacité de régulation subsiste jusqu'au stade qui précède la gastrulation. En 1950, chez le Triton, Dollander a également montré que si le plan de séparation coïncide avec le plan de symétrie bilatérale, chaque blastomère isolé au stade 2 peut donner naissance à un embryon normal. Avec des marques colorées il a même précisé que le lieu du blastopore se situe en général dans le plan passant près du milieu de la moitié du croissant clair dont le blastomère a hérité. C'est par conséquent la corne du croissant qui acquiert une nouvelle symétrie. En 1951, Devillers montre que, si l'on supprime l'une ou l'autre moitié de la blastula chez la truite, on obtient toujours un embryon complet.

Les raisons de la régulation embryonnaire nous échappent encore totalement; de pures hypothèses sur son explication ont seulement été émises jusqu'à maintenant. Chacun sait que Hans Driesch avait été tellement fasciné par ce phénomène qu'il avait imaginé les Entéléchies. Le problème tient au fait que, malgré les moyens d'analyse biochimique et cytologique dont nous disposons aujourd'hui, il ne semble pas que nous puissions sonder les cytoplasmes avec assez de précision pour résoudre cette question.

c — La dynamique de la fécondation

Ancel et Vintemberger (1948) ont travaillé sur ce problème chez *Rana temporaria* dans les années 40. Ces auteurs ont constaté que le spermatozoïde qui vient de piquer la pellicule de l'œuf en déclenche l'activation. Lorsque, après 10 à 15 minutes, il s'enfonce dans le cytoplasme, on peut observer les faits suivants :

— une réaction pelliculaire d'activation caractérisée par des mouvements pigmentaires de la pellicule corticale et une symétrisation avec mise en place du croissant gris;

— une rotation de l'œuf qui amène le pôle animal vers le haut.

On a établi clairement que le facteur déterminant de la symétrie bilatérale ne préexiste pas dans l'œuf vierge, ou du moins à ce moment est encore labile et c'est le point de pénétration du spermatozoïde qui joue un rôle prépondérant dans la position de la symétrisation. Il n'est pas sûr que ces observations puissent être généralisées. Dans la parthénogenèse expérimentale, il n'y a pas de relation entre le point de la piqûre et la position du croissant gris. En outre, Dalcq a suggéré qu'il devait exister dans l'œuf vierge un méridien spécialement favorable à la fécondation.

d — L'induction

On sait que c'est avec la découverte du concept *« d'organisateur »* en 1924 par Spemann que l'embryologie causale a franchi une étape décisive. En France, on doit citer dès 1932 une expérience de Vintemberger qui démontre que l'on peut obtenir un embryon secondaire de *Rana temporaria* par la greffe d'un organisateur d'une autre espèce; ceci confirme l'absence de spécificité de la substance organisatrice, phénomène que Schotté venait juste d'observer. On sait que dans les années 30 va commencer la *« quête »* de l'organisateur. Il nous paraît inutile dans ce texte de revenir sur cette histoire dont Gaudillière a magnifiquement décrit les méandres et les difficultés. Sur ce sujet d'ailleurs, en France, un seul travail est à noter, celui de Moricard et Gothié (1943) qui démontrèrent que l'on pouvait obtenir un deuxième embryon en greffant une substance cytolytique, de l'oléate de soude, là où l'on greffait habituellement la deuxième lèvre blastoporale. Nous nous permettons d'ajouter à l'histoire de cette *« quête »* une impression personnelle. Certes, il est étonnant que l'on ait cru si fermement que l'organisateur était une substance chimique banale, mais je me rappelle que, dans les années 40, les embryologistes étaient fascinés par l'action de la thyroxine sur la métamorphose du têtard de batracien et par le fait qu'avec certains stéroïdes très simples synthétisés en laboratoire on avait obtenu des changements de sexe étonnants et même stables. Alors, pourquoi ne pas penser que l'organisateur était une substance analysable et synthétisable ? Il semble aujourd'hui, et jusqu'à plus ample information, que nous nous sommes trompés sur ce point, mais les faits que je viens de rappeler y sont pour quelque chose et, après tout, est-on si sûr de s'être trompé ?

Cependant, alors que l'on avait peu travaillé sur ce problème dans notre pays, on va voir dans le cours des années 40 une belle série de travaux fleurir sur ces sujets. A Bordeaux, Avel est amené à penser que, chez les Batraciens, vers la fin de la vie larvaire, lorsque le mésonéphros remplace le pronéphros, ce dernier organe est l'inducteur du premier. Il suggère à son élève Cambar de travailler sur cette question en utilisant *Rana temporaria* et *Rana dalmatina.* Cambar met au point une méthode sophistiquée d'ablation du pronéphros. Il enlève l'organe d'un seul côté pour que l'animal ne meure pas à la suite de l'ablation de ses organes rénaux. Dans ses premières expériences, il constate que, malgré cette ablation, le mésonéphros se constitue normalement et il pense que l'hypothèse originelle était fausse ; le pronéphros n'induit pas le mésonéphros. Cependant, chez l'un des sujets opérés, Cambar constate que le mésonéphros ne s'est développé que dans sa moitié inférieure. Or, chez ce sujet, en même temps que le pronéphros, il avait aussi involontairement arraché une partie du canal évacuateur de l'urine : l'uretère primaire, et c'est justement au niveau de la région où celui-ci était arraché que le mésonéphros ne s'était pas constitué. Cambar comprit alors que ce n'était pas le pronéphros, mais l'uretère primaire qui induit le mésonéphros. Cette hypothèse fut confirmée par toute la série des expériences possibles et devint le sujet de sa thèse de sciences en 1948. Également, dans les années 40, Devillers met en évidence une induction de type tertiaire. Dans l'édification des os de *Salmo,* cet auteur montre, avec des excisions et des greffes, que le neuromaste se comporte en inducteur de l'agrégation des ostéoblastes. Ainsi, des neuromastes placés sous la peau en un point quelconque de la tête entraînent la formation de canaux entourés d'ossification. Par contre, si on les enlève assez tôt, on peut empêcher en partie ou en totalité la constitution des os correspondants. Il apparaît alors que la forme et l'extension des constituants du crâne dermique résultent de la limitation réciproque de la poussée de divers éléments. A cette époque, Devillers étudie aussi le rôle morphogénétique du cortex de l'œuf de Truite. Il montre que, contrairement à ce qui se passe chez les Amphibiens, la pellicule de cet œuf ne participe pas à l'invagination gastruléenne ; elle intervient dans l'osmorégulation. A la fin des années 40, dans la jeune école de Wolff, deux autres types de recherches se mettent en place et aboutissent à des travaux importants, l'un de Lender en 1952 ayant pour titre *Le rôle inducteur du cerveau dans la régénération des yeux d'une Planaire d'eau douce,* l'autre de Sengel en 1953 *Sur l'induction d'une zone pharyngienne chez une Planaire d'eau douce.* Strudel commence aussi à travailler à cette période. Enfin, c'est à ce moment que Wolff aborde les premières expériences de cultures d'organes qui devaient donner par la suite les plus remarquables résultats.

e — Le problème des monstruosités

Les recherches sur la tératogenèse sont très anciennes. Sans doute parce que l'apparition sporadique de ces phénomènes dans notre espèce frappait l'imagination des hommes et attirait l'attention des naturalistes. On sait que les créateurs de la tératologie ont été au XIXe siècle Étienne Geoffroy Saint-Hilaire et son fils Isidore. Dès cette époque, ces auteurs avaient eu l'intuition que les monstruosités étaient produites par des arrêts de développement de régions embryonnaires. En France, un autre auteur a aussi beaucoup travaillé ces sujets : Camille Dareste dont l'œuvre s'échelonne de 1855 à la fin du XIXe siècle. Cette tradition continuera. Pour la période qui nous intéresse ici, il faut d'abord citer en 1927 un ouvrage de Cappe de Baillon qui a pour titre *Recherches sur la tératologie des Insectes* et un autre de Rabaud publié chez Doin dans l'Encyclopédie Scientifique dirigée par le docteur Toulouse et intitulé *La tératogenèse — Étude des variations de l'organisme.* L'auteur a essayé de lier la tératogenèse à l'Évolution. Cependant, il est bien connu que c'est Étienne Wolff qui entreprend les plus vastes recherches sur ces questions. Cet auteur, alors jeune chercheur, s'attache à reproduire systématiquement diverses monstruosités chez le poulet par des irradiations aux rayons X. Il pratique une fenêtre dans la coquille supérieure de l'œuf et la ferme ensuite à l'aide d'une lamelle couvre-objet. Il fait tomber un faisceau de rayons X correspondant à des surfaces qui peuvent avoir une fraction de millimètre de diamètre en interceptant le faisceau de rayons par un écran de plomb percé d'un orifice de dimension convenable. Wolff publie sur ce sujet, en 1936, dans les *Archives d'Anatomie d'Histologie et d'Embryologie,* un travail remarquable de 382 pages. Il obtient une série de résultats que l'on peut résumer ainsi :

— Omphalocéphalie : arrêt du développement correspondant à une atrophie de toute la région antérieure de la tête.

— Cyclopie : fusion plus ou moins complète des cavités orbitaires et des yeux.

— Cœlosomie : éventration du tronc. C'est une monstruosité fréquente à l'état spontané.

— Symélie : fusion des membres postérieurs en un membre unique, phénomène souvent décrit chez les Mammifères et chez l'homme. Avec des irradiations graduées, il obtient divers degrés de cette atrophie.

Dans ces résultats, on observe de remarquables identités entre les malformations expérimentales et les malformations naturelles. En outre, les anomalies tératologiques observées correspondent bien à l'arrêt du développement d'une ébauche. C'est la démonstration de l'intuition de Geoffroy Saint-Hilaire. Les monstruosités par multiplication des ébauches sont restées en dehors du champ de ces travaux, mais ce type de recherches sera repris en France, car il est lié aux phénomènes sur la régulation évoqués plus haut. Ainsi Lutz, élève de Wolff, décrit en 1952 des embryons doubles chez l'omble chevalier (*Salmo umbla*) et en fabrique, nous l'avons vu, chez les Oiseaux. Enfin, il faut signaler aussi qu'au Congrès International de Zoologie de 1948, Ancel fera un long rapport sur la chimiotératogenèse chez les Vertébrés.

f — Le déterminisme des développements post-embryonnaires

Les recherches relatives au déterminisme de la métamorphose des Insectes ont été inaugurées, semble-t-il, en France, par Bataillon en 1893. Rostand, au début des années 20, s'est intéressé à la paedogenèse de la larve de miastor. Cependant, ce sont les travaux de Wigglesworth et, en France, ceux de Jean-Jacques Bounhiol qui, à partir des années 30, vont leur apporter une contribution décisive. On reconnut très vite que le facteur de la mue et de la métamorphose était issu de la tête et passait dans le sang. On établit en outre des âges critiques de sensibilité. A Bordeaux, avec des ligatures étagées appliquées à près de 3 000 vers à soie d'âge physiologique connu, Bounhiol décèle trois périodes critiques dans la métamorphose, et il est amené à penser qu'il existe un facteur antérieur de métamorphose plutôt prothoracique que céphalique. On comprend ensuite que la métamorphose est l'objet d'une double commande : l'une venue du cerveau, l'autre de la glande prothoracique. Des expériences de Bounhiol réalisées chez *Bombyx mori* en 1937 produisent alors le curieux résultat suivant : cet auteur enlève les Corpora allata chez de jeunes chenilles et constate que celles-ci sécrètent peu après un cocon où elles se transforment en papillon. Dans certaines expériences, l'auteur obtient des papillons miniatures. Il est donc amené à penser que la sécrétion des Corpora allata empêche la métamorphose puisque l'ablation de ces structures entraîne une métamorphose anticipée et la formation d'adultes nains. L'expérience princeps de Bounhiol est aujourd'hui dans tous les manuels où sont abordées ces questions. Il faut noter aussi qu'à la fin de la période que nous étudions, Possompès travaille sur le déterminisme de la métamorphose de Calliphora et on commence aussi à comprendre le rôle des cellules neuro-sécrétrices, mais les grands travaux sur ces sujets ne sont publiés qu'après 1950.

Le déterminisme de la métamorphose des Batraciens, dont les premières études avaient eu lieu au début du siècle (Gudernatsch 1912), a été dans notre pays l'objet de moins de travaux. Cependant, c'est encore à Bounhiol que l'on doit une publication qui demeurera une mise au point célèbre : *Le déterminisme des métamorphoses chez les Amphibiens,* qui paraît chez Hermann en 1942. A part cet important ouvrage, l'étude de ces problèmes reprend en France, à Bordeaux, dans le laboratoire de Bounhiol lui-même (travaux de Disclos) et, à Paris, dans le laboratoire de Gallien où Delsol publie en 1948 ses premiers travaux sur l'action des antithyroïdiens sur la métamorphose et peu après des recherches sur la néoténie expérimentale (1952).

g — Embryologie et génétique

Il est évident que toute réflexion sur l'histoire de l'embryologie causale ou sur les grands schémas explicatifs de cette discipline amène automatiquement à se poser des questions sur les relations entre l'Embryologie et la Génétique.

Lorsque l'on comprit que les gènes sont à l'origine de la forme, on admit par le fait même que l'embryologie causale, telle qu'elle se développait, ne pouvait être qu'une étude des causalités secondaires de la mécanique du développement; il était donc tentant de voir comment les gènes déclenchent ces systèmes de causalités secondaires. Dès 1934, aux États-Unis, Morgan publie sur ce sujet un ouvrage célèbre *Embryology and genetics* que Jean Rostand traduit en France en 1936 pour Gallimard.

Burian et Gayon en 1990, Gaudillière en 1991, ont fort bien décrit les liens qui se tissèrent entre les généticiens et les embryologistes dès la fin de la première moitié de ce siècle et, entre autres, ils ont bien situé pour la France le rôle de Ephrussi. On trouve dans tous les Traités les expériences de cet auteur sur les mutants Vermillon et Cinabre. On est souvent étonné que ce type de recherches n'ait pas avancé davantage dans l'explosion d'enthousiasme de cette période. Il nous semble qu'il y a une explication. Les difficultés de ces auteurs nous paraissent simplement dues au fait qu'à cette époque on ne disposait, pour aborder ces problèmes, que de méthodes rudimentaires. On notera d'ailleurs que les expériences d'Ephrussi correspondent exactement au système classique de greffe ou d'ablation. On se rappellera aussi que ces types de recherches s'appelaient alors génétique physiologique. Il n'est même pas sûr du reste que les techniques chimiques ultrasophistiquées d'aujourd'hui soient suffisamment au point pour que l'on puisse vraiment, même si l'on avait à notre disposition les meilleurs moyens techniques et financiers, aborder ces problèmes avec l'espoir d'avoir des résultats caractéristiques, hormis la chance de découvrir, par des recherches systématiques, des substances chimiques morphogènes qui pourraient être identiques à celles que réalise une mutation. L'importance des recherches actuelles sur le séquençage des gènes par exemple est en partie due au fait que l'on a une technique qui peut être appliquée de façon systématique. Or, après ce séquençage, nous n'avons pas encore de technique qui permette de suivre la série des événements que produit le gène. Nous sommes ici en face d'une limite qui ressemble à celle que nous avons évoquée en discutant du problème de la régulation. Il est évident qu'au temps où Morgan et Ephrussi abordaient ces questions, ces difficultés étaient plus évidentes encore. Un fait du reste le montre. Lorsqu'en 1954 paraît aux P.U.F., le *Traité de Génétique* de l'Héritier, il est annoncé trois tomes : Tome 1, *le mécanisme de l'hérédité, génétique formelle;* Tome 2, *la génétique des populations;* Tome 3, *génétique physiologique*. Or, ce Tome 3 n'a jamais paru. On a l'impression que l'auteur avait espéré avoir bientôt la matière pour l'écrire et que celle-ci n'est pas venue. C'est du moins ainsi que certains des biologistes de cette époque ont perçu la non-parution de cet ouvrage. Ceci est un souvenir de conversation, je n'ai aucun texte à citer pour confirmer cette opinion.

4/ La différenciation des sexes

Les problèmes correspondant à la construction des sexes mâle et femelle chez les vivants gonochoriques ont depuis longtemps intrigué les biologistes. Étant donné les grandes différences qui existent entre un sujet mâle et un sujet femelle de la même espèce, on doit considérer qu'au moment où ces formes se constituent, il y a des systèmes de développement propres à chaque sexe qui entrent en jeu et ces questions sont donc du domaine de l'embryologie.

On avait remarqué depuis longtemps que, dans une même espèce, les anomalies sexuelles sont plus fréquentes que celles des autres organes. Ainsi, dans les Facultés des Sciences, au cours des premières décennies de ce siècle, les chargés de travaux qui faisaient disséquer des Batraciens avaient tous été étonnés du pourcentage de curiosités sexuelles qu'ils observaient. On en vint donc très vite à étudier les déterminismes et les différenciations des structures qui font d'un sujet un mâle et de l'autre une femelle. En général, embryologie descriptive et causale ont été souvent, dans les travaux des auteurs, intimement mêlées. On peut considérer que trois points doivent être reconnus dans ce type de recherche.

a — Origine des cellules germinales

On sait que l'un des grands débats qui ont animé la biologie depuis le célèbre discours de Weismann en 1883 est celui de la séparation des lignées cellulaires du soma et du germen. Après tous les travaux réalisés depuis cette époque, on peut estimer aujourd'hui qu'il y a une lignée germinale bien isolée chez les formes supérieures de vivants : Protostomia ou Deuterostomia mais, par contre, il n'en est pas ainsi chez les formes primitives, diploblastique ou triploblastique, protostomiennes et deutérostomiennes. Ainsi on admet communément que, chez les êtres supérieurs, la castration n'est pas suivie d'une reconstitution du germen; c'est d'ailleurs sur ce grand principe que sont bâties de nombreuses expériences de Physiologie. Cependant, cette règle ne caractérise pas seulement les glandes génitales des animaux supérieurs, mais aussi beaucoup d'autres organes, si du moins l'individu peut survivre à l'opération. En sens inverse d'ailleurs, chez les animaux inférieurs, les gonades comme beaucoup d'autres organes régénèrent. Dans cette optique, on admet toutefois une particularité des cellules génitales : elles seraient plus précocement que les autres organes incapables de régénérer. A l'inverse de la thèse jadis proposée par Weismann presque *« a priori »*, les règles que nous venons d'essayer de formuler ont été construites à la suite d'un nombre considérable de travaux et d'expériences. Ici, les recherches réalisées en France ont apporté une importante contribution à ces questions.

Odette Tuzet travaille à partir des années 30 sur ces problèmes chez les Spongiaires, seule d'abord puis plus tard en collaboration avec Duboscq ou Pavans de Ceccatty. Elle montre que, chez certaines éponges, le spermatozoïde provient d'une cellule amoeboïde du mésenchyme et chez d'autres des choanocytes d'une corbeille vibratile qui se transforment en spermatogonies. On a pu reconnaître dans cette transformation les stades de la spermatogenèse décrits chez les Vertébrés et les Invertébrés. Plusieurs générations de spermatogonies paraissent même pouvoir se succéder. En outre, il n'y a pas opposition entre ces origines *« choanocytes »* ou *« amoebocytes «* car ces dernières cellules proviennent justement des cellules flagellées, c'est-à-dire des choanocytes. Tuzet est donc amenée à penser qu'il n'y a pas de continuité germinale chez les Éponges. Bounoure, qui est le champion de la thèse de la lignée germinale, accepte l'idée de Tuzet, mais il l'explique en écrivant que les Éponges correspondent tout au plus à une gastrula de Vertébrés. Tuzet répond que l'éponge est infiniment plus complexe qu'une gastrula (Tuzet, 1964).

Chez les Planaires, les glandes génitales sont dispersées dans tout le parenchyme et il n'est pas possible de les enlever. Cependant, ces espèces, comme du reste les Éponges, régénèrent à partir d'une très petite partie de leur corps. On peut alors obtenir des régénérations à partir de la région antérieure, c'est-à-dire à partir de la zone où il n'y a pas de glandes génitales. La mortalité de ces fragments est très importante, mais les quelques résultats de régénération que l'on observe démontrent que ces portions de planaires peuvent reconstituer un animal entier avec glandes génitales. On ne peut interpréter ce fait qu'en pensant que celles-ci se reconstituent à partir de tissu indifférencié (Stephan-Dubois, 1964). Ces travaux de Stephan-Dubois ont démarré et commencé à être publiés à la fin de la période dont nous traitons ici.

A l'inverse de ces faits, on sait que chez les Amphibiens les cellules génitales s'isolent précocement. Bounoure a reconnu une zone de cytoplasme germinal possédant des noyaux au pôle inférieur de l'œuf de grenouille et il a suivi le déplacement de ces gonocytes dans l'endoderme du jeune têtard, bien repéré le moment où ils pénètrent dans la cavité archentérique puis dans le tissu de la future gonade. En outre, en détruisant le pôle végétatif de l'œuf fécondé de la grenouille rousse avec des rayons ultraviolets, il a montré que cet œuf se développe normalement mais que les glandes génitales sont alors réduites à un mince tractus. Lorsque l'expérience est bien réglée, on obtient avec une régularité étonnante un soma absolument normal mais des gonades absolument stériles. A l'examen histologique, celles-ci présentent tous les constituants somatiques avec une architecture typique mais la lignée germinale est absente. Chez le mâle, par exemple, le testicule est formé d'ampoules creuses et vides (Bounoure, 1939, 1940, 1950).

Chez les Oiseaux, les cellules germinales sont rassemblées au stade *« ligne primitive »* dans un croissant de l'aire extra-embryonnaire; ici, au milieu de plusieurs travaux d'auteurs étrangers, il faut citer en France ceux de Benoit (1930). Cet auteur, en irradiant des embryons de poulet avec des rayons ultraviolets, a obtenu la stérilité totale d'un embryon sur huit à l'âge de 84 heures.

b — Déterminisme génétique

Depuis 1913 on a compris le rôle des chromosomes X et Y dans la détermination du sexe. Sur ce sujet, la période qui va de 1920 à 1950 nous est apparue un peu comme une époque de triomphalisme. On a l'impression que les problèmes relatifs à ces questions sont résolus et qu'il ne reste plus qu'à étudier les détails. Pourtant, à la fin de cette période, en 1949, on découvre les corps de Barr et l'on commence à penser que c'est peut-être un seul gène qui commande les systèmes de la masculinisation, c'est-à-dire le sexe mâle. Mais tout ceci sera étudié après 1950.

c — Gonades — Tractus génital — Caractères sexuels secondaires

Ces recherches sont rassemblées en un même paragraphe parce qu'elles sont liées, mais surtout parce que toutes sont nées à la suite des travaux réalisés en France à Strasbourg par Bouin et Ancel, c'est-à-dire au moment où le concept d'hormone fait son apparition alors que le mot n'existe même pas encore. Ces auteurs publient, en 1903, dans les *Comptes Rendus de la Société de Biologie,* une note célèbre « Sur la signification de la glande interstitielle du testicule ». Il semble bien que ce travail est à la base de la remarquable série de découvertes réalisées sur ces questions au cours du siècle qui va suivre.

— Gonades et tractus génital

En 1916, à la suite des observations réalisées sur les *« free-martin »* des Bovidés, Lillie avait émis l'hypothèse que le sang du jumeau mâle véhiculait une hormone embryonnaire masculinisante qui entraînait l'intersexualité du jumeau femelle en agissant directement sur la gonade encore indifférenciée. On avait du reste, dès 1925, fabriqué des free-martin expérimentaux en constituant des parabioses embryonnaires chez les Batraciens par soudure des deux embryons au niveau du flanc. A la même époque, à la suite des travaux de Witschi, il avait été admis que, chez les Amphibiens, la glande génitale est caractérisée par une bipotentialité sexuelle fondamentale. On pensait qu'elle possédait deux territoires présomptifs : le cortex et la médulla qui sécrétait la corticine et la médullarine, et c'était la prévalence de l'un ou de l'autre qui amenait l'édification d'un ovaire ou d'un testicule. Cette interprétation sera discutée à partir des années 70, mais nous n'avons pas à traiter ici de la nouvelle interprétation proposée, du reste elle-même encore discutable. En outre, le concept d'hormone étant alors clairement compris, on pense tout de suite au rôle de ces substances dans la différenciation.

C'est dans le courant des années 20 et au début des années 30 que la chimie de ces produits a commencé à prendre son essor. La folliculine a été mise en évidence d'abord par des méthodes biologiques par Courrier en 1924. En 1929, elle est isolée aux États-Unis, mais c'est Girard qui en France l'isolera industriellement au début des années suivantes. Cet auteur, du reste, découvre aussi dans la même période de nouvelles hormones femelles de propriétés voisines (Équiline — Équilénine). Dans les laboratoires où l'on travaillait sur ces produits, ce fut alors une véritable vague d'enthousiasme. C'est encore à Strasbourg qu'Étienne Wolff, en 1935 et 1936, réalise les premières expériences (Wolff et Ginglinger, 1935 — Wolff, 1936). Ils injectent de l'œstrone et du benzoate d'œstradiol à des embryons de poulet de 5 jours et ils transforment des sujets mâles en intersexués. Les résultats positifs sont contrôlés sur des milliers d'exemplaires; ils permettent d'observer 4 types principaux d'intersexués et pratiquement une série continue d'intermédiaires entre le type mâle et le type femelle. L'inversion sexuelle affecte d'abord les glandes génitales et ensuite seulement les conduits génitaux. Évidemment, plus les doses d'hormones sont fortes, plus la transformation est importante. On constate ainsi qu'à partir d'un certain stade, au 8ème jour, l'injection d'hormones n'est plus efficace. Wolff dès ces premiers résultats est amené à penser que les organisateurs de la différenciation sexuelle ne sont pas différents des hormones sexuelles connues. Celles-ci sont en somme un inducteur embryonnaire. Cependant, il ne tient pas le même raisonnement pour l'hormone mâle car en 1935, avec de l'androstérone et d'autres produits de ce type, il n'obtient des transformations qu'avec de très fortes doses. La passion des hommes de cette époque pour ces travaux a été bien exprimée dans un *Que sais-je* que Gallien publia en 1941. Cet auteur écrit :

«Le lecteur concevra l'activité et l'enthousiasme presque fébriles des biologistes vers 1935. On prenait date dans les laboratoires opothérapiques pour obte-

nir les premières hormones préparées en France. On venait presque d'inverser le sexe du Poulet. Il était raisonnable de penser qu'on arriverait à inverser aussi celui des Mammifères. De là, il n'y avait qu'un pas à franchir pour imaginer que le sexe serait obtenu à volonté dans l'espèce humaine. »

Dans la même année 1937, Vera Dantchakoff en Lituanie, Greene et Ivy aux États-Unis, et en France Raynaud en 1938, injectent des solutions d'hormones à des embryons de Mammifères. C'est le biologiste français qui effectuera les travaux les plus précis et donnera les résultats les plus nuancés. Évidemment, le rêve de ces auteurs est de refaire des « *free-martin* ». Raynaud travaille sur la souris gravide, 13 jours après l'accouplement car, avant cette date, l'injection d'hormone mâle provoque des avortements. Il obtient alors des embryons de sexe génétique mâle qui ont un aspect d'intersexués mais curieusement cette intersexualité affecte seulement les conduits génitaux et non pas la structure des gonades. Ce ne sont donc pas des « *free-martin* » car, chez ceux-ci, l'organe le plus touché est justement la gonade. On a été amené à penser que cette différence est due au fait que l'injection ne peut être réalisée avant le 13ème jour. En 1942, Raynaud publie dans la célèbre collection d'Hermann un ouvrage qui fera date : *Modification expérimentale de la différenciation sexuelle des embryons de Souris par action des hormones androgènes et œstrogènes (Étude des états d'intersexualité qui en résultent).*

En France encore, à partir de 1937, Louis Gallien reprend ces expériences chez les Amphibiens. Il démontre d'abord que le propionate de testostérone administré à de jeunes têtards de grenouille provoque le développement des testicules chez 100 % des animaux traités mais, en plus, il remarque qu'à l'âge de un an, l'inversion sexuelle se révèle stable. Malheureusement, comme il est très difficile d'élever cette espèce jusqu'à l'âge adulte, il ne peut réussir à croiser des adultes de sexe mâle inversé avec des femelles normales. Cette expérience devait être réussie 20 ans plus tard avec un batracien japonais. Par contre, dans les années qui suivent, avec des œstrogènes, Gallien obtiendra des résultats très irréguliers et toujours un retour au phénotype sexuel normal. Il faut préciser du reste que, dans ce type d'expérience même, on obtiendra des masculinisations et l'on dénommera ces phénomènes « *effets paradoxaux* ». Cependant, à partir de 1946, Gallien introduit le Pleurodèle comme animal de laboratoire et, suivant un mot de son élève Houillon, cet animal deviendra « *aussi indispensable pour l'Embryologiste que la Drosophile pour le Généticien et la Bactérie pour le Biologiste moléculaire* » (Houillon, 1976). Le benzoate d'œstradiol inversera le sexe de façon définitive dans le sens femelle chez le Pleurodèle. Ces premiers résultats seront publiés en 1950.

La théorie qui expliquait par des processus hormonaux les anomalies observées chez les « *free-martin* », qui avaient été le point de départ de toutes ces recherches, paraissait donc bien établie. A ce moment cependant, aux États-Unis, Carl Moore, un élève de Lillie, recherchant une nouvelle confirmation de cette thèse, castre de jeunes opossums dans la poche marsupiale et constate que, malgré cela, l'utérus des femelles continue à se développer. Il publie alors en 1947 un petit ouvrage qui fait un effet de choc où il déclare que les hormones n'ont rien à voir avec la différenciation du sexe et que celle-ci est contrôlée exclusivement par des facteurs génétiques. A la même époque, en 1946, Jost ayant réussi à réunir en parabiose des fœtus de lapin in utero, n'obtenait pas non plus de « *free-*

martin — lapin », ce qui corroborait les résultats de Morre. Cependant, la parabiose des Batraciens était trop probante pour que l'on renonce à la théorie de Lillie. Du reste, Jost en 1947 parvient à castrer des fœtus de lapins in utero, mais il constate alors que le fœtus des deux sexes castrés au stade indifférencié se développe dans le type femelle. Après diverses épreuves, s'impose l'idée que le testicule détermine le sexe masculin de l'appareil génital contre une tendance féminine inhérente. Dans la même année 1947, Raynaud et Frilley observent le même résultat chez la souris en irradiant les gonades avec des rayons X. On en arrive alors à penser que le testicule fœtal a deux actions : il stimule le développement des canaux du mâle et du tractus génital, il fait disparaître les canaux de Müller. Il produit peut-être deux hormones, une semblable à celle de l'adulte et une hormone embryonnaire; ceci sera démontré plus tard. En outre, pour expliquer les échecs de 1946, on pensa que chez le lapin les hormones se répandaient difficilement dans l'organisme. Quelques années plus tard, au-delà des années 50, on devait montrer que des sujets de sexe mâle avaient des anomalies de récepteurs tissulaires de la testostérone ou bien celle-ci pouvait, dans certains tissus, ne pas se transformer en dihydrostérone, processus indispensable pour que l'hormone puisse accomplir sa fonction.

— Caractères sexuels secondaires

Les premières descriptions des caractères sexuels secondaires se perdent dans la nuit des temps. Les premiers travaux importants relatifs au déterminisme de leur apparition ont été réalisés dès 1916 par Goodale aux États-Unis, puis en France à partir de 1918 par Pézard, puis par plusieurs auteurs : Benoit, Champy, Caridroit.

Ils ont amené les auteurs à définir des caractères neutres et des caractères dus aux hormones sexuelles. Ainsi, le coq castré garde son plumage de coq et ses ergots. Ceci montre que ces caractères ne sont pas mâles mais neutres. Inversement, si l'on enlève l'ovaire, le plumage qui repousse après la mue est celui d'un coq; le plumage de la poule est donc un caractère femelle puisque l'ovaire empêche la poule d'avoir un plumage de coq.

Les expériences de greffes de glandes génitales ou d'injections d'hormones sexuelles ont corroboré ces résultats. Chez un coq castré, la greffe d'un ovaire entraîne le développement de plumes de poule. Toutes les variances possibles autour de ces types d'expériences ont été réalisées. Pézard a même pu obtenir, sur des plumes en croissance lors de la castration, des caractères mixtes : femelles à l'extrémité et mâles à la base parce que développés après l'opération. Par contre, la crête, les barbillons, le port et les mœurs du coq sont des caractères dus aux hormones sexuelles. Chez une poule castrée, la greffe d'un testicule provoque la formation de ces attributs mâles. Enfin, on a montré l'existence de seuils différentiels pour l'action de ces hormones : ainsi, le développement de la crête est stipulé par une dose d'hormone à laquelle le chant et l'instinct restent encore insensibles. Avec une dose plus forte, on éveille le chant, avec plus encore, l'instinct combatif (Pézard, 1927). On avait également décrit une loi du minimum efficace ou loi du tout ou rien, mais celle-ci a été contestée par Benoit et Champy. Enfin, notons que, à cette époque, Courrier, en castrant le mâle d'Épinoche en janvier — février, empêche la formation de la parure de noce et les manifestations de l'instinct de nidification (1921-1922).

L'histoire de l'Embryologie en France pour les années 1920 à 1950 paraît assez décevante. L'honneur en fut sauvé par une équipe de quelques hommes que nous avons cités plusieurs fois dans ce texte : Abeloos, Ancel, Avel, Benoit, Caullery, Pézard, Vandel, Vintemberger, Wintrebert, Wolff. Cependant, à la veille des années 50, un renouveau incontestable se fait jour car plusieurs équipes sont en place. L'École de Wolff, déjà importante à ce moment, sera la plus marquante; mais il faut citer aussi Bounhiol, Cambar, Durchon, Gallien, Jost, Raynaud, Gontcharoff. Ces chercheurs assureront sans conteste, avec leurs élèves, un renouveau de l'Embryologie dans notre pays, pour le début des années 50. L'accroissement du nombre de postes dans l'Université et au CNRS facilitera évidemment beaucoup ce développement.

II — LES ÉCOLES

Nous venons de dire notre étonnement devant le petit nombre de travaux d'embryologie effectués en France pendant les quelques décennies que nous venons d'analyser. Pourtant, cette période est celle où les découvertes de Spemann et les travaux relatifs aux marques colorées provoquèrent une floraison de publications. Comme nous l'avons dit, quelques noms seulement se dégagent chez nous.

Caullery succède à Giard au laboratoire de l'Évolution des Êtres Organisés; ce zoologiste effectua quelques remarquables descriptions que nous avons déjà citées mais surtout il forma de nombreux chercheurs. Ce fut l'un des deux grands acteurs de la survie et du renouveau de l'école française d'embryologie. Il fut vraiment le maître des personnalités suivantes : Vandel à Toulouse — Avel à Bordeaux qui formera lui-même Bounhiol, Cambar, Haget; Gallien qui passera dans plusieurs villes de France avant d'arriver à Paris en 1945.

Vandel fut un solitaire qui garda peu d'élèves près de lui mais en envoya plusieurs travailler à Paris. Il eut une grande influence, même sur le plan international. Nous avons eu en main une lettre adressée par Fankhauser en 1961 à J.C.Beetschen, embryologiste à Toulouse, où l'on peut lire : *« Please give my best regards to Professor Vandel whose work on polyploidy was very important to me in my early studies on spontaneous polyploidy in amphibians ».*

En 1919, après le retour de l'Alsace à la France, on crée à Strasbourg des chaires individualisées d'Anatomie comparée, d'Histologie et d'Embryologie (Le Minor, 1990). A la même époque, on y ouvre aussi pour la première fois en France un Institut de Tératologie et d'Embryologie. Pour diriger cet établissement, on fait appel à Ancel qui avait fait ses études à Nancy, avait été agrégé d'Anatomie à Lyon chez L.Testut puis professeur d'Anatomie à Nancy. Parmi ses élèves, on doit citer Paul Vintemberger qui sera associé à tous ses travaux et Étienne Wolff, agrégé de Sciences Naturelles auquel Ancel proposa comme sujet de thèse l'étude des lésions induites par les rayons X chez l'embryon de poulet. Parallèlement, Wolff poursuit des travaux sur la différenciation des gonades que nous avons cités plus haut.

En 1946, Jacques Benoit succède à Ancel puis, après son départ pour le Collège de France en 1952, la chaire est confiée à Vintemberger. Toujours à

Strasbourg, la chaire de Zoologie de la Faculté des Sciences est transformée en 1945 en chaire de Zoologie et d'Embryologie expérimentale; à son retour de captivité, Wolff en devient le titulaire jusqu'en 1954 où il part à son tour pour le Collège de France. Un article de la revue de vulgarisation *Science et Vie,* paru en 1955, donne à cette occasion une photo de Wolff à Strasbourg déjà entouré, à cette époque, de 17 collaborateurs.

Il est difficile d'analyser les raisons d'être du petit nombre de travaux français de l'époque que nous venons d'étudier. A notre avis, il y a probablement une raison structurale; à ce moment-là, en France, il y avait une quinzaine d'universités et, dans chacune, tout au plus une chaire de Faculté des Sciences et parfois une de Faculté de Médecine où l'on pouvait s'intéresser aux problèmes envisagés. Ces chaires ne comportaient généralement que deux ou trois personnes susceptibles de consacrer du temps à la recherche scientifique. Dans les Facultés des Sciences par exemple, on trouvait un professeur et un maître de conférences (ou un professeur sans chaire), un chef de travaux et un assistant. Comme élèves-chercheurs, il y avait seulement des étudiants préparant un Diplôme d'Études Supérieures en vue de l'Agrégation; ce travail était réalisé en une seule année et ne pouvait donc déboucher que sur des résultats très partiels. Il était alors très difficile de trouver un poste d'assistant.

Vers la fin des années quarante, la situation change pour deux raisons : on assiste à une explosion des scolarités universitaires et il faut donc créer des postes supplémentaires pour les travaux pratiques; mais surtout, le CNRS qui avait déjà recruté quelques boursiers prend un nouvel essor. On pourra par la suite critiquer les conceptions centralisatrices du gigantesque appareil qu'est devenu cet organisme mais, à cette époque, son développement fut certainement l'une des grandes causes du renouveau de la recherche dans les années 50 que nous avons plusieurs fois évoqué.

Bibliographie

BENOIT J., « Le déterminisme des caractères sexuels secondaires du coq domestique », *Arch. Zool. Expér.,* 69, 1929.

BENOIT J., « Étude physiologique, histologique et histophysiologique de l'inversion sexuelle de la Poule déterminée par l'ablation de l'ovaire gauche », *Arch. Zool. Exp.,* 73, 1930.

BENOIT J., « Contribution à l'étude de la lignée germinale chez le Poulet. Destruction précoce des gonocytes primaires par les rayons ultraviolets », *C.R. Soc. Biol.,* 104, 1930, pp. 1329-1331.

BENOIT J., « Le testicule, organe élaborateur de l'hormone sexuelle mâle », *Act. Sci. Indust.,* Paris, n° 259, 1935.

BENOIT J., « L'ovaire, organe élaborateur des hormones femelles » *Ibid.,* n° 260, 1935.

BOUNOURE L., « La lignée germinale chez les Batraciens Anoures », in *L'origine de la lignée germinale,* Et. Wolff éd., Paris, Hermann 1964, pp. 207-229.

CARIDROIT F., « Étude histophysiologique de la transplantation testiculaire et ovarienne chez les gallinacées », *Bull. Biol. Fr. — Belg.,* 60, 1926.

CAULLERY M., *Organisme et sexualité, Encyclopédie Scientifique,* Paris, Doin et Cie, 1942.

COURRIER R., « Sur le conditionnement des caractères sexuels secondaires chez les Poissons », *C.R. Soc. Biol.,* 85, 1921 et *Arch. Anat. Hist. Embryol.,* 2, 1922.

FISCHER J.L., « Experimental Embryology in France », *Int. J. Dev. Biol.,* 34, 1990, pp. 11-23.

GALLIEN L., « Action masculinisante du propionate de testostérone dans la différenciation du sexe chez *Rana temporaria », C.R. Acad. Sc.,* 205, 1937, pp. 375-377.

GALLIEN L., « Recherches expérimentales sur l'action amphisexuelle de l'hormone femelle (oestradiol) dans la différenciation du sexe chez *Rana temporaria », Bull. Biol. Fr. Belg.,* 75, 1941, pp. 369-397.

GALLIEN L., *La sexualité,* Paris, P.U.F., Coll. « que Sais-je ? », 1941.

GALLIEN L., « Recherches expérimentales sur l'organogenèse sexuelle chez les Batraciens Anoures », *Bull. Biol. Fra. Belg.,* 78, 1944, pp. 257-359.

GALLIEN L., « Inversion du sexe (féminisation) chez l'Urodèle *Pleurodeles Waltlii* Michah, traité par le benzoate d'œstradiol », *C.R. Acad. Sc.,* 231, 1950, pp. 919-920.

GIRARD A., « La chimie des hormones sexuelles », *Bull. Soc. Chim. Biol.,* 15, 1933, pp. 562-606.

JOST A., « Sur la diffrenciation sexuelle de l'embryon de lapin. Expérience de parabiose » *C.R. Soc. Biol.,* 140, 1946, pp. 463-464.

JOST A., « Recherches sur la différenciation sexuelle de l'embryon de lapin. III : Rôle des gonades fœtales dans la différenciation sexuelle somatique », *Arch. Anat. Micr. Morph. Exp.,* 36, 1947, pp. 271-315.

LE MINOR J.M., « Histoire de l'embryologie à Strasbourg », *Arch. Anat. Hist. Embr. norm. et exp.,* 73, 1990, pp. 67-82.

PEZARD A., « Le conditionnement physiologique des caractères sexuels secondaires chez les Oiseaux », *Bull. Biol. Fra. Belg.,* 52, 1918.

PEZARD A., « La notion de seuils différentiels », *Rev. Franç. Endocrin.,* 5, 1927.

PEZARD A., « Caractères sexuels secondaires », in Roger et Binet, *Traité de Physiologie,* II, 1927.

PEZARD A., *La détermination de la fonction sexuelle chez les Gallinacés,* Paris, 1930 (publié en allemand dans *Ergebn, der Physiologie,* 1928).

RAYNAUD A., « Intersexualité obtenue expérimentalement chez la Souris par action hormonale », *Bull. Biol. Fr. Belg.,* 72, 1938, pp. 297-354.

RAYNAUD A., « Modification expérimentale de la différenciation sexuelle des embryons de Souris par action des hormones androgènes et œstrogènes (étude des états d'intersexualité qui en résultent) », Paris, Hermann et Cie, *Actual. Scient. et Industr.,* 1942, pp. 925-926, et 1-436.

RAYNAUD A., et FRILLEY M. « Effets sur le développement du tractus génital des embryons de souris, de la destruction des ébauches de leurs glandes génitales, par une irradiation au moyen des rayons X à l'âge de 13 jours », *C.R. Soc. Biol.,* 141, 1947, p. 1134.

STEPHAN-DUBOIS F., « La lignée germinale des Turbellariis et des Annélides dans l'évolution normale et la régénération », *in L'origine de la lignée germinale,* Et. Wolff éd., Paris, Hermann, 1964, pp. 115-134.

TUZET O. « L'origine de la lignée germinale et de la gametogenèse chez les Spongiaires », *in L'origine de la lignée germinale,* Et. Wolff éd., Paris, Hermann, 1964, pp. 79-107.

WOLFF É. et GINGLINGER A. « Sur la transformation des poulets mâles en intersexués par injection d'hormone femelle (folliculine) aux embryons », *Arch. Anat. Hist. Embr.,* 20, 1935, pp. 219-278.

WOLFF É. « L'évolution après l'éclosion des poulets mâles transformés en intersexués par l'hormone femelle injectée aux jeunes embryons », *Arch. Anat. Hist. Embr.,* 23, 1936, pp. 1-28, 1936.

WOLFF É. *Les changements de sexe,* Collection « L'avenir de la Science », Paris, Gallimard, 1946.

Les recherches sur l'intersexualité expérimentale chez les vertébrés dans l'École française de l'entre-deux-guerres

Jean-Louis FISCHER*

Les travaux sur l'intersexualité expérimentale chez les Vertébrés entre les années 1935-1940, correspondent à l'aboutissement d'un programme de recherche, qui prend ses sources au début du siècle, concernant la biologie sexuelle ou, plus précisément, le déterminisme des caractères sexuels primaires et secondaires.

Le but des biologistes, dans leurs investigations sur le déterminisme du sexe, consistait à découvrir à la suite de protocoles expérimentaux, la ou les causes qui sont à l'origine des structures des systèmes génitaux des deux sexes (caractères sexuels primaires) et des morphologies, couleurs et comportements (caractères sexuels secondaires) qui permettent de distinguer, chez certaines espèces, les mâles des femelles[1].

L'origine des recherches qui ont conduit aux expériences cruciales des années 1935-1940 est double : elle se situe dans un premier temps avec les travaux de Pol Bouin (1870-1962) et Paul Ancel (1873-1961) (Facultés de Médecine de Nancy et Strasbourg)[2] quand ils publient en 1903 leurs « Recherches sur les cellules interstitielles du testicule des Mammifères », puis, dans un second temps en 1916, avec les travaux de Franck-Rattray Lillie (1870-1947) (Université de Chicago) sur le free-martinisme[3].

* CNRS, Centre Alexandre Koyré, Paris.

1. Chez les animaux à sexes séparés, les caractères sexuels primaires sont représentés par : (a) les glandes génitales (testicules et ovaires), classées également comme « caractères germinaux », que certains auteurs distinguent des « caractères somatiques, subdivisés eux-mêmes en caractères primaires et en caractères secondaires » (Houillon, 1967) ; (b) les conduits (canaux déférents, oviductes) servant au transport des produits génitaux, spermaozoïdes et ovules, (ces conduits sont aussi appelés spermiductes et oviductes) ; (c) les organes d'accouplement et de gestation (pénis, vagin, utérus) ; (d) des glandes annexes à ces structures. Les caractères sexuels secondaires sont, par exemple, les formes et les couleurs du plumage des mâles particulièrement exubérantes chez l'oiseau de Paradis ; le développement du système pileux chez les mâles de certaines espèces de mammifères (crinière du lion), etc.

2. P. Bouin et P. Ancel, « Recherches sur les cellules interstitielles du testicule des mammifères », *Arch. Zool. expér. et génér.*, 4e série, t. 1, 1903, pp. 437-523.

3. F.R. Lillie, « The theory of the free-martin », *Science,* 43, 1916, pp. 611-613.

Bien avant que l'extraction, la purification et la synthèse des hormones sexuelles soient réalisées, Bouin et Ancel découvraient que la glande qui devait sécréter l'hormone mâle chez les Vertébrés, était constituée par ce tissu diffus du testicule dénommé tissu interstitiel (cellules interstitielles ou cellules de Leydig) et que Franz Leydig avait découvert en 1850[4]. Ce tissu désigné par différents histologistes comme conjonctif, nerveux, épithélial ou comme jouant un rôle trophique, prend, avec Bouin et Ancel, le statut de glande[5]. Ce statut ne fit pas immédiatement l'unanimité parmi les spécialistes des sciences de la vie : beaucoup rejetaient la fonction glandulaire des cellules interstitielles et d'autres niaient son existence chez de nombreux Vertébrés ou refusaient de croire à la réalité de ces cellules qu'ils prenaient pour des cellules de Sertoli transformées (les cellules de Sertoli tapissent les tubes séminifères).

En raison de l'intérêt qu'ils portaient à ce phénomène biologique de la dissociation entre un comportement génésique normal et une stérilité due à l'absence de lignées séminales, Bouin et Ancel formulaient, dès 1903, que l'hormone mâle devait exercer un effet morphogène : elle était responsable des caractères sexuels secondaires. En effet, les sujets cryptochides gardent leurs morphologie, instinct et comportement mâles. Ils concevaient aussi qu'elle devait jouer un rôle dans la détermination des caractères sexuels primaires. Plus tard ils vont élaborer une théorie similaire pour les hormones femelles[6]. Bouin et Ancel exprimaient, en s'appuyant sur des résultats expérimentaux et des observations histo-physiologiques d'une grande précision, et en élargissant la question aux problémes posés par la morphogenèse, ce que les physiologistes du XIXe siècle avaient, depuis Claude Bernard et Charles-Édouard Brown-Séquard en particulier, formulé en terme de sécrétion interne.

Quant à Lillie (1916), il mettait en évidence, chez des couples embryonnaires de jumeaux mâles et femelles de bovidés, la présence d'une anastomose vasculaire permettant une circulation sanguine commune entre les jumeaux. La conséquence de cette communication artério-veineuse induisait une masculinisation du jumeau femelle (free-martin). L'idée qu'une hormone mâle (ou une substance inductrice) influait sur le développement du système génital femelle était proposée (cette observation était faite et cette hypothèse posée la même année par deux biologistes viennois Tandler et Keller).

4. F. Leydig, « Zur Anatomie der männlichen Geschlechtsorgane und Analdrüsen der Säugethiere », *Z. Win. Zool.*, 2, 1850, pp. 1-57. Consulter également : L. Stieda, « Die Leydig'sche Zwischensubstanz des Hodens, eine historische Notiz », *Arch. mikro. Anat. u. Entwickl.*, 48 (1897), p. 692; et M. Klein, « Le testicule humain adulte, ses structures histologiques et leurs variations », *Actualités endocrinologiques*, 8, 1967, pp. 17-33.

5. Boll avait en 1871 émis l'hypothèse que les cellules de Leydig pouvaient être d'une nature glandulaire, mais en 1876 il les considère comme de simples cellules conjonctives et se ralliait, dans cette nouvelle proposition, à l'opinion la plus commune. G. Pouchet et F. Tourneux in *Précis d'Histologie humaine et d'Histogenèse*, Paris, G. Masson, 2e éd. 1878, écrivent p. 731 : les « *...cellules interstitielles..., ont depuis longtemps fixé l'attention des histologistes. Henle avait noté une certaine ressemblance entre elles et les cellules nerveuses, tandis que d'autres anatomistes (Ebner, Hofmeister, Waldeyer) en font, probablement avec raison, une variété de cellules du tissu conjonctif* ».

6. Pour un complément d'informations sur le fond et les sources de cette question consulter : (a) J.L. Fischer, *Histoire du « déterminisme » épigénétique du sexe chez les animaux et l'homme de 1800 à 1935*, Thèse de Doctorat d'État, Université de Paris I-Panthéon-Sorbonne, Paris, 1993, 740 p. Et concernant plus spécialement les travaux outre-Atlantique : (b) J. Maienschein, « What determines sex? a study of conversing approaches 1880-1916 », *Isis*, 75, 984, n° 278, pp. 457-480.

La découverte de Lillie est à l'origine des nombreuses recherches anatomiques, embryologiques et expérimentales sur l'intersexualité. La phase expérimentale sera particulièrement développée chez les amphibiens par Robert K. Burns (1925-1930), Rufus-Richard Humphrey (1920-1936) et Emil Witschi (1927-1939)[7].

LES CHROMOSOMES SEXUELS

Si, mais sans généraliser, la théorie « hormonique » du « déterminisme » du sexe se défendait surtout dans le contexte de la néo-épigenèse, nous ne pouvons ignorer qu'il se développait conjointement une théorie « chromosomique » dans le contexte de la néo-préformation. Le point de départ de cette dernière théorie se trouve dans la découverte des « chromosomes sexuels » ou « hétéro-chromosomes » par Clarence-Erwin Mac Clung en 1902 qui travaillait sur cette question depuis 1899. Ces recherches sur les hétérochromosomes ont été particulièrement développés par Carl Correns (1907) et Edmund-Beecher Wilson (1911)[8].

Ces travaux sont très importants dans l'histoire du « déterminisme » du sexe et sollicitèrent de nombreux chercheurs à s'engager dans cette voie. Mais, cette nouvelle vocation ne fut pas générale. En effet, entre 1902 et 1912 nous comptons pour 5 publications en français, 110 en anglais, 35 en allemand et 2 en italien (chiffres tirés de la bibliographie d'Amédé Bonnet, voir note 9). Ces chiffres, qui ne sont qu'une approximation, représentent toutefois l'impact de ce type de recherche sur les pays anglo-saxons.

La découverte des chromosomes sexuels a conduit à deux attitudes conceptuelles qui sont le reflet du dualisme théorique devant lequel nous sommes confrontés d'une manière particulièrement forte pendant cette époque de l'émergence de la génétique et aussi, et surtout, en raison même de l'objet de la biologie : le vivant, qui amène, à la suite de résultats expérimentaux ou d'observations, les biologistes à le concevoir dans une interprétation dualiste : néo-épigenèse ou néo-préformation ; ou dans une conception plus générale et globale néo-lamarckisme ou néo-darwinisme.

E. Wilson, qui publie entre 1905 et 1912 dix-huit notes et mémoires sur les chromosomes sexuels, et à qui nous devons de les avoir baptisés X et Y, écrivait : *« Je les considère non pas comme des déterminants du sexe au sens exclusif, mais je les regarde comme un lien essentiel dans une chaîne de facteurs par laquelle le sexe est déterminé et transmis, et puisqu'ils sont les plus accessibles*

7. Consulter pour un historique et une bibliographie détaillés : K. Ponse, *La différenciation du sexe et l'intersexualité chez les Vertébrés, facteurs héréditaires et hormones*, Paris, Masson, 1949, 366 p.

8. C.E. Mc Clung, « Note on the accessory chromosome », *Anat. Anz.*, 20, 1902 ; « The accessory chromosome sex determinant ? », *Biol. Bull.*, 3, 1902. C. Correns, « Die Bestimmung und Vererbung der Geschlechter nach Versuchen mit höheren Pflanzen », *Archiv für Rassen-und Gesellschaftsbiologie einschliesslich Rassen- und Gesellschafsthygiene*, 4, 1907. E. Wilson, « The sex chromosome », *Arch. mikr. Anat. u. Entwickl.*, 77, 1911.

et les plus évidents de ces facteurs, nous devons concentrer toute notre attention sur eux »[9]. De même, Bouin et Ancel croyaient que le chromosome accessoire, qu'ils découvrent chez une espèce de mille-pattes (scutiger) (1911), augmentait les échanges nutritifs de l'œuf : c'était la quantité de nourriture qui influait sur le déterminisme du sexe : *« Jusqu'à plus ample informé, le chromosome accessoire nous paraît jouer le rôle dans le déterminisme du sexe, non parce qu'il est le support d'une particule représentative spécifique, mais plutôt parce qu'il augmente la masse de chromatine dans les spermies qui doivent déterminer le sexe femelle. Il représente un excédent chromatique qui multiplie, dans les œufs qui le recoivent, les rapports nucléo-plasmatiques, agit sur les échanges de matières et exalte les fonctions nutritives. Cette nutrition plus considérable de certains œufs fécondés détermine le sexe dans le sens femelle... »*[10]. Quant à Thomas-Hunt Morgan, dont les prises de positions théoriques biologiques sont bien connues des historiens[11], il défendait, surtout dans les années 1903-1911, la conception qualitative des chromosomes comme jouant un rôle dans la détermination du sexe; après 1911, sa façon de concevoir la détermination devînt plus souple, en prenant en compte une influence morphogène des hormones sexuelles. Wilson comme Bouin et Ancel représentaient la tendance néo-épigéniste et Morgan la tendance néo-préformationniste.

Ce débat particulier est le reflet d'un débat biologique plus général caractérisant bien ce début du XXᵉ siècle qui préparait la nouvelle biologie. C'est avec raison que Louis Gallien, dans son mémoire posthume, écrivait à propos de la biologie en France : *« Les dernières années du XIXᵉ siècle virent parvenir à la plénitude scientifique une génération d'hommes et de femmes jeunes et brillants, qui pour la plupart accédaient au poste de responsabilité et de créativité d'une chaire. L'an 1900 et la décennie qui suivra, verra leur épanouissement. Ils s'appelaient Yves Delage, Eugène Bataillon, et ce fut la parthénogenèse expérimentale, Lucien Cuénot et Émile Guyénot, pionniers de la génétique animale, Justin Joly le précurseur de la culture* in vitro, *Pol Bouin et Paul Ancel fondant l'endocrinologie sexuelle et l'endocrinologie comparée. N'est-il pas singulier de voir tant de talents réunis et émergeant en cette courte période du début du siècle »*[12].

En France, pendant les années 1930, quatre noms, parmi d'autres, vont marquer la biologie de la sexualité en général et l'embryologie sexuelle en particulier : en 1935, Étienne Wolff en collaboration avec Albert Ginglinger réalise chez l'embryon de poulet les premières expériences montrant l'action morphogène des hormones sexuelles sur le système génital. Louis Gallien (1908-1976) vérifie l'effet morphogène des hormones sexuelles sur les larves d'amphibiens dès 1937. Enfin,

9. Citation traduite par Amédée Bonnet in *Les problèmes de la détermination du sexe,* Thèse présentée à la Faculté de Médecine et de Pharmacie de Lyon, soutenue le 27 février 1914, Lyon, A. Rey, Imprimeur-éditeur de l'Unversité, 1914, p. 217.

10. P. Bouin et P. Ancel, « Sur l'existence d'un chromosome accessoire chez *Scutigera coleoptrata* et sa signification », *C.R. Ass. Anat. de Paris,* 1911, p. 114.

11. G.H. Allen, *Thomas Hunt Morgan, the man and his science,* Princeton, Princeton University Press, 1978, XVII et 447 p. Consulter aussi en ce qui concerne les positions Morgan sur le déterminisme du sexe : E. Bordage, « Hermaphrodisme et déterminisme du sexe chez les grenouilles », *Biologica,* 2, 1912, pp. 150-153.

12. L. Gallien, « A propos d'un centenaire. Un siècle de Zoologie expérimentale en France, 1876-1976 », *Bull. Soc. Zool. Fr.,* n° 5, 1976, p. 817.

Albert Raynaud fait une étude magistrale sur l'action des hormones sexuelles sur le développement du système génital de l'embryon de souris ; ses premières publications datent de 1937 et sa thèse a pour sujet la *Modification expérimentale de la différenciation sexuelle des embryons de souris par action des hormones androgènes et œstrogènes,* publiée en 1942 chez Hermann.

Comme nous ne pouvons dans le cadre de cet article développer l'ensemble des travaux de ces chercheurs, nous nous attacherons à décrire quelques aspects des recherches de Wolff. Toutefois, pour avoir une idée du paysage intellectuel dans lequel les études de biologie sexuelle trouvaient leur plus grand développement, nous devons évoquer les Écoles et les maîtres qui ont forgé des esprits à ce type de recherche, ainsi que les premiers travaux des biochimistes et chimistes réalisant les premières purifications et synthèses des hormones sexuelles.

LES ÉCOLES

Dans les quelques vingt premières années du siècle, la biologie sexuelle en France fait l'objet de recherches particulièrement actives dans deux écoles que nous pouvons désigner pour la première « École de Nancy/Strasbourg » et pour la seconde « École de Lyon ».

L'École de Nancy/Strasbourg est animée par Bouin et Ancel. Bouin, qui a eu pour maître l'histologiste Auguste Prenant, représente l'histo-physiologie (il est professeur d'histologie à la Faculté de Médecine de Nancy en 1908), et Ancel, dont le maître fut l'anatomiste Adolphe Nicolas, représente l'anatomo-morphologie (il est professeur d'anatomie à la même faculté à Nancy en 1908). En 1918, après la reconstitution de la Faculté de Médecine de Strasbourg par le doyen Georges Weiss, Bouin dirige le laboratoire d'histologie et Ancel le laboratoire d'embryologie (1919). Parmi les collaborateurs et élèves de Bouin et Ancel qui ont réalisé d'importants travaux en biologie sexuelle nous relevons les noms de Max Aron, Jacques Benoit et Robert Courrier (laboratoire d'histologie) puis Étienne Wolff (laboratoire d'embryologie). Trois d'entre eux obtiendront une chaire au Collège de France : R. Courrier (endocrinologie) (1938), J. Benoit (histophysiologie) (1952) et É. Wolff (embryologie) (1955)[13].

L'École de Lyon concernant la biologie sexuelle a pour origine le Laboratoire d'Anatomie et d'Histologie de la Faculté de Médecine, dirigé par Jules Renaut puis Claudius Regaud. Ce dernier eut parmi ses élèves et collaborateurs, C. Policard et A. Lacassagne[14]. L'étude de l'effet des radiations ionisantes sur les glandes génitales était l'une des préoccupations expérimentales de ce laboratoire (Ancel

13. P.L. Maubeuge, « Quelques aspects historiques du mouvement scientifique en Lorraine », *Bull. Acad. Soc. Lor. Sci.,* 12, 1973, pp. 1-30 ; J.M. Le Minor, « Histoire de l'Embryologie à Strasbourg », *Arch. Anat. Hist. Embr. N. et exper.,* 73, 1990, pp. 67-82. Consulter également les dossiers « Pol Bouin » et « Paul Ancel » des Archives de l'Académie des Sciences.

14. Archives de l'Académie des sciences, dossier « Lacassagne » ; Archives de l'Académie de Médecine dossier « Lacassagne ».

travailla en 1904 à Lyon[15] en collaboration avec Renaut et Regaud). Lacassagne sous la direction de Regaud se spécialisa dans cette discipline, puis fit des recherches sur les effets cancérigènes des hormones sexuelles. A. Raynaud (1936) prépara sa thèse sous la direction de Lacassagne (Institut du Radium de l'Institut Pasteur).

Raynaud[16] et Gallien[17] ont pour premier maître Albert Vandel (Toulouse) qui les recommanda à Maurice Caullery.

Dans les années 1930, un lieu de passage, presque obligatoire, pour les jeunes biologistes, est le laboratoire maritime de Wimereux, dirigé par Maurice Caullery[18]. Louis Gallien fut pendant une période assistant au laboratoire de Wimereux que fréquentèrent Wolff, Raynaud, mais aussi de nombreux autres chercheurs de renom dont Émile Guyénot qui venait régulièrement accompagné d'élèves genevois. Si Wimereux était un centre d'étude de biologie des Invertébrés marins, la biologie sexuelle était alors une discipline qui devenait prometteuse en découvertes pour les biologistes, surtout depuis que les biochimistes et chimistes venaient de purifier, cristalliser et synthétiser les hormones sexuelles.

LES HORMONES SEXUELLES

Dans le dossier « Pol Bouin » conservé aux Archives de l'Académie des Science de Paris, un document tapuscrit, non signé, en provenance d'Alger, daté du 17 janvier 1940, nous apprend que deux biologistes français sont proposés pour le Prix Nobel : *« En réponse à la consultation que vous nous avez fait l'honneur de nous adresser sur l'attribution du Prix Nobel de Physiologie et de Médecine, nous nous permettons de vous suggérer que ce prix soit décerné aux deux biologistes français : P. Bouin et P. Ancel (...) pour leurs belles recherches relatives à l'histo-physiologie des glandes génitales mâles et femelles. Ces recherches nous semblent en effet présenter le mérite essentiel d'avoir, depuis le début du XXe siècle, ouvert aux biologistes la voie si féconde et, de nos jours, si riche déjà en applications pratiques, de l'endocrinologie sexuelle »*[19]. Toutefois, le Prix ne leur sera pas attribué. D'abord il n'y pas eu de Prix Nobel pendant les années 1940-41 et 42 et, ensuite, leurs travaux d'histo-physiologie sexuelle, malgré leur importance et leur actualité, commençaient à dater en comparaison des travaux des biochimistes et des chimistes sur les hormones sexuelles.

15. « La publication suivante montre l'empreinte sur Ancel et Bouin de l'École lyonnaise : Ancel, P. et Bouin, P., « Rayons X et glandes génitales », *Presse Médicale*, n° 29, 1907, pp. 228-233.

16. Raynaud, A., « Discours présidentiel », *Bull. Soc. Zool. Fr.*, 100, 1975, n°1, pp. 11-19 (et communications personnelles).

17. C. Houillon, « Louis Gallien (1908-1976) », *Bull. Soc. Zool. Fr.*, 101, 1976, n°4, pp. 517-523.

18. Consulter les textes de Caullery qui font le point sur la biologie sexuelle et le déterminisme du sexe concernant cette période : (1) Le problème du déterminisme du sexe, *Biologica*, 13, 1913, pp. 193-202. (2) *Les problèmes de la sexualité*, Paris, Flammarion, (1913), 2e éd, 1929, 332 p. Sur Caullery, consulter Eva Telkes (ed.) *Maurice Caullery 1868-1958, un biologiste au quotidien*, préface d'Étienne Wolff, Presses Universitaires de Lyon, 1993, 363 p.

19. Dossier « Pol Bouin » des Archives de L'Académie des Sciences de Paris.

Pour ces raisons, Adolf Butenandt avait reçu en 1939 le Prix Nobel de chimie pour ses recherches sur les hormones sexuelles, qu'il partageait avec Leopold Ruzicka. Butenandt, en 1929, obtenait la cristallisation de la folliculine (nom donné par Courrier en 1924 à cette hormone femelle) et en 1931 celle de l'androstérone dont Ruzicka obtenait la première synthèse. En 1943, si le Prix Nobel de Physiologie et Médecine était décerné à Edward A. Doisy et Henrik Dam pour la découverte et la synthèse de la vitamine K anti-hémorragique, Doisy bénéficiait aussi de ce Prix pour avoir en 1920 (en collaboration avec E. Allen) et en 1929 (en collaboration avec C.D. Velen et J.A. Thayer) été le premier à purifier et à cristalliser la « folliculine ». Ainsi, la biologie sexuelle était-elle, en quelque sorte, nobélisée, mais pour des travaux qui marquaient la fin d'une étape : les travaux initiateurs de Bouin et Ancel n'ayant pas été pris en compte par le jury Nobel[20].

Quand Wolff, Gallien et Raynaud entrent sur la scène de la recherche biologique, les problèmes posés par le déterminisme du sexe retiennent particulièrement l'attention de nombreux biologistes : les aspects embryologiques et histo-physiologiques sont relativement bien connus et la chimie des hormones sexuelles est en plein essor. Tout est en place pour débattre sur l'origine des facteurs qui jouent un rôle dans la détermination et la différenciation des sexes.

L'INTERSEXUALITÉ HORMONALE EXPÉRIMENTALE (1935)

En 1935, à la suite d'injections d'hormone femelle chez l'embryon de poulet, Véra Dantchakoff (Lithuanie), publie qu'elle vient d'obtenir l'inversion complète du sexe, Étienne Wolff et Albert Ginglinger (France) et Benjamin H. Willier, T.F. Gallagher et F.C Koch (USA), annoncent qu'ils viennent de réaliser l'intersexualité expérimentale.

V. Dantchakoff envoie son manuscrit à l'Académie des Sciences de Paris. Il est présenté par M. Caullery à la séance du 3 juin 1935[21a], E. Wolff et A. Ginglinger annoncent leurs résultats à cette même Académie dans la séance du 17 juin[21b], soit 14 jours après V. Dantchakoff. Enfin, B.H. Willier (qui fut l'élève de Lillie) et ses collaborateurs (département de zoologie de l'Université de Rochester et département de chimie physiologique de l'Université de Chicago), publient leurs

20. Pour avoir une idée sur l'état des recherches à l'époque sur les hormones sexuelles, consulter : R. Courrier, « Les hormones sexuelles femelles », *C.R. Soc. Biol.*, 25, 1931, pp. 1367-1412 ; A. Girard, « La chimie des hormones sexuelles », *Bull. Soc. Chim. Biol.*, 15, 1933, pp. 562-606 ; A. Butenandt, « Recherches chimiques sur la spécificité physiologique du groupe des hormones génitales », *Bull. Soc. Chim. Biol.*, 19, 1937, pp. 1477-1497 ; E. Doisy, « An autobiography », *Annual Review of Biochemistry*, 45, 1976, pp. 1-9. Pour les sources complémentaires des travaux originaux consulter : L.T. Morton, *A medical biography* (Garrison and Morton), fourth edition, A Grafton Book, Gower, London, Butler and Tanner, 1983.

21. (a) V. Dantchakoff, « Sur l'inversion sexuelle expérimentale de l'ébauche testiculaire chez l'embryon de poulet », *C.R. Acad. Sci.*, 200, 1935, pp. 1983-1985. (b) E. Wolff, et A. Ginglinger, « Sur la production expérimentale d'intersexués par l'injection de folliculine à l'embryon de Poulet », *C.R. Acad. Sci.*, 200, 1935, pp. 2118-2120.

travaux un peu plus tard, en novembre 1935[21c], si nous nous en tenons aux références et à l'ordre bibliographique généralement donnés pour ces travaux.

Cet ordre n'est pas tout à fait exact, car B.H. Willier, T.F. Gallagher et F.C. Koch ont communiqué leur découverte à la National Academy of Sciences le 4 octobre 1934. Mais cette date ne peut être retenue pour donner la priorité. C'est la date de la publication qui compte. Or leur texte n'est publié, dans les *Proceedings* de l'Académie, que dans le numéro du 15 novembre 1935, soit 13 mois après leur communication : c'est cette publication qui fait référence dans les bibliographies concernant la production d'intersexués à la suite d'injections d'hormones sexuelles. Toutefois, cette équipe présente ses recherches lors de la 51e session annuelle de l'Association américaine des anatomistes, qui s'est tenue entre le 18 et 20 avril 1935. Le résumé de ses recherches est publié dans le « supplément » de la revue *The Anatomical Record,* avec pour date, celle de la réunion d'avril 1935[22]. B.H. Willier et ses collaborateurs prennent cette date comme étant celle du texte fondateur de leur découverte. Mais c'est un résumé présentant rapidement les résultats sans donner d'information statistique. Toutefois, il reste suffisamment explicite pour comprendre que les auteurs ont réussi à obtenir des intersexués à la suite d'injections d'hormones sexuelles femelle et mâle, qu'ils ont pratiqué une étude morphologique et histologique des gonades et conduits génitaux. La publication de novembre 1935 correspond au développement de ce résumé.

Willier, Gallagher et Koch sont donc les premiers à dévoiler les effets morphogènes des hormones sexuelles sur la détermination et la différenciation du sexe de l'embryon de poulet, suivis par V. Dantchakoff puis Wolff et Ginglinger. Cette priorité n'a pas grande importance, sinon pour le fait historique. Car, si nous comparons ces trois publications quant au contenu, la note de Wolff et Ginglinger est celle qui contient le plus grand nombre de résultats démonstratifs qui donnaient à l'équipe française une position de « leader », qu'elle allait, du reste, renforcer par la suite.

Ces chercheurs ont travaillé sur le même sujet indépendamment les uns des autres. Willier, Gallagher et Koch ignorent dans leur bibliographie de novembre 1935 aussi bien V. Dantchakoff que Wolff et Ginglinger. De même V. Dantchakoff, Wolff et Ginglinger ignoraient, en juin 1935, le travail de l'équipe américaine. En revanche, Wolff et Ginglinger sont immédiatement informés de la communication de V. Dantchakoff à l'Académie, ce qui les conduit à publier, à leur tour, les résultats qu'ils avaient obtenus depuis quelques mois. Enfin, si Willier, Gallagher et Koch marquaient une étape finale aux investigations sur le « déterminisme » du sexe de l'École de F.R. Lillie à Chicago, Wolff et Ginglinger se trouvaient dans la même situation vis-à-vis de l'École de Bouin et Ancel à Strasbourg.

21. (c) B.H. Willier, T.F. Gallagher et F.C. Koch, « The action of male and female hormones », *Proc. of the Nat. Acad. Sci.,* 21, 1935, pp. 625-631.

22. B.H. Willier, T.F. Gallagher et F.C. Koch, « The action of male and female sex hormones upon the reproductive glands and ducts of the chick embryo », *The Anatomical Record,* 61, 1935, sup., p. 50.

ÉTIENNE WOLFF ET LES PREMIÈRES EXPÉRIENCES D'INVERSION SEXUELLE PAR LES HORMONES

En février 1932, É. Wolff commence des recherches de tératologie expérimentale sous la direction d'Ancel au laboratoire d'embryologie de la Faculté de Médecine de Strasbourg. Il soutient sa thèse de doctorat ès-sciences naturelles en 1936, qui représente un travail particulièrement riche en résultats nouveaux marquant une date dans l'histoire de la biologie tératologique (monstruosités, malformations, anomalies)[23].

Alors que Wolff expérimente pour ses recherches de tératogenèse, on apporte au laboratoire un fœtus humain mort au 7e mois de gestation. Il est polymalformé. La malformation principale touche les organes uro-génitaux *« qui étaient particulièrement hypertrophiés »*[24]. Cet excès de développement fait penser à une action hormonale du type « gonadostimuline » (hormones hypophysaires, prolans). Une action de la thyroxine, particulièrement bien connue par le rôle qu'elle joue sur la métamorphose des amphibiens et aussi envisagée. En 1935, la chimie et la physiologie de ces hormones ont déjà fait l'objet de nombreuse recherches[25].

A. Ginglinger, médecin gynécologue à l'hôpital civil de Strasbourg et ami de Wolff, vient « à ce moment » lui demander de collaborer avec lui pour faire de la recherche fondamentale.

La recherche de Wolff consistait à étudier et à expliquer la genèse des malformations et monstruosités par « défaut »[26]. Le fœtus monstrueux qu'il venait d'examiner, présentait une malformation par « excès » qui n'avait pas été soumise à ses investigations. Il décide, pour inaugurer la collaboration avec Ginglinger, d'étudier les causes qui sont à l'origine des monstres par excès. Dès janvier 1935, ils commencent leur recherche de tératologie expérimentale.

Dans leurs premiers essais ils pratiquent, sur des embryons de poulet, soit des greffes « chorio-allantoïdiennes » de placenta humain soit des injections d'extrait de cette annexe embryonnaire. C'est Ginglinger, en raison de son activité médicale qui fournissait les placentas, ces derniers sécrétant des « prolans » proches des gonadostimulines hypophysaires. Sans entrer dans les détails de ces premiers essais expérimentaux[27], un fait important va stimuler la curiosité des expérimentateurs et modifier leur direction de recherche. En effet, après avoir constaté que l'extrait de placenta n'induisait pas des malformations par excès du système uro-génital, Wolff écrit : *« Mais notre attention fut attirée par un rapport*

23. E. Wolff, « Les bases de la tératogenèse expérimentale des Vertébrés amniotes d'après les résultats de méthodes directes », *Arch. Anat. Hist. Embryol.*, 22, 1936, pp. 1-382.

24. E. Wolff, *Les chemins de la vie,* Paris, Hermann, 1963, cf. « Psychologie de l'expérimentateur », pp. 38-42.

25. Consulter Sir C.R. Harington, et G. Barger, « Chemistry of thyroxine. III. Constitution and synthesis of thyroxine », *Biochem. J.*, 21, 1927, pp. 169-181 ; et B. Zondek et S. Aschheim, « Das Hormon des Hypophysenvorderlappens », *Klin. Wschr.*, 6, 1927, pp. 348-152 et 7, pp. 831-835.

26. J.L. Fischer, *De la genèse fabuleuse à la morphogenèse des monstres, Cahiers d'Histoire et de Philosophie des Sciences,* Société Française d'Histoire des Sciences, diffusion Éditions Belin, Paris, 1986, n°13, 150 p.; et *Monstres, Histoire du corps et de ses défauts,* Paris, Syros-Alternatives, 1991, 126 p.

27. Ces expériences sont détaillées in référence note (6).

anormal dans la proportion des sexes : 19 femelles pour un seul mâle »[28]. D'autres séries donnèrent une proportion encore plus importante de femelles, puis les pourcentages des séries suivantes rétablirent le sex-ratio proche des 50 % de femelles et 50 % mâles. Avant que Wolff et Ginglinger ne prennent conscience que ces séries « exceptionnelles » étaient dues au « hasard » et non à leur intervention expérimentale, ils soupçonnèrent que l'hormone femelle contenue dans l'extrait de placenta avait transformé les embryons mâles en femelles. Toutefois, si les résultats des expériences qu'ils poursuivirent dans ce but ne confirmèrent pas leur hypothèse leur *« attention avait été appelée sur la question : est-il possible de modifier le sexe des embryons en leur injectant des hormones sexuelles ? »*[29].

Le chimiste français, André Girard, directeur des Laboratoires Roussel, spécialiste de la chimie des hormones sexuelles, qui venait de cristalliser (1932) deux nouvelles hormones œstrogènes à partir de l'urine de juments gravides, fournissait, en avril 1935, à Wolff et Ginglinger une solution saturée de folliculine cristallisée correspondant à 70 UI. Le 5 avril 1935, les deux chercheurs définissaient le protocole expérimental à suivre : injections à des embryons de poulets des solutions aqueuses de folliculine variant de 2, 8 UI à 14 UI du 3e jour au 14e jour de l'incubation. Des 24 embryons expérimentés, 22 ont été autopsiés entre le 9e et le 18e jour de l'incubation. Sur ces 22 embryons il a été trouvé 10 femelles, 3 mâles et 9 intersexués dont certains à structures génitales femelles très prononcées.

La nouveauté dans cette expérience cruciale est la présence d'intersexués qui témoignent de la modification des embryons génétiquement mâles en femelles. Wolff se souvient de cette découverte : après les premières injections, *« Je pris,* écrit-il, *à ce moment quelques jours de congé. Quand je revins, neuf jours après, c'est-à-dire au 15e jour de l'incubation, je demandai à mon collaborateur, sans espoir véritable : Y-a-t-il du nouveau dans notre expérience ? Il me répondit : Quelques embryons sont morts. Je les ai autopsiés. Je n'arrive plus à reconnaître les mâles des femelles. Il n'y a rien de plus facile à distinguer, même à première vue, que le sexe d'embryons autopsiés après 9 jours d'incubation... Il me paraissait étrange, étant donné ces différences très accusées, qu'on pût avoir avoir un doute sur le sexe des embryons. Nous décidâmes d'autopsier tous les survivants. Ils avaient 17 à 19 jours d'incubation. A ce stade, aucune incertitude n'était possible ? Eh bien ! O surprise ! ils étaient tous femelles ou de constitution intermédiaire entre mâles et femelles. Cela ne s'était jamais vu. Les femelles étaient en forte majorité : elles représentaient non seulement les femelles normales, mais aussi les mâles que le traitement avait complètement féminisé. On les reconnaissait à quelques signes discrets. Il y avait en outre les intermédiaires, les « intersexués », que l'on observait pour la première fois, sous des traits qui ne pouvaient tromper »*[30].

Dès le 20 avril 1935, Wolff et Ginglinger sont en possession de résultats significatifs concernant l'intersexualité expérimentale provoquée par l'injection de folliculine. Mais ils ne dévoileront leurs résultats au monde scientifique que le 17 juin,

28. (a) Wolff, É., *Les chemins de la vie,* Paris, Hermann, 1963, p. 40 ; (b) consulter également *Trois pattes pour un canard,* Paris, Éditions de la Fondation Singer-Polignac, 1990.
29. *Ibid.*, note 26 (a), p. 41.
30. *Ibid.*, note 26 (b), pp. 173-176.

car Ancel leur avait demandé d'attendre, avant de publier ces résultats, de les vérifier et de les compléter. La collaboration de Wolff et Ginglinger s'achèvera la même année par la publication d'un mémoire que nous devons considérer comme fondamental en raison des résultats qu'il apporte, et de sa formulation théorique concernant la détermination du sexe[31]. Wolff poursuivra seul les recherches sur l'action de la folliculine chez l'embryon de poulet, mais aussi sur celle de l'androstérone (hormone mâle) dont il montre l'effet paradoxal : l'androstérone agit sur le tractus génital femelle en le masculinisant et sur le tractus génital mâle en la féminisant[32].

Les premiers résultats expérimentaux de 1935 concernant la féminisation des embryons mâles par l'hormone femelle ont conduit Wolff et Ginglinger à émettre ces deux conclusions :

« Si des embryons tendent à réaliser expérimentalement le sexe femelle sous l'action de la folliculine, il est probable que la production normale des femelles génétiques procède des mêmes causes, qu'elle est due à la sécrétion par l'organisme femelle de folliculine ou d'une substance voisine de la folliculine et que le mécanisme génétique se réduit bien à des actions hormoniques »[33].

« Puisque la castration change le sexe des poules, même adultes, et que nous venons par un procédé très différent, de féminiser les embryons mâles, on ne saurait contester que n'importe quel embryon possède initialement les potentialités morphologiques males et femelles, ébauches des voies génitales (canaux de Wolff et de Müller), les gonocytes eux-mêmes n'échappent pas à cette règle. Ils peuvent indifféremment évoluer en ovogonies ou en spermatogonies. Tout dépend des conditions de milieu qu'ils rencontrent, conditions qui dépendent de facteurs externes ou internes »[34].

Ces premières expériences d'intersexualité embryonnaire provoquée par des injection de folliculine confirmaient l'ambivalence sexuelle de l'embryon, problème d'origine lointaine[35], et consolidaient la thèse du « déterminisme hormonique » du sexe. Ce dernier point apportait une démonstration à l'hypothèse défendue par Bouin et Ancel au début du siècle.

Le 12 juillet 1936, Ancel fait une communication à la Société de Biologie[36], qui met en valeur le travail de Wolff et Ginglinger en comparaison de celui de Dantchakoff dont le résultat était fondé sur une base statistique critiquable. En effet, Dantchakoff présentait dans sa note de l'Académie des Sciences qu'elle avait obtenu sur 36 embryons de poulet 36 femelles et concluait : *« Tout embryon*

31. É. Wolff et A. Ginglinger, « Sur la transformation des poulets mâles en intersexués par injection d'hormone femelle (folliculine) aux embryons », *Arch. Anat. Hist. Embryol.*, 20, 1935, pp. 219-278.

32. É. Wolff, « Sur l'action de l'hormone mâle (androstérone) injectée à l'embryon de poulet. Production expérimentale d'intersexués », *C.R. Soc. Biol.*, 120, 1935, pp. 1312-1314 ; « Interprétation des résultats obtenus au cours des expériences d'injection d'androstérone synthétique aux embryons de poulet », *Ibid.*, pp. 1314-1316 ; « La doube action masculinisante et féminisante de l'androstérone sur le tractus génital des embryons de poulet », *Ibid.*, 121, 1936, pp. 1474-1476.

33. *Loc. cit.* note (31), p. 271.

34. *Ibid.*, p. 272.

35. J.L. Fischer, « Étienne Geoffroy Saint-Hilaire (1724-1844) face au déterminisme du sexe », *History and Philosophy of Life Sciences*, 1, 1979, pp. 261-283 ; et *loc. cit.* note (6).

36. (a) P. Ancel, « Sur une ancienne théorie du déterminisme cyto-sexuel des gamètes et les récents résultats des injections de folliculine à des embryons de poulet », *C.R. Soc. Biol.*, 120, 1935, pp. 118-120. Consulter ausi la thèse (sciences-naturelles) d'Ancel : (b) « Histogenèse et structure de la glande hermaphrodite d'*Helix pomatia* », *Archives de Biologie*, 19, 1903, pp. 389-652.

de poulet réalise invariablement le sexe femelle à la suite de l'introduction dans son organisme de l'hormone femelle progynon ». Il manquait la présence des intersexués qui témoignent de l'effet de l'hormone, et qui avaient posé un problème à Ginglinger[37]. Ensuite, Ancel rappelait que l'hypothèse qu'il avait conçue dans sa thèse de sciences-naturelles (réf. note 36), était que la différenciation des cellules sexuelles dépendait des conditions qu'elles rencontraient dans l'organisme. Dans ce cas, c'est la présence d'une hormone spécifique (théorie de Bouin et Ancel). Les résultats expérimentaux de Wolff et Ginglinger apportaient, suivant son expression, la preuve « définitive » du bien-fondé de cette théorie : *« Cette transformation des mâles en intersexués par la folliculine permet de penser que les conditions qui orientent les cellules sexuelles indifférentes dans le sens mâle ou femelle, sont normalement réalisées par la présence ou l'absence d'une hormone sécrétée par la glande génitale »* [38].

Le rôle joué par les hormones sexuelles paraît alors évident dans la différenciation sexuelle embryonnaire (différenciation primaire). C'est l'hormone femelle qui dirige le cortex (partie périphérique indifférenciée de la gonade embryonnaire) à se structurer en ovaire et les cellules germinales indifférenciées en ovules; comme l'hormone mâle (ou l'absence d'hormone femelle) doit agir sur la médulla (partie interne indifférenciée de la gonade embryonnaire) et induire les cellules germinales à produire des spermatozoïdes. Ces expériences prouvaient aussi (pour les partisans de cette théorie) que l'hormone responsable de la différenciation primaire du sexe et des caractères sexuels secondaires était la même chez l'embryon et chez l'adulte et qu'elle était identique chez tous les Vertébrés.

Reste que la théorie « hormonique » (défendue par Wolff mais aussi par Gallien) sera opposée à la théorie « protéique » défendue par Emil Witschi aux États-Unis (Université d'Iowa) et Raynaud en France.

Chez l'embryon, la gonade indifférenciée comprend deux territoires : la médulla qui correspond aux futures structures testiculaires, et le cortex à celles de l'ovaire. Pour les défenseurs de la théorie hormonique, l'hormone femelle permet au cortex de se développer et se différencier en ovaire, et l'hormone mâle (ou l'absence d'hormone femelle) incite la médulla à différencier en testicule. Pour Witschi, les hormones sexuelles ont une action morphogène tardive. Il pense que la différenciation primaire du sexe se fait par le jeu d'inducteurs, en référence à Hans Spemann qui venait de mettre en évidence la notion d'organisateur (inducteur) embryonnaire (1924)[39] : le cortex produirait une « cortexine » inhibant la médulla (différenciation de la gonade en ovaire) et la médulla une « médullarine » inhibant le cortex (différenciation de la gonade en testicule)[40]. Le tableau suivant résume ces deux théories :

37. Dantchakoff a dû compter les mâles intersexués comme étant des femelles ou bien elle a été en présence d'une série exceptionnelle (mais possible) de femelles.

38. *Loc. cit.* note (36a), p. 119.

39. H. Spemann et H. Mangold, « Uber Induktion von Embryonalanlagen durh Implantation artfremder Organisatoren », *Arch. Entw. Organ.*, 100, 1924, pp. 599-638. Spemann obtenait en 1935 le Prix Nobel de Physiologie-Médecine pour ses travaux d'embryologie.

40. E. Witschi, « Studies on Sex Differenciation and Sex Determination in Amphibians. IX. Quantitative Relationships in the Induction of Sex Differenciation, and the Problem of Sex several in Parabiotic Salamanders », *Jour. Exper. Zool.*, 74, 1936, pp. 313-373.

Périodes	Théorie de Witschi	Théorie de Wolff
Fécondation	Détermination de sexe génétique (gènes sexuels)	
	PROTÉINES INDUCTRICES	HORMONES GÉNITALES
Vie embryonnaire	(médullarine, cortexine) Les caractères sexuels primaires	Induisent les caractères sexuels primaires et les caractères sexuels secondaires
	HORMONES GÉNITALES	
Après la naissance (puberté-adulte)	Induisent les caractères sexuels secondaires	

(d'après É. Wolff, *Les changements de sexes*, 1946, p. 180)

A la suite des premiers résultats de productions expérimentales d'intersexués par l'injection d'hormones sexuelles, se met en place un nouveau système de penser le « déterminisme » du sexe dans lequel la notion de détermination va se distinguer de celle de différenciation. Si les biologistes de ces années 1935, s'accordent sur la détermination génétique du sexe au moment de la fécondation, leurs conceptions divergent quant à l'explication de la suite des événements responsables de la différenciation primaire du sexe (différenciation protéique ou chimique).

Emmanuel Fauré-Frémiet (1883-1971): de la biologie cellulaire au problème moléculaire de la morphogenèse

Hervé Le Guyader*

Emmanuel Fauré-Frémiet a occupé la chaire d'Embryogénie Comparée au Collège de France de 1928 à 1955; cette position éminente l'amena à être, à cette époque, l'un des « décideurs » de la politique de recherche et en fait donc un excellent représentant des responsables des sciences biologiques en France, entre 1930 et 1950.

Les fées s'étaient penchées sur son berceau : du compositeur Fauré et du sculpteur Frémiet, il hérite des indéniables dons d'artiste; c'est un excellent musicien amateur, mais c'est surtout sa virtuosité en arts plastiques qui lui sera d'une grande utilité dans son travail scientifique. Ses dessins de microscopie comme le buste d'Henneguy, son prédécesseur au Collège de France, sont là pour en témoigner.

La carrière de Fauré-Frémiet a été continuellement ascendante : sa thèse, *Contribution à la connaissance des infusoires planktoniques* est soutenue en 1924. Il est alors, depuis 2 ans, suppléant du professeur d'Embryogénie Comparée au Collège de France. En 1928, il hérite de cette chaire, mais devient également chargé de service à l'Institut de Biologie Physico-Chimique (IBPC) — poste qu'il occupera jusqu'en 1940 — et directeur du laboratoire de cytologie de l'École Pratique des Hautes Études (EPHE). Enfin, en 1939, il est au CNRS membre du Conseil Supérieur de la Recherche Scientifique, puis, après la guerre et jusqu'à sa retraite en 1957, membre de la Commission de Biologie Cellulaire.

Ces positions sont les témoins de l'importance institutionnelle d'E. Fauré-Frémiet. Pourtant ce dernier n'était pas qu'un gestionnaire de la recherche. Parallèlement, sa production scientifique est extrêmement abondante : ses *Titres et Travaux scientifiques* (1), rédigés en 1958 pour sa candidature — couronnée de succès — à l'Académie des Sciences, compte 406 références pour lesquelles il est auteur ou coauteur; à sa mort, le total atteindra 472; il faut également tenir compte des 213 travaux qui ont été effectués sous sa direction au Collège de France, mais qu'il n'a pas cosignés.

* Laboratoire de Biologie Cellulaire, Université Paris-Sud.

En raison de l'enthousiasme et de la largeur de vue d'E. Fauré-Frémiet — soulignés par de nombreux auteurs (2), (3) —, il est clair qu'une telle littérature scientifique doit pouvoir permettre de cerner ses intérêts profonds, et peut-être de suivre l'influence qu'il a dû avoir sur la biologie française de l'époque.

DE LA PROTISTOLOGIE AU PROBLÈME DE L'ORGANISATION BIOLOGIQUE

E. Fauré-Frémiet est habituellement considéré comme seulement protistologue; un tel diagnostic est inexact tant ont été variés ses matériels d'étude; il est sûr que ses travaux de microscopie optique et électronique sur les Ciliés — qu'il poursuivit d'ailleurs bien après sa retraite — sont encore cités. Bien que publiés tard, ceux-ci sont souvent l'aboutissement de recherches commencées dès le début de sa carrière. En effet, de 1904 à 1910, E. Fauré-Frémiet ne publia pas moins de 94 articles, tous exclusivement consacrés aux protistes et plus particulièrement aux ciliés. Soulignons qu'on y trouve déjà trois articles concernant la structure du cytoplasme de telles cellules. On trouve très tôt son intérêt pour le problème de la structuration cellulaire, intérêt qui ne le quittera jamais.

En 1912, apparaît un nouveau matériel : pendant deux ans, il travaillera préférentiellement sur l'ascaris (16 publications sur 30), et plus particulièrement sur la spermatogenèse de cet animal. Il étudie en particulier les mitochondries des gamètes et les processus de la fécondation.

A la Première Guerre mondiale, il est mobilisé au laboratoire de physiologie des études chimiques de guerre, où, en plus des problèmes d'asepsie, il s'intéresse à la cicatrisation, en particulier aux lois mathématiques qui la gouvernent. De telles recherches l'amènent à étudier, après l'armistice, la croissance de l'épithélium pulmonaire chez le mouton. Ce choix paraît être dicté par (i) le rôle joué par les gaz de combat pendant la guerre, et (ii) l'analogie immédiate qui peut être faite entre la croissance d'un épithélium cicatrisant et la croissance naturelle de l'épithélium pulmonaire. Pendant ce temps, la protistologie n'est pas oubliée : les vorticelles, en particulier, sont très étudiées. D'autres matériels font également leur apparition : œufs de sabelle, de carpe, de truite, de grenouille : on se rapproche pas à pas d'une embryologie classique.

Peut-on trouver une unité dans tout ce foisonnement ? E. Fauré-Frémiet, conscient des reproches de saupoudrage qu'on pouvait lui adresser, a répondu lui-même à une telle question, et ceci dès le premier paragraphe de ses *Titres et Travaux* (1) de 1958 : *« Les recherches commencées, voici plus de 50 ans, avec l'observation de quelques protozoaires, m'ont rapidement conduit, par différents chemins, jusqu'aux frontières communes à la cytologie et la chimie physique, à l'embryologie et la biochimie, à la morphogenèse et à l'écologie, à l'histoire naturelle et à l'évolution. Si j'ai, de ce fait, dispersé quelque peu mes efforts, c'est d'une manière que je crois plus apparente que réelle ; j'ai toujours cédé, en effet, à une même tentative : celle d'entrevoir à travers les multiples perspectives ouvertes sur la cellule vivante, les questions posées par son unité dans sa diversité, sa complexité structurale dans son exiguïté spatiale, la continuité de ces caractères à travers sa multiplication et son évolution. Ce sont là quelques aspects d'un seul et même problème, celui de l'organisation ».*

Une telle idée est en fait déjà présente lors de sa leçon inaugurale au Collège de France de 1928 (4) : *« Le fonctionnement de l'être vivant étudié pendant un temps court, est lié à sa structure, dont on suit l'édification et les transformations progressives en étudiant le développement de cet être pendant un temps très long ; quel que soit celui du point de vue sous lequel on aborde les phénomènes biologiques, il existe un problème de l'organisation qui reste commun à tous ».*

Ainsi, au moment de sa thèse, on peut dire que l'idée de l'étude de l'organisation vivante est parfaitement ancrée dans l'esprit d'E. Fauré-Frémiet. Mais, malgré tout, n'est-ce pas un trop vaste problème ? Le mot n'est-il pas trop flou ou trop polysémique ? En fait, tout biologiste n'étudie-t-il pas de fait un problème d'organisation ? La réponse à une telle question est certainement à chercher dans les travaux publiés.

1925 À 1944: LA RECHERCHE D'UNE BASE MOLÉCULAIRE À L'ORGANISATION

Les travaux de 1925 à 1933 paraissent exemplaires et peuvent être considérés comme la recherche — un peu chaotique — du problème de l'organisation à travers diverses approches, tant expérimentales que théoriques.

L'année 1925 est fructueuse — 13 publications — mais ô combien hétérogène :
— un livre — *La cinétique du développement* (5) — fait le point sur l'approche théorique qui le mène tout droit à l'étude de la cellule : *« Un certain nombre de problèmes embryologiques et histogénétiques peuvent être abordés par des mesures de vitesses, et leur interprétation semble directement liée à nos connaissances sur la composition du système cellulaire ».*

— Il étudie l'action de différents facteurs sur la multiplication cellulaire, aussi bien des protistes que des cellules d'animaux pluricellulaires comme l'arénicole, ou encore que des cultures de tissus *in vitro*. Ces facteurs sont principalement la température et les cations (6), (7), (8).

Ces approches très diverses tendent en fait à participer à la définition d'un invariant qui puisse s'appliquer à toutes les cellules, qu'elles proviennent d'organismes unicellulaires comme pluricellulaires. En fait, on observe qu'E. Fauré-Frémiet a l'intuition qu'un tel invariant n'est pas à chercher obligatoirement au niveau structural, mais plutôt dynamique.

Pendant ce temps, il ne se désintéresse pas des problèmes techniques. C'est ainsi qu'il invente, en collaboration avec Ephrussi et Rapkine (9), un ancêtre du microscope interférentiel qui lui permettra quelques années plus tard d'étudier la structure de certains voiles cellulaires et d'en mesurer l'épaisseur (10).

E. Fauré-Frémiet se trouve donc être un homme combinant recherches théoriques et expérimentales, essayant de nouveaux matériels comme mettant au point de nouvelles techniques.

1933 semble être une année charnière : en effet, on y voit poindre une nouvelle piste de recherche en passe d'être extrêmement fructueuse. Seulement

3 publications, mais d'importance : l'une étudie les constituants cytoplasmiques de l'œuf de Raie (11), tandis que les deux autres traitent du collagène (12), (13). En fait, E. Fauré-Frémiet a trouvé un modèle, une hypothèse de travail qui, tranchant avec le flou de « l'organisation biologique », semble prometteuse. Dans les constituants cytoplasmiques, il y a des protéines, dont certaines sont peut-être fibreuses. Le collagène est une protéine fibreuse extracellulaire. On peut alors émettre l'idée que celle-ci, facile à obtenir en grande quantité, pourrait devenir un bon modèle pour l'étude des protéines intracellulaires, pour le moment très difficiles à obtenir.

Une telle voie de recherche va accaparer E. Fauré-Frémiet jusqu'aux confins de la Seconde Guerre mondiale; entre 1933 et 1938, sur 36 publications, 22 ont rapport avec la structure du collagène, de la kératine ou de l'élastoïdine, qui est une protéine fibreuse extraite des nageoires de sélaciens. Mais 2 ont également rapport avec la structure d'une protéine intracellulaire.

Il convient de souligner qu'E. Fauré-Frémiet s'intéresse à ce fascinant problème d'une manière extrêmement moderne : il va utiliser au mieux les compétences de l'IBPC, par l'intermédiaire de G. Champetier; en effet, il a sous la main un physicien spécialiste de la diffraction par rayons X, technique qui commence alors à s'appliquer aux molécules de la matière vivante.

Pour préciser la modernité d'une telle approche, rappelons que si Bragg (15) a assis théoriquement ses travaux de diffraction vers les 1912 / 1913 en utilisant des cristaux simples (NaCl, ...), et que si Herzog et Janke donnent dès 1921 les premiers diagrammes de diffraction de rayons X pour le collagène (16), ce n'est qu'en 1928 que Meyer et Mark ont commencé à étudier de cette manière la fibroïne de la soie (17), idée qui sera poursuivie par Astbury et ses collaborateurs à partir de 1931 sur les cheveux, la laine et « autres fibres » (18) (pour plus de détails, voir (14), p. 206-211). Les protéines globulaires ne sont étudiées que bien plus tard : si Bernal et Crowfoot publient en 1934 le spectre de la pepsine cristallisée (19), ce n'est qu'en 1938 que Bernal, Fankuchen et Perutz montrent les premiers diagrammes de diffraction de l'hémoglobine (20).

Ainsi publier en 1937 une « Étude roentgénographique de la structure des fibres d'élastoïdine » (21) après avoir passé l'année 1936 à en caractériser certaines propriétés mécaniques et biochimiques, ce n'est être ni très en avance, ni réellement en retard : c'est prendre quand il le faut un train en marche, mais un train cheminant lentement parmi de multiples difficultés et nécessitant une bonne dose de persévérance. N'oublions pas que ce n'est qu'en 1960 que Perutz publie une esquisse de la structure de l'hémoglobine (voir (14) p. 256-263) !

Naturellement, le travail sur les protéines fibreuses est plus simple. Mais le problème était-il vraiment résolu en deux publications (22) ? Dans ses *Titres et Travaux,* E. Fauré-Frémiet se sent justement le besoin de se justifier ((1) p. 14) : *« La réalisation de ce programme de recherches fut interrompu par les événements de 39; plus tard, la microscopie électronique commençait de renouveler le problème des ultra-structures, comme la chromatographie renouvelait les procédés d'analyse chimique, et d'importants progrès dans la connaissance de ces scléroprotéines avaient été obtenus ailleurs ».*

Il est évident que pendant la Seconde Guerre mondiale, l'activité scientifique s'est trouvée ralentie par la force des choses. Il continue des études sur les ciliés — principalement les vorticelles —, quelques études de diffraction par rayons X;

mais son travail principal semble tourner autour d'une réflexion théorique, dont le point d'orgue paraît être la publication de 1943 sur le problème de l'organisation (23).

Le plan de cette publication de synthèse est logique, et montre parfaitement le cheminement de la pensée d'E. Fauré-Frémiet vis-à-vis de ce difficile problème. Après avoir rapidement rappelé quelques éléments essentiels de la morphogenèse, — en particulier la gastrulation et les territoires présomptifs —, il montre qu'organisation et cellularisation ne vont pas obligatoirement de pair : on peut trouver des organismes unicellulaires très compliqués, mais également des glandes unicellulaires. Le problème de la structuration n'est donc pas à chercher au niveau de la cellule, mais plutôt à celui d'un niveau infracellulaire — en un mot celui du protoplasme. E. Fauré-Frémiet montre alors que celui-ci ne peut être structuré que par les protéines : *« Une image objective, mais probablement limitée dans sa signification, est donnée par diverses structures protéiques d'ordre microscopique ; nombre de cellules possèdent une sorte de squelette fibrillaire dont la disposition détermine et maintient la forme de l'élément ; (...) Mais nos connaissances sont encore trop limitées, en ce qui concerne les protéines de structure, pour que l'on puisse faire plus que de soupçonner le rôle joué par les charpentes de macromolécules protéiques dans la réalisation d'une anisotropie cellulaire, montrant, comme celle de l'œuf, un certain degré de complexité ».*

Puis, après une approche historique, il montre l'existence quasi continue *« d'une ultrastructure, d'une charpente invisible et déformable, qui peut être brisée par une action mécanique brutale »*. Le concept de biocristallisation apparaît alors dans toute son importance, pour se trouver illustré par les résultats obtenus sur les macromolécules fibrillaires : *« Les caractères généraux de la structure se résument par une anisotropie de la répartition spatiale des constituants de l'organisme, et cette anisotropie se manifeste par les caractères d'orientation des structures moléculaires, bien définies lorsque celles-ci sont d'ordre cristallin ».*

LA «CHARPENTE MOLÉCULAIRE PROTOPLASMIQUE»

A la libération, le rôle institutionnel d'E. Fauré-Frémiet est extrêmement important. Par sa série de cours au Collège de France (24), il remet à flot la communauté scientifique en biologie cellulaire. De plus, de manière extrêmement constructive, il est l'un des instigateurs du développement de la microscopie électronique en France.

Dès 1945, il publie une « Application du microscope électronique à l'étude des problèmes de la biologie cellulaire et bactérienne » (25), où il expose — tant pour les physiciens que pour les biologistes —, l'intérêt de cette nouvelle technique en particulier pour analyser la structuration de la cellule. Parallèlement, il initie certains travaux (26) tout en publiant un mémoire de synthèse (27) dans lequel les apports comme les limites de l'outil sont détaillés : *« Sans doute encore cette nouvelle microscopie rencontre, avec l'analyse des structures organisées, des difficultés très sérieuses qui rétrécissent quelque peu son champ d'utilisation. Mais il serait aussi imprudent qu'inopportun de juger sur les conditions d'un moment les possibilités futures d'une méthode nouvelle. Il n'importe que de savoir lui demander aujourd'hui ce qu'elle peut actuellement nous donner. L'ingéniosité des chercheurs a déjà obtenu du microscope électronique une ample moisson de faits biologiques nouveaux; les moyens actuels permettent de pousser beaucoup plus loin et beaucoup plus largement encore l'exploration des ultrastructures qui relient l'organisation de la cellule à celle des molécules plus complexes; le plus difficile sera moins, peut-être, d'obtenir ces nouvelles données, que de savoir les utiliser et les interpréter correctement* ».

Donc le voici passant à cette nouvelle technique éminemment prometteuse, et qui, pour lui, est en passe de faire découvrir la structuration intime de la cellule après laquelle il court.

Ce courant de pensée est parfaitement illustré par l'important article de revue (28) qu'il fit pour ce colloque international sur la morphogenèse qui se tint à Strasbourg en juillet 1949. Plusieurs remarques s'imposent :

— dans cet article intitulé « Problème de la morphogenèse », il est stupéfiant de ne pas lire un seul mot de génétique. Le problème n'est vu que du point de vue de la structuration du cytoplasme : « *Au cours du développement embryonnaire, les ébauches organiques montrent, dans nombre de cas (...), une polarité axiale qui n'est expliquée par aucune différenciation structurale visible; on peut supposer, dans ce cas, l'existence d'une ultra-structure orientée d'ordre moléculaire* ».

— Le déroulement de l'étude est attendu, et précise bien la pensée de l'auteur; le plan est : les « structures et systèmes moléculaires orientés cytoplasmiques », les « protéines fibreuses intercellulaires », et enfin les « structures moléculaires interfaciales et mouvements morphogénétiques ». Il est à souligner que des résultats de diffraction par rayons X sont continuellement cités, principalement pour préciser l'orientation des structures étudiées.

— La conclusion est un relatif constat d'échec de l'ensemble d'une telle démarche : on ne peut qu' « imaginer » ce qui existe : « *Il est donc possible d'imaginer l'existence de charpentes moléculaires de grande dimension, possédant une structure entièrement déterminée et des possibilités d'activités chimiques spécifiques localisées en des points définis. Les données actuelles ne permettent guère d'approfondir l'hypothèse d'une charpente moléculaire protoplasmique; elles autorisent tout au plus quelques remarques* ». Celles-ci portent principalement sur des propriétés dynamiques des molécules, comme une absence de rigidité, une souplesse, etc.

On retrouve les mêmes idées dans un article de 1954, consacré plus particulièrement aux protistes (29) : « *Restant dans le domaine de l'hypothèse, (...) il est permis d'imaginer que des macromolécules polypeptidiques et nucléoprotéiques, avec leurs structures, leurs périodicités, leurs enchaînements définis, avec la multiplicité de leurs groupements réactifs et la diversité des types de liaison qu'ils autorisent, puissent constituer une sorte de charpente orientée, polarisée, anisotrope en un mot, capable de maintenir l'unité de la masse protoplasmique et d'orienter les effets de distribution sélective et de différenciation biochimique et structurale* ». Mais comment confirmer ou infirmer une telle hypothèse? Le texte de cette revue se termine par cette remarque ambiguë : « *L'idée du réseau cristallin s'impose encore, mais d'une manière toute intuitive, et en lui accordant une complexité structurale qui échapperait, d'ailleurs, à toute possibilité de représentation* ».

Pourtant c'est cette voie qu'il suivra avec bonheur pour la description de nombreux ciliés pour lesquels il fera pendant longtemps la microscopie électronique.

Pour la petite histoire, soulignons qu'il vivra la découverte des microtubules, et par là même du cytosquelette : il saura que la charpente moléculaire protoplasmique qu'il aura contribué à imaginer existe réellement. Un an avant sa mort, il publiera « Microtubules et mécanismes morphopoïétiques » (30).

CONCLUSION

L'étude de l'œuvre scientifique d'E. Fauré-Frémiet mène à une attitude mitigée : l'œuvre est prolifique; elle va de la théorie à l'expérimentation, par l'étude de matériels multiples. Mais il est clair que c'est le protistologue qui reste; et, paradoxe, c'est plutôt la structure que la dynamique — mis à part l'évolution des doublets de ciliés — qui est retenue.

Pourtant on ne peut s'empêcher d'aboutir à un certain constat d'échec. En effet, si de nombreux sujets sont abordés, on a l'impression que peu de choses ont été réellement approfondies : de la cinétique du développement, mais sans allométrie; des diffractions par rayons X, mais pas de structures protéiques; de la microscopie électronique, sans aller jusqu'aux microtubules; de l'écologie, mais pas de généralisation. Enfin, ni lui ni ses élèves n'amèneront les éléments-clés de la structuration du protoplasme.

Où en est l'explication ? Est-elle à rechercher dans une dimension sociale, ou « typiquement française » ? On peut quand même faire un constat, qui ne prétend pas expliquer les choses : la plupart des grandes découvertes de cette époque ont été réalisées par la combinaison de plusieurs techniques nouvelles (microscopie électronique et ultracentrifugation, enzymologie et chromatographie, diffraction et biochimie, génétique et nutrition...). Or remarquons que, dans la plupart des cas, E. Fauré-Frémiet a essayé de nouvelles techniques de manière séquentielle, et non de manière combinée. N'est-ce pas l'indice d'un certain cloisonnement des disciplines ? Ce cloisonnement qui ne s'estompait, dans la France de l'époque, qu'à l'Institut Pasteur ?

Quoi qu'il en soit, E. Fauré-Frémiet a été certes un excellent scientifique, dynamique et enthousiaste; mais certainement pas le précurseur que demandait l'Après-Guerre en biologie cellulaire.

Bibliographie

(1) FAURÉ-FRÉMIET E., *Titres et travaux scientifiques,* Paris, Masson, 1958, 52 p.

(2) ANDRÉ J., DALCQ A.M., « Hommage à Emmanuel Fauré-Frémiet », *J. Microscopie,* 18, 1973, 1, pp. 1a-42a.

(3) DE PUYTORAC P., *150 ans de protistologie de langue française*. Couty, Clermont-Ferrand, 1986, 31 p.
(4) FAURÉ-FRÉMIET E., « La chaire d'embryogénie comparée du Collège de France et l'évolution des sciences du développement », *Revue générale des Sciences.*, n° du 31 janvier 1929, 11 p.
(5) FAURÉ-FRÉMIET E., *La cinétique du développement*, Presses Universitaires de France, 1929, 325 p.
(6) FAURÉ-FRÉMIET E., EPHRUSSI B., « Action de la température sur le mouvement de translation chez *Arcella vulgaris* », *C. R. Acad. Scienc.*, 180, 1925, pp. 608-611.
(7) FAURÉ-FRÉMIET E., « Actions de quelques cations sur les amibocytes d'Arénicole étudiés *in vitro* » *C. R. Soc. Biol.*, 42, 1925, pp. 1436-1438.
(8) FAURÉ-FRÉMIET E., WALLICH R., « Un facteur physique du mouvement cellulaire pendant la culture des tissus *in vitro* », *C. R. Acad. Scienc.*, 181, 1925, pp. 1096-1098.
(9) FAURÉ-FRÉMIET E., EPHRUSSI B., RAPKINE L., « Lames minces formées par la difluence du protoplasma cellulaire », *C. R. Soc. Biol.*, 44, 1925, pp. 442-443.
(10) FAURÉ-FRÉMIET E., « Caractères physico-chimiques des choanocytes de quelques invertébrés », *Protoplasma,* 6, 1929, pp. 501-609.
(11) FAURÉ-FRÉMIET E., « Les constituants cytoplasmiques de l'œuf de raie (*Raja batis*) », *Protoplasma,* 19, 1933, pp. 63-77.
(12) FAURÉ-FRÉMIET E., « Au sujet du collagène des tendons de queue de Rat », *C. R. Soc. Anat,* 1933, Lisbonne.
(13) FAURÉ-FRÉMIET E., « Quelques propriétés du collagène soluble », *C. R. Soc. Biol.,* 113, 1933, pp. 715-717.
(14) DEBRU C., *L'esprit des protéines,* Paris, Hermann, 1983, 365 p.
(15) BRAGG W.L., « The diffraction of short electromagnetic waves by a crystal », *Proceedings of the Cambridge Philosophical Society,* 17, 1912, p. 46.
(16) HERZOG R.O., JANKEW, *Zeitschr. d. Kaiser Wilhem Gesellschaft,* Berlin, 1921, p. 118.
(17) MEYER K.H., MARK H., « Ueber den Aufbau des Seidenfibroine. *Berichte der deutschen chemischen Gesellschaft.* 61, 1928, p. 1932.
(18) ASHBURY W.T., STREET A., « X-ray studies of hair, wool and related fibres », *Phil. Trans. Royal Soc. London,* A, 230, 1931, p. 101.
(19) BERNAL J.D., CROWFOOT D., « X-ray photographs of crystalline pepsin. *Nature* », 133, 1934, pp. 794-795.
(20) BERNAL J.D., FANKUCHEN I., PERUTZ M., « An X-ray study of chymotrypsin and haemoglobin », *Nature,* 141, 1938, p. 523.
(21) CHAMPETIER G., FAURÉ-FRÉMIET E., « Étude roentgénographique de la structure des fibres d'élastoïdine », *J. chimie physique*, 34, 1937, pp. 197-205.
(22) CHAMPETIER G., FAURÉ-FRÉMIET E., « Étude roentgénographique de quelques collagènes », *J. chimie physique,* 35, 1938, pp. 223-232.
(23) FAURÉ-FRÉMIET E., « Le problème de l'organisation et ses aspects physicochimiques », *Revue scient.,* 81, 1943, 3226, fasc. 9, pp. 433-446.
(24) FAURÉ-FRÉMIET E., « La cellule et son organisation. Revue des travaux récents de cytologie (1940-1946) », *Ann. Biol.,* 22, 1946, fasc. 4-6, pp. 58-119.

(25) FAURÉ-FRÉMIET E., « Application du microscope électronique à l'étude des problèmes de la biologie cellulaire et bactérienne », *l'Optique Électronique* (Éditions de la revue d'optique), 1945, pp. 55-84.
(26) FAURÉ-FRÉMIET E., BESSIS M., THAUREAUX J., « Ultra-structure du hyaloplasme cellulaire », *Microscopie,* 1, 1948, pp. 41-45.
(27) FAURÉ-FRÉMIET E., « Les applications du microscope électronique à la biologie », *Microscopie,* 1, 1948, pp. 1-9.
(28) FAURÉ-FRÉMIET E., « Problème moléculaire de la morphogenèse », *Année Biol.,* 26, 1950, pp. 361-379.
(29) FAURÉ-FRÉMIET E., « Les problèmes de la différenciation chez les protistes », *Bull. Soc. Zool. Fr.,* 79, 1954, p. 311.
(30) FAURÉ-FRÉMIET E., « Microtubules et mécanismes morphopoïétiques », *Année Biol.,* 9, 1970, pp. 1-161.

Génétique de la pigmentation de l'œil de la drosophile : la contribution spécifique de Boris Ephrussi

Jean GAYON*

Nous nous proposons de réévaluer un micro-épisode crucial dans l'histoire de la génétique physiologique, en entendant par cette expression l'ensemble des recherches qui ont eu pour objet d'élucider les processus par lesquels les gènes déterminent les caractères. L'épisode en question consiste dans les travaux réalisés au milieu des années 1930 par Boris Ephrussi et George Beadle sur le contrôle génétique de la pigmentation de l'œil de la Drosophile. Ces travaux sont classiquement considérés comme décisifs car ils ont constitué le premier pas expérimental vers l'établissement de la doctrine « un gène-un enzyme ». Cette doctrine, formulée aux États-Unis en 1941 par George Beadle et Edward Tatum, est elle-même venue comme solution aux difficultés rencontrées par le même Beadle et par Ephrussi dans une recherche conjointe menée à l'Institut de Biologie physico-chimique de Paris en 1935-36. Cette doctrine est bien connue : elle consiste à dire que chaque gène a une action primaire et une seule, qui est de produire un enzyme (ou, en vertu d'une généralisation ultérieure, la chaîne peptidique constitutive d'une protéine)[1]. Les biologistes et leurs historiens ont coutume dire que les travaux réalisés par le tandem Ephrussi-Beadle ont marqué les commencements de l'hypothèse « un gène-un enzyme »[2].

Il y a quelques années, dans une étude réalisée en collaboration avec Richard Burian et Doris Zallen[3], nous avons indiqué que cette narration n'était pas satisfaisante, car il n'est nulle part question d'enzymes dans l'ensemble des articles publiés par Ephrussi et Beadle avant 1940 ; il n'y est question que d'« hormones ».

* Université de Bourgogne, Dijon et CNRS, Paris.

1. G.W. Beadle & E.W. Tatum, « Genetic Control of Development and Differentiation », *American Scientist*, 75, 1941, pp. 107-116.

2. Voir par exemple : H. Roman, « Boris Ephrussi », *Annual Review of Genetics*, 14, 1980, pp. 447-450 ; H.F. Judson, *The Eighth of Creation. Makers of the Revolution in Biology*, New York, Simon and Schuster, 1979, pp. 279-280 ; A. Danchin, « Physique, chimie, biologie : un demi-siècle d'interactions, 1927-1977 », in *Cinquantenaire de l'Institut de biologie physico-chimique*, Paris, Fondation Edmond de Rothschild, 1977, p. 64.

3. R.M. Burian, J. Gayon and D. Zallen, « The singular fate of Genetics in the History of French Biology, 1900-1940 », *Journal of the History of Biology*, 21, 1988, pp. 357-402.

En réalité c'est au prix d'un contresens que l'on reconnaît dans ces articles une claire anticipation du dogme central de la biologie moléculaire. Si ce n'était pas le cas, on comprendrait mal pourquoi le prix Nobel de physiologie et de médecine de 1958, attribué à Beadle et Tatum au titre de l'établissement du principe « un gène-un enzyme », ne l'ait pas été à *Ephrussi,* Beadle et Tatum. En physiologie et médecine, la tradition dominante veut que l'on récompense des « découvertes » plutôt que des percées méthodologiques ou heuristiques, si importantes soient-elles.

Depuis notre article de 1988, divers biologistes ont rassemblé leurs souvenirs, et plusieurs historiens ont analysé en détail les conditions dans lesquelles Beadle et Tatum ont résolu après 1940 le problème sur lequel Ephrussi a buté dans le même temps[4]. Nous voudrions dans cette communication attirer l'attention sur un point qui a été négligé, tant dans l'histoire officielle des savants que dans celle des historiens des sciences, nous nous intéressons au genre de théorie dans lequel Ephrussi s'est égaré, immédiatement après sa collaboration avec Beadle.

Cette histoire est assez délicate, pour trois raisons. La première est qu'en raison de l'amitié profonde qui liait Boris Ephrussi à George Beadle, celui-ci est toujours demeuré très discret sur les difficultés rencontrées par son ami, dans le temps même où il résolvait avec le biochimiste américain Edward Tatum l'énigme du contrôle génétique de la pigmentation de l'œil de Drosophile. Ephrussi et Beadle ont étroitement collaboré au laboratoire à trois reprises : en 1934 (California Institute of Technology, Pasadena, USA), en 1935 (Institut de biologie physico-chimique, Paris), puis de nouveau à Caltech en 1936. Passé cette date, les deux hommes convinrent de continuer à échanger toutes leurs données expérimentales, et de coopérer dans la résolution du problème de la pigmentation de l'œil de Drosophile[5]. En pratique, la collaboration se limita une période de deux ans, comme le montre bien la figure 1, où nous avons dénombré la totalité des articles d'Ephrussi sur le contrôle génétique des pigments occulaires de la Drosophile, et, parmi eux, ceux qui l'ont été en collaboration avec Beadle. La liste exhaustive des travaux d'Ephrussi sur la pigmentation de l'œil est par ailleurs donnée en annexe. On remarque que ces travaux ont tous été publiés entre 1935 et 1945[6]. La figure 1 appelle deux observations. En premier lieu la période 1939-1942 est une période dans laquelle Ephrussi n'a rien publié du tout (ni en matière de génétique physiologique, ni sur quoi que ce soit d'autre), pour des raisons extrinsèques évidentes (mobilisation d'Ephrussi dans un laboratoire français à objectifs militaires, puis exil aux USA).

4. Voir en particulier la remarquable étude de R. E. Kohler, « Systems of production : Drosophila, Neurospora and biochemical genetics », *Historical Studies in the Physical and Biological Sciences,* 22, 1991, pp. 87-130.

5. En atteste la correspondance des deux hommes de 1937 à 1945, préservée dans les archives de George Beadle, consultables au California Institute of Technology. La correspondance Ephrussi-Beadle pour cette période est contenue dans la boîte 1, chemise 26. Nous remercions Robert Kohler de nous l'avoir communiquée à R.M. Burian et moi-même.

6. Pour une analyse des autres phases de la carrière scientifique d'Ephrussi, voir R.M. Burian et J. Gayon, « Génétique et recherche médicale en France : le cas de Boris Ephrussi », *Sciences sociales et santé,* Vol. X, n°4, Décembre 1992, pp. 26-45 ; R.M. Burian, J. Gayon, D.T. Zallen, « Boris Ephrussi and the Synthesis of Genetics and Embryology », *in Developmental Biology : A Comprehensive Synthesis,* vol. VII, *A Conceptual History of Modern Embryology,* S.H. Gilbert ed., New York, Plenum Press, 1991, pp. 207-227.

	Dénombrement par année des publications de Boris Ephrussi sur le contrôle génétique de la pigmentation de l'œil de Drosophile.	dont en collaboration avec Beadle :
1935	4	5
1936	6	4
1937	12	9
1938	6	–
1939	1	–
1940	0	–
1941	0	–
1942	2	–
1943	0	–
1944	1	–
1945	2	–

Fig. 1. Évaluation quantitative de la collaboration Ephrussi-Beadle. Les références complètes des textes sont données en annexe.

Or c'est dans cette période que les Américains et les Allemands (en particulier Butenandt) ont fait des percées décisives sur le problème de la génétique de la pigmentation de l'œil de Drosophile. En second lieu, c'est en 1937-38 qu'Ephrussi a proposé une interprétation personnelle et sans lendemain des données expérimentales précédemment accumulées avec Beadle. Dans ces conditions, on comprend que Beadle soit demeuré réservé sur un épisode assez dramatique pour son ami Ephrussi, et bien davantage encore pour son pays d'adoption (né en Russie en 1901, Ephrussi s'est installé en France après la guerre de 1914-1918).

La seconde raison qui rend difficile l'appréciation de l'épisode est que l'hypothèse théorique développée par Ephrussi en 1937-38, quoiqu'incompatible avec celle finalement imposée par Beadle et Tatum en 1941, peut être aisément confondue avec elle, si l'on s'en tient aux schémas qui la résument. Nous insisterons particulièrement sur ce point dans la suite de cette communication.

L'évaluation de la contribution sépcifique de Boris Ephrussi dans l'élucidation du contrôle génétique des pigments de l'œil de la Drosophile est enfin compliquée par une troisième raison : lorsqu'après les découvertes capitales Ephrussi est revenu sur le problème dans plusieurs articles publiés aux États-Unis entre 1942 et 1945, il a tout fait pour convaincre que la résolution du problème avait impliqué la coopération objective de beaucoup d'individus, de disciplines et de nations. Ce qui, indépendamment des motivations propres d'Ephrussi, est tout à fait vrai.

Cela étant, nous nous proposons dans le cadre de la présente communication de répondre à deux questions : en premier lieu, quelle était précisément l'explication adoptée par Ephrussi en 1937-38 pour rendre compte du mode d'action des gènes dans la pigmentation des yeux de la mouche du vinaigre ? Les quatre premières sections de notre communication répondent à cette question. Nous examinerons en second lieu ce que révèle l'épisode sur les contraintes locales, théoriques, techniques et institutionnelles, qui définissaient le contexte de recherche dans laquelle Ephrussi travaillait alors à Paris.

FORMULATION CONTEMPORAINE DU PROBLÈME

Pour la commodité de l'exposé historique, il ne sera pas inutile de rappeler l'interprétation aujourd'hui admise des phénomènes. Cette interprétation n'a guère changé depuis le milieu des années 1940. La coloration de l'œil de la drosophile du vinaigre est attribuée à deux pigments principaux : un pigment brun (ou pigment ommochrome) et un pigment rouge (qui est une ptérine). La formation de chacun de ces pigments est contrôlée par une batterie de gènes, dont la mutation a pour effet de priver la mouche de l'un de ses pigments. Par exemple la mutation *vermilion*, qui donne un aspect rouge éclatant aux yeux de la mouche, affecte la formation du pigment brun ; inversement la mutation *brown* empêche la formation du pigment rouge. Un certain nombre d'autres mutations, affectant telle ou telle étape de la chaîne de biosynthèse de l'un des pigments ont des effets analogues. Les noms de ces mutations expriment la teinte observée du fait du défaut de l'un ou l'autre des pigments (*cinnabar, raspberry, apricot*). Une mouche privée des deux pigments a les yeux blancs. D'autres mutations affectent la couleur sans intervenir dans la synthèse des pigments. Par exemple la mutation *white* altère les granules protéiques auxquels s'attachent les pigments avant de se déposer sur les ommatidies de l'œil. Les yeux sont alors blancs. Dans tous les cas, il nous paraît aujourd'hui évident que les gènes impliqués ont pour effet primaire le codage des polypeptides qui interviennent soit comme enzymes dans les chaîne de biosynthèse des pigments, soit comme protéines de structure permettant la fixation de ceux-ci. La figure 2, empruntée à un manuel récent de génétique, illustre la conception que nous avons actuellement de la chaîne de biosynthèse de l'un des pigments impliqués dans la coloration de l'œil de la drosophile, et de son contrôle génétique. Il s'agit du pigment brun, qui est un dérivé du tryptophane. Il est important de noter qu'Ephrussi et Beadle ne connaissaient ni cette chaîne de biosynthèse, ni le fait qu'elle partait au tryptophane, ni le nombre exact de pigments impliqués, et donc de chaînes de biosynthèse. *A fortiori* ignoraient-ils le mode d'action physiologique des gènes, qui était l'enjeu même de leurs travaux.

LES TRAVAUX EXPÉRIMENTAUX DE BEADLE ET D'EPHRUSSI, 1935-1936

Ces travaux ont procédé d'une intention théorique parfaitement explicite. Boris Ephrussi, embryologiste formé à Paris par Henneguy et Fauré-Frémiet, et George Beadle, généticien américain formé dans l'équipe californienne de Morgan

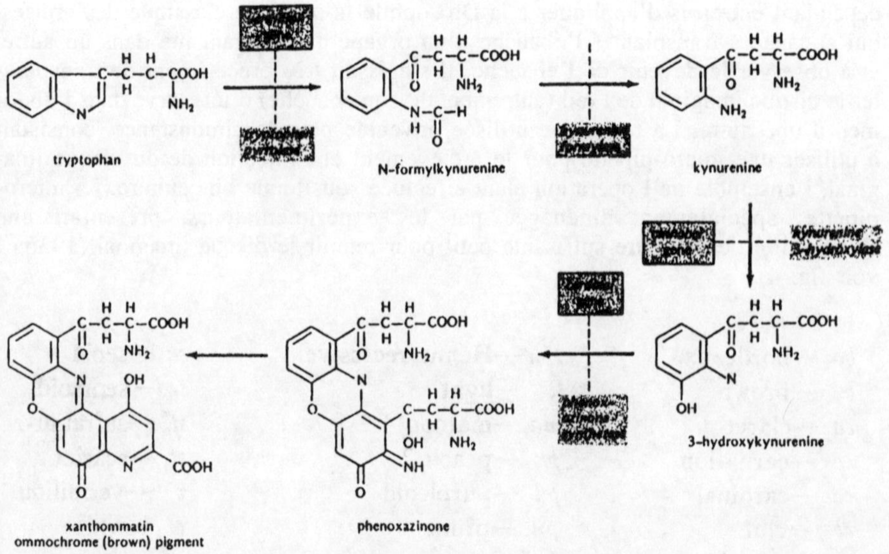

Fig. 2. Représentation didactique contemporaine et simplifiée de la synthèse du pigment ommochrome dérivé du tryptophane, et de l'action des gènes *vermilion* et *cinnabar,* particulièrement importants dans les travaux originels de Beadle et Ephrussi. (D'après M.W. Strickberger, *Genetics,* 3e éd., New York, MacMillan, 1985, p. 527).

et Sturtevant, ont entrepris de réaliser le rêve de tous les généticiens de l'époque : associer les techniques de la génétique mendélienne et celles de l'embryologie causale sur un objet expérimental défini. Le projet a germé dans l'esprit d'Ephrussi à l'issue d'un séjour effectué en 1934 à l'Institut technologique de Pasadena en Californie (familièrement : « Caltech »), dans le laboratoire de Morgan, et grâce à une bourse de la fondation Rockefeller. C'est dans ce lieu qu'Ephrussi, qui n'avait jamais pratiqué la génétique mendélienne (ses travaux antérieurs avaient porté sur l'embryologie de l'oursin et la culture des tissus), s'y est trouvé initié avec le concours de George Beadle, jeune chercheur venant d'achever son doctorat de génétique. Ce n'est toutefois qu'un an plus tard, à l'Institut de biologie physico-chimique de Paris qu'Ephrussi, rejoint par Beadle grâce à une nouvelle bourse Rockefeller, a entrepris d'appliquer les méthodes de l'embryologie expérimentale à l'organisme le mieux connu des généticiens de l'époque : la Drosophile du vinaigre.

Dans les années 1930, les généticiens, sous l'impulsion de Thomas Hunt Morgan, avaient déjà décrit et localisé plus de deux cents mutations différentes de *Drosophila melanogaster.* Parmi elles, un nombre important concernait la couleur des yeux, particulièrement aisée à observer. Ephrussi et Beadle en ont retenu vingt-six, résumées dans le tableau de la figure 3, reproduit d'un article publié en 1936 dans la revue *Genetics.* S'il était remarquablement connu du point de vue de la génétique mendélienne, l'animal était en revanche particulièrement peu approprié à des manipulations embryologiques, en raison de sa petitesse, et de ce fait très mal connu des zoologistes de ce point de vue. Les deux chercheurs ont cependant entrepris d'appliquer à la Drosophile la méthode classique des greffes, qui consiste à transplanter l'ébauche d'un organe d'un organisme dans un autre, et à observer le devenir de l'ébauche. Il s'agissait très précisément de transplanter le disque imaginal de l'œil (autrement dit son ébauche) d'une larve dans l'abdomen d'une autre. La technique utilisée, inventée pour la circonstance, consistait à utiliser une micro-pipette pour le prélèvement et l'injection de du disque imaginal, l'ensemble de l'opération étant effectuée sous loupe binoculaire. La micropipette, spécialement aménagée par les expérimentateurs, présentait une constriction de diamètre suffisante petit pour retenir le disque imaginal (1936a[7]; voir fig. 4).

bo —bordeaux	*Hn*^{r}—Henna-recessive	*se* —sepia
bw —brown	*lt* —light	*sed*—sepiaoid
ca —claret	*ma* —maroon	*sf*^{2}—safranin-2
car—carnation	*p*^{p} —peach	*st* —scarlet
cd —cardinal	*pd* —purpleoid	*v* —vermilion
cl —clot	*pn* —prune	*w* —white
cm —carmine	*pr* —purple	*w*^{a} —apricot
cn —cinnabar	*ras* —raspberry	*w*^{e} —eosin
g^{2} —garnet-2	*rb* —ruby	

Fig. 3. Liste des vingt-six mutants utilisés par Beadle et Ephrussi dans leurs travaux de 1935-36. Les désignations renvoient à des noms de couleurs, mais les souches sont fondamentalement définies par des méthodes mendéliennes. Ces mutants étaient bien connus des généticiens dans les années 1930. Beadle G.W. and Boris Ephrussi, « The Differentiation of Eye Pigments in *Drosophila* as studied by Transplantation », *Genetics,* 21 (1936), p. 227.

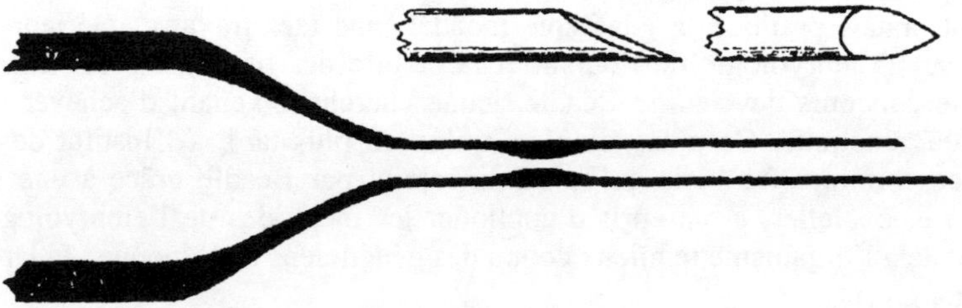

Fig. 4. Schéma de la micro-pipette utilisée par Beadle et Ephrussi lors de leurs expériences de transplantation d'ébauches d'œil (Ephrussi (B.) and Beadle (G.W.), « A Technique of Transplantation for *Drosophila* », *American Naturalist,* 70 (1936), p. 222).

7. Les références aux textes publiés par Ephrussi sur la pigmentation de l'œil de la Drosophile sont systématiquement données sous cette forme abrégée. Pour les titres complets, voir l'annexe située à la fin de la communication.

La première expérience de transplantation réussie eut lieu au printemps 1935 ; elle est relatée dans une note présentée à l'Académie des sciences le premier juillet de la même année. Elle consistait à implanter l'œil d'un mutant *vermilion* dans l'abdomen d'une larve sauvage. Quelques jours plus tard, cet œil présentait la coloration sauvage. Commentant cette expérience, les deux auteurs en exprimaient avec solemnité la portée. Ce genre d'expérience -disaient-ils- montrait que ce que les généticiens appellent « détermination des caractères » ne se confond pas avec ce qu'appellent les embryologistes : « détermination du devenir d'une ébauche ». En effet, si la transplantation d'un œil de génotype *vermilion* (symboliquement : *v*) dans une larve de génotype sauvage (v^+) aboutissant au développement d'un œil de phénotype sauvage, il est clair que le gène mendélien *v* n'a pas irréversiblement déterminé la coloration de l'œil ; Il s'agit donc d'un gène « dont la manifestation n'est pas autonome dans le développement ». Les « déterminations » génétique et embryologique sont donc des phénomènes indépendants, qui en outre prennent place à des moments différents (1936a, p. 99). D'où la déclaration terminale du texte : *« Nous pensons que les expériences citées suffisent pour montrer la possibilité de la méthode de transplantation, appliquée à un matériel connu au point de vue génétique »* (1936a, p. 100).

La suite des travaux expérimentaux d'Ephrussi et Beadle se devine : ils ont entrepris de transplanter systématiquement les yeux des vingt-sept souches dont ils disposaient (vingt-six souches mutantes et une sauvage) dans des larves de génotype différent. Ils n'ont pas en fait réalisé les 729 types de transplantation possibles. La figure 5 reproduit le genre de tables dans lesquelles le détail quantitatif des expériences était présenté. La figure 6 récapitule l'ensemble des résultats obtenus.

On voit que dans la plupart des cas, les yeux implantés des mutants avaient un développement « autonome », autrement dit conservaient leur type en dépit de la transplantation, et n'étaient pas affectés par le contexte génétique différent de l'hôte. Deux mutations présentaient cependant un développement presque systématiquement « non autonome » : *vermilion* et *cinnabar*. Implantés dans une souche sauvage, des yeux *v* et *cn* développent la coloration de la souche sauvage. Dès septembre 1935, dans une deuxième note publiée dans les *Comptes rendus de l'Académie des sciences de Paris,* Ephrussi et Beadle attribuaient cette modification à une « substance diffusible ». Dans la même note, ils observaient par ailleurs que cette substance diffusible active ne pouvait pas être la même pour les deux mutants. En effet, lorsque la transplantation est effectuée de l'un des mutants vers l'autre, et réciproquement, on obtient des résultats dissymétriques : la transplantation d'un œil *v* dans une larve *cn* donne un œil phonétiquement sauvage, tandis que la transplantation réciproque donne un œil *cinnabar,* donc incomplètement pigmenté (voir la figure 7, qui illustre bien cette observation) :

« Ces résultats montrent clairement que les facteurs diffusibles impliqués dans les réactions cinnabar et vermilion ne sont pas identiques : s'ils l'étaient, l'évolution de l'ébauche vermilion ne devrait pas être modifiée par l'implantation dans un hôte cinnabar. Il s'agit donc de deux facteurs différents. L'action des deux se manifeste dans les mouches du type sauvage ; l'action de l'un seulement se manifeste dans les mouches cinnabar ; et aucun des deux facteurs ne se manifeste dans les mouches vermilion.

TABLE 3

Data on the differentiation of v eye implants in eye color mutant hosts. Arrangement as in table 1.

IMPLANT	HOST	NUMBER OF INDIVIDUALS	PHENOTYPE OF IMPLANT	IMPLANT	HOST	NUMBER OF INDIVIDUALS	PHENOTYPE OF IMPLANT
v	*bo*	0, 0, 0, 1; 1	+	*v*	*pd*	2, 1, 1, 0; 4	+
v	*bw*	7, 0, 2, 1; 10	+	*v*	y *pn*	2, 0, 1, 1; 4	+
v	*ca*	4, 4, 3, 2, 3,* 2*; 18	*v*	*v*	b *pr*	2, 0, 1, 1; 4	+
v	*car*	5, 0, 2, 1; 8	Interm.	*v*	sc *ras*	0, 1, 0, 1; 2	+
v	*cd*	2, 1, 4, 1; 8	+	*v*	*rb* cv	2,‡ 1, 1, 0; 4	*v*
v	*cl*	2, 3, 1, 0; 6	+	*v*	*se* wo	4, 4, 6, 1; 15	+
v	*cm*	7, 0, 1, 2; 10	*v*	*v*	sr *sed*	0, 1,‡ 0, 0; 1	+
v	*cn*	6, 1, 3, 3; 13	+	*v*	tk sf^2 abb	3, 0, 0, 1; 4	+
v	g^2	2, 0, 3, 2; 7	Interm.	*v*	*st*	3, 0, 3, 2; 8	+
v	jv Hn^r h	1, 0, 2, 1; 4	+	*v*	*w*	8, 2, 2, 1; 13	+
v	*lt* c	2, 0, 0, 0; 2	+	*v*	w^a	0, 0, 0, 1; 1	+
v	*ma*	3, 0, 0, 3; 6	+	*v*	w^e	0, 1, 0, 0; 1	+
v	p^p	3,* 2,* 0, 0; 5	*v*				

* Sex of donor not determined.

‡ One host dissected as mature pupa.

TABLE 4

Data on the differentiation of cn eye implants in eye color mutant hosts. Arrangement as in table 1.

IMPLANT	HOST	NUMBER OF INDIVIDUALS	PHENOTYPE OF IMPLANT	IMPLANT	HOST	NUMBER OF INDIVIDUALS	PHENOTYPE OF IMPLANT
cn	*bo*	1, 1, 2, 0; 4	+	*cn*	*pd*	1,‡ 0, 5, 1; 7	+
cn	*bw*	3, 0, 0, 3; 6	+	*cn*	y *pn*	3, 0, 0, 0; 3	+
cn	*ca*	2, 0, 1, 0; 3	*cn*	*cn*	b *pr*	0, 1, 2, 0; 3	+
cn	*car*	2, 0, 5, 3; 10	Interm.	*cn*	sc *ras*	0, 0, 0, 1; 1	+
cn	*cd*	3, 3, 2, 2; 10	+	*cn*	*rb* cv	1, 0, 2, 1; 4	*cn*
cn	*cl*	2, 0, 1, 2; 5	+	*cn*	*se* wo	3, 3, 2, 3; 11	+
cn	*cm*	1, 2, 3, 1; 7	*cn*	*cn*	sr *sed*	0, 3, 2, 0; 5	+
cn	g^2	5, 1, 1, 2; 9	Interm.	*cn*	tk sf^2 abb	3, 0, 3, 0; 6	+
cn	jv Hn^r h	1, 0, 3, 0; 4	+	*cn*	*st*	3, 2, 2, 2; 9	+
cn	*lt* c	0, 0, 2, 1; 3	+	*cn*	*v*	2, 4, 5, 1; 12	*cn*
cn	*ma*	1, 2, 1, 1; 5	+	*cn*	*w*	0, 2, 1, 0; 3	+
cn	p^p	5,* 3,* 0, 0; 8	*cn*				

* Sex of donor not determined.

‡ Host dissected as mature pupa.

Fig. 5. Deux des quatre tables dans lesquelles Ephrussi et Beadle présentaient le détail de leur résultat. Pour chaque type de transplantation, les quatre chiffres donnent le nombre de transplantations effectuées pour les autre combinaisons sexuelles possibles (femelle dans femelle, mâle dans mâle, femelle dans mâle, mâle dans femelle). Le cinquième chiffre donne le total. La variation des chiffres tient à la difficulté de l'opération de transplantation, qui aboutissait à un nombre élevé d'échecs, les larves étant irrémédiablement détruites. Beadle (G.W.) and Ephrussi (B.), « The Differentiation of Eye Pigments in *Drosophila* as studied by Transplantation », *Genetics*, 21 (1936), pp. 231 et 232.

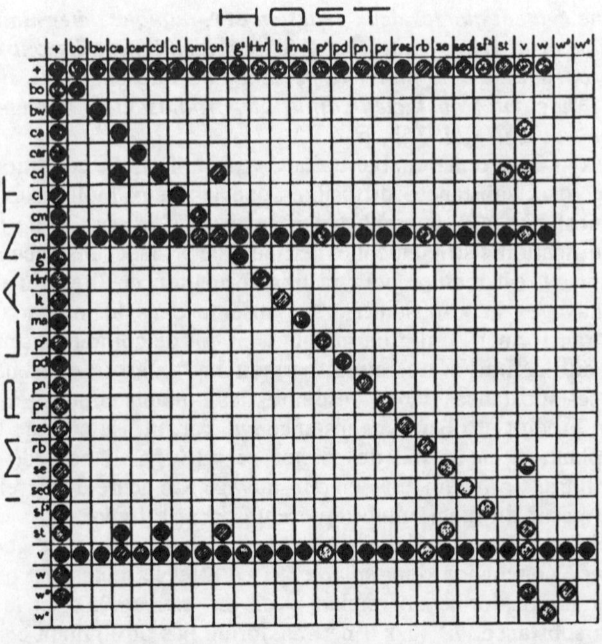

Fig. 6. Tableau récapitulant les expériences de transplantation croisée effectuées par Beadle et Ephrussi en 1935-36. Les cercles grisés indiquent « un développement autonome de la pigmentation de l'implant ». Les cercles noirs indiquent un développement non autonome. Les cercles à demi noirs indiquent que l'implant a une couleur intermédiaire. Beadle (G.W.) and Ephrussi (B.), « The Differentiation of Eye Pigments in *Drosophila* as studied by Transplantation », *Genetics*, 21 (1936), p. 230.

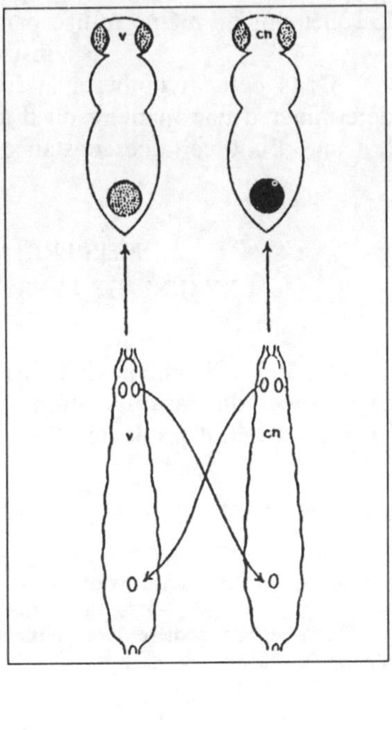

Fig. 7. Représentation schématique des expériences de transplantation croisée de *vermilion* vers *cinnabar* et de *cinnabar* vers *vermilion*, réalisées à l'été 1935 par Beadle et Ephrussi. « v » et « cn » indiquent le type génétique des larves et adultes développés respectivement représentés en bas et en haut de la figure. Tiré de Ephrussi (B.), « Chemistry of "Eye Color Hormones" of *Drosophila* », *The Quarterly Review of Biology* 17 (1942), p. 322. Ce genre de représentation, banal pour un embryologiste, était communément utilisé par Ephrussi depuis le début des expériences.

Il est donc évident que les deux gènes cn et v, quoique déterminant des caractères phonétiquement très voisins, ne sont pas identiques; ils ont cependant en commun la propriété de déterminer la présence ou l'absence (ou, si l'on préfère, l'activité ou l'inactivité) du facteur diffusible produisant le changement de cinnabar en type sauvage » (1936b, p. 621).

Cette dissymétrie remarquable n'était explicable qu'à condition de postuler l'existence de deux substances diffusibles que les deux biologistes ont convenu d'appeler « substance v^+ » et « substance cn^+ ». Il s'agissait là de notions d'origine et de signification « strictement expérimentale » : la « substance cn^+ », absente dans le mutant *cn*, est requise pour la transformation de l'œil du mutant cinnabar en œil sauvage; la « substance v^+ », absente dans le mutant *vermilion*, est requise pour transformer l'œil d'un mutant *v* en œil de coloration sauvage (1937a, pp. 56-58). Cette définition opératoire permettait d'inférer l'existence ou la non-existence de ces substances dans l'ensemble des mutants connus. Par exemple, le mutant *brown* produit et libère la substance cn^+ car, utilisé comme hôte, il transforme un implant *cn* en un œil de phénotype sauvage. Il possède aussi la substance v^+, car il transforme un œil *v* en œil sauvage. Ce genre d'inférence s'effectue directement à partir du diagramme représenté dans la figure 6.

Appliqué aux mutants *vermilion* et *cinnabar* eux-mêmes, ce genre d'analyse conduisait à une conclusion remarquable. Si en effet le mutant *cn* produit la substance v^+ (car il transforme un implant *v* en œil sauvage), et si le mutant *v* ne produit pas la substance cn^+ (car il ne transforme pas un implant en œil sauvage, il faut en déduire que : (1) dans l'un des mutants (*cinnabar*), seule la substance cn^+ fait défaut; (2) dans l'autre (*vermilion*), ce sont les deux substances diffusibles qui font défaut. Ce raisonnement très élégant suggérait une hypothèse de travail qu'Ephrussi a présenté en 1936 dans la revue *Genetics*, et consistant à dire que l'une des substances est le produit d'une transformation de l'autre. Soit, selon le schématisme même utilisé par les deux auteurs :

$$\rightarrow \text{substance } v^+ \rightarrow \text{substance } cn^+$$

Dans cette hypothèse, la fonction des gènes *vermilion* et *cinnabar* est de déterminer d'une manière ou d'une autre deux étapes successives dans le métabolisme d'une certaine substance diffusible (1936b, p. 243)[8].

INTERPRÉTATIONS DE L'HYPOTHÈSE: BEADLE ET EPHRUSSI (1937), PUIS EPHRUSSI (1938)

En 1937, Beadle et Ephrussi ont proposé une première interprétation de leurs expériences de transplantation. Cette interprétation, résumée dans le schéma de la figure 8, était prudente. Tout à fait en accord avec la signification opératoire

8. En toute rigueur, dans cet article, la séquence présentée est :

$$\rightarrow \text{substance } ca+ \rightarrow \text{substance } v+ \rightarrow \text{substance } cn+$$

Toutefois, l'hypothèse de la substance *ca+* pose des problèmes particuliers dans lesquels nous n'entrerons pas ici.

que les deux expérimentateurs avaient donné des notions de « substance *v*+ » et de « substance *cn*+ », le schéma représente l'action des différents gènes considérés sur les différentes phases de la chaîne de synthèse. En 1937, lors de la première présentation du schéma, Beadle et Ephrussi commentaient sa signification en ces termes :

« Bien que des gènes variés soient mentionnés comme impliqués dans la même étape de cette série, ceci ne signifie pas pour autant que les gènes agissent de la même manière. Il n'y a manifestement nul besoin de supposer que chaque étape suggérée dans ce schéma représente une unique réaction chimique. A priori, il est probable que le schéma présenté ne soit que le squelette d'une série complexe de réactions en relation les unes avec les autres ; chaque étape pourrait bien représenter un grand nombre de sous-étapes en termes de réactions chimiques ». (1937e, pp. 85-86)

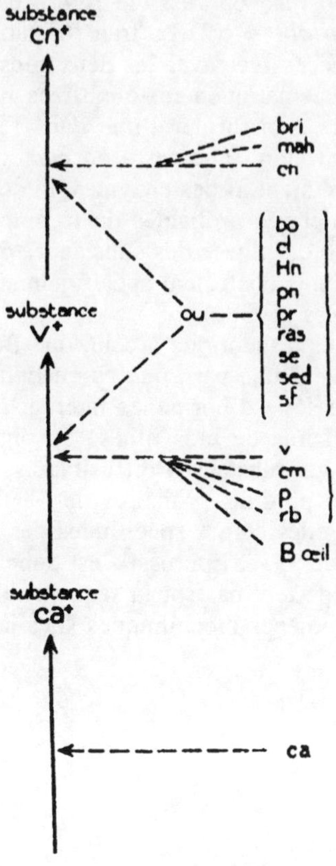

Fig. 8. Schéma de la formation en chaîne des substances *ca*+, *v*+, et *cn*+, montrant l'action des différents gènes impliqués dans la formation des substances diffusibles supposées par Beadle et Ephrussi. Le schéma fut présenté pour la première fois par les deux auteurs en 1937 (Ephrussi et Beadle, « Développement des couleurs des yeux chez la Drosophile : Revue des expériences de transplantation », *Bulletin biologique de la France et de la Belgique* 71, p. 67 ; Beadle and Ephrussi, « Development of Eye Colors in *Drosophila* : Diffusible Substances and their Interrelations », *Genetics* 22, p. 85). L'image que nous reproduisons ici est la version française, quasiment identique à la version anglaise, et publiée antérieurement, car elle est citée dans l'article anglais.

A partir d'août 1937, Ephrussi, dans des textes publiés avec Simon Chevais, son assistant à l'Institut de biologie physico-chimique, s'est orienté vers une hypothèse interprétative beaucoup plus hardie, contemporaine de la cessation de toute publication conjointe avec Beadle. En premier lieu, les schémas de la figure 9 font intervenir une nouvelle substance hypothétique, dénommée « *Facteur a* ». La production de ce facteur est supposé contrôlée par le gène *cn*, la substance cn^+ étant le résultat d'une transformation de ce facteur. Mais surtout, Ephrussi accorde désormais une place à la formation du pigment lui-même. Dans les textes écrits avec Beadle, Ephrussi s'était contenté de dire que les substances diffusibles « *intervenaient* » d'une manière inconnue dans la formation du pigment. Cette fois, l'hypothèse théorique est beaucoup plus forte : elle articule trois niveaux de processus. (1) Le niveau du « *substrat* », présenté comme quelque chose qui se transforme en un certain nombre d'étapes en pigment. N'ayant aucun accès expérimental à ce substrat, Ephrussi le figure par une boule, et postule qu'il est chimiquement « *variable* ». (2) La transformation du substrat est réalisée par des combinaisons successives avec les deux substances v^+ et cn^+. Celles-ci sont à partir de 1938 systématiquement qualifiées par Ephrussi comme des hormones susceptibles de se transformer l'une dans l'autre. De 1937 à 1939, Ephrussi et ses assistants ont établi que ces « *hormones* » ou « *substances semblables à des hormones* » n'étaient ni des enzymes, ni des protéines, ni des phosphoaminolipides, mais des dérivés probables du tryptophane. Il est essentiel de remarquer que la chaîne de biosynthèse des substances diffusibles n'est pas celle du pigment. (3) Enfin les gènes contrôlent spécifiquement les étapes de production des substances diffusibles (1938c).

Si l'on compare ce schéma théorique à celui que Beadle et Tatum quelques années plus tard[9], on constate d'une part, que ce qu'Ephrussi considérait comme chaîne de biosynthèse d'une série d'hormones interagissant avec les précurseurs du pigment est devenu la chaîne de biosynthèse du pigment lui-même; d'autre part que, entre les gènes et les substances diffusibles se sont intercalés des protéines enzymatiques, comme produits primaires de l'action des gènes, et agents intervenant directement dans des étapes spécifiques des transformations métaboliques. Dans son hypothèse de 1938, Ephrussi s'est donc doublement trompé. Les erreurs, en l'occurrence, ne portent pas sur la séquence des événements postulés, mais sur la nature des phénomènes biochimiques sous-jacents.

9. Cf *supra* n. 1.

Fig. 9. Schéma résumant l'hypothèse d'Ephrussi et Chevais présentée en 1938 (« Développement des couleurs des yeux chez la Drosophile : Relations entre production, utilisation et libération des substances diffusibles », *Bulletin biologique de la France et de la Belgique*, 72, 1938, p. 71). Légendes d'origine. ▶

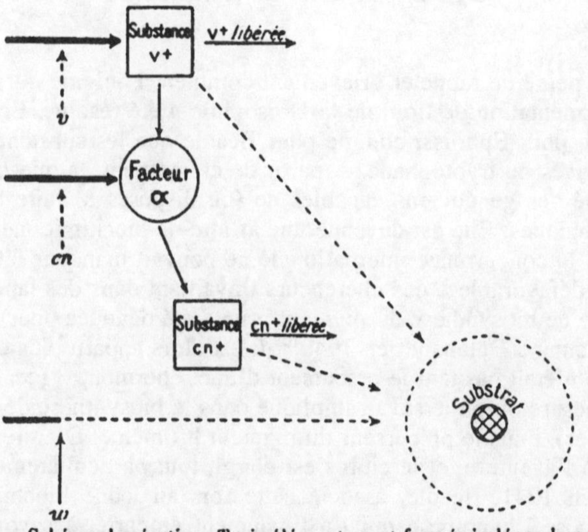

Fig. 9. — Schéma de réaction. Trois éléments sont formés indépendamment : substance v^+, facteur α, substrat. La substance v^+ agissant sur le facteur α conduit à la formation de la substance cn^+.

Cas d'un œil très peu pigmenté. La formation de substrat est suspendue par l'action d'un allélomorphe de *w*. Les substances v^+ et cn^+ ne peuvent être absorbées par le substrat (flèches pointillées) et sont libérées. Les flèches verticales indiquent les niveaux auxquels la formation des trois éléments est arrêtée par les gènes *v*, *cn* et *w*.

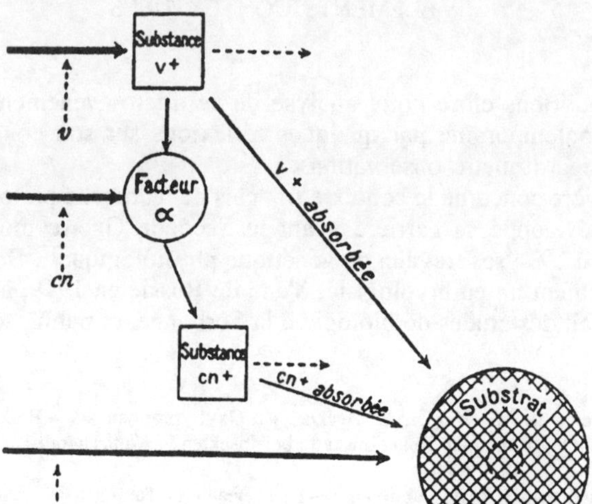

Fig. 10. — Schéma de réaction dans le cas d'un œil fortement pigmenté. La substance cn^+, comme la substance v^+, est entièrement absorbée. La libération de ces substances (flèches pointillées) n'a pas lieu.

LA RÉSOLUTION DU PROBLÈME

Il vaut la peine de rappeler brièvement comment l'énigme du contrôle génétique de la pigmentation de l'œil de la Drosophile a été résolue. En 1938, il était devenu évident pour Ephrussi comme pour Beadle que les substances diffusibles étaient des dérivés du tryptophane. A partir de ce moment, la question a quitté le club très fermé des généticiens capables de (ou disposés à) faire des manipulations embryologiques. Elle est devenue une affaire de biochimie métabolique, terrain sur lequel la concurrence internationale ne pouvait manquer d'être très forte, et en tout cas défavorable à des chercheurs travaillant dans des laboratoires français. La chaîne de biosynthèse du pigment brun a été dénouée pour l'essentiel par le chimiste allemand Butenandt en 1940[10]. Il est alors apparu plus clairement que le tryptophane n'était pas tant le précurseur d'une « hormone » (ce qui était à vrai dire dans la mesure où on le savait impliqué dans la biosynthèse de certaines hormones sexuelles), mais le précurseur du pigment lui-même. D'autres biochimistes ont participé à l'aventure, et le club s'est élargi, tout particulièrement du côté de l'Amérique. En 1941, Beadle, associé cette fois au jeune biochimiste Edward Tatum, a proposé l'hypothèse qui l'a finalement emporté, à savoir que la synthèse du pigment met en jeu des enzymes eux-mêmes déterminés par des gènes[11]. 1940 et 1941 sont précisément les années dans lesquelles Ephrussi a dû, par la force des choses, interrompre son travail scientifique, étant affecté en France dans un laboratoire militaire.

ÉLÉMENTS CONTEXTUELS

Nous voudrions clore notre analyse de ce micro-événement de l'histoire de la biologie contemporaine par quelques réflexions sur son contexte local. Nous ferons à cet égard quatre observations.

La première concerne le contexte français de recherche biologique dans lequel Ephrussi a développé sa carrière avant la Seconde Guerre mondiale. Avant de commencer en 1934 ses travaux de génétique physiologique[12], Boris Ephrussi était fondamentalement un embryologiste. Venu de Russie en 1919, à l'âge de dix-huit ans, il avait fait des études de biologie à la Sorbonne, et publié son premier article

10. A. Butenandt, W. Weidel, E. Becker, « a-Oxytryptophan als « Prokyurenin » in der zur Augenpigmentbildung führenden Reaktionskette bei Insekten », *Naturwissenschaft*, 28, 1940, pp. 447-448.

11. En réalité, dans le texte publié en 1941 par Beadle et Tatum (n. 1), il n'était pas encore crucial que les gènes fussent distincts des enzymes. L'hypothèse « un gène-un enzyme » n'a été clairement formulée qu'un an plus tard, dans le cadre du travail sur *Neurospora*, qui a valu aux deux savants un prix Nobel.

12. B. Ephrussi, « Sur le facteur léthal des souris brachyures », *Comptes rendus de l'Académie des Sciences*, 197, 1933, pp. 96-98; « The Absence of Autonomy in the Development of the Effects of Certain Deficiencies in *Drosophila melanogaster* », *Proceedings of the National Academy of Sciences*, 20, 1934, pp. 420-422. Sur ces textes, voir Burian, Gayon, Zallen, *loc. cit.* n. 3.

en 1922, en collaboration avec Serge Metalnikow, qui travaillait à l'institut Pasteur[13]. A l'âge de vingt-cinq ans, il avait déjà publié vingt-deux articles dans divers journaux scientifiques de renom (essentiellement les *Comptes rendus de l'Académie des Sciences* et les *Comptes rendus de la Société de Biologie*). A l'âge de trente ans, on comptait quarante-et-un articles; et, au début de 1935, cinquante-cinq articles publiés, dont deux livres. Pour l'essentiel, ces textes portaient, d'une part sur les facteurs physiques et chimiques de l'embryologie de l'oursin, d'autre part sur la culture *in vitro* de tissus animaux, apprise tout particulièrement en Allemagne auprès d'Albert Fischer, au *Kaiser-Wilhelm Institut* de Berlin. Même si l'on peut faire des réserves sur les conditions, souvent passablement laxistes, dans lesquelles les articles étaient publiés dans les grandes revues scientifiques françaises de l'époque, ces faits montrent que, dans la France de l'entre-deux-guerres, il était possible à de très jeunes étudiants brillants de s'intégrer dans des équipes de recherche et de publier. Bien d'autres biographies confirmeraient cette assertion (par exemple, pour ne citer que des personnalités proches d'Ephrussi : Louis Rapkine, André Lwoff, Étienne Wollman, René Wurmser). Ces faits montrent aussi que l'embryologie expérimentale nouvelle, celle qui s'intéressait aux facteurs chimiques du développement et à la culture des tissus, constituait un terrain favorable.

La carrière française d'Ephrussi entre 1935 et 1939 constitue par ailleurs un bon indice de la réceptivité de la communauté biologique d'alors à une génétique contre laquelle ils avaient déployé une résistance inouïe dans le premier tiers du siècle. Des trente travaux de génétique physiologique publiés dans cette période par Ephrussi, quatorze l'ont été en français, en particulier les cinq premiers. En 1936, Ephrussi a pu créer, à l'âge de trente-cinq ans, une collection de génétique aux éditions Hermann, dans laquelle ont été publiées par exemple des monographies de Sturtevant, Dobzhansky, Wright, L'Héritier, lui-même. Et par ailleurs en 1937-1938, Ephrussi se voyait confier un cours de génétique physiologique à l'École Pratique des Hautes Études, cours publié en 1939 chez Hermann, sous le titre de *Génétique physiologique*. Cette période est aussi celle où L'Héritier a soutenu la première thèse française de génétique[14], et où André Lwoff et Étienne Wollman ont introduit le mendélisme à l'Institut Pasteur[15]. Ces faits montrent que, si la génétique n'avait guère droit de cité dans l'enseignement universitaire français de l'entre-deux guerres, elle était clairement reconnue comme un secteur de recherche important.

Notre seconde observation a trait aux conditions qui ont rendu possible la percée méthodologique de 1935. Il est difficilement concevable qu'Ephrussi l'ait

13. S. Metalnikow et B. Ephrussi, « Phagocytose et virulence des microbes », *Comptes rendus de la Societé de Biologie*, 86, 1922, pp. 65-67.

14. P. L'Héritier, *Étude de variations quantitatives au sein d'une espèce :* Drosophila melanogaster *Meig.*, Thèse présentée à la Faculté des sciences de l'Université de Paris pour obtenir le grade de docteur ès sciences, Paris, Édition des *Archives de Zoologie expérimentale*, Librairie H. Le Soudier, 1937.

15. E. Wollman, « Recherches sur le phénomène de Twort-d'Hérelle (bactériophagie ou autolyse hérédo-contagieuse), quatrième mémoire », *Annales de l'Institut Pasteur*, 56, 1936, pp. 137-164, et appendice à cet article par A. Lwoff, « Remarques sur une propriété commune aux gènes, aux principes lysogènes et aux virus des mosaïques », *Ibid.*, pp. 165-170.

accomplie seul à Paris, dans quelque contexte institutionnel que ce soit. Le séjour à Pasadena, puis la collaboration avec Beadle ont été absolument cruciaux. C'est à l'institut technologique de Californie qu'Ephrussi a pris conscience du problème de l'articulation *expérimentale* de la génétique et de l'embryologie, qui était une préoccupation de tous les membres de l'équipe de Morgan, et tout particulièrement de Sturtevant. Le premier travail de génétique effectué par Ephrussi a précisément porté sur un problème et sur un matériel biologique caractéristique de Sturtevant : le problème de « l'autonomie de développement » de certains caractères mendéliens dans les tissus génotypiquement hétérogènes des individus « mosaïques » (c'est-à-dire des individus dont certains îlots de cellules présentent un génotype différent de celui des tissus environnants, du fait de la perte accidentelle, au cours de la différenciation embryologique, d'un fragment de chromosome)[16]. C'est à l'occasion de ce travail, réalisé à Caltech dans le cadre d'une bourse Rockefeller, et avec les conseils de Sturtevant, Dobzhansky, Schultz et Beadle, qu'Ephrussi a pour la première fois utilisé des méthodes mendéliennes et concrètement travaillé sur la Drosophile. C'est au demeurant à Caltech qu'Ephrussi a aussi trouvé les souches de Drosophiles sans lesquelles le travail sur la pigmentation n'aurait pas existé. C'est là enfin, qu'il a trouvé occasion de s'associer à Beadle, pour ses compétences spécifiques en matière de génétique mendélienne. Dans ce contexte interdisciplinaire et transnational, Ephrussi a puisé les ressources tout à la fois conceptuelles, techniques et institutionnelles de son travail pionnier en matière de génétique physiologique. Il est à peine besoin d'ajouter que ces effets transversaux ne s'expliquent guère par le hasard des circonstances. Chercheur étranger à la Fondation Rothschild à Paris (Institut de biologie physico-chimique), Ephrussi a littéralement été sélectionné et amené par la Fondation Rockefeller au laboratoire de Morgan à Pasadena, c'est-à-dire en un lieu où son habileté d'embryologiste, couplée à un intérêt théorique pour la question du rapport entre détermination génétique et différenciation cellulaire, pouvait intéresser les généticiens.

Notre troisième remarque porte sur l'échec d'Ephrussi. Nous avons présenté cet échec comme une spéculation théorique trop hardie. Toutefois cet errement théorique passager se comprend fort bien si on le rapporte à son contexte local de recherche. Dans le schéma d'Ephrussi et Chevais que nous avons commenté plus haut (Cf. figure 9), il y a en effet un point aveugle : le « substrat ». Or ce point aveugle correspond très exactement au genre de collaboration interdisciplinaire qui a manqué à Ephrussi : celle de la biochimie métabolique, dramatiquement sous-développée dans la science française de l'entre-deux-guerres. Il est sans doute remarquable que l'équipe d'Ephrussi ait vu la première que la chaîne de biosynthèse des « substances actives » dans la pigmentation avait quelque chose à voir avec le tryptophane. Que, dans ces conditions, cette équipe n'ait pas clairement pressenti que la chaîne de biosynthèse partant du tryptophane était celle du pigment lui-même, et qu'elle devait faire intervenir des enzymes, est révélateur de la faible présence de la biochimie métabolique dans la biologie française des années 1930.

Notre ultime réflexion porte sur la résolution de l'énigme de la pigmentation de l'œil de la Drosophile. En 1942, alors qu'il était aux États-Unis, Ephrussi, de

16. Voir *supra*, n. 12, seconde référence.

nouveau en état de publier, a résumé la chronologie de cette résolution, dans un article intitulé « La chimie des « hormones de coloration de l'œil » chez la Drosophile ». L'utilisation du terme *d'hormone,* sciemment mis entre guillemets dans ce titre, témoigne d'une distance ironique prise par l'auteur à l'égard de cela même sur quoi il avait trébuché. L'article est pour l'essentiel un commentaire d'un schéma historique récapitulatif, que nous reproduisons en figure 10. Sans doute Ephrussi y a-t-il eu à cœur de rappeler sa propre contribution, capitale dans les phases précoces et non spécifiquement biochimiques de l'aventure. Toutefois cette récapitulation illustre assez bien ce qu'était devenue la biologie expérimentale au moment de la Seconde Guerre mondiale : un secteur de recherche dont les progrès dépendaient de manière critique de la collaboration de beaucoup de spécialités, autrement dit un secteur de recherche dans lequel la gestion de la phénoménotechnique l'emportait désormais, comme dans bien d'autres disciplines, sur le pouvoir visionnaire et l'opiniâtreté des chercheurs individuels.

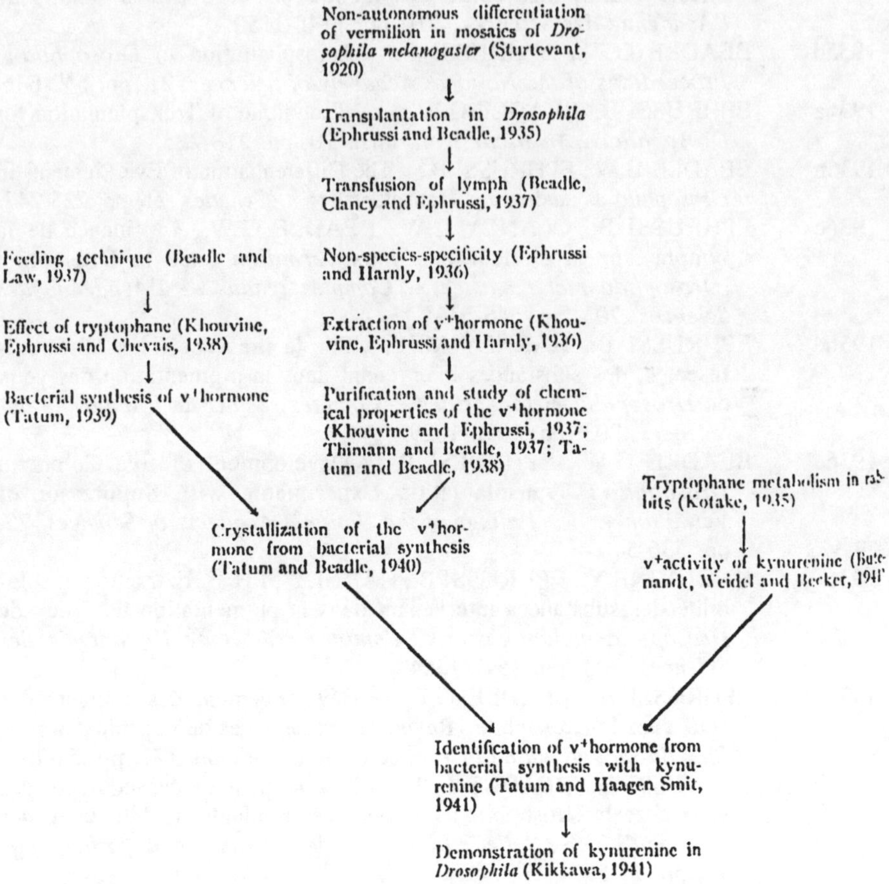

Fig. 10. Tableau concluant l'article de synthèse écrit par Ephrussi en 1942 sur le problème de la pigmentation de l'œil de Drosophile. (« Chemistry of « eye color hormones » of *Drosophila* », *Quarterly Review of Biology,* 17, 1942, p. 336).

ANNEXE

Liste complète des travaux de Ephrussi (et coll.) sur la pigmentation de l'œil de la drosophile

1935a EPHRUSSI B., BEADLE G.W., « La transplantation des disques imaginaux chez la Drosophile », *Comptes rendus de l'Académie des Sciences,* 201, pp. 98-100.

1935b BEADLE G.W., EPHRUSSI B., « Différenciation de la couleur de l'œil *cinnabar* chez la Drosophile (*Drosophila melanogaster*) », *Comptes rendus de l'Académie des Sciences,* 201, pp. 620-621.

1935c EPHRUSSI B., BEADLE G.W., « Sur les conditions de l'auto-différenciation des caractères mendéliens », *Comptes rendus de l'Académie des Sciences,* 201, pp. 1148-1150.

1935d BEADLE G.W., EPHRUSSI B., « Transplantation in *Drosophila* », *Proceedings of the National Academy of Sciences,* 21, pp. 642-646.

1936a EPHRUSSI B., BEADLE G.W., « A Technique of Transplantation for *Drosophila* », *American Naturalist,* 70, pp. 218-225.

1936b BEADLE G.W., EPHRUSSI B., « The Differentiation of Eye Pigments in *Drosophila* as studied by Transplantation », *Genetics,* 21, pp. 225-247.

1936c EPHRUSSI B., CLANCY C.W., BEADLE G.W., « Influence de la lymphe sur la couleur des yeux *vermilion* chez la Drosophile (*Drosophila melanogaster*) », *Comptes rendus de l'Académie des Sciences,* 203, pp. 545-546.

1936d EPHRUSSI B., HARNLY M.H., « Sur la présence, chez différents Insectes, des substances intervenant dans la pigmentation des yeux de *Drosophila melanogaster* », *Comptes rendus de l'Académie des Sciences,* 203, pp. 1028-1029.

1936e BEADLE G.W., EPHRUSSI B., « Development of Eye Colors in *Drosophila* : Transplantation Experiments with Suppressor of *Vermilion* », *Proceedings of the National Academy of Sciences,* 22, pp. 536-540.

1936f KHOUVINE Y., EPHRUSSI B., HARNLY M.H., « Extraction et solubilité des substances intervenant dans la pigmentation des yeux de *Drosophila melanogaster* », *Comptes rendus de l'Académie des Sciences,* 203, pp. 1542-1544.

1937a EPHRUSSI B., BEADLE G.W., « Développement des couleurs des yeux chez la Drosophile : Revue des expériences de transplantation », *Bulletin biologique de la France et de la Belgique,* 71, pp. 54-73.

1937b EPHRUSSI B., BEADLE G.W., « Développement des couleurs des yeux chez la Drosophile : Influence des implants sur la couleur des yeux de l'hôte », *Bulletin biologique de la France et de la Belgique,* 71, pp. 75-89.

1937c EPHRUSSI B., BEADLE G.W., « Development of Eye Colors in *Drosophila* : Studies of the Mutant *Claret* », *Journal of Genetics,* 33, pp. 407-410.

1937d EPHRUSSI B., BEADLE G.W., « Development of Eye Colors in *Drosophila :* Transplantation Experiments on the Interaction of *Vermilion* with other Eye Colors », *Genetics,* 22, pp. 65-75.

1937e BEADLE G.W., EPHRUSSI B., « Development of Eye Colors in *Drosophila :* Diffusible Substances and their Interrelations », *Genetics,* 22, pp. 76-86.

1937f BEADLE G.W., CLANCY C.W., EPHRUSSI B., « Development of Eye Colors in *Drosophila :* Pupal Transplants and the Influence of Body Fluid on Vermilion », *Proceedings of the Royal Society of London,* B, vol. 122, pp. 98-105.

1937g BEADLE G.W., EPHRUSSI B., « Development of Eye Colors in *Drosophila :* The Mutants *Bright* and *Mahogany* », *American Naturalist,* 71, pp. 91-95.

1937h KHOUVINE Y., EPHRUSSI B., « Fractionnement des substances qui interviennent dans la pigmentation des yeux de *Drosophila melanogaster* », *Comptes rendus de la Societé de Biologie,* 124, pp. 885-887.

1937i BEADLE G.W., EPHRUSSI B., « Ovary Transplants in *Drosophila melanogaster :* Meiosis and Crossing-Over in Superfemales », *Proceedings of the National Academy of Sciences,* 23, pp. 356-360.

1937j HARNLY M.H., EPHRUSSI B., « Development of Eye Colors in *Drosophila :* Time of Action of Body Fluid on *Cinnabar* », *Genetics,* 22, pp. 393-401.

1937k EPHRUSSI B., CHEVAIS S., « Development of Eye Colors in *Drosophila :* Relation Between Pigmentation and Release of the Diffusible Substances », *Proceedings of the National Academy of Sciences,* 23, pp. 428-434.

1937l EPHRUSSI B., BEADLE G.W., « Development of Eye Colors in *Drosophila :* Production and release of cn^+ Substance by the Eyes of Different Eye Color Mutants », *Genetics,* 22, pp. 479-483.

1938a EPHRUSSI B., KHOUVINE Y., CHEVAIS S., « Genetic Control of a Morphogenetic Substance in *Drosophila melanogaster* ? », *Nature,* 141, pp. 204-205.

1938b EPHRUSSI B., « Aspects of the Physiology of Gene Action », *American Naturalist,* 72, pp. 5-23.

1938c EPHRUSSI B., CHEVAIS S., « Développement des couleurs des yeux chez la Drosophile : relations entre production, utilisation et libération des substances diffusibles », *Bulletin biologique de la France et de la Belgique,* 72, pp. 48-78.

1938d EPHRUSSI B., AUGER S., « Développement des couleurs des yeux chez la Drosophile : effets de la température sur le mutant *blood* », *Travaux de la Station Zoologique de Wimereux,* 13 [Volume Jubilaire Maurice Caullery], pp. 279-286.

1938e CHEVAIS S., EPHRUSSI B., STEINBERG A.G., « Facet Number and the v^+ Hormone in the Bar Eye of *Drosophila melanogaster* », *Proceedings of the National Academy of Sciences,* 24, pp. 365-368.

1938f KHOUVINE Y., EPHRUSSI B., CHEVAIS S., « Development of Eye Colors in *Drosophila :* Nature of the Diffusible Substances; Effects of Yeast, Peptones and Starvation on their Production », *Biological Bulletin,* 75, pp. 425-445.

1939a EPHRUSSI B., *Génétique physiologique,* Paris, Hermann.

1939b EPHRUSSI B., VOGT M., GOLDSTEIN L., « Sur la relation entre la production de l'hormone v^+ et le dosage du gène v^+ chez *Drosophila melanogaster* », ? ? ?, pp. 110-115. [Nous n'avons pu identifier le lieu de publication de cet article, dont n'existe que la trace sous forme de photocopie dans les tirés-à-part archivés par Ephrussi, et actuellement déposés au laboratoire de Mary Weiss, à l'Institut Pasteur de Paris.]

1942a EPHRUSSI B., « Chemistry of, "Eye Color Hormones" of *Drosophila* », *The Quarterly Review of Biology,* 17, pp. 327-338.

1942b EPHRUSSI B., « Analysis of Eye Color Differentiation » in *Drosophila, Cold Spring Harbor Symposia on Quantitative Biology,* 10, pp. 40-48.

1942c EPHRUSSI B., « Reports from Recipients of Grants from the Research Funds : Grant No. 586 (1941), $1, 500. Studies of eye color differentiation », in *Drosophila, Year Book of the American Philosophical Society,* pp. 150-151.

1944 EPHRUSSI B., HEROLD J.L., « Studies of Eye Pigments of *Drosophila.* I. Methods of Extraction and Quantitative Estimation of the Pigment Components », *Genetics,* 29, 1944, pp. 148-175.

1945a EPHRUSSI B., HEROLD J.L., « Studies of Eye Pigments of *Drosophila.* II. Effect of Temperature on the Red and Brown Pigments in the Mutant Blood (w^{bl}) », *Genetics,* 30, pp. 62-70.

1945b EPHRUSSI B., « Studies of Eye Pigments of *Drosophila.* III. The Heterogeneity of the « Red Pigment" as Revealed by the Effects of the *White* Alleles and by the Color Changes During Development », *Genetics,* 30, pp. 71-83.

N.B. La liste complète des publications de Boris Ephrussi contient 171 items. Outre les 36 consacrés à la pigmentation de l'œil *Drosophila melanogaster* (répertoriés ci-dessus), on relève 55 titres publiés entre 1922 et 1935 et 77 titres après le dernier article sur la Drosophile, de 1946 à 1979. Dans la période comprise entre 1935 et 1945, seuls 3 articles ne portent pas sur la pigmentation de l'œil de la mouche du vinaigre, mais portent néanmoins sur cet animal. Deux de ces articles, rédigé avec Beadle en 1935 et 1937, traitent de la transplantation d'ovaire. L'autre porte sur « l'effet de position ». Cette homogénéité de la production d'Ephrussi dans la période 1935-1945 indique à quel point ses recherches en matière de génétique physiologique ont eu le caractère d'un programme volontariste de recherche.

Remerciements

Nous remercions Mme Mary Weiss (Institut Pasteur, Paris), pour nous avoir autorisé à consulter les archives Ephrussi placées sous sa responsabilité. La liste des publications figurant dans l'annexe ci-dessus est extraite d'un catalogue établi par Richard Burian, dans le cadre d'un travail réalisé en collaboration avec lui en d'autres circonstances. Qu'il soit chaleureusement remercié aussi.

Jean Brachet's Cytochemical Embryology: Connections with the Renovation of Biology in France ?

Richard M. BURIAN*

INTRODUCTION

This paper raises some questions about the possible influence of Jean Brachet (1909-1988) and his collaborators on the formation of molecular biology and the renovation of cytology and biochemical studies bearing on differentiation and embryological development in France in the period from the mid- 1930s until the 1960s. These questions rest on the suspicion that Brachet had a greater influence than one might initially suspect on those responsible for the founding of molecular biology in France, particularly on their formulation of questions and experiments. The question of Brachet's influence in France is a new one, at least for me; as will be clear, this paper is speculative and intended to interest others in pursuing a series of questions only a few of which I will be able to tackle in the next few years.

Given that I have little direct evidence to offer at the moment, the paper will consist of two major parts. In the first, I will set background in order to show that my questions about Brachet's influence are well motivated and sensible. In the second, I will provide a moderately detailed account of part of Brachet's work and that of his immediate colleagues; it will be clear from that description that certain of the questions, innovations, and positions we owe to Brachet are concordant with some themes and techniques that characterize the renovation of biology in France during the period in question. In a brief concluding section, I will attempt to integrate the considerations of the two main parts of the paper.

* Center for the Study of Science in Society, Virginia Polytechnic Institute and State University, Blacksbury, USA.

BACKGROUND AND FRAMEWORK

Let me start with some background about Jean Brachet's contacts with France. His father, Albert (1869-1930), a major embryologist, was well connected in France[1]. When the First World War broke out, Brachet père was working at the « Laboratoire Maritime » in Roscoff. Unable to return to Belgium, he and his family went to Paris, where he taught during the war as « professeur adjoint » at the Faculté de Médecine. Jean Brachet's contacts with Félix Henneguy and the latter's son-in-law Emmanuel Fauré-Frémiet may date from these childhood days; in any case, Henneguy invited the senior Brachet to give the « Conférences Michonis » at the Collège de France, lectures that formed the basis of Albert Brachet's book *L'œuf et les facteurs de l'ontogenèse.* Albert Brachet's contributions to French science were honored by his election to the status of « Correspondant » of the Institut de France and by the award of a « Docteur honoris causa » by the University of Paris in 1919.

When Jean Brachet began his studies, to avoid his father's tutelage he worked with his father's assistant, Albert Dalcq (1893-1973)[2]. Like the senior Brachet, Dalcq spent his summers in Roscoff, as did Jean Brachet in the 1930s. There he was in intimate contact with, among others, Boris Ephrussi (Fauré-Frémiet's pupil), André Lwoff, Jacques Monod, and Louis Rapkine. I shall be explicit about one small aspect of this contact later.

These personal contacts belong to a long series of interchanges, begun by Edouard Van Beneden, with various workers in France. For example, Eugène Wollman, whose important career at the Institut Pasteur is familiar to this audience, was sent by van Beneden to work with Élie Metchnikoff at the Institut Pasteur. It was in honor of Metchnikoff that Élie Wollman received the name «Élie ». Similar interchanges were continued by the major figures in van Beneden's lineage, i.e., by Albert Brachet, Albert Dalcq, and Jean Brachet. It is my impression that in some parts of embryology and cytology, these contacts managed to overcome the otherwise surprising intellectual distance between French and Belgian science[3].

Whatever the status of scientific communication between France and Belgium in general, the long lineage of connections just indicated makes it probable that Jean Brachet's work on topics concordant with the interests of French biologists would receive serious attention. This impression is reinforced by the number of interchanges in later years between the laboratories of Brachet and his colleagues and various laboratories in France. I have not had opportunity to investigate these systematically, but will mention a few in passing below.

1. All of the claims about Albert Brachet's French connections made here are drawn from Dalcq (1968).

2. For an account of Dalcq's career, see Pasteels (1980).

3. This suggests a speculative question: does this background have anything to do with the relative sympathy of Eugène Wollman for the views of Jules Bordet and André Gratia, as compared with those of Félix d'Hérelle, about the nature of bacteriophage?

Given this background, my limited discussion of Brachet's work will establish certain affinities between his interests and those of French workers and will show it to be plausible that his original contributions had some influence on the renovation of French biology. I shall emphasize especially the importance of some physiological aspects of Brachet's embryology, cellular biology, and cytochemistry, work which was important in the study of nucleic acids, nucleo-cytoplasmic relations, and the development of regulatory thinking in molecular biology. Brachet, I shall argue, provided crucial interconnections between studies of the cellular location of molecules and their form and function on the one hand, and studies of determination, embryonic induction and cellular and organismic form and function on the other hand. My questions go to the issue whether his work along these diverse lines was of importance to developments in France.

Before turning to Brachet, it will help to recall some of the work he would have encountered at Roscoff. I will treat this work as emblematic of the mixture of continuity and renovation in at least some corners of French biology in the thirties; the value of my questions about Brachet's influence will depend in part on the merit of using the work at Roscoff as a touchstone.

At Roscoff there were many beautiful, though conservative, projects in traditional descriptive morphology and embryology. In addition, there was work on the metabolic and developmental roles of sulfhydril compounds, a topic pursued by Fauré-Frémiet and, especially, Rapkine (Rapkine 1931, 1938a, b; Rapkine and Trpinac 1939; Rapkine et al. 1939); Brachet himself took up this topic (e.g., Brachet 1938), and he and Rapkine worked jointly on it after World War II, work terminated prematurely by the latter's death (Rapkine and Brachet 1951; see Zallen, 1991-1992). Similarly, Brachet must have seen Ephrussi's work on the effects of temperature on the early stages of sea urchin development and discussed the latter's work on tissue culture, his Drosophila work with Beadle, and his reasons for believing that the potentials of eggs and of cells were ultimately under genetic control (see Burian et al. 1988, 1991). Yet further, he would have known Chatton and Lwoff's work on ciliate morphology (in which Monod also participated briefly) and their insistence on the genetic continuity and morphogenetic importance of such cellular organelles as kinetosomes[4].

At least equally important here was the work of Lwoff and his colleagues on growth factors and nutritional competence in bacteria, ciliates, and other microorganisms[5]. In this research, they dissected the biochemical pathways required for the utilization of various carbon sources in microorganisms and characterized specific steps that were blocked in enzymatically or metabolically deficient organisms that depended on a host or a food source to provide a substance for them. They showed that closely related organisms often differ in their ability to carry out a single synthetic or degradative step (or a small series of related steps) required to utilize a particular carbon source; they held that the ability to carry out these steps was controlled by the presence or absence of an enzyme or enzymes.

4. See e.g., Chatton and Lwoff (1929); Chatton et al. (1931). For a brief account of this work and for references, see Burian and Gayon (1991).

5.This work was not done at Roscoff, but presumably would have been discussed there. The early findings are summarized in Lwoff (1932); later parts of it are presented in Lwoff (1943); cf. the discussion in Burian and Gayon (1991).

Enzymes, they claimed, exhibited « genetic continuity » — i.e., they arose from other enzymes by some sort of duplication and template system rather than being manufactured de novo[6].

Let me make a side comment here about the importance of this work : physiological, specifically nutritional, work of this sort depends heavily on kinetic studies of growth and metabolism. Physiological work along such lines provided a crucial background for many early studies contributing to what is now called molecular biology. For example, the work of Lindegren, Monod, Spiegelman, and others on so-called enzymatic adaptation, i.e., the competence of cells to switch from one carbon source to another without genetic change, is essentially physiological and kinetic in character. An immense number of the founding figures of molecular biology, including Beadle, Brachet, Ephrussi, Hershey, Lederberg, Lindegren, Luria, Monod, Pontecorvo, Spiegelman, and many others drew on a background in nutritional studies and allied work — a fact that I believe is not widely appreciated and the importance of which is not widely understood.

I maintain that the mix of studies represented at Roscoff belonged to a seldom recognized physiological tradition bearing on genetic continuity. In France, later analyses of heredity at the molecular level built upon this tradition (see Burian 1990). To put the point anachronistically, both the morphological and the physiological studies were later put to use in the attempt to determine whether a particular feature or physiological capacity (e.g., the activity of a particular enzyme) was under genetic control — and if so, what combination of nuclear and cytoplasmic controls regulated the formation or behavior of that feature. The embryological notions of determination and differentiation, the non-Mendelian (or, rather, a-Mendelian) notion of genetic continuity, and the tools of kinetics and of localization of events within cells, tissues, and organs were all important to this work. The importance of morphological studies is less obvious than that of physiological ones. As I shall show, Brachet's work, particularly his cytochemistry (which depended on localization of physiological processes in particular organelles or cellular regions) is particularly important in just this respect.

To prepare for the discussion of Brachet's research, let me close this section with a brief comment about biochemistry. The point of interest is this : In the forties and fifties, one could often distinguish (molecular ?) biologists from biochemists because of the chemical, rather than biological, orientation of biochemists. Many biochemists treated the chemical formula, isomeric structure, and chemical interactions of a molecule as telling very nearly the whole story, believing that the physical binding of enzymes or proteins to membranes, or the location of enzymes on or in organelles, was, at best, of secondary importance. To be sure,

6.The terminology of genetic continuity may mislead the contemporary reader. Here it means that the enzyme had to be produced from preexisting enzyme or a generalized precursor of the same nature as enzymes. In general, structures counted as genetically continuous if, like cells, chromosomes, and nuclei, they could arise out of preexisting structures of the same sort. By the 1940s, there were many candidates for this status: chloroplasts, chromosomes, enzymes, genes, kinetosomes, mitochondria, nuclei, nucleoli, plasmagenes, viruses, and many more. Some workers held that biology should be built on the study of genetically continuous entities since organisms, themselves genetically continuous, are constructed, perhaps indirectly but primarily, by combination of parts that are genetically continuous. Lwoff employed this terminology in reference to organelles (specifically kinetosomes) as early as 1929 and soon after applied it to enzymes; cf. Chatton and Lwoff (1929).

as Claude Debru has reminded me, there were many exceptions to this based on strong traditions like that of Meyerhof, but the image of the biochemistry of the day as treating the cell as a bag of enzymes is not entirely a caricature. It has something to do, for example, with the resistance to Peter Mitchell's chemiosmotic hypothesis. In this respect, many biochemists considered aspects of biological form or structure to be of secondary or tertiary interest. In particular, the ideas that proteins or enzymes would function differently in different cell compartments and that one had to take account of their interactions with membranes or organelles, commonplace to many biologists, were foreign to most (but by no means all) biochemists. Be this as it may, many biochemists were not particularly interested in localizing particular biochemical interactions on particular structures[7].

Jean Brachet, raised in the tradition of causal embryology and germinal localization (which was one of Dalcq's principal interests), was not, in this respect, a biochemist. Indeed, the relevant parts of his work are better described as cytochemistry than biochemistry, for they are concerned with the cellular location and the local action of the compounds studied by biochemists. With that, we turn to Brachet's research.

BRACHET'S CHEMICAL EMBRYOLOGY AND THE DETERMINATION OF NUCLEIC. ACID FUNCTION

Jean Brachet's use of cytochemical techniques in the hope of understanding development and its controls led him, as we shall see, to make fundamental contributions to molecular genetics. Brachet's work on chemical embryology began as an extension of Albert Brachet's and Albert Dalcq's causal embryology. Our immediate interest concerns his effort to understand the synthesis, localization, and physiological roles of nucleic acids in embryonic development, which constitute only a small portion of his largely embryological research. As early as 1933, he published results obtained with virgin sea urchin eggs suggesting that « yeast » (or pentose) nucleoproteins were present exclusively in the cytoplasm and that small quantities of « thymus » nucleic acid were present in the nucleus (Brachet 1933). In spite of the anachronism, for convenience I shall use the modern labels RNA and DNA for the two nucleic acids from here on. But it is worth remembering that in 1933 « yeast » nucleic acid was thought to occur only in plants, « thymus » nucleic acid only in animals, and the latter was thought to be a boring tetramer, perhaps buffering cellular pH. In 1933, having found large quantities of RNA in the cytoplasm of sea urchin eggs, Brachet noted that after fertilization the amount of RNA in the embryo's cytoplasm decreased roughly in synchrony with the increase in nuclear DNA. He hypothesized that the pentoses in the cyto-

7. Piotr Slonimski has stressed this point in interviews, suggesting that this (and failure to adopt a genetic approach) was a major barrier to the analysis of mitochondria in the late fifties and early sixties.

plasmic RNA served as a reserve of precursors that were transformed into DNA during embryonic development.

In a valuable retrospective account of this work, Brachet writes revealingly about his second summer of work on this project :

« I went back to Roscoff in 1932, where I measured the pentose content of sea urchin eggs despite the ironical comments of my French friends (B. Ephrussi, A. Lwoff, J. Monod) : at that time, pentoses were believe to exist only in plant and the method I was using has been devised to measure the pentosan content of straw! Nevertheless... I found that sea urchin eggs and embryos indeed contained large amounts of a pentose derivative, which was later identified as RNA » (1983, p. 171 ; see also Brachet 1987).

Under pressure from Dalcq, Brachet devised (and then largely relied on) cyto chemical methods to localize RNA and DNA and make them visible. He employed Feulgen, Unna and toluidine blue stains — the second of which usually stains RNA red and DNA green. These were combined with the use of deoxyribonuclease and (after 1938) ribonuclease to confirm that the color produced was, indeed, due to the presence of the suspected nucleic acid. Over the years, these techniques were refined and cross-checked (as described in Brachet 1947a), and the findings obtained by their use integrated with more sophisticated techniques and hypotheses. The spirit of his enterprise, however, is already clear in the paper of 1933.

By 1942 he had demonstrated high concentrations of RNA in nucleoli and in the ergastoplasm (i.e., basophilic cytoplasm, especially what was soon recognized as endoplasmic reticulum), but also showed that up to 10 % of the nucleic acid in nuclei is RNA (Brachet 1942 ; see also Brachet 1940a, b, 1941 ; Caspersson 1941). As early as 1933, the high concentration of RNA in cells producing large quantities of protein or enzymes suggested that RNA might somehow be connected with protein synthesis. This suggestion, at first based on rather diffuse evidence, came to play an ever-larger role in Brachet's subsequent discussions of the physiology of nucleic acids.

By 1944 the synthesis, localization and physiological roles of nucleic acids had already become important enough that Brachet devoted 56 of the 500 pages of his *Embryologie chimique* to it (Chap. VI, pp. 194-250). Like many cytologists of the day, he thought chromomeres might correspond to genes. Although he did not identify genes with nucleic acid, he argued, against Koltzoff (1939), that the proportion of DNA in chromomeres was constant throughout the cell cycle, so that DNA might be a constant component of genes (pp. 70-71). He demonstrated a relationship between the quantity of RNA and the amount of synthetic activity in a cell, noting, inter alia, that an increase of RNA is required for a specialized cell to begin facultative production of its distinctive product and that secretory functions are proportional to the amount of RNA in the endoplasmic reticulum. He showed that RNA in the endoplasmic reticulum is associated with microsomes, as isolated by Albert Claude (1941, 1943) using ultracentrifugation. The smallest microsomes maintain a constant ratio of nucleic acid to protein, though they also form larger units containing more protein and, perhaps, agglomerate to form mitochondria. And there are hints of new findings better articulated in an important paper given in 1948 on « L'hypothèse des plasmagènes dans le développement et la différenciation, » at a symposium on *Unités biologiques douées de continuité génétique* (Brachet 1949, discussed in Burian 1990).

The paper makes some important additions to Brachet's account of nucleic acid physiology. The smallest microsomes, or ribonucleoprotein granules, have a remarkably constant chemical constitution. Their importance in protein synthesis is shown by the fact that in cells making a lot of a particular product, e.g., hemoglobin, granules with varying amounts of the product attached to them can be isolated. The granules exhibit a sort of growth, starting from their basal size[8] : *« il se produit dans la cellule une sorte de « croissance » des granules, consistant dans l'accolement autour d'une sorte de germe nucléoprotéique de molécules diverses : protéines douées ou non d'activité enzymatique et lipides »* (Brachet 1949, 156). Brachet reports parallel findings for respiratory enzymes and mitochondria. Furthermore he offers evidence that : « ces cytoplasmes sont synthétisés par le noyau » (p. 157). The most plausible hypothesis, he holds, is an extension of that of Morgan (1934) : regional cytoplasmic differences in the distribution of ribonucleoprotein particles irreversibly alter the chemical activity or constitution of nuclei in such a way that they produce distinctive (self perpetuating?) ribonucleoprotein particles, thus committing different cells and cell lineages to distinct differentiated functions.

The resultant picture is consistent with, but does not decisively favor, an account of biosynthesis that treats the ribonucleic granules as plasmagenes. Such an account would involve nuclear synthesis (or nuclear regulation or activation) of cytoplasmic granules with specific competences. If the granules were self-reproducing, which is precisely what was meant by « douée de continuité génétique », and if they, in turn, synthesized (or controlled the synthesis or specificity of) proteins and other cellular products, one would have the outline of a general solution to the problem of protein synthesis. A huge number of details were missing — and, in their absence, Brachet was duly skeptical of the plasmagene theory — but at least the picture was consistent with the available information and provided a clear direction for further research.

The fact that Brachet presented his work at this symposium already suggests that he played an important role in the post-war renovation of French biology. This meeting, after all, was meant to set the direction of post-war genetics in France (Zallen 1989). And unlike the other foreign participants, Brachet remained in continuous contact with his French colleagues. Furthermore, the paper's emphasis on the plasmagene hypothesis is entirely concordant with the directions taken by Boivin, Ephrussi, l'Héritier, Lwoff, Monod, Rizet, and others during the late forties and early fifties (Burian 1990).

By 1950, Brachet recognized a complication for the plasmagene hypothesis. He found that at least one more fraction of RNA, remaining in the supernatant after ultracentrifugation, is required by cells that actively produce some protein or are ready for major growth. This fraction was somehow connected with the specificity of the syntheses performed by the cell. There are some complications yet to be resolved in understanding the historical sequence of Brachet's treatment of this RNA because of its relation to so-called « soluble RNA. » In American usage by the mid-fifties, « soluble RNA » was produced at pH 5; this picked out

8. These results are amplified by Brachet's collaborator, H. Chantrenne (Chantrenne 1947) and discussed in Brachet (1947a).

what was later known as transfer RNA. I have yet to puzzle out Brachet's usage around 1950, but judging by the quantities he measured, there were probably transfer RNAs, non-membrane-bound polysomal RNAs, and perhaps some messenger RNAs among the RNAs remaining in the supernatant (though Brachet did not recognize the distinctions among them), for he determined that « a large portion of (RNA), which may exceed 50 per cent of the nucleic acid present in the extracts of frog eggs and embryos, as well as of chick embryos, is not sedimented by ultracentrifugation » (Brachet, 1950, 864)[9].

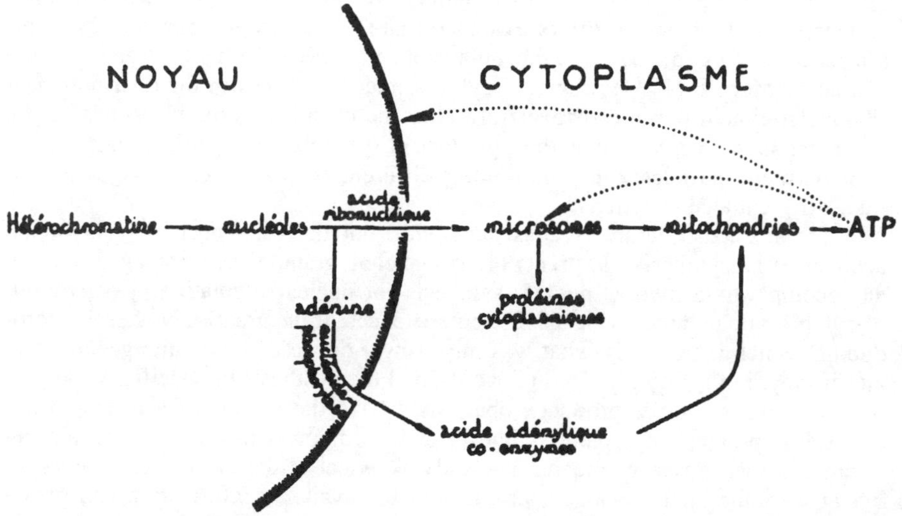

Fig. 1 Brachet (1952).

By 1952, Brachet produced a 122 page review, *Le rôle des acides nucléiques dans la vie de la cellule et de l'embryon,* published by both Masson and Desoer. I am not sure how influential it was, but it provides a remarkable capsule of the state of knowledge at the time and shows very clearly that the mixture of localization, cytochemistry, and kinetics had already produced an early version of what, thanks to Francis Crick, later came to be known as « the central dogma » of molecular biology. (See figure 1). The scheme is a dynamic one, with at least some feedback loops (and room for more), in which nuclear DNA makes RNA that associates with microsomes in the cytoplasm (including what were later called ribosomes) to make cytoplasmic proteins. These processes depended on ATP produced in the mitochondria which, themselves, might be the product of agglomerations of microsomes. This diagram illustrates a quite different pathway into

9.Brachet (1950). The centrifugation was at 100, 000 G for less than an hour. An initial report of this finding in frog eggs is given at p. 24 of Brachet (1947b).

molecular genetics and the central dogma than that of Crick or of most American workers, a pathway not untypical of that of many French biologists. It is not unreasonable to suggest that the work that led up to it, intimately known by those French workers, was of importance in shaping the antecedents of French molecular biology in the thirties and forties.

Let us return briefly to the supernatant RNA. Although the supernatant contained an unholy mess of different RNAs, over the next few years Brachet and others were able to separate them into distinct classes and to show that they are needed to determine protein specificity. Furthermore, he already knew that ribonuclease stops protein synthesis. Sometime before 1960 (I have yet to determine the precise date), he also knew that addition of ribosomes to a cell stimulates protein synthesis, but non-specifically. That is, he knew that the specific protein produced depends on some RNA in the host cell other than ribosomal RNA, and not on the source from which the injected ribosomes were derived[10]. Once this was clear, it was obvious that for RNA to be the intermediary between the genes and the production of protein, the supernatant RNA or some other RNA fraction would have to be responsible for the specificity of protein synthesis. It is important to fill in the case study properly, for this is part of the background to Jacob and Monod's work on messenger RNA. For this reason, it will be crucial to determine precisely when Brachet established these results and the extent to which they were known and accepted.

One special investigation deserves particular mention, for it provides an elegant illustration of the concordance of Brachet's concerns with, and the differences of his techniques from, those of Ephrussi, Jacob, Lwoff, Monod, and their colleagues. The studies in question concerned the extraordinary giant unicellular alga, Acetabularia mediterranea. This organism, though composed of a single cell, grows to over two centimeters in length, with a long thin stalk and a foot (rhizoid) in which the nucleus is located. When it is ready to reproduce, it forms an umbrella-like cap in which its spores are located. The most striking finding about Acetabularia, already reported in Hämmerling (1934), is that it can live virtually indefinitely — for a period of many months — after its nucleus is excised. Even more striking, and the subject of a large number of studies by Brachet and his colleagues (reviewed in Chantrenne, 1961), is the fact that for at least two months after its nucleus has been excised, a capless individual can still regenerate an umbrella. Thus, Acetabularia can carry out a major morphogenetic step in the absence of a nucleus. Nonetheless, if an enucleate fragment is supplied with the nucleus of a related species, the cap assumes the morphology of the donor of the nucleus rather than that of the recipient. It follows that the genetic determinants of the umbrella are provided by the nucleus, but stored for a long period in the giant cell.

Since Brachet had available the techniques to test whether RNA and DNA are manufactured by enucleated Acetabularia, this organism played an important role in working out nucleocytoplasmic relations, the extent of nuclear control of morphogenesis, and the role of the nucleus and other organelles in the manufac-

10. Brachet (1960a); these results are taken from Chap. 1, Sect. 4, « The role of the microsomes and ribonucleoprotein particles in protein synthesis ».

ture of nucleic acids. Suffice to say that by 1951 he was able to demonstrate that protein synthesis continued months after the enucleation of the cell (Brachet and Chantrenne, 1951), but that over time the proteins produced were less frequently nuclear in origin and more frequently chloroplastic[11].

Thus, by 1951 Brachet and his colleagues knew that cap formation in enucleated Acetabularia involved genuine protein synthesis under nuclear control. For a certain period of time, the enucleate fragments of the alga were thus able to utilize genetic information, derived from the nucleus but stored in the cytoplasm, to make protein. By 1960, Brachet was able to distinguish fairly clearly between RNAs produced by the nucleus and those produced by chloroplasts and mitochondria. This enabled him to argue that *« cytoplasmic ribonucleic acid carries the genetic information originating from the genes, and controls, for a certain time in any event, synthesis of specific protein »* (Brachet 1960b, 197) and that *« a true synthesis of chloroplastic ribonucleic acid occurs in... anucleate Acetabularia; this synthesis takes place at the expense of the other cytoplasmic ribonucleic acid fractions »* (ibidem).

CONCLUSION

The portion of Brachet's work examined here centered on the physiology of the nucleic acids, their role in protein synthesis, and the differences in their distribution and behavior in different cellular compartments. Relative to prior knowledge in embryology, biochemistry, and genetics, his findings were novel. Yet, his larger purpose was traditional : to understand morphogenesis and the control of development and differentiation. This combination of novel techniques and findings applied to traditional questions speaks to the theme of this symposium — the inextricable mixture of continuity and renovation. About this dialectic I will make only one comment : in France and Belgium the protection offered by the system of professorial appointments and laboratory headships at least occasionally allows an investigator to pursue difficult questions, not readily accessible to empirical resolution, for an entire career. This happens less readily in the United States, where funding for research and evaluations of personnel are usually short term. This difference, less important in this day of big science than it used to be, plays some role in the continuities that, for better or worse, are visible in French biology.

The purpose of this paper has been to raise questions. Jean Brachet was well connected with French biologists during the period to which this symposium is devoted (and continued to be so in subsequent years; see Gaudillière 1991). His research showed strong affinities to (as well as some differences from) the research of the major figures who transformed French biology during this period. I have been able only to hint at the similarities and differences, though I would stress

11. The evidence for this last claim was only suggestive until sometime after 1963, when CsCl density centrifugation of the DNAs produced in enucleate Acetabularia confirmed beyond question the source of the RNAs produced at different times after enucleation. Cf. Green et al. (1967).

particularly the similarities in the larger questions that motivated his, and their, research. Yet Brachet stands far enough outside the French scene to allow us to ask, by comparing and contrasting his work with that of analogous figures in France (perhaps especially Boris Ephrussi and Étienne Wolff), what is distinctively French during this time in the disciplines in question. Alas, I am not yet able to produce such comparisons in detail, but I hope I have shown that they are likely to be worthwhile.

It is not clear whether the affinities between Brachet and various French biologists are mainly the effect of mutual influence during periods of contact or whether other causes played an important role. Among the common influences that must be taken into account are the shaping role of the disciplines and traditions in question (e.g., causal embryology, cytology, nutritional biochemistry, genetics, Pasteurian microbiology) on the questions investigators pursued — e.g., about the control of differentiation, the localization of certain compounds or events, or the regulation of cellular states. Similarly, one must ask whether the effect of commitment to certain techniques (e.g., biochemical kinetics) to answer standing questions can explain the similarities of approach and of stance suggested by my exposition. Finally, one should ask whether there is a distinctive French style (Burian and Gayon, in progress) or whether local cultures have a greater effect than national style on the substance of biological research. Only a series of fully comparative studies, in the spirit of Gaudillière's work comparing Monod and Spiegelman (Gaudillière in press), can get to the root of these issues.

Remerciements

Work on this paper was supported by grants from the National Endowment for the Humanities, a residential fellowship at the National Humanities Center, Supplemental Grants and a Study/Research Leave from Virginia Polytechnic Institute and State University. The paper was substantially improved by discussions with Ruth Alscher, Claude Debru, Jean Gayon, Muriel Lederman, and Doris Zallen and with colloquium audiences at Virginia Tech, the University of Chicago, the Boston Colloquium for the Philosophy of Science, and at the « Institut d'histoire et de philosophie des sciences et des techniques » (Paris). I am grateful for all of this help.

Bibliography

BRACHET A., *L'Œuf et les facteurs de l'Ontogènese*. Paris, Doin, 1917.

BRACHET J., « Recherches sur la synthèse de l'acide thymonucléique pendant le développement de l'œuf d'Oursin, *Archives de Biologie* 44, 1933, pp. 519-576.

BRACHET J., « La localisation des protéines sulfhydrilées pendant le développement des amphibiens », *Bulletin de l'Académie Royale de Belgique,* 1938, pp. 499-510.

BRACHET J., « La détection histochimique des acides pentosenucléiques », *Comptes rendus de la Société de Biologie* 133, 1940a, pp. 88-90.

BRACHET J., « La localisation des acides pentosenucléique pendant le développement des Amphibiens », *Comptes rendus de la Société de Biologie 133,* 1940b, pp. 90-91.

BRACHET J., « La détection histochimique et le microdosage des acides pentosenucléiques (tissus animaux — développement embryonnaire des amphibiens) », *Enzymologia 10,* 1941, pp. 87-96.

BRACHET J., « La localisation des acides pentosenucléiques dans les tissus animaux et les œufs d'Amphibiens en voie de développement », *Archives de Biologie 53,* 1942, pp. 207-257.

BRACHET J., *Embryologie chimique*, Paris, Masson; Liege, Desoer, 1944.

BRACHET J., « Nucleic acids in the cell and the embryo », *Symposia of the Society for Experimental Biology 1,* 1947a, pp. 207-224.

BRACHET J., « The metabolism of nucleic acids », *Cold Spring Harbor Symposia in Quantitative Biology 12,* 1947b, pp. 18-27.

BRACHET J., « L'hypothèse des plasmagènes dans le développement et la différenciation » in *Unités biologiques douées de continuité génétique,* Paris : CNRS, 1949, pp. 145-163.

BRACHET J., « The localization and the role of ribonucleic acid in the cell », *Annals of the New York Academy of Sciences 50,* 1950, pp. 861-869.

BRACHET J., *Le rôle des acides nucléiques dans la vie de la cellule et de l'embryon,* Paris, Masson; Liege, Desoer, 1952.

BRACHET J., *The Biological Role of Ribonucleic Acids,* Amsterdam, Elsevier, 1960a.

BRACHET J., « Ribonucleic acids and the synthesis of cellular proteins », *Nature 186,* 1960b, pp. 194-199.

BRACHET J., « Symposium on the nucleic acids : Interactions between embryology and molecular biology », *Acta Embryologiae et Morphologiae 4,* 1983, pp. 169-177.

BRACHET J., « Souvenirs sur les origines de la biologie moléculaire », *Bulletin de l'Académie Royale de Belgique, Classe des Sciences 73,* 1987, pp. 441-449.

BRACHET J., CHANTRENNE H., « Protein synthesis in nucleated and non-nucleated halves of Acetabularia mediterranea studied with carbon-14 dioxide », *Nature 168,* 1951, p. 950.

BURIAN R., « La contribution française aux instruments de recherche dans le domaine de la génétique moléculaire » in J.-L. Fischer and W. Schneider (eds.), *Histoire de la génétique,* Paris, ARPEM, 1990, pp. 247- 269.

BURIAN R., GAYON J., « Un évolutionniste bernardien à l'Institut Pasteur? Morphologie des Ciliés et évolution physiologique dans l'œuvre d'André Lwoff » in M. Morange (ed.), *L'Institut Pasteur : Contribution à son histoire,* Paris, Editions de la Découverte, 1991, pp. 165-186.

BURIAN R., GAYON J., « D'un possible style français de recherche en matière d'hérédité » (in progress).

BURIAN R., GAYON J., ZALLEN D.T., « The Singular Fate of Genetics in the History of French Biology, 1900-1940 », *Journal of the History of Biology 21,* 1988, pp. 357-402.

BURIAN R., GAYON J., ZALLEN D.T., « Boris Ephrussi and the synthesis of genetics and embryology » in S. Gilbert (ed.), *A Conceptual History of Modern Embryology,* New York, Plenum Press, 1991, pp. 207-227.

CASPERSSON T., « Studien über den Eiweibunsatz der Zelle », *Naturwissenschaften 29,* 1941, pp. 33-43.

CHANTRENNE H., « Hétérogénéité des granules cytoplasmiques du foie de Souris », *Biochimica et Biophysica Acta 1,* 1947, pp. 437-448

CHANTRENNE H., *The Biosynthesis of Proteins,* London, Pergamon, 1961.

CHATTON E., LWOFF A., « Les infraciliatures et la continuité génétique des systèmes ciliares récessifs », *Comptes rendus de l'Académie des Sciences 188,* 1929, pp. 1190-1192.

CHATTON E., LWOFF A., LWOFF M., MONOD J., « Sur la topographie, la structure et la continuité génétique des stries ciliares chez l'infusoire Chilodon uncinatus », *Bulletin de la Société de Zoologie 66,* 1931, pp. 367-374.

CLAUDE A., « Particulate components of cytoplasm », *Cold Spring Harbor Symposia in Quantitative Biology 9,* 1941, pp. 262-271.

CLAUDE A., « The constitution of protoplasm », *Science 97,* 1943, pp. 451-456.

DALCQ A., « Albert Brachet, 1869-1930 » in *Florilège des Sciences en Belgique pendant le XIXe Siècle et le début du XXe,* Bruxelles, Académie Royale de Belgique, Classe des Sciences, 1968, pp. 993-1013.

GAUDILLIERE J.-P., *Biologie moléculaire et biologistes dans les années soixante : La naissance d'une discipline. Le cas français,* Paris, Thèse, Université de Paris VII, 1991.

GAUDILLIERE J.-P., « J. Monod, S. Spiegelman, et l'adaptation enzymatique : Programmes de recherche, cultures locales et traditions disciplinaires », *History and Philosophy of the Life Sciences,* (in press).

GREEN B., HEILPORN V., LIMBOSCH S., BOLOUKHERE M., BRACHET J., « The cytoplasmic DNA's of *Acetabularia mediterranea* », *Proceedings of the National Academy of Sciences, USA 58,* 1967, pp. 1351-1358.

HÄMMERLING J., « Über formbildende Substanzen bei *Acetabularia mediterranea,* ihre rumliche und zeitliche Verteilung und ihre Herkunft », *Archiv für Entwicklungsmechanik 131,* 1934, pp. 1-81.

KOLTZOFF N., *Les molécules héréditaires,* Paris, Hermann, 1939.

LWOFF A., *Recherches biochimiques sur la nutrition des Protozoaires,* Paris, Masson, 1932.

LWOFF A., *L'évolution physiologique,* Paris, Hermann, 1943.

MORGAN T.H., *Genetics and Embryology,* New York, Columbia University Press, 1934.

PASTEELS J.J., « Albert Dalcq : 1893-1973 » in *Florilège es Sciences en Belgique, II,* Bruxelles, Académie Royale de Belgique, Classe des Sciences, 1980, pp. 625-639.

RAPKINE L., « Sur les processus chimiques au cours de la division cellulaire », *Annales de Physiologie et de physicochimie Biologique 7,* 1931, pp. 382-418.

RAPKINE L., « Sulfhydryl groups and enzymic oxido-reduction », *Biochemical Journal 32,* 1938a, pp. 1729-1739.

RAPKINE L., « Rôle des groupements sulfhydriles dans l'activité de l'oxydoreductase du triosephosphate », *Comptes rendus de l'Académie des Sciences,* Paris 207, 1938b, pp. 301-304.

RAPKINE L., BRACHET J., « Recherches sur le rôle des groupes sulfhydriles dans la morphogenèse. I. Action des inhibiteurs des groups -SH sur l'œuf entier et sur des explantats dorsaux et ventraux chez les amphibiens », *Bulletin de la Société de Chimie Biologique 33,* 1951, pp. 427-438.

RAPKINE L., TRPINAC P., « Le rôle des groupements sulfhydriles des protéines dans l'activité des deshydrases », *Comptes rendus de la Société de Biologie 130,* 1939, pp. 1916-1918.

RAPKINE L.S., RAPKINE M., TRPINAC P., « Effet de protection de la cozymase sur les groupements sulfhydriles des deshydrases », *Comptes rendus de l'Académie des Sciences, 209,* 1939, pp. 253-255.

ZALLEN D.T., « The Rockefeller Foundation and French research », *Cahiers pour l'histoire du CNRS 5,* 1989, pp. 35-58.

ZALLEN D.T., « Louis Rapkine and the restoration of French science after World War II », *French Historical Studies 17,* 1991, pp. 6-37.

ZALLEN D.T., « The Rapkine cycle and the Mission Rapkine : Promoting medical research in France », *Sciences sociales et santé* (in press).

La paléontologie française entre 1920 et 1950

Henri TINTANT*

« Is there any point to which you wish to draw my attention ? »
« To the curious incident of the dog in the night-time. »
« The dog did nothing in the night-time. »
« That was the curious incident. »

A. Conan-Doyle, The memoirs of Sherlock Holmes.

Après la saignée de la grande guerre, qui vit disparaître quelques-uns des meilleurs espoirs de la Paléontologie française, un Jean Boussac, auteur de travaux importants sur les nummulites et les gastéropodes tertiaires, un Armand Thevenin, premier titulaire de la maîtrise de Paléontologie de Sorbonne, et surtout un Robert Douville, spécialiste de ammonites jurassiques, le seul peut-être de sa génération à avoir considéré les fossiles comme des êtres vivants et non comme de simples « marqueurs » du temps, la période étudiée ici, qui s'étend entre les deux guerres mais qu'on doit prolonger jusqu'en 1950 environ, représente pour la Paléontologie en France un creux d'autant plus sensible qu'il fait suite à une période de grande activité, dont restent certes encore quelques « monuments » comme un Henri Douville, un Jules Lambert, qui s'éteignent vers 1940 sans être remplacés.

Comme dans le célèbre épisode du chien de Sherlock Holmes, il est intéressant de rechercher les causes de ce relatif silence. Sans faire l'histoire exhaustive de cette période encore trop proche, je voudrais simplement en rappeler quelques caractéristiques, en qualité de témoin en ayant connu la plus grande partie.

Le fait le plus frappant de cette époque est que la paléontologie y est alors considérée comme une activité normale, indispensable, mais secondaire, pour tout géologue. S'il y a alors pléthore de chercheurs déterminant leurs fossiles à leur moments perdus, il n'y a, nous allons le voir, guère de vrais paléontologistes, et encore moins une paléontologie francaise.

* Université de Bourgogne, Dijon.

La spécialisation sur un groupe déterminé n'existe pas encore, ni même celle entre Vertébrés et Invertébrés qui ne s'amorce qu'à la fin de la période. En 1941, un bon géologue comme A. Bonte, se vante encore, dans la préface de sa thèse, d'avoir déterminé lui-même tous ses fossiles, des Foraminifères aux Vertébrés, et son jury l'en félicite ! Un Repelin, à Marseille, passe constamment de la stratigraphie du tertiaire à l'étude des mollusques d'eau douce, puis aux mammifères ; un Deperet à Lyon, de la stratigraphie du Néogène à la paléontologie des mammifères, via celle des pectinidés. C'est la période des « généralistes ». Tous sont d'abord des géologues, des stratigraphes pour qui le fossile est le seul moyen de datation des terrains, le seul « marqueur » du temps écoulé. Victime de son succès, la paléontologie se voit réduite à l'état de science annexe, précieuse mais seconde, et n'est jamais considérée comme une science en soi, pouvant poser des problèmes qui lui soient propres : « ancilla geologiae ».

Et ceci est manifeste si nous examinons rapidement sa place dans l'enseignement supérieur et dans les structures de l'Université à cette époque.

LA PALÉONTOLOGIE DANS L'UNIVERSITÉ ET LA RECHERCHE

A cette époque donc, la paléontologie fait partie intégrante de l'enseignement de la géologie, et n'a aucune structure propre.

Une seule chaire de paléontologie existe alors : celle du Muséum d'Histoire naturelle de Paris, occupée depuis le début du siècle par Marcellin Boule, rude auvergnat sur la porte duquel j'ai encore vu accroché, alors que jeune lycéen j'allais le jeudi porter mes fossiles à déterminer dans son laboratoire, l'écriteau qui portait : « Il fait beau, je vais bien, bonsoir ! »

Ayant débuté par l'étude du volcanisme du Massif Central, il s'était entièrement consacré à l'homme fossile, notamment aux Néandertaliens, dont il gardait les crânes jalousement enfermés dans son bureau.

En trente ans, il ne fit guère que trois élèves, que nous retrouverons : Pierre Teilhard de Chardin, Maurice Collignon, Jean Piveteau.

Les Invertébrés, dont le Muséum possède en France la plus belle collection, étaient abandonnés au Sous-Directeur, alors Jean Cottreau, spécialiste des échinodermes, mais dont les tâches administratives et l'accueil, d'ailleurs très aimable, des visiteurs limitaient les activités scientifiques. Quant aux assistantes, c'étaient d'aimables demoiselles entièrement dévouées au rangement des collections.

A la retraite de M. Boule, en 1937, tout le monde attendait la nomination de Jean Piveteau. Mais ce fut un presqu'inconnu, Camille Arambourg, qui sortit du mystère des urnes. Originaire d'Afrique du Nord où ses parents exploitaient un vignoble sur un magnifique gisement de poissons d'âge miocène, ce fût sans doute ce fait qui orienta ce jeune ingénieur agronome vers la paléontologie des poissons et en fit un professeur à l'Institut agronomique de Paris, puis, grâce à l'appui des zoologistes, au Muséum. Ce petit homme élégant, racé, d'une grande amabilité contrastant avec son prédécesseur, s'orienta rapidement, lui-aussi, vers la paléontologie humaine et lança personnellement les recherches en Éthiopie, dans la vallée de l'Omo, avec le succès qu'on sait. Il ouvrit largement le Laboratoire à tous mais, souvent absent de Paris, ne fit guère d'élèves.

Son sous-directeur, Jean Roger, ayant fait à Lyon une bonne thèse sur les Pectinidés miocènes où l'on trouve un premier essai d'emploi des méthodes quantitatives, très érudit et d'une grande activité, tenta de transformer son laboratoire en un centre de détermination des fossiles et s'efforça, avec l'aide du CNRS, de recruter des spécialistes de tous les groupes. Mais, peu difficile sur le recrutement et très exigeant sur le travail, il stérilisa une génération de jeunes paléontologistes et pesa lourdement sur le développement de sa discipline.

A la Sorbonne, la Paléontologie constitue l'une des matières du certificat de Géologie, au même rang que Pétrographie. Une maîtrise de conférences lui est consacrée juste avant la guerre, mais son premier titulaire, Armand Thevenin, a été tué en 1918. Il est alors remplacé par Léonce Joleaud (1880-1938), géologue généraliste[1] dont la thèse sur la chaîne numidique, opposée aux idées tectoniques de son président de Jury, Émile Haug, n'avait pas obtenue la mention « très honorable ». Ce fut cependant ce même Haug qui l'appela à la Sorbonne en 1919.

Grand blessé de guerre, c'était un professeur déplorable, s'endormant lui-même pendant son cours, incapable de dessiner et même d'écrire correctement au tableau. Il avait en outre le don de formules énigmatiques : il nous répétait chaque année, et imprima dans ses *Éléments de Paléontologie*[2] que « l'humérus des reptiles présente toujours au moins un trou sur le passage de l'artère fémorale ! » Sa définition du flotteur des graptolithes[3] : « grosse vésicule ayant la forme de deux dômes unis par leur base rectangulaire en un solide dont le méridien équatorial serait un carré », est restée célèbre. Inutile de dire que ses cours avaient peu de succès, et qu'il nous est arrivé de nous y compter six, alors que le certificat comprennait 60 inscrits, et que plus de 120 auditeurs s'écrasaient au cours du « patron », Charles Jacob.

C'était pourtant un homme d'une grande érudition et d'une extrême bienveillance. Excellent zoologiste (il fut porté à la présidence de la Société Zoologique de France bien avant celle de la Géologique), très au courant des problèmes de distribution géographique des espèces actuelles, il lança une discipline nouvelle avec son *Atlas de Paléobiogéographie* publié par les soins de son élève H. Alimen juste après sa mort. Il y abuse certes des « ponts océaniques », mais où il donne aussi quelques cartes en « géographie wégenerienne » qu'il aurait sans doute adoptée sans l'opposition des géophysiciens de l'époque.

Son successeur en 1939 fut Jean Piveteau (1898-1991)[4], spécialiste des Vertébrés inférieurs, poissons et surtout amphibiens, à qui l'on doit notamment l'étude de l'ancêtre des Anoures, le Protobatrachus de Madagascar. Ce n'est que plus tard qu'il se consacrera essentiellement à la Paléontologie humaine où il fera école. Avant tout anatomiste, peu géologue mais très attiré vers l'histoire et la philosophie des sciences, il contribuera à orienter la Paléontologie des Vertébrés vers la seule Biologie, en réaction donc contre la tendance dominante de son temps.

1. P. Lemoine, « Léonce Joleaud », *Bul. Soc. Géol. France*, 1939, pp. 267-305.

2. L. Joleaud, *Éléments de Paléontologie*, t. I : *La vie aux temps primaires et secondaires*, Paris, Armand Colin, 1923, p. 129.

3. *Ibid.*, p. 39.

4. Voir Ph. Taquet, « Jean Piveteau » in « Hommage au Professeur J.Piveteau », *Ann. Paléont.*, 77 (1991), pp. 227-229 ; voir aussi l'ensemble du fascicule 4, vol. 77, des *Annales de Paléontologie*.

Sans locaux propres, sans personnel et donc sans moyens, il n'aura une chaire, avec un service complet, qu'en 1953 : la première d'ailleurs créée en France. Très absorbé par ses cours solides et bien construits, mais austères, par ses recherches personnelles, il ne contribuera guère au développement de sa discipline. Mais il faut mettre à son actif le Colloque de 1947, dont nous verrons l'importance, et la mise en chantier du *Traité de Paléontologie* conçu à cette époque, même si le premier tome ne paraît qu'en 1952.

En attendant, on ne peut parler d'un laboratoire de Paléontologie, malgré la présence au sein du Laboratoire de Géologie de quelques paléontologistes, surtout féminins comme Colette Deschazaux, spécialistes des Lamellibranches jurassiques bientôt monopolisée par le *Traité,* ou Geneviève Delpey, auteur d'une thèse brillante sur les Gastéropodes crétacé, dont elle prétend renouveler, sans grand succès, la classification en se basant sur les stries d'accroissement, et surtout James Alloiteau que nous retrouverons plus loin.

Sur l'École des Mines de Paris, qui possède alors l'une des plus importantes collections paléontologiques du monde, plane toujours l'ombre du grand Henri Douville (1846-1937), polytechnicien, ingénieur des mines, qui s'est occupé avec bonheur de presque tous les groupes d'Invertébrés, mais surtout des foraminifères et des rudistes, et dont les cours, bien que simplement polygraphiés, eurent une grande influence[5]. Il n'aura pas de successeur à sa hauteur, mais un poste de Chef de Travaux, créé avant la guerre pour son fils Robert, sera occupé longtemps par Piveteau, puis par Jodot, spécialiste des Mollusques d'eau douce.

A l'Institut catholique de Paris enfin, le poste de Professeur de Géologie sera occupé peu de temps, dans les années 1925, après sa brillante thèse sur les Mammifères du Conglomérat de Cernay (Paléocène), par Pierre Teilhard de Chardin. Mais son recteur, le futur cardinal Baudrillard, inquiet de ses audaces, le fera expédier en Chine, pour le grand succès sa carrière. Plus tard, après la seconde guerre, ses supérieurs l'obligeront à refuser une chaire au Collège de France, ce qui raréfiera ses passages à Paris, malgré son élection à l'Académie des Sciences, mais non son influence.

En province, la situation n'est pas meilleure : aucune chaire, aucune maîtrise de conférence de Paléontologie n'existe pendant toute cette époque. Certes, beaucoup de géologues pratiquent plus ou moins notre discipline, mais seulement comme moyen de datation.

Ce n'est guère qu'à Lyon, dans le sillage de Charles Deperet (1854-1929), auteur d'un livre célèbre, les *Transformations du monde animal,* que la Paléontologie est mise au premier plan, avec Frédéric Roman (1878-1943) pour les Invertébrés, Jean Viret pour les mammifères et Jean Doncieux pour les foraminifères. Le premier, titulaire de la chaire, après une thèse classique de stratigraphie sur le Bas-Languedoc, s'occupera surtout d'ammonites, couronnant ses travaux par la publication, en 1938, d'un « Genera des ammonites jurassiques et crétacées » encore utilisé. Son importante fortune personnelle lui permettra de publier à ses frais les*Travaux du Laboratoire de Géologie de Lyon,* qui recueilleront, en une trentaine de volumes, le principal des études tant sur les Vertébrés que sur les Invertébrés

5. Ch. Jacob, « La vie et l'œuvre de Henri Douville (1848-1937) », *Bull. Soc. Géol. France,* 1939, pp. 323-591.

de l'entre-deux-guerres. Autour de lui se constituera une véritable école, avec des spécialistes de groupes variés comme Jean Roger, Marcel Thoral, Jean Roche, et de nombreux amateurs (Lissajous, Sayn, Eugène Lemoine...). Mais ici encore l'objectif est essentiellement biostratigraphique et la méthode demeure typologique.

A Grenoble, se constitue autour de Wilfrid Kilian (1862-1925) une importante école de stratigraphie et tectonique alpine, dont tous les membres, à l'instar de leur maître, se croient obligés d'étudier eux-même leurs fossiles. D'où une série de monographies d'ammonites, purement typologique, signées Kilian, Jacob, Fallot, Blanchet, Roch, etc. Le plus brillant produit de cette école sera Léon Moret, médecin, artiste, venu à la paléontologie pour la beauté de l'architecture des spongiaires dont il devient le spécialiste. Il est surtout connu par son *Manuel de Paléontologie animale* qui m'a toujours posé un problème : comment un homme aussi intelligent, aussi fin, a-t-il pu engendrer un livre aussi terne ? La seule réponse est qu'au fond, il n'était pas paléontologiste.

A Lille, domaine de la houille, s'est constituée une école de Paléobotanique, avec Paul Bertrand et ses disciples, notamment la famille Corsin. A la Faculté Catholique, l'Abbé Carpentier travaille sur les végétaux du Secondaire, tandis que Gaston Delepine et Dorothée Lemaitre s'occupent des invertébrés paléozoïques, et que Gonzague Dubar commence ses travaux stratigraphiques sur le Lias, dont il étudie ammonites et surtout brachiopodes, mais sans jamais utiliser la technique des coupes sériées créée depuis plus de 20 ans en Angleterre par Helen Muir-Wood. Il faudra attendre les années 1950 pour que celle-ci commencent à être utilisées à Dijon par Monique Bague.

Une mention enfin pour Strasbourg où G. Dubois, dans l'indifférence générale, utilise les pollens pour ses études sur le Quaternaire, et est à l'origine d'une discipline nouvelle, la Palynologie qui connaîtra par la suite un grand essor.

C'est d'ailleurs à cette époque, entre les deux guerres, que débute en France la Micropaléontologie, à la suite des travaux déjà anciens de Schlumberger, de Henri Douville, et ceux, plus récents, de Juliette Pfender, de Pierre Marie, J. Sigal. Après 1945, sous l'influence de contraintes économiques liées à la recherche du pétrole, cette discipline prendra une grande importance. Mon ami Jacques Sigal[6] venant de consacrer un ouvrage aux débuts de cette discipline, je ne puis qu'y renvoyer le lecteur, en soulignant simplement qu'ici encore, et moins qu'ailleurs, on ne sort pas de la perspective strictement utilitaire de la datation.

LE RÔLE DES AMATEURS

Cette brève revue ne serait pas complète si elle n'évoquait pas le rôle important que jouent à cette époque les amateurs pour pallier les déficiences de professionnels. En un temps où les loisirs étaient plus nombreux et plus paisibles

6. J. Sigal, « Les recherches sur les Foraminifères fossiles en France des environs de 1930 à l'immédiat après-guerre », *Soc. Géol. Nord. Public.* n° 19 (1990), 102 p.

qu'aujourd'hui, et les divertissements moins répandus et moins absorbants, ils se recrutent dans tous les milieux : instituteurs, professeurs, mais aussi ingénieurs, médecins, officiers, magistrats, prêtres...

Évoquons par exemple un James Alloiteau, instituteur qui se lance à fond dans l'étude des polypiers, étudie en surface polie, puis en lame mince, leurs structures, en révolutionne la systématique et en devient le spécialiste internationalement reconnu, chef d'école et finalement Directeur au CNRS.

Ou encore[7] un Jules Lambert (1848-1940), juge à Troyes, qui débute très jeune par des études stratigraphiques sur le Jurassique de l'Yonne, puis, élève du vieux Cotteau, devient le spécialiste mondial des Échinides auxquels il consacrera plus de 200 publications. Doué d'une mémoire infaillible (mon patron R. Ciry lui ayant expédié par erreur deux fois, à quelques années de distance, le même oursin, il le reconnut immédiatement !), en rapport avec tous les spécialistes étrangers, son rayonnement fut incomparable. Il travailla souvent avec un autre amateur de l'Yonne, Dom Aurélien Valette, bénédictin de la Pierre-qui-Vire, qui avait récolté une importante collection de fossiles de la craie sénonienne (actuellement à Dijon), puis s'était spécialisé dans l'étude des Astéries.

Et, dans le domaine des Échinodermes, comment ne pas citer de nom d'un Chauvel, toute sa vie professeur au collège de Redon, qui publie en 1940 une thèse sur les Cystoides, passée presque inaperçue en France, mais très remarquée à l'étranger.

Un autre instituteur, Ferdinand Canu (1863-1932), se consacre entièrement à l'étude des Bryozoaires fossiles, pratiquement inconnus avant lui, dont il montre tout l'intérêt actuellement partout reconnu.

Un Maurice Collignon (1893-1980) se spécialise dans l'étude des Ammonites, dont il récoltera à Madagascar une importante collection, actuellement à Dijon et dont il donnera un premier inventaire dans les vingt-cinq tomes de ses *Fossiles caractéristiques de Madagascar*.

En Malacologie, ce sont encore des amateurs, Cosmamm, puis Dolfuss, qui tiendront le premier rang. Amateur également Pierre Marie, qui lancera en France l'étude des petits foraminifères.

Enfin, chez les Mammifères, on ne doit pas oublier le rôle fondamental d'un René Lavocat, professeur d'enseignement libre avant de passer à l'École Pratique des Hautes Études, qui se consacre à l'étude des rongeurs fossiles et sera à la base du développement de la micropaléontologie des mammifères, si florissante actuellement à Montpellier comme à Dijon.

Bien incomplète, cette énumération montre qu'aucun groupe de fossiles n'a échappé à l'ardeur de nos collègues amateurs qui ont ainsi préparé le renouveau de la Paléontologie après 1950.

7. D. Pajaud, J. Roman et M. Collignon, « La longue vie de Jules Lambert (1848-1940) et son legs scientifique. *Bull. Soc. Géol. France*, 1976, pp. 661-674.

LES CAUSES DE LA CRISE DE LA PALÉONTOLOGIE

Pour terminer, il nous reste à rechercher les causes de l'état de fait que nous venons d'examiner brièvement.

1. — La principale en est certainement l'absence d'autonomie de la discipline, considérée par les géologues sous son seul aspect biostratigraphique, d'outil de mesure du temps, et comme telle partie intégrante de la géologie.

C'est donc le domaine de tout géologue, et non pas un travail de spécialiste. On ne fait pas carrière en paléontologie : quand, en fin 1944, je déclare à mon patron Charles Jacob mon intention de faire une thèse de Paléontologie, il lève les bras au ciel en me disant : *« Vous voulez briser votre carrière ! On ne fait pas une thèse en paléontologie, on laisse ça aux vieilles filles, ou on en fait quand il pleut ou qu'on a des rhumatismes ».* Et cette affirmation explique le sort de son ancien assistant à Toulouse, Gaston Astre, très porté sur la Paléontologie, mais que ses patrons successifs, C. Jacob, puis M. Casteras, contraignirent à entreprendre une thèse de tectonique pyrénéenne qu'il n'acheva jamais, et qui de ce fait resta tout sa vie Chef de Travaux, malgré de nombreuses publications non sans valeur.

D'ailleurs, comment encourager des jeunes à s'orienter dans une voie sans issue, où les postes de début sont en nombre insignifiant et les chaires totalement absentes. Ce n'est qu'après la Seconde Guerre que la création du CNRS va apporter un peu d'air et quelques postes.

Un exemple, un peu antérieur à la période étudiée, mais restant exemplaire, m'a été rapporté par le Général Collignon. Lycéen à Paris et déjà passionné de Paléontologie, il fréquentait régulièrement le Muséum. Aussi, son bac passé, vint-il avec son père demander conseil au Professeur Boule. Celui-ci les reçut fort bien et lui conseilla de faire sa licence en Sorbonne, puis une thèse sous sa direction. Mais, lorsque son père s'enquit des possibilités de carrière, Boule lui répondit : « Qu'il fasse d'abord sa licence et sa thèse, nous verrons ensuite ». « Mon père, officier de carriere, n'avait pas de fortune et je fis Saint-Cyr comme lui », m'expliqua le Général qui n'en continua pas moins une double carrière qui devait le conduire d'un côté à ses trois étoiles, et de l'autre à l'Académie des Sciences !

Ajoutons à cela le manque de moyens de publication. La France était, et reste sans doute le seul pays de haut niveau scientifique qui n'avait pas, qui n'a toujours pas de Société de Paléontologie, ni par suite de grand périodique susceptible d'accueillir les travaux importants, notamment les thèses, forcément volumineuses et comportant de nombreuses illustrations. Rien de comparable au *Palaeontographica* allemand, ou aux *Mémoires* de la Palaeontographical Society de Londres. Certes, la Société géologique de France publie beaucoup d'articles paléontologiques dans son *Bulletin :* 15 à 35 % suivant les années, et si la série « Paléontologie » de ses *Mémoires* s'éteint en 1922, la nouvelle série accueille de nombreux travaux de notre discipline (environ 50 % entre 1923 et 1950), mais toujours sous le contrôle des géologues !

Cette situation subalterne, le manque de postes universitaires, sont des facteurs capables de décourager les meilleures volontés.

2. — Une autre cause peut-être encore plus grave est l'absence d'intérêt, à cette époque, pour les grands problèmes fondamentaux de notre discipline.

— La notion d'espèce, si importante pour tout problème d'évolution, est alors considérée de façon purement empirique. Sous la pression de la stratigraphie, dans l'espoir que des discriminations paléontologiques aussi fines que possible permettront d'arriver à des précisions chronostratigraphiques accrues, certains spécialistes étrangers (les Anglais S.S. Buckman et F.L. Spath pour les Ammonites, le Suisse Rollie pour les Brachiopodes, entre autres) multiplient à l'infini le nombre des espèces. La moindre différence entre individus est considérée comme spécifique, voire générique, d'où une confusion entre espèce et individu et la perte de toute idée de variabilité.

Parmi les paléontologistes français, certains tendent à suivre la même mode (Roché, Breistroffer, Collignon), alors que d'autres en restent à des espèces très larges (Corroy), ou cherchent une voie moyenne (Roman), mais toujours intuitivement, sans justification biologique.

Si bien qu'on entend dire que « l'espèce, c'est ce que les spécialistes d'un groupe s'entendent à reconnaître comme telle » mais le malheur, c'est que les spécialistes ne s'entendent pas !

— Quant à l'Évolution, nous sommes encore en plein dans la « crise du Transformisme » évoquée quelques années auparavant par F. Le Dantec. Certes, tout le monde admet la réalité du phénomène, mais les diverses théories explicatives semblent insuffisantes, inadéquates. Teilhard lui-même, à qui je demandais peu après la guerre son opinion sur la théorie synthétique, m'explique que les détails des mécanismes sont de peu d'intérêt, que ce qui importe, c'est le mouvement général de l'ensemble !

L'opinion générale du moment est bien exprimée par un grand biologiste Maurice Caullery qui écrit : *« Nous ignorons pour le moment, il faut le reconnaître, les conditions précises dans lesquelles les espèces se transforment »*[8], et plus loin : *« En somme, les trois quarts de siècle écoulés depuis que Darwin, en publiant son « Origine des espèces », a fait de l'étude de l'évolution le principal objet de l'observation et de l'expérimentation biologique, n'ont pas mené à la solution complète et définitive du problème, mais ils ont plutôt eu comme résultat d'en faire ressortir l'extrême difficulté. L'évolution est un phénomène irréversible, qui est lié à tout le passé de la terre et dont le monde actuel n'offre peut-être plus la clé »*[9]. Revenant un peu plus tard sur le sujet, il écrit, après avoir discuté du rôle des mécanismes génétiques : *« La diversité de ces récentes et diverses théories est un signe évident de l'obscurité profonde qui enveloppe encore les conditions où l'évolution s'est accomplie et son mécanisme »*[10].

Et le généticien É. Guyénot, s'il admet que les mécanismes de l'hérédité expliquent l'évolution des lignées, ajoute : *« il est impossible de demander davantage à une théorie de l'évolution. Vouloir aller au-delà des transformations qui se sont produites dans des groupes définis, ce serait perdre le contact des faits biologiques et des documents paléontologiques ; ce serait faire un appel purement*

8. M. Caullery, « Les Sciences biologiques » in *Histoire de la nation française*, t. XV, 1925, p. 270.
9. *Ibid.*, p. 272.
10. M. Caullery, « Les aspects principaux actuels du problème de l'évolution », *1ère semaine internationale de Synthèse*, fasc.1 (1929), pp. 1-34, p. 24.

gratuit à des conception théoriques qui relèvent plus du rêve et de l'imagination que de la science positive »[11].

Ceci explique le petit scandale que déclenche, en 1937, Paul Lemoine, Professeur de Géologie au Muséum et Directeur de cette grande institution, écrivant, dans la préface au tome V, sur les êtres vivants, de l'*Encyclopédie française* dirigée par A. De Monzie : *« ce tome de l'Encyclopédie, qui me paraissait devoir assurer le triomphe des théories évolutionnistes, me semble au contraire aujourd'hui en sonner le glas »*[12]. En réalité, si on lit soigneusement ce texte, on constate que ce que critique Lemoine, lui-même paléontologiste ayant travaillé sur les ammonites de Madagascar, ce n'est pas tellement l'évolution en elle-même, mais un certain modèle de celle-ci, celui du darwinisme classique, à base de gradualisme intégral et de formes intermédiaires. En effet, les spécialistes, dit-il *« insistent toujours sur les hiatus qui séparent la flore ou la faune de certaines périodes de celles de la période précédente... On peut remonter les lignées jusqu'à un passé souvent lointain... Les Monotrèmes actuels sont à peu près identiques à ceux du Trias, et on trouve des représentants de certains groupes de poissons dès le commencement du Primaire ».*

Dans ce refus du gradualisme, il exprime en effet une opinion assez fréquente à son époque en France. La plupart des biologistes et des paléontologistes contemporains restent en effet très attachés à un certain lamarckisme, en raison de l'action évidente de l'environnement sur l'évolution, qui leur paraît montrer une action directe de celui-ci. L'explication darwinienne par la sélection est refusée, surtout en raison du recours au hasard comme source de la variation, qui leur paraît antiscientifique. Mais le darwinisme est aussi critiqué pour son gradualisme, présenté parfois comme un vrai dogme.

Chez les paléontologistes, par exemple, Henri Douville en 1931[13] parle d'une « évolution en escalier », où chaque marche représente une espèce, leur réunion constitue un rameau. Mais quelquefois on constate des modifications brusques, entraînant l'apparition de caractères nouveaux qui se perpétuent par hérédité, et c'est ainsi que prennent naissance de nouveaux rameaux. Et, presque en même temps (1930), on lit sous la plume de L. Joleaud : *« La rareté relative des séries continues conduit à admettre que, dans certains cas, le passage d'une forme à une autre s'est réalisée par sauts brusques. D'autres fois, le développement d'un phylum a pu présenter alternativement de courtes phases de changement rapide et longues époques de lente évolution »*[14].

Même son de cloche chez les biologistes : *« Il faut reconnaître l'absence générale, ou au moins la grande rareté des formes de transition entre les groupes, qu'il s'agisse de classes, d'ordres, de familles ou même de genres. Avec les documents dont nous disposons, chaque groupe apparaît d'une façon brusque, bien caractérisé, offrant d'emblée certains caractères bien spécialisés. Nous ne trouvons pas en général les formes idéales dont l'organisation montrerait dans tous*

11. E. Guyénot, *L'Évolution*, Paris, Doin, 1930, p. 369.

12. P. Lemoine, « Introduction générale », in *Encyclopédie française*, A. de Monzie éd., vol. V : *Les êtres vivants*, 1937, p. 5.

13. H. Douville, « Quelques cas d'évolution », *C.R. Acad. Sci. Paris*, 193 (1931), pp. 378-380.

14. L. Joleaud, « Le Transformisme en Paléontologie », *Rev. Sci.*, LXVIII, 6 (1930), pp. 111-117.

ses traits des caractères primitifs » et un peu plus loin : *« De là, on est amené à conclure que l'apparition et la différenciation fondamentale des groupes n'ont pas dû être un phénomène lent et infiniment gradué, mais plutôt rapide et vraiment discontinu »*[15].

Et, bien sûr, le généticien qu'est Guyénot insiste également sur le caractère discontinu de la vie : *« Derrière l'idée de continuité dans la variation, avec tout ce qu'elle comporte relativement au rôle des formes dites de passage, des types intermédiaires, etc., ce que l'expérience a démasqué, c'est une discontinuité réelle des formes organisées »*[16].

Ce qui est critiqué par tous ces auteurs, ce n'est donc pas l'évolution en tant que telle, mais les mécanismes proposés pour son explication, et surtout le darwinisme réduit à un gradualisme lent et obligatoire, à un progrès continu.

C'est finalement la découverte, après la coupure de la guerre 1940-1945, de la théorie synthétique, dans les ouvrages fondamentaux de E. Mayr : *Systematics and the Origin of species*[17], de J. Huxley : *The new Systematics*[18], de T.Dobzhansky : *Genetics and the origin of species »*[19], de G.G. Simpson : *Tempo and mode in Evolution* [20], dont la diffusion avait été bloquée chez nous par les circonstances, qui déclenchera un nouvel intérêt pour l'évolution et la paléontologie. Le colloque organisé en 1947 à Paris, à l'initiative de J. Piveteau[21], où Simpson exécutera magistralement la notion d'orthogenèse encore soutenue par certains participants, donnera le choc décisif et conduira certains à une nouvelle conception plus évolutive, plus biologique d'une Paléontologie devenue majeure. Ceci d'ailleurs ne se fera pas sans difficultés, sans résistances encore vivaces. Mais ceci est une autre histoire qui sort du cadre ici défini.

CONCLUSIONS

La Paléontologie est une discipline pluridisciplinaire par essence. Biologique par ses objets qui ont été des êtres vivants, zoologique par « l'enchaînement du monde animal » avec ses problèmes de classification indissolublement liés à l'évolution, génétique par ses mécanismes, elle est autant géologique par les processus de fossilisation et de sédimentation qui permettent la conservation des fossiles, mais aussi et surtout par la dimension du temps qui lui est essentielle. Impossible de séparer l'histoire de la Vie de l'histoire de la Terre inextricablement liées.

15. M. Caullery, « Les aspects principaux actuels du problème de l'évolution », *1re semaine internationale de Synthèse,* fasc.1 (1929), pp. 9-10.

16. E. Guyénot, « Le mécanisme de l'évolution et l'expérience », *lère semaine internationale de Synthèse,* fasc.1 (1929), p. 13.

17. E. Mayr, *Systematics and the origin of species,* New York, Columbia University Press, 1942.

18. J.S. Huxley (ed.), *The New Systematics,* Oxford, Clarendon Press, 1940.

19. D. Dobzhansky, *Genetics and the origin of species,* New York, Columbia University Press, 1937.

20. G.G. Simpson, *Tempo and modes in Evolution,* New York, Columbia Univ. Press, 1944 (traduction française : *Rythmes et modalités de l'évolution,* Paris, Albin Michel, 1950.)

21. C. Devillers, « Jean Piveteau et le Colloque international de 1947 » in « Hommage au Professeur J. Piveteau », *Ann. Paléont.,* 77 (1991), pp. 253-255.

Si l'un de ces deux appuis vient à lui manquer, la Paléontologie boite et risque la chute. Entre les deux guerres, son annexion par la seule géologie a manqué de peu de la tuer.

Aujourd'hui, ce serait plutôt le danger inverse qui la menace, au moment où les sciences de la terre, livrées de plus en plus à des géophysiciens ou des géochimistes, étrangers à toute perspective temporelle, voudraient la rejeter entièrement du côté des sciences biologiques, elles aussi de moins en moins historiques. Orientation volontiers acceptée par les vertébristes, que leur formation surtout anatomique incline en cette direction.

Mais il faut essayer de maintenir, entre ces deux tentations, un équilibre d'autant plus difficile à conserver que la spécialisation précoce et outrancière des disciplines universitaires actuelles rend de plus en plus aléatoire la double formation, de géologue et de biologiste, indispensable à un bon paléontologiste. Puisse l'étude du passé éclairer les besoins du futur !

Le colloque international du CNRS sur l'écologie (Paris, 20-25 février 1950)

Pascal ACOT*

Le premier Colloque International du CNRS sur l'écologie s'est tenu à Paris, du 20 au 25 février 1950. Il fait partie de la série des colloques qui ont eu lieu grâce à des dons de la Fondation Rockefeller. L'un des intérêts de cette rencontre réside dans le fait qu'elle a été la première de l'histoire à être exclusivement consacrée à l'écologie. Jusqu'alors, cette discipline n'apparaissait, dans le meilleur des cas, que comme section des Congrès de zoologie, de botanique ou de géographie.

Les organisateurs étaient les professeurs Marcel Prenant et Georges Petit, assistés par Claude Delamare-Deboutteville et André Pacaud. Comme Marcel Prenant, André Pacaud enseignait à la Faculté des Sciences de Paris. Georges Petit et Claude Delamare-Deboutteville — qui est devenu ultérieurement Président de la Société française d'écologie — effectuaient alors des recherches au laboratoire Arago de Banyuls sur mer.

Il y eut 29 participants. Parmi eux, 16 Français. Deux étaient Autrichiens, dont Wilhelm Kühnelt qui prononça deux communications. Les résumés de huit contributions allemandes et autrichiennes furent lus au cours des travaux par Herbert Franz, le second chercheur autrichien invité. Outre ceux qui ont déjà été évoqués, le nom de quelques intervenants français attire l'attention, quoique parfois de manière rétrospective : Rémy Chauvin, Emmanuel Fauré-Frémiet, Henri Gaussen, et Pierre-Paul Grassé, notamment.

Ce colloque pose un problème en histoire de l'écologie car une dimension très importante de l'écologie scientifique de l'époque, et qui a pris depuis un essor considérable, en est totalement absente. Il s'agit de la théorie des écosystèmes qui, en cette même année 1950, est en plein développement aux États-Unis, et qui va triompher trois ans plus tard avec la publication du manuel universitaire des frères Odum : *Fundamentals of ecology*[1].

* CNRS, Institut d'Histoire et de Philosophie des Sciences et des Techniques, Paris.

1. E.P. Odum & H.T. Odum, *Fundamentals of Ecology*, Philadelphie, W.B. Saunders Company, 1953.

Je commencerai donc par tracer les grandes lignes du contexte scientifique — national et international — du colloque de Paris. J'évoquerai ensuite le colloque lui-même. Avant de proposer quelques hypothèses sur le décalage que l'on percevra alors plus précisément entre la singularité française — je pense que l'expression n'est pas trop forte — et son contexte international.

L'ÉCOLOGIE SCIENTIFIQUE EN FRANCE, 1920-1950

L'écologie scientifique française de la période 1920-1950 est constituée par trois courants principaux : le premier charrie tous les problèmes relatifs à la classification des communautés végétales (c'est l'objet de ce que l'on nomme la « phytosociologie »). Il s'inscrit dans une tradition qui remonte au moins à Alexandre de Humboldt. Les critères de classification dominants au XIXe siècle sont essentiellement physionomiques : la résultante des physionomies singulières des plantes individuelles produit le paysage végétal. D'où le risque d'atomisation classificatoire des ensembles végétaux. Pour remédier à cette difficulté, le botaniste autrichien Anton Kerner von Marilaun développe, à partir des années 1860, une démarche originale qui consiste à décrire les groupements sans tenir compte des conditions physiques du milieu comme l'humidité, les températures moyennes ou l'insolation[2]. Ce ne sont donc plus les facteurs abiotiques de l'environnement qui expliquent les végétations. Ce sont au contraire les végétations qui mettent en évidence des variations fines des facteurs abiotiques. Cette démarche nouvelle est fondatrice de ce que l'on nomme la « sociologie végétale ». En France, elle est illustrée dès 1913 par un jeune botaniste originaire de Zürich et effectuant des recherches à la Station Internationale de Géobotanique Méditerranéenne et Alpine (SIGMA) de Montpellier. Ce botaniste se nomme Josias Braun-Blanquet[3]. Il bâtit un sytème adapté à la riche végétation en mosaïque de la région de Montpellier.

Le système züricho-montpelliérain, dont le développement fut également balisé par les figures de Charles Flahault, Jules Pavillard et Louis Emberger, s'imposa très vite partout où c'était phytogéographiquement possible. D'où une très grande renommée internationale et, consécutivement, la dominance connue de la phytosociologie zuricho-montpelliéraine dans l'écologie française.

Le second courant de l'écologie scientifique en France dans la période 1920-1950 est représenté par l'ensemble des travaux effectués sur les interrelations complexes qui structurent les communautés d'organismes vivants (c'est l'objet de ce que l'on nomme la « biocénotique »). Ce second courant est notamment illustré par Marcel Prenant qui, dans un ouvrage publié en 1934 et intitulé *Adaptation,*

2. A. Kerner Von Marilaun, *Das Pflanzenleben der Donaülander*, Innsbrück, 1863 ; (traduction anglaise par H.S. Conard : *The background of plant ecology. The plants of the Danube Basin*, Ames, Iowa State College Press, 1951).

3. J. Braun & E. Furrer, « Remarques sur l'étude des groupements de plantes », *Bulletin de la Société languedocienne de Géographie*, Montpellier, 1913. Josias Braun-Blanquet publiera ultérieurement *Plant Sociology, the Study of Communities*, New-York, McGraw-Hill, 1932 ; (Première édition allemande : *Pflanzensoziologie*, Berlin, Springer, 1928).

Écologie et biocénotique[4], insiste sur le fait que les individus qui « vivent en commun » (c'est le sens du mot « biocénose ») sont *solidarisés* par des relations d'interdépendance — lesquelles sont, au moins, situées au même niveau d'importance écologique que les facteurs abiotiques.

Le troisième courant (incarné par Max Sorre et André Haudricourt, entre autres) est issu de la géographie humaine de l'école de Vidal de La Blache. Il constitue l'ébauche d'une « écologie humaine » originale dans laquelle, pour reprendre une formule de Durkheim à propos de Ratzel, *« (...) ce n'est* [donc] *plus la terre qui explique l'Homme, mais l'Homme qui explique la terre (...) »*[5]. Il y a par conséquent dans cet embryon d'écologie humaine française une tradition « culturaliste » qui pèse au moins autant que la tradition biologiste dominante aux États-Unis pendant la période que nous considérons ici — c'est-à-dire entre les premiers travaux des sociologues du « groupe de Chicago » au cours des années 1920[6] et la publication de *Human ecology* par James Quinn en 1950[7].

En 1950, l'écologie américaine se trouve précisément dans une situation très différente de l'écologie telle qu'elle est pratiquée en France. Dès les années 1870, des « inventaires » (*« surveys »*) systématiques des richesses botaniques, faunistiques et minières avaient été entrepris dans les États des États-Unis d'Amérique où c'était possible. Le parc de Yellowstone fut créé en 1872, dans le cadre de cette démarche générale.

Les paysages végétaux de ces pays sont caractérisés par des transitions lentes qui expriment toutes les nuances des gradients environnementaux. En parcourant l'Amérique du nord sur de très longues distances, le long d'un axe nord-sud, les végétations dites « naturelles » rencontrées successivement, suggèrent précisément leur *dynamique successionnelle* au cours des temps. Une réflexion comparable, mais partant cette fois de faibles variations climatiques (ou d'autres facteurs de l'environnement) conduit à imaginer des *successions* végétales en un même lieu.

Ainsi, à une écologie européenne qui, tendanciellement, *photographie* l'état des végétations considérées, les Américains substituent une écologie *cinématographique :* on passe de *l'objet* au *processus*. Cela va très loin, c'est-à-dire jusqu'à l'*organicisme* en écologie. F.E. Clements déclare, dès 1901, qu'il considère la végétation *« (...) comme une entité dont les modifications et les structures s'accordent avec certains principes de base, tout-à-fait de la même façon que les fonctions et les structures des plantes correspondent à des lois définies »*[8]. *« Selon ce point de vue »* dit-il en 1905, *« la formation* [végétale] *est un organisme complexe (...) c'est une unité organique »*[9].

L'organicisme en écologie a représenté un cadre idéologique fécond. Car il a conduit les chercheurs à saisir les communautés biotiques comme des entités structurées et douées d'une *autonomie* relative. Mais ses défauts ne furent pas

4. M. Prenant, *Adaptation, écologie et biocénotique*, Paris, Hermann, ASI, 1934.

5. E. Durkheim, « Anthropogéographie, Ratzel, F. », *L'Année Sociologique*, 1899, p. 558.

6. *L'École de Chicago, Naissance de l'écologie urbaine*, Y. Grafmeyer & I. Joseph, eds., Paris, Éditions du Champ Urbain, 1979.

7. J. Quinn, *Human Ecology*, New-York, Prentice-Hall, Inc., 1950.

8. F.E. Clements, « The development and structure of vegetation », *Neb. Bot. Surv.*, Lincoln, Nebraska, (publié en 1904), p. 5.

9. F.E. Clements, *Research Methods in Ecology*, Lincoln, Nebraska, 1905, p. 199.

durablement tolérables. Je songe à des analyses comme celles de V.E. Shelford qui, en 1931 encore, comparait les grandes formations végétales à des *« organismes amiboïdes »*[10]. L'invention, en 1935, du mot « écosystème » par le botaniste anglais Tansley fut d'ailleurs effectuée au terme d'un long processus critique de l'organicisme en écologie végétale[11].

Et c'est justement à partir de l'étude d'entités écologiques bien délimitées — en l'occurrence, des lacs — que le concept moderne d'« écosystème » tel que nous le connaissons aujourd'hui est constitué au cours des années 1940. La quantification des bilans énergétiques joue un rôle considérable dans ce processus. Dès l'année 1942, avec les travaux des écologues américains Chancey Juday[12] et Raymond Lindeman, les écosystèmes sont pensés comme structurés en boucles refermées, avec leur production primaire de matière végétale par photosynthèse, leurs différents niveaux de consommateurs et le recyclage des matières organiques par les décomposeurs. En 1950, les frères Odum publient l'ouvrage que j'ai évoqué en commençant : la théorie des écosystème en est le cœur, et elle va structurer bientôt toute l'écologie scientifique.

LE COLLOQUE DU CNRS

Le *Colloque International du CNRS sur l'écologie*[13] se tient dans ce contexte. Mais l'attention des participants est centrée sur la « synécologie zoologique », ou « écologie des groupements animaux » qui pose *« des problèmes plus délicats que l'écologie des individus et des espèces, considérés isolément »*[14]. Les organisateurs sont également conscients du déséquilibre des recherches en écologie provoqué par la dominance des travaux phytosociologiques depuis les années 1920 : *« (...) il semblait opportun* — disent-ils dans le compte-rendu du Colloque — *(...) de donner une impulsion à la synécologie animale, certainement en retard sur l'écologie des groupements végétaux*[15].

Il est hors de question d'évoquer ici, même brièvement, chacune des 30 communications. Je suis donc contraint d'écarter tout ce qui relève de la monogra-

10. V.E. Shelford, « Some concepts of bioecology », *Ecology,* 12 (1931), p. 456.

11. A.G. Tansley, « The use and abuse of vegetational concepts and terms », *Ecology,* 16 (1935) (première traduction en langue française et commentaire par J.-M. Drouin, thèse de doctorat, Université de Paris I, 12 septembre 1984).

12. C. Juday, « Annual energy budget of an inland Lake », *Ecology,* 21 (1940).

13. *Colloques Internationaux du Centre National de la Recherche Scientifique,* XXXIII, *Écologie,* Paris, CNRS, 1952. Les Actes du colloque sont constitués par 4 fascicules de *L'Année Biologique* (3ᵉsérie, t. 27, fasc. 2, 4, 6, 7, 1951). Le fascicule 5 étant sauté (pages 161-242), la pagination des fascicules [pp. 76-582] ne correspond pas à la pagination réelle des Actes (350 pages). L'éditeur a donc établi une pagination double. Les références qui suivent renvoient à la pagination réelle et non à celle des fascicules. Les comptes rendus des discussions sont inclus dans la pagination des communications données en référence.

14. *Ibid.,* Compte-rendu (les deux pages de ce texte introductif ne sont pas numérotées).

15. *Ibid.*

phie savante[16]. Je ne parlerai, de manière succincte, que de quelques contributions parmi les plus significatives, en les regroupant en trois catégories : celles qui présentent *ou se présentent* comme des bilans théoriques généraux ; celles qui témoignent d'avancées significatives depuis les années 1920 au plan des domaines de recherche ; et celles dont on peut avancer qu'elles présentaient un intérêt épistémologique certain.

Au chapitre des mises au point théoriques générales, la première communication, celle du Suisse Hermann Gisin, retient l'attention car elle porte justement sur « la biocénotique ». Une part importante de son contenu consiste à montrer que la prudence s'impose dans cette discipline. L'auteur commence d'ailleurs par citer l'ouvrage célèbre de Bodenheimer paru en 1938 *(Problems of animal ecology)* et dans lequel il est avancé *« (...) qu'une écologie animale réellement concluante fondée sur les facteurs physiques est impossible »*[17]. Le second point important de cette communication réside dans le point de vue de l'auteur selon lequel *« La biocénotique est en quelque sorte la systématique de l'écologie »*[18]. Cette remarque indique que si la sociologie végétale est officiellement écartée du Colloque de 1950, elle est en réalité bel et bien présente dans la pensée des biocénoticiens. C'est pourquoi la contribution de Gisin est porteuse de toutes les difficultés rencontrées habituellement dans les études des groupements végétaux : celle, par exemple, des critères qu'il convient de retenir pour les différencier.

L'une des communications de Wilhelm Kühnelt (intitulée « La structure des associations biotiques terrestres »)[19] va d'ailleurs également dans ce sens : on y rencontre les termes de *« relevés »*, de *« types et d'individus d'association »*, et surtout, le critère zuricho-montpelliérain par excellence : l'«espèce *caractéristique* » (laquelle n'est pas nécessairement *dominante* et ne donne pas nécessairement sa *physionomie* au groupement).

On entre dans la modernité des années 1950 dès la seconde communication du colloque, celle d'Henri Gaussen, alors Professeur à la Faculté des Sciences de Toulouse, et intitulée *« Le dynamisme des biocénoses végétales »*. L'auteur y décrit une biocénose complète avec ses *« végétaux autotrophes, base de tout l'édifice »*, ses herbivores et carnivores et ses décomposeurs, nommés *« végétaux hétérotrophes »*[20]. C'est la description *qualitative* classique d'un écosystème (mais cette restriction est de taille, puisque les américains ont entrepris dès les années 1935 de quantifier finement les différents niveaux de certains écosystèmes).

Une autre mise au point générale est celle du Néerlandais Van der Klaauw : *« Qu'est-ce que l'écologie ? »* [21]. Il s'agit d'une revue principalement bibliographique dans l'ordre chronologique, et dont la relative confusion indique que le vocabulaire n'est pas encore fermement fixé en Europe. Par exemple, les défini-

16. Comme, par exemple : « *Autoecology of* Chironomus plumosus », (Barbara Walshe, pp. 323-327) ou « *Contribution à la connaissance de l'endofaune des sols marins durs* », (Wilhelm Kühnelt, pp. 281-291).

17. F.S. Bodenheimer, *Problems of Animal Ecology,* 1938, p. 131. Il s'agit de l'auteur de *The History of Biology : an Introduction,* Londres, Wm. Dawson & Sons Ltd, 1958.

18. H. Gisin, « La Biocénotique », *Actes...* (pp. 1-8), p. 3.

19. W. Kühnelt, « Sur la structure des associations biotiques terrestres », *Actes...,* pp. 37-47.

20. H. Gaussen, « Le dynamisme des biocénoses végétales », *Actes...,* pp. 9-22.

21. C.J. Van Der Klaauw, « Qu'est-ce que l'écologie ? », *Actes...,* pp. 23-35.

tions successives de l'écologie par Haeckel sont considérées comme relevant de l' « éthologie » dans son sens actuel. Alors que la relation aurait à la rigueur pu être établie avec le sens qu'avait donné Isidore Geoffroy Saint-Hilaire au mot « éthologie » en 1859 : *« (...) étude des relations des êtres organisés dans la* famille *et la* société, *dans* l'agrégat *et la communauté »*[22]. Et l'auteur propose même de remplacer le mot « écologie » par ceux de « biogéographie écologique » et d'«éthologie » — ce qui ne se faisait plus depuis plusieurs décennies.

De nombreux « rapports » — comme on disait alors — traitent des domaines investis peu à peu depuis les années 1920, et qui témoignent de la dynamique « impérialiste » de l'écologie scientifique. Par exemple, « Méthode expérimentale et écologie en milieu aquatique » (André Pacaud), « Mesure du micro-climat et des micro-milieux » (V. Frolow)[23], « Techniques d'études des micro-climats » (Simon de Backer)[24]. Et enfin « Le peuplement de fonds rocheux en zone littorale profonde » (P. Drach)[25] où sont exposées les possibilités offertes par les scaphandres autonomes « Cousteau-Gagnan » récemment inventés, et où l'auteur, plongeur lui-même, fait état des difficultés rencontrées dans les évaluations quantitatives sur des « surfaces minima ». Ce qui évoque les fameuses « aires minima » qui, dans la phytosociologie zuricho-montpelliéraine, objectivent la discontinuité de la végétation. Mais c'est plutôt le classique *quadrat* de la biocénotique qui est décrit ici.

Un nombre relativement important de contributions est consacré aux microorganismes. C'est le cas, par exemple, des communications intitulées : « Bactéries anaérobies du sol » (A.R. Prévot)[26], « Problèmes écologiques concernant les bactéries des sédiments marins » (Jacques Senez)[27]. Et surtout : « Écologie des protistes littoraux » (Emmanuel Fauré-Frémiet)[28] — quoique les sources de l'auteur soient souvent secondaires ou déjà un peu anciennes. Ainsi, il avait déjà publié en 1948, dans *The Journal of Animal Ecology*[29], un article sur l'écologie des communautés d'infusoires des mares supralittorales du rivage de Concarneau — où se trouvait le laboratoire de biologie marine dépendant de sa Chaire au Collège de France. En 1950, l'importance de la mobilité des *Ciliés* dans l'organisation et les mécanismes évolutifs des *microbiocénoses* y est à nouveau mise en évidence. Une véritable « microécologie » est en voie de développement.

Il y a enfin les débats qui présentent un grand intérêt épistémologique. Et en particulier les communications de Marcel Prenant et Pierre-Paul Grassé. Toutes deux portent sur l'«essence » des biocénoses, quoique ce mot ne soit pas prononcé. La première porte sur « Les interactions en biocénotique »[30]. Marcel Prenant y caractérise les biocénoses par *« (...) leur caractère durable, et la dépendance*

22. I. Geoffroy Saint-Hilaire, *Histoire Naturelle des Règnes Organiques*, vol. II, Paris, Masson, 1859, p. 285.

23. *Actes...*, pp. 149-151.

24. *Actes...*, pp. 137-148.

25. *Actes...*, pp. 271-279.

26. *Actes...*, pp. 169-192.

27. *Actes...*, pp. 193-204.

28. *Actes...*, pp. 205-215.

29. E. Fauré-Frémiet, « The ecology of some infusorian communities of intertidal pools », *Journal of Animal Ecology*, 47, pp. 127-130.

30. *Actes...*, pp. 63-71.

réciproque des êtres qui les composent (...) »[31], ce qui les distingue des *foules* — qui sont des rassemblements fortuits — et des « sociétés animales », dont la caractéristique réside *« (...) dans la réciprocité de l'attraction entre les organismes, c'est-à-dire la mutualité de leur comportement, tendant d'une façon active de part et d'autre à la vie en commun »*[32]. Mais l'auteur laisse la résolution de ces questions à Pierre-Paul Grassé. Il examine la nature biologique des interactions biocénotiques en comparant, dans le domaine des fluctuations populationnelles, les calculs mathématiques de Lotka et Volterra avec les vérifications effectuées en laboratoire par le soviétique Gause dans les années 1930[33]. Puis il se réfère à plusieurs reprises aux expérimentations sur la génétique des populations effectuées au cours de ces mêmes années par Georges Teissier et Philippe L'Héritier. Les noms de Boris Ephrussi et Jacques Monod apparaissent également, à chaque fois en collaboration avec Georges Teissier.

Le « rapport » de Pierre-Paul Grassé est intitulé « Biocénotique et phénomène social »[34]. Manifestement en accord sur ces questions avec Marcel Prenant — il reprend la distinction entre « foule » et société » — l'auteur y démontre qu'il *« (...) est abusif de parler d'une sociologie végétale (...) car il ne peut y avoir de société de plantes, organismes privés de récepteurs sensoriels et d'organes du mouvement ».*[35] En conséquence, *« (...) une biocénose (...) ne prend jamais le caractère social, car l'interattraction ou l'appétition sociale manque entre ses membres »*[36].

Je laisserai ici de côté l'«*actif* évident », c'est-à-dire la pénétration de nouveaux domaines par l'écologie scientifique et le rééquilibrage des recherches menées en France entre écologie animale et écologie végétale. Avec ce qui reste, c'est-à-dire l'essentiel, nous sommes en présence d'un ensemble apparemment disparate : une sociologie végétale écartée des débats mais qui néanmoins est présente dans les travaux des biocénoticiens de l'époque; une théorie des écosystèmes ignorée *délibérément* puisque la littérature scientifique américaine de l'immédiat avant-guerre, au moins, était connue; et la continuation imperturbable de débats amorcés au cours des années 1930 sur la nature des biocénoses — débats d'où la philosophie n'est pas absente, et dans lesquels les facteurs abiotiques de l'environnement sont pris en compte comme *intervenant* simplement dans la structuration des biocénoses, plutôt que saisis comme facteurs *déterminants*.

Cet ensemble n'est disparate qu'en apparence. Nous sommes, au contraire, en présence d'une cohérence forte : celle d'une écologie dans laquelle le vivant vient comme *en premier* par rapport aux conditions physiques du milieu. Tout comme — et ce n'est pas un hasard — dans la géographie humaine de Ratzel où *« ce sont les hommes qui expliquent la Terre »*, et dans laquelle plongent les racines de l'écologie humaine française, caractérisée depuis ses origines par le refus du *biologisme social* (que Marcel Prenant combat également dès avant la guerre).

31. *Ibid.*, p. 63.
32. *Ibid.*
33. G.F. Gause, *Vérifications expérimentales de la lutte pour la vie*, Paris, Hermann, ASI, 1935.
34. *Actes...*, pp. 73-80.
35. *Ibid.*, p. 78.
36. *Ibid.*, p.79.

Or cette prééminence accordée au vivant sur son milieu se comprend assez aisément si l'on considère la phytosociologie et sa dominance dans l'écologie scientifique française. La sociologie végétale se situe, en tant que taxinomie des groupements, dans une tradition classificatoire, dont François Dagognet a pu dire qu'elle a *hanté* la biologie du XVIIIe siècle en France, et dont on peut se demander si elle ne continue pas de le faire en 1950. Ne serait-ce qu'en raison des avantages que présente sa problématique. En effet, la démarche phytosociologique permet de dégager des unités dont on est certain qu'elles ne sont pas liées à des découpages géographiques arbitraires et à des sélections non moins arbitraires de certains facteurs de l'environnement plutôt que d'autres. Or c'est l'une des difficultés centrales de la pensée écosystémique. Par exemple, à quelle échelle doit-on se situer ? A celle de la flaque de la zone supralittorale ? Ou à celle de l'Océan ? Comment séparer pertinemment un écosystème de son voisin ? Cela a-t-il même un sens de tenter de le faire, en raison des réseaux complexes d'interdépendance qui solidarisent les communautés biotiques ?

On comprendra également ce primat accordé paradoxalement au vivant sur son environnement en songeant à la méfiance traditionnelle des naturalistes français à l'égard de tout réductionnisme physico-chimique. Or la théorie des écosystèmes, qui rend compte des flux d'énergie et de matière dans la nature, est loin d'en être à l'abri. Raymond Lindeman va jusqu'à déclarer en 1942 : *« Les analyses des cycles de relations trophiques indiquent qu'une communauté biotique ne peut être clairement différenciée de son environnement abiotique : l'écosystème doit être dès lors considéré comme l'unité écologique la plus fondamentale »*[37]. Cette pensée est aux antipodes de la tradition naturaliste en France.

C'est pour toutes ces raisons que l'absence de la théorie des écosystèmes dans le Colloque de 1950, loin d'être le fait d'une omission involontaire ou d'une insuffisance scientifique, me paraît plutôt représenter l'affirmation clairement consciente d'une certaine identité culturelle de la science française dans ce secteur de la biologie[38].

37. R. Lindeman, « The trophic-dynamic aspect of ecology », *op. cit.*, p. 415.

38. La discussion qui a suivi la présente communication a fait apparaître d'autres pistes explicatives comme, par exemple, une possible réticence politique des organisateurs (très vraisemblable pour ce qui concerne Marcel Prenant) vis-à-vis de la puissance des États-Unis dans l'après-guerre. Ce qui expliquerait le fait qu'un seul chercheur américain ait été invité : Robert W. Pennak (« Écologie comparée de la faune intersticielle des plages de mer et d'eau-douce », pp. 217-248). Il a été avancé, par ailleurs, que la rivalité — pour ne pas dire plus — existant entre les Universités de Montpellier (Josias Braun-Blanquet, Louis Emberger) et de Toulouse (Henri Gaussen) pouvait constituer une explication, au moins partielle, de la mise à l'écart officielle de la phytosociologie. Il a enfin été suggéré que la dimension principalement biocénotique de cette rencontre a pu être liée aux relations de certains chercheurs avec des laboratoires de biologie marine comme celui de Banyuls-sur-Mer (Georges Petit et Claude Delamare-Deboutteville), ou celui de Concarneau (Emmanuel Fauré-Frémiet).

BIOLOGIE APPLIQUÉE ET RECHERCHE MÉDICALE

Amélioration des plantes et génétique

Georges VALDEYRON*

Avant la guerre de 1940, la génétique n'a fait, en France, l'objet d'aucun enseignement sanctionné par un diplôme. Burian et al.[1] ont posé la question de savoir comment cette situation n'a pas empêché, par la suite, les chercheurs français de jouer un rôle important et reconnu sur le plan international dans la construction de cette discipline.

Il m'est apparu que l'un des éléments de réponse — sans doute non négligeable — pourrait être l'existence dans ce pays, depuis fort longtemps mais, en particulier, au cours de cette période de 1920 à 1950 qui nous intéresse ici, d'un groupe relativement important de chercheurs dont l'un des objectifs était d'approfondir les « bases scientifiques de l'amélioration des plantes », pour reprendre le titre de l'ouvrage de F. Boeuf (1936)[2], qui fit autorité dans les milieux de la recherche agronomique. Ces chercheurs ont su créer et entretenir une tradition d'étude de cette science-mère qu'était pour eux la génétique, alors rejetée, en tant que science de la nature, par les biologistes français des Universités, à l'exception à peu près unique de Lucien Cuénot. Pour la plupart des autres, l'état des connaissances humaines ne permettait pas encore d'en aborder l'étude, ce que l'un des plus en vue d'entre eux traduisait en disant qu'«en matière d'hérédité, tout est possible, rien n'est certain ».

Le groupe dont je parle bénéficia de l'existence des Écoles Supérieures d'Agronomie — et, en premier lieu, de l'Institut National Agronomique. La marginalité d'alors de ces écoles par rapport au monde de la recherche universitaire avait, du moins, l'avantage de ménager un espace suffisant de liberté. Par suite d'une série de circonstances dont il serait trop long et hors de mon propos de donner le détail, le niveau des élèves de ces écoles, parti d'une moyenne assez basse, n'a cessé, au cours du siècle, de s'élever, jusqu'à atteindre, par sa frange supérieure, celui de l'élite des étudiants des sciences de la vie. La conséquence

* Institut National Agronomique Paris-Grignon et Université de Montpellier.

1. R.M. Burian, J. Gayon and D. Zallen, « The singular fate of genetics in the history of French Biology », *J. of the History of Biology*, 21 (1988), pp. 357-401.

2. F. Boeuf, *Les bases scientifiques de l'amélioration des plantes*, Paris, Lechevalier, 1936.

en fut que, vers la fin de la période que nous étudions, ces écoles ont pu fournir, alors qu'enfin la génétique obtenait son droit de cité dans les universités, une masse importante, voire, dans un premier temps, la majeure partie de la masse des chercheurs et des enseignants nécessaires à un développement spécifique de cette discipline.

Je voudrais apporter ici quelques précisions sur les difficultés rencontrées et sur la façon dont ces difficultés furent surmontées.

DIFFICULTÉS PROPRES À LA GÉNÉTIQUE DE LA FORMATION PROPÉDEUTIQUE DES ÉTUDIANTS D'AGRONOMIE

Les Écoles Supérieures d'Agronomie, comme leur nom ne suffirait sans doute pas à l'indiquer, font partie des Grandes Écoles, encore appelées Écoles d'Ingénieurs. Elles appartiennent à cet ensemble, propre à notre pays, d'établissements très divers à beaucoup d'égards mais qui ont en commun d'avoir été créés pour donner des enseignements que les Universités ne voulaient ou ne pouvaient pas prendre en compte et de recruter très généralement leurs élèves par concours.

Ces écoles n'ont que peu de liens réglementaires avec l'Éducation Nationale — ce qui est logique, compte tenu du principe même de leur fondation. Il en est de privées; les ministères de tutelle des autres sont divers : Travaux Publics, Agriculture, Défense etc. Toutes, cependant, ont eu la remarquable habileté de confier à l'Enseignement Secondaire le soin de détourner des Universités les meilleurs de ses élèves en vue de la préparation de leurs concours d'entrée. Cette préparation a lieu dans des classes particulières des lycées, dites pour cela « préparatoires ». La réputation d'un lycée étant directement liée aux succès de ses préparatoires, on y trouve les meilleurs professeurs, souvent les plus dévoués et les plus expérimentés, ayant à peu près toujours été reçus dans les premiers au concours de l'agrégation. Ils forment un ensemble clos et soudé, réparti en associations nationales très vivantes, propres à chaque catégorie de concours. C'est essentiellement au sein de cet ensemble que le Ministère choisit ses Inspecteurs Généraux, qui n'enseignent plus mais qui exercent le pouvoir et assurent la défense du système contre les projets de réforme et autres agressions d'origines diverses. On ne peut s'étonner, dès lors, de la perfection avec laquelle fonctionne le drainage des cerveaux demandé par les écoles.

Ce fonctionnement comporte, au départ, le tri, généralement antérieur aux épreuves du baccalauréat, des étudiants à admettre dans les préparatoires, c'est-à-dire dont les performances passées garantissent de bonnes chances de succès aux concours, deux ans plus tard. Chaque école assure l'organisation administrative du concours lui-même; toutefois, elle se garde bien, en règle générale et à quelques détails près, d'intervenir dans son déroulement, qu'il s'agisse de nommer les examinateurs ou de choisir le sujet des épreuves : il ne peut y avoir manquement à cette règle implicite sans risque pour des relations dont chacun entend préserver l'excellence.

Les deux années de préparation s'effectuent dans deux préparatoires distinctes, dites respectivement « mathématiques supérieures » et « mathématiques spéciales », mais l'étudiant désireux d'entrer dans la première devra en décider, en fait, au moins un an à l'avance : il devra, pour être admis, avoir fait une bonne terminale, presque toujours une terminale C, l'ancienne « mathématiques élémentaires ». La préparation au concours lui prendra donc, en réalité, trois ou quatre ans, la dernière année pouvant être redoublée. C'est au moins la moitié du temps qu'il consacrera à sa spécialisation. Il la passera à subir un entraînement intensif et de haut niveau à l'analyse mathématique la plus classique pour l'époque. Il en gardera une empreinte définitive, une incontestable formation, dont la solidité pourra être vérifiée, sans crainte d'erreur, par le moyen d'un série d'épreuves écrites ou orales, mettant en jeu, de la part des examinateurs, la même conscience que l'enseignement lui-même.

Sans doute l'importance des mathématiques est-elle modulée suivant les catégories de concours. Ainsi, les classes préparatoires de nuance biologique sont-elles dites « math sup C » et « math spé C » pour signifier que l'on y fait moins de mathématiques qu'ailleurs et, sans doute, autre chose à la place. Il y a lieu de préciser, cependant, que, dans les concours, les mathématiques gardent les cœfficients les plus élevés.

Pour les autres matières, biologie, chimie et même physique, des programmes monstrueux suffiraient à rendre illusoire toute étude sérieuse ; vidées de leur contenu expérimental, ces matières ne peuvent donner lieu qu'à des exercices de mémorisation provisoire que l'étudiant complète en se livrant à des « impasses » plus ou moins judicieuses. Le nombre élevé des épreuves en répartit les réussites et les échecs sans trop influer sur le résultat final.

On ne peut nier que des professeurs particulièrement talentueux réussissent parfois à communiquer leur enthousiasme pour ces matières « secondaires » ; inversement, des élèves exceptionnels peuvent trouver, dans la masse des cours auxquelles elles donnent lieu, à nourrir une vocation naissante. Ces exceptions ne pèsent guère sur le manque de rentabilité générale des moyens engagés de part et d'autre — par des enseignants parmi les meilleurs et par des étudiants parmi les plus sérieux. On pourrait se demander, en somme, pourquoi ne pas limiter l'emploi du temps en préparatoire aux mathématiques et à telle ou telle forme de culture générale, comportant de la philosophie, par exemple, ou encore de l'histoire des sciences. Outre qu'une certaine diversification est indispensable — disons, pour simplifier, qu'il faut aussi des Inspecteurs Généraux de Sciences Biologiques et Physiques — une fort bonne raison de ne pas le faire tient au rôle que ces matières *pourraient* jouer dans les préparatoires. J'imagine que l'on peut interpréter l'étymologie du mot « mathématiques » en admettant que, pour les grecs, il désignait la seule forme de connaissance susceptible d'être pleinement enseignée et acquise sans recours à un contact concret et, en quelque sorte, professionnel avec la réalité. Il en a été ainsi jusqu'à une époque récente et c'est bien parce qu'on ne peut pas apprendre la chimie ailleurs que dans un laboratoire ou la systématique végétale autrement qu'en herborisant — et tout cela demande beaucoup de temps et de moyens — qu'il a été, jusqu'ici, illusoire de vouloir former des étudiants à ces disciplines dans des classes de lycées.

Or, cet état des choses évolue. De plus en plus souvent, des branches de telle ou telle science, voire de telle ou telle technique, souvent marginales jusque-là, se trouvent fournir des thèmes d'analyse théorique dont la valeur de formation se situe à la hauteur de l'intérêt scientifique ou technologique. L'informatique constitue un bon exemple mais il en existe d'autres, le plus souvent situés aux frontières entre deux disciplines ; il en serait ainsi, paraît-il, de la physique de la matière condensée. Les préparatoires pourraient être le lieu où ces mutations des tendances scientifiques fourniraient des occasions de remplacer des exercices de mémoire par des réflexions approfondies, aptes autant que les mathématiques à former solidement les esprits dans le sens de leurs spécialisations futures.

Malheureusement, les hommes sur qui pourraient reposer une telle évolution n'ont ni le temps, ni les habitudes nécessaires. L'agrégation ne leur donne guère ces habitudes et ceux d'entre eux qui se sentent gênés par les pesanteurs de leur érudition s'évadent le plus souvent vers l'enseignement supérieur ou la recherche.

La génétique illustre parfaitement cette situation. Elle est bien une science de la nature mais sa progression a exigé une dose croissante de réflexion, abandonnant des pans entiers de la recherche à l'analyse pure ou même aux méthodes de simulation. Une expérience de quarante années m'a convaincu que la seule façon rentable de l'enseigner consiste à faire rechercher par les élèves la solution de problèmes. L'un de mes collègues universitaires se plaignait devant moi de ce qu'on ne fasse guère, en préparatoire, « qu'apprendre à faire des devoirs de mathématiques ». Cette remarque acide mais parfaitement justifiée, à mon sens, perdrait toute valeur de critique si la méthode était appliquée aux différents domaines de la spécialisation pour lesquels l'étude théorique peut, ou même doit précéder la formation sur le terrain. Celle-ci pourrait alors être réservée à une phase ultérieure, plus proche de la profession.

Plus encore qu'une modification dans l'orientation des programmes, un tel bouleversement dans les méthodes ne peut que se heurter aux traditions suivies par des professeurs — autres que mathématiciens — attachés à considérer leur rôle comme étant de présider à l'engrangement de connaissances surtout descriptives, dispensées par la voie de cours magistraux et de références livresques, contrôlé par des interrogations bimensuelles — en l'absence à peu près complète de toute pratique expérimentale ayant valeur de formation.

Vis-à-vis de la génétique, beaucoup de membres du jury de l'agrégation ont longtemps gardé la méfiance des patrons universitaires du début du siècle. J'ai entendu l'un d'eux déclarer en réunion officielle, en 1974 encore, qu'il voulait « espérer que les modifications qu'il était question d'apporter aux programmes ne l'empêcheraient pas de continuer à enseigner ce qu'il appelait les sciences naturelles ». L'enseignement dans les « classes C » en est resté marqué jusqu'à une date récente. Au cours de l'année scolaire 1970-71, alors qu'après l'attribution de prix Nobel à trois généticiens français il avait bien fallu insérer dans le programme de ces classes quelques lignes évasives sur le sujet, un professeur de biologie en préparatoire C d'un très grand lycée parisien — régulièrement classé dans les tous premiers par le nombre de ses succès aux concours — déclarait à ses élèves : « Pour la génétique, ne comptez pas sur moi pour vous l'apprendre : je n'y comprends rien ». Je ne pense pas utile de commenter cette déclaration ou d'en imaginer les conséquences, pas plus que de citer d'autres prises de position analogues qui m'ont été rapportées ou que — plus rarement — j'ai enregistrées moi-même à la même époque.

L'ENSEIGNEMENT DE LA GÉNÉTIQUE DANS LES ÉCOLES D'AGRONOMIE AVANT 1940

Je n'ai insisté sur ce qui se passait voici une vingtaine d'années que pour faire ressortir plus clairement ce que pouvait être la situation, dans les écoles d'agronomie, 50 ou 60 ans plus tôt. Les responsables se trouvaient obligés de donner eux-mêmes, pour asseoir l'enseignement des techniques de la sélection des plantes, une formation dont ils ne pouvaient que glaner les éléments dans les revues ou les congrès internationaux.

[Peut-être est-il intéressant de mentionner ici que les agronomes français qui ont joué, dans le développement de la génétique, le rôle dont il sera question sont seulement ceux dont les préoccupations touchaient à l'amélioration des plantes. Il est possible que le peu d'intérêt relatif manifesté par leurs collègues zootechniciens pour la même science soit lié à la politique des éleveurs français de l'époque, qui ne concevaient guère d'autre amélioration que celle basée sur la recherche d'une conformité aussi parfaite que possible au type — au « standard » — de chaque race.]

Le mérite essentiel de l'introduction d'éléments scientifiques de génétique dans l'enseignement agronomique français revient sans doute à Schribaux, alors professeur d'Agriculture à l'Institut Agronomique. Il avait compris, probablement dès leur parution, l'importance des publications de Johannssen pour la sélection des plantes autogames. En 1912, il en parlait dans ses cours, avec enthousiasme, paraît-il. Il ne prononçait pas le mot de génétique, dont l'invention ne datait guère, du reste, que de six ou sept ans. Il ne tenait peut-être pas beaucoup à s'en servir, s'il le connaissait : il ne devait pas avoir de difficulté à admettre, comme ses collègues biologistes universitaires, qu'il ne s'agissait pas d'une science. La différence entre eux était que les biologistes universitaires n'en avaient pas besoin et n'en parlaient pas, alors que pour Schribaux, science ou pas, la génétique était au centre de ses préoccupations, héritier qu'il était d'un siècle de travail tâtonnant mais assidu pour améliorer les rendements agricoles par la voie de l'utilisation du meilleur végétal possible.

Le XIXe siècle avait été, à cet égard, une époque de progrès et les français y avaient pris une part importante. Ainsi Sageret laissa-t-il une œuvre où bien des découvertes ultérieures sont pressenties. Un exemple plus connu est celui de Louis Vilmorin qui formula, en 1850[3], le principe de la sélection généalogique : on ne peut juger de la valeur d'un reproducteur que par sa descendance — première distinction entre le déterminant héréditaire et ce qu'il détermine. Une trentaine d'années plus tard, cependant, le sélectionneur anglais Hallett proposait une méthode de sélection du blé consistant à retenir, comme point de départ d'une semence, *« le meilleur grain du meilleur épi de la meilleure plante du meilleur champ »,* montrant ainsi à quel point la biologie avait, jusque-là, échoué dans l'analyse de la variabilité. Devant l'amas de résultats scientifiques authentiques mais aussi de recettes plus ou moins empiriques ainsi accumulé, la redécouverte

3. L. Vilmorin, « Notes sur un projet d'expérience ayant pour but d'augmenter la richesse saccharine de la betterave », *Bull. Séances, Soc. Impériale Agric,* France, 2e série, 6 (1850-51), pp. 169-173.

de la loi de la pureté des gamètes, les travaux de l'école suédoise de Nilsson-Ehle ou ceux de Johannssen fournissaient des moyens de ne retenir que ce qui pouvait servir de base à une technique moderne.

Ce qui motivait l'enthousiasme de Schribaux, ce n'était pas — du moins pour les priorités de son action — la satisfaction de s'être rapproché de la vérité mais la perspective du succès des efforts faits en vue d'une amélioration des rendements. Du reste, il ne voulut nullement s'approprier la tâche de dispenser les données nouvelles ; il continua ses cours sur la destruction des mauvaises herbes et les différentes catégories de labours mais chercha à faire doter les établissements d'enseignement supérieur de l'agronomie de véritables chaires de génétique, dotées de titulaires spécialement choisis.

Il n'avait pas dû remarquer que la totalité de ses références étaient étrangères à la France et n'avait sans doute jamais eu l'occasion de méditer sur les raisons de cette situation. Au lendemain de la guerre de 14-18, en Tunisie, Félicien Boeuf, ami et correspondant de Schribaux — comme lui instituteur de formation et, comme lui, devenu secondairement agronome — créait lui-même, sous son influence, une chaire de « Génétique, Phytotechnie et Botanique appliquée » à ce qui était alors l'École Coloniale d'Agriculture de Tunis. Des efforts comparables furent faits, un peu plus tard, dans d'autres écoles d'agronomie en France et en Afrique du Nord. A l'Institut Agronomique, on chargeait d'un enseignement de génétique Guérin, botaniste universitaire de valeur mais complètement étranger à ce qu'on lui demandait. L'échec fut total mais les idées de Schribaux faisaient leur chemin en même temps que se précisait l'évidence que, les biologistes français — Cuénot excepté — n'étant pas intéressés, il fallait utiliser la tradition déjà existante en agronomie. En 1930, Vitold Ducomet, phytopathologiste par sa spécialisation mais ouvert aux différents aspects de la recherche, fut nommé professeur de Biologie Végétale à l'Institut Agronomique et chargé d'y inclure un enseignement de la génétique. C'est cet enseignement que j'ai suivi en 1935 par assistant interposé, Ducomet ayant dû se décharger de ses cours pour raisons de santé, avant de disparaître prématurément. Il fut remplacé par Boeuf, retour de Tunisie, à la suite d'un concours ouvert par arrêté du 9 Juillet 1936 sous le titre « Recrutement d'un professeur de Génétique ». Bœuf eut pour principal membre spécialisé de son jury Lucien Cuénot et, pour concurrents, divers candidats fort sérieux, dont deux, qui furent classés après lui, devinrent, par la suite, professeurs d'Universités. Il créa donc, très officiellement, la première chaire de génétique en France, comme il avait institué, en Tunisie, une quinzaine d'années auparavant, ce qui fut, autant que je sois informé, le premier cours magistral de génétique professé sous ce nom en langue française.

A Paris, l'Institut Agronomique ne délivrait pas alors de diplôme autre que celui d'Ingénieur-Agronome, de sorte que l'enseignement de la génétique n'y recevait pas de sanction spécifique. Retraité et devenu académicien, Schribaux ne dut pas le regretter outre mesure : il pouvait se satisfaire d'avoir officiellement fait entrer dans l'enseignement de l'agronomie une matière qui, pour lui, en était une branche indispensable.

Sans doute n'était-il informé que de loin des progrès qu'à la même époque quelques français alors peu connus faisaient faire à la génétique. Les plus brillants, qui restaient, toutefois, très confidentiels, étaient ceux des microbiologistes de l'Institut Pasteur. Ephrussi attaquait le sujet, par le biais de l'embryologie, avec succès ; il chercha davantage à le faire savoir mais avec un succès bien moindre. A l'École Normale, Teissier et L'Héritier réfléchissaient à la génétique quantitative ; le second proposait, dès 1933, d'observer l'évolution des fréquences géniques dans des cages à drosophiles et posait ainsi les bases de la génétique expérimentale des populations. Tous durent pourtant attendre les bouleversements de la guerre de 40 et de ses conséquences pour qu'enfin, en 1946, Ephrussi réussisse à créer, à la Sorbonne, un certificat de licence de génétique. Il y fallut rien moins que les relations que Teissier avait liées avec Frédéric Joliot-Curie dans la Résistance : ce dernier et, avec lui, ses collègues physiciens purent faire aboutir le projet, contre l'avis de la plupart des sorbonnards biologistes. Je me présentai à ce certificat, à la fin de cette première année de son existence, en 1947, avec une soixantaine d'autres candidats. Si mes souvenirs sont bons, nous fûmes reçus dix — les dix premiers à obtenir un diplôme de génétique en France — dont huit étaient ou allaient devenir Ingénieurs-Agronomes. S'y ajoutaient, je crois, un vétérinaire et un philosophe « diplômitif ». Pour ma part, je dois à la préparation de cet examen beaucoup plus que tout ce que j'avais fait, jusque là, pour apprendre la génétique. Pourtant, j'enseignais moi-même la génétique à l'École de Tunis depuis 1942, comme Boeuf l'avait fait vingt ans avant. Parmi les élèves auxquels j'avais ainsi dispensé, depuis cinq ans, un enseignement bien imparfait en comparaison avec celui que j'ai eu à Paris, il en est qui se sont spécialisés et ont poursuivi des carrières de généticiens en France, à la Recherche Agronomique ou en Université.

Ainsi, au cours de la période que nous étudions ici, alors que les Universités et, derrière elles, les naturalistes de l'enseignement secondaire, se refusaient agressivement à admettre la génétique comme une spécialité à part entière, le monde de l'enseignement et de la recherche agronomiques français, en maintenant une tradition de l'étude de cette science, en préparait le succès futur *en lui fournissant, au départ, le gros de ses effectifs.* Le certificat de la Sorbonne continua, pendant plusieurs années, à diplômer surtout des élèves ou d'anciens élèves des écoles d'agronomie ; les médecins ne vinrent en nombre et avec un succès comparable que plus tard, les étudiants des chaires classiques de biologie, plus tard encore. Lorsqu'il fut enfin possible, à la fin des années 50, de commencer à créer des chaires universitaires de génétique ailleurs qu'à Paris, ces premiers élèves, pourvus de thèses dans l'intervalle, formèrent une part essentielle de l'encadrement nécessaire. Il subsiste des traces notables de cet état des choses, à l'Université d'Orsay, par exemple, où ont été ou sont professeurs de génétique ou de sciences apparentées une demi douzaine d'Ingénieurs-Agronomes.

RÔLE DES AGRONOMES DANS LA RECHERCHE EN GÉNÉTIQUE ENTRE 1920 ET 1950

J'ai pu donner l'impression que le rôle sans doute important des agronomes dans l'histoire de la génétique en France s'est limité toutefois, en définitive, à rendre à la recherche fondamentale quelques uns de ces cerveaux que leurs écoles avaient soustrait aux Universités et que leur part dans l'acquisition de résultats nouveaux fut négligeable. Ce serait injustifié. Certes, les généticiens des stations publiques françaises de recherche agronomique ont eu, particulièrement entre les deux guerres, à établir leurs infrastructures ; ils ont dû s'affirmer dans le domaine de la sélection des plantes, des céréales notamment, en face des entreprises privées qui y occupaient le terrain. Ils y ont passé beaucoup de temps. Ils ont pourtant produit des résultats scientifiques importants, particulièrement dans le domaine de l'étude théorique des populations. Des publications notables ont recouvert le champ des rapports entre le régime de la fécondation et la structure des populations, par exemple, ou encore de l'analyse des causes de la vigueur des hybrides. Elles n'ont pas été retenues à un niveau international parce que leurs auteurs ne leur attachaient pas suffisamment d'importance, pensant encore, assez naïvement, que leur activité serait évaluée en tenant d'abord compte de l'excellence des variétés qu'ils pourraient lancer dans la pratique agricole. Elles ne parurent donc que dans des revues professionnelles et, bien sûr, en français seulement. L'étude actuelle de leur contenu ne laisse d'ailleurs pas d'être décevante car ce qu'ils trouvaient fait désormais partie, pour nous, des évidences quotidiennes et nous sommes étonnés d'apprendre que ces découvertes d'apparence banale datent de l'époque même où elles étaient également faites — de façon plus globale, sans doute, et avec davantage de soucis et de moyens de diffusion — dans des laboratoires anglo-saxons. De cette époque date pourtant aussi, dans les mêmes milieux, une tradition d'intérêt pour l'application des recherches de génétique des populations à l'étude de l'évolution. Là encore les anciens élèves des écoles d'agronomie ont contribué honorablement à l'existence d'un mouvement français dans le domaine de la génétique évolutive dont il est désormais tenu compte dans les instances internationales.

J'ai publié, voici une trentaine d'années, un ouvrage intitulé *Génétique et Amélioration des Plantes*. Il était destiné à dire à des agronomes ce que les techniques de l'époque devaient au développement des recherches sur l'hérédité. Il m'est apparu depuis que l'Amélioration des Plantes s'est, en somme, assez bien acquittée de cette dette. C'est ce que j'ai voulu dire ici. J'ai donc utilisé à nouveau mon titre — en inversant seulement l'ordre des termes.

The Biochemical Roots of post-Pastorian Oenology

Harry W. PAUL*

A NEW OENOLOGY : THE IONIC GOSPEL

Who created modern oenology ? A psalmodic speech by Émile Peynaud, featured in his visually stunning production *Le vin et les jours,* includes a photograph iconistically identified as *« Professeur Jean Ribéreau-Gayon, le fondateur de l'œnologie moderne »*. A summary of Ribéreau-Gayon's brilliant achievements in oenology during his long career in Bordeaux makes a convincing case[1]. When did oenology come to Bordeaux ? One obvious and solid answer is that it came in the 1870s with the arrival (1875) and rooting of Ulysse Gayon in the viticultural and university communities of the Bordelais. The paternity of Pasteur, Gayon's own oenological work, his organization of laboratories, his promotion of physiological chemistry, his forging of connections with viticulture and « agro-industry » along with a modest acquiesence in late veneration of himself by a large number of disciple-admirers : all make the answer a reasonable one. The accompanying temptation to label this series of events as the arrival of modern oenology in Bordeaux is nearly irresistible, even if the heuristic waters are muddied by the introduction of the concept of modernity. Another reasonable approach is to postpone the arrival of modern oenology in Bordeaux until after world war I, when Jean Ribéreau-Gayon and his associate, Émile Peynaud, appeared as the two major stars in the oenological firmament in Bordeaux. We may add a contextual judgment to Peynaud's own identification of the revolutionary significance of his colleague's work and methods : an institutional transformation took place in the subject when the dynamic duo joined the faculty of sciences. The problems with these judgments is that they plunge us into the hopeless general problem of origins. There is also the matter of seeing predecessors doing science right and doing

* Department of History, University of Florida.

1. Émile Peynaud, *Le vin et les jours,* Paris, Dunod, 1988, pp. 152-154. Discours prononcé à l'occasion du centenaire de la fondation de la Station agronomique de Bordeaux (1880-1980).

it wrong, even if they were right once upon a time : the linear model of scientific progress, Whig history, a model that has great virtue, at least until it is applied to one's own time, making us future troglodytes. Scientists writing on the history of oenology are particularly susceptible to this epistemological infection and like it because of the importance it gives their own work. The scientist as historian using the Whig model — Peynaud on Pasteur, for example — establishes an ambiguous and critical relationship with the glorious ancestors of his discipline. Historians like the model because they want to be on the side of winners, possessors of the truth, and they gain improved social status from associating with greatness.

The new oenology of Ribéreau-Gayon and Peynaud was based on a new approach to reality, that of the methods of the physical chemistry of Gibbs, Duhem, van t'Hoff, and Berthelot, and especially of Otto Meyerhof's physiological chemistry or, to use a more modern term, biochemistry. The aim of science was to understand the chemical mechanism of biological processes; or, as the title of Schrödinger's biochemically disappointing book puts it, to answer the question *What is Life ?* So the original question on the introduction of oenology in Bordeaux, whether Gayon's old oenology or Ribéreau-Gayon's and Peynaud's new oenology, only hints at the questions that should be asked : what was the science whose methods were used, when was this science introduced, by whom?

THE BIOCHEMICAL RESEARCH PROGRAM OF LOUIS GENEVOIS

A key figure in the transformation of life studies in Bordeaux between the two world wars was the biochemist Louis Genevois. It is not surprising that he gets short shrift in the whiggish history of oenology by oenologists, for they have a special interest in establishing a virgin birth for their discipline *as a science,* or presenting the new oenology as a redemptive gospel with Pasteur and Gayon cast in roles redolent of that of John the Baptist. Nor can one overlook the interest of the oenologist in advertising his own creative role in the new science with its practical consequences for a major sector of the economy. But the time has come to resurrect Genevois. After getting his licence in physical science at the faculty of sciences in Bordeaux (1919), Genevois joined an elite of science students at the École normale supérieure in Paris. In 1928 he obtained his doctorate in the natural sciences from the faculty in Paris. It looked as if his life would inscribe itself in the banal pattern of hundreds of other scientists : research, publication, teaching, and a few lines in Larousse if he were lucky. Genevois doesn't have his lines yet[2]. Then in 1926, after being awarded a Rockefeller scholarship, he went from Eugène Aubel's laboratory of physiological chemistry in Bordeaux and the Station biologique d'Arcachon to Otto Meyerhof's laboratory of physiologi-

2. See Joseph A. Fruton, *A Bio-Bibliography for the History of the Biochemical sciences since 1800*, Philadelphia, American Philosophical Society, 1982, for one reference and *Who's Who in Europe* (1972).

cal chemistry at the Kaiser-Wilhelm-Gesellschaft in Berlin-Dahlem. After a stint in Aubel's laboratory in 1928, he joined the faculty of sciences in Bordeaux.

Historically, the biochemical sciences have covered a large area, including everything from animal chemistry to molecular biology[3]. In 1887 the Swedish physical chemist Svante Arrhenius published his theory of electrolytic dissociation in its quantitative formulation, the definitive statement of his notorious thesis that alarmed the professors of Uppsala. In this theory « *acids are substances that dissociate in water to yield electrically charged atoms or molecules called ions, one of which is a hydrogen ion* (H^+)*... and bases ionize in water to yield hydroxide ions* (OH^-) *... The acidic behaviour of many well-known acids (e.g., sulfuric, hydrochloric, nitric, and acetic acids) and the basic properties of well-known hydroxides (e.g. sodium, potassium, and calcium hydroxides) are explained in terms of their ability to yield hydrogen and hydroxide ions, respectively, in solution* »[4]. By the 1930s Arrhenius theory had migrated through Germany and had begun to penetrate oenological research in France.

Bordeaux already had a solid basis for biochemistry when Genevois started his research. Henri Devaux (1862-1956) was well known for introducing into science the idea of an exchange of ions[5]. (An ion is « an atom or group of atoms that has either lost one or more electrons, making it positively charged — a cation — or gained one or more electrons, making it negatively charged — an anion ») The prevalent natural process of ion exchange, which became a fruitful axiom of the new oenology, refers to an « *exchange of ions of the same charge between a solution (usually aqueous) and a solid in contact with it* »[6]. In the 1930s the use of ionic theory conferred a cachet of distinction on oenological research, linked it to high level science, to novelty, to new methods, to a new understanding of the basic processes of wine the living liquid. Some older oenologists, often made quarrelsome and defensive by the new approaches, stubbornly soldiered on armed only with traditional chemical analysis. Genevois distinguished between the old biochemistry and the new way of Devaux and Otto Warburg. Instead of isolating the chemical reactions of the living cell, separating the different ferments from the cell, determining its metabolism, the new way intervened in the cell in order to change the working of certain mechanisms without altering its life and to elucidate the role of these mechanisms in the functioning of the whole rather than the parts.

Genevois translated into French works by the biochemists Otto Meyerhof and Otto Warburg. The work on human physiology was linked directly to oenology. Meyerhof had succeeded « *in extracting from muscle the group of enzymes responsible for the conversion of glycogen to lactic acid* ». The « *preparation of a*

3. Fruton, *A Bio-Biography*, preface, and Claude Debru, *L'Esprit des protéines. Histoire et philosophie biochimiques*, Paris, Hermann, 1983.

4. *Encyclopaedia Britannica*, Chicago, 1989, 1, p. 588.

5. On Devaux, see articles by J. G. Kaplan in *Science*, 124 (1956), pp. 1017-18, by Genevois in the *Revue générale de botanique*, 63 (1956), pp. 341-46, and the *DSB*, IV. On ion-exchange treatment see, Amerine, Maynard A. and Singleton, Vernon L., *Wine*, Berkeley, California, 1976, pp. 112-114, where tartrate stabilization is emphasized. Producers would rather remove potassium bitartrate than explain to consumers that it is natural and harmless.

6. *Oxford's Concise Science Dictionary* (1987), pp. 357-60, for a brief introduction to ions.

cell-free glycolytic system was a counterpart of the earlier successful extraction from yeast of the enzyme system (zymase) that converts glucose to alcohol and carbon dioxide during fermentation ». It became clear that *« the chemical pathway in the breakdown of glucose by muscle and by yeast was ... similar »*. What had been shown was *« the unity of biochemical processes amid the manifold diversity of the forms of life »*[7]. *« Cette grande idée de Claude Bernard »*[8]. Genevois had anti-vitalist ideas similar to Meyerhof's : all living activity is regulated by physico-chemical laws, seen most clearly in simple systems. Common scientific currency since the Enlightenment, this ideology was now experimental dogma rather than a philosophy of science. It was not yet popular to ask if there is much epistemological difference between the two. Hence the interest in studying « the basic unit of biology and biochemistry, » the world of the living cell (yeasts, bacteria, etc.). Genevois spent seven years on three biochemical problems : ionic equilibrium, oxidoreduction (oxidation-reduction reaction), and the relations between fermentation and respiration in plant cells. He proudly claimed to have published, in collaboration with E. Aubel, *« the first article to appear in France focussing on the phenomena of oxidoreduction »*[9]. Since this process is a key to the oenology of the 1930s, it is just as well to know what scientists believe they know about it. *The Encyclopedia of Chemistry* points out that the term « oxidation » originally meant a reaction in which oxygen was introduced into another substance, like in the aeration of wine, but its usage has long been broadened to include any reaction in which electrons are transferred. Oxidation and reduction always take place simultaneously. The substance that gains electrons is called the oxidizing agent. In thermodynamically reversible systems, which refer to conditions in which electrons are easily transferred, the quantitative measure of the « oxidizing power » of a substance is called the « oxidation-reduction potential ». Unfortunately for people who have old wine, organic oxidation reactions are in general thermodynamically irreversible[10].

In addition to all his research, publication, and translation, Genevois became involved in changing the teaching of physiological chemistry at Bordeaux. The certificate program was completely recast. Like in the other faculties of science in France, the certificate became one in biological chemistry, covering the chemistry of the living cell, fermentations, plant life, and foodstuffs. Biochemical modernity was the touchstone in subjects (e.g., vitamins) and in methods. Doctoral students had access to laboratories outside the faculty of science : the Centre anticancéreux, the École de santé navale, the École de boulangerie de Bordeaux, and the laboratory of marine biology at Arcachon. Ribéreau-Gayon had the luxury of a laboratory at Calvet, a big wine firm. The extent and nature of research in Bordeaux cannot be judged solely on the basis of the limited facilities in the

7. Joseph F. Joseph, « Otto Meyerhof », *Dictionary of Scientific Biography*, IX (1974), p. 359.

8. Louis Genevois, *Notice sur les travaux scientifiques*. Talence, 1932, pp. 9-10.

9. Les oxydoréductions, *Revue générale de botanique*, 49 (1928); Genevois collaborated with Aubel, J. Salabartan, and R. Wurmser on oxidoreduction—see, e.g., « Phénomènes d'autoréduction produits par la levure en milieu anaérobie », *Procès verbal, Société des sciences physiques de Bordeaux*, 1925-26, p. 93 (25 mars 1926).

10. Hampel, Clifford A., and Hawley, Gessner, *The Encyclopedia of Chemistry*, 3rd edition, New York, 1973, pp. 775-777.

faculty of sciences, although we historians of science have been doing so for a long time.

In the 1930s the laboratory of physiological chemistry was an important center of biochemical research. Genevois has identified twenty five researchers doing work for diplomas and theses. Pharmacists and physicians from the École de santé navale de Bordeaux joined the students from the École de chimie de Bordeaux (who were destined to serve local industry) to do research on acetic acid bacteria, the respiratory mechanism of yeasts, the role of lactic acid in the metabolism of cancerous cells, and the exchange of ions between yeasts and their enveloping solutions. Another group of researchers were foreign : six or so from the Soviet Union, Bulgaria, Hungary, Egypt, Iran, and the United States working on lactic acid bacteria, the application of the latest advances in pedology, stimulation of plant growth, analyses of pectic and ascorbic acids in wine, and vitamin C. The third group of young researchers identified by Genevois was made up of the graduates of the École de chimie who came to the laboratory because of high level research interests. These young scientists kept up research contacts with the laboratory after graduating because they worked in the Sud-Ouest and often had problems best handled in Genevois' laboratory. Genevois named nine researchers in this category, including Ribéreau-Gayon and Peynaud (« son élève » — poor Peynaud would have various designations before he rose to the elevated rank of collaborator of Ribéreau-Gayon)[11]. All these people did good work but in Genevois' opinion two towered above all the rest : Ribéreau-Gayon and Peynaud (soon given higher status as « laboratory assistant of Ribéreau-Gayon and, later, his private assistant »). Because of the work of many of these researchers the grape became « the best known fruit in world literature, » and wine was not far behind as the best known liquid, although beer was a good if plebeian competitor. War ended all laboratory work in 1942. Peynaud lost six years as a prisoner of war. The laboratory, a nest of resistance to German occupation, lost two of its top researchers in the deportations to Germany : Laure Gatet, whose thesis was on the ripening of grapes in Cognac and the Cher, and Pierre Cayrol, known for his work on yeasts and on oxidoreduction[12]. Even Genevois gave up science for guerrilla activities. The death rate of young scientists in the second world war was not comparable to the wiping out of a generation in the first world war but it was not insignificant. And the considerable biochemical research operation in Bordeaux came to an end until after the war.

In 1945, when Genevois reviewed his own scientific work for the period 1933-1942, he made a clear division between the work done before 1933 and that done after. Before 1933 his work was that of a naturalist and a physiologist : the measurement of obvious phenomena like respiration and fermentation, the connections between them, and the action of some reagents on them. Then

11. There were two women (Suzanne Camlong and Marguerite Cozic) in the group from the École de chimie and one among the foreigners. The biological sciences, especially those areas related to agriculture, were more open to women than other sciences. It is easy to compile a long list of women who published research articles in standard journals, but finding out more about them still has to be done.

12. Laure Gatet (Pharmacien, boursière de la fondation Schutzenberger, 1938-39), *Recherches biochimiques sur la maturation des fruits* (thesis, 1940).

the study of ions became all the rage. The purely physical theory of permeability based on ionic activity, elaborated between 1925 and 1931, changed the nature of research on living matter. Henri Devaux, Genevois' predecessor at Bordeaux, had established a research tradition in this area. To be at « the cutting edge of research » — a mythical entity of which non-researching administrators are excessively fond — meant an end to measuring the consumption of oxygen, amounts of CO_2 released, lactic acid or alcohol produced, all of which can give only a very approximate picture, a caricature of the metabolism of tissues. Genevois believed that the change in scientific literature, with the disappearance of the type of memoirs on cellular metabolism of the 1920s, meant that the subject was exhausted. The 1930s saw another change in biochemical literature, the appearance of studies on water soluble vitamins (B_2, C, etc.), and the announcement of their synthesis. In the heyday of Otto Warburg and Albert Szent-Gyorgyi, when the study of vitamins and ferments (e.g., niacinamide), along with their nutritional roles, became the domain of chemistry, *« the biologist had to become a clever organic chemist if he wanted to make decisive contributions to knowledge »*. It was this radical change in the direction of biochemical research that led Genevois to look for *« new chemical methods of titration and of investigation »*, including analysis of the oxidation-reduction potential in living systems and analyses using polynitriles and fluorescent compounds[13]. The gospel of Genevois made it clear that advances in biochemistry could only come with new analytical techniques.

The new oenology was part of the new biochemistry. The transformations, especially the fermentations, which take place in wine, the elements it contains, and its economic importance all made it a prime target for scientific scrutiny. Genevois declared, in the imperial professorial style, that he set his student Jean Ribéreau-Gayon, a chemist in Bordeaux wines, and his assistant, Émile Peynaud, to reexamine all the analytical techniques used in the study of wine. Léo Espil, assistant to Genevois, helped them in producing an enormous quantity of high quality analytical work, including new techniques and variations on accepted techniques. Among the most important work done was the titration of glycerine, lactic acid, malic acid (perhaps the most important for practical oenology), citric acid, neutral esters, coloring matter and tannin. A new method of measuring the pH of wine was also developed. What was involved was an understanding of the mechanism of oxidation-reduction in wine. The beneficial effects and the destructive potential of air (oxygen), which had been known for centuries and impressively explained in limited Pasteurian terms, was now made clear in terms of the behavior of the basic constituents of matter as manipulated according to the latest techniques of biochemistry. The new analytical methods were not interesting to Genevois as tricks of the chemist's trade but because they opened a window on the very relationships of living matter and of more or less unknown molecules. New knowledge had also come through these techniques. Ribéreau-Gayon and Peynaud had shown that the taste of *piqûre* acescence was due to ethyl acetate,

13. Titration is the process by which an unknown quantity of a particular substance is determined by adding to it a standard reagent [titrant] which it reacts with in a definite and known proportion. Hampel and Hawley, *The Encyclopedia of Chemistry*, pp. 1103-1110.

not acetic acid as previously believed. And of course wine was the living matter that oenologists were interested in.

Ribéreau-Gayon was given about twenty pages in the powerful and influential *Revue de viticulture* in 1935 to explain how the physical chemistry of solutions applied to wine[14]. He emphasized that the introduction of physical chemistry did not mean that analytical or basic chemistry could be thrown out, far from it. The two approaches are complementary, each with its own virtues and vices. Chemists are bilingual, their forked tongues glibly spouting both chemical and ionic equations for the same processes. Basic chemical analysis identifies the components of wine through titration : alcohol, tartaric acid, potassium, etc. It tells us what the wine is made of, but it can only do so by altering or decomposing it, or at least altering it, destroying its balance. Basic chemical analysis cannot not take into account the states in which the various elements are distributed in the wine, for these states are different when they are extracted in their pure state. Worse, the same substance is often found in two or more states. Nor do the diverse fractions in equilibrium with one another all have the same role or the same reactions. Only with the help of physical chemistry can a « real representation » of the wine be obtained and a total correlation be established between this representation and the qualities or characteristics of the wine. Instead of telling us of what the wine is made, physical chemistry tells us how it is constituted, a sort of explanation of the creation. A science with ontological status. Ribéreau-Gayon, in a Poincarèsque analogy, compared the use of analytical chemistry to the demolition of a house, the separation and the analysis of its materials; but analysis is incapable of giving the plan of construction and its organization. The only comforting part of this view, essentially making analytical and organic chemistry servants of the new master, is that they have to identify the components before physical chemistry can explain wine as wine, not merely its components. Consolation prize then : *« Analytical and organic chemistry have an extremely important role to play in oenology, that of determining the nature and properties of the constituents of the wine »* — and the ordinary chemists needed not fear for their jobs : the substances were still not well known. One of the great achievements of physical chemistry was its study of solutions, especially the explanation of the mechanism of precipitations, how small solid particles are produced in a liquid by « chemical » reactions. Wine came naturally under this scientific empire.

THE ACID CRAZE IN MONTPELLIER AND BORDEAUX

The two major centers of oenology were Bordeaux and Montpellier. There poured forth from the faculty of sciences in Bordeaux and the faculty of pharmacy in Montpellier theses, articles, and books based on the methods of physical chemistry, which was a popular new hybrid by the early 20th century, in

14. J. Ribéreau-Gayon, « Application au vin de la chimie physique des solutions, » *Revue de viticulture*, 83 (1935), pp. 133-39, 155-57, 171-75, 181-90.

contrast to its dubious status among chemists in the 1880s. In a study of the role of real acidity in the preparation and conservation of wine, Jules Ventre introduced the discoveries of Ostwald, Arrhenius, and Sørensen into the basic science on which his research was founded[15]. Ventre was professor of oenology and agricultural industries at the École nationale d'agriculture (ENA, later ENSAM) — La Gaillarde — from 1920 to 1939. The new theories of ionization cleared up a series of paradoxes and questions on the action of tartaric acid, the biology of alcoholic fermentation, chaptalisation, and aging. In the case of Ventre's work it also provided a veneer of science to justify deplorable Midi practices like *plâtrage* and *salage* (but not *phosphatage*), all explained in terms of dissociation, or the movements of the ionized constitutents of the biological system called wine. The theoretical foundations of the new oenology may not have been original but oenology had become relentlessly scientific and resolutely practical. A distinguishing characteristic of the new oenology was its demonstration of the utility of physical chemistry, seemingly esoteric, in the preparation and conservation of wine. This was certainly an immense benefit to the producer and to the seller of wine, and perhaps even to the consumers if they liked their wine aged a bit.

Between 1929 and 1931 Ventre published his three-volume *Traité de vinification pratique,* perhaps the first of the manuals to be explicitly based on the preceeding half century or so of oenological research, including his own considerable contribution and that of his *maître,* Auguste Bouffard, who held the chair of agricultural technology at La Gaillarde from 1885 to 1916[16]. Pierre Viala hailed its appearance as an important event in French winemaking literature, which did not contain as many books on the art of making wine as one might expect. There was the old work under Chaptal's name. In Burgundy Claude Ladrey, professor of chemistry in the faculty of sciences in Dijon, had provided guidance according to the science of his time. Of course there was the work of Pasteur, necessarily hailed as *« the basis of modern vinification »* — a highly debatable point by 1932. There were specialized treatises, like the classic by Lucien Sémichon on wine diseases. Jules Laborde, of the faculty of sciences in Bordeaux, had begun a major project on vinification but got out only the first volume before he died. There was a fair amount of German and Italian literature on vinification. As Viala said, there was nothing so broad and valuable as Ventre's work, *« the most complete, the most practical, and also the most scientific »*. In a few years the industry of vinification had been transformed biologically and its equipment changed for the latest technology. Ventre's work thus appeared at the right time[17].

The faculty of pharmacy in Montpellier was a productive center in the new oenology[18]. It had also been a leader in the old oenology, with a long tradition

15. Jules Ventre, *Du rôle de l'acidité réelle dans la préparation et la conservation des vins* (Montpellier, 1925).

16. Bouffard is hailed in Montpellier's oenological history for pioneering work on the nature of sugars in the must and as the « guérisseur de la casse des vins ». Jean-Paul Legros, et Jean Argeles, *La Gaillarde à Montpellier*, Montpellier, Association des anciens élèves de l'ENSAM, 1986, pp. 139-140.

17. Comments by Pierre Viala in the *Revue de viticulture,* 76 (1932), pp. 65-66.

18. In the 1970s the faculty of pharmacy in Montpellier was turning out an average of a thesis a year on oenological subjects. Jaulmes counted more than thirty « thèses de pharmacien supérieur, de Doctorat d'Université » or « Doctorat d'État » that had been done at Montpellier over the years.

of research on vine and wine. Well known men of science like Jules Planchon and Henri Fonzes-Diacon gave the faculty a respectable name, even outside France; work centered on the tough problems of the nineteenth century, mostly diseases : oidium (powdery mildew) in the 1850s, phylloxera (1860s-1890s), downy mildew and black rot in late century and beyond, and wine fraud[19]. In 1938 H. Baylet advertised the new approach in the title of his thesis : *Contribution à l'étude des Essais physiques des vins.* His historiography of oenology presented an evolution from the empirical methods of visual examination and tasting — still important — through the stage of chemical analysis, which determined a wine's total acidity and dry extract, to the third stage of physical analysis. The third stage had a minor presence in the chemical analysis determining a wine's density. Baylet gave a proper French origin to the new type of analysis : use of the stactometer in Duclaux's method for measuring surface tension. The culmination of the new procedures came only in the 1930s with the measurement of the pH and even rH (oxidoreduction potential) of wine. Baylet observed that these methods had not penetrated viticulture or even oenology. It may be that the housing of oenology in the faculty of pharmacy, rather than in the faculty of sciences as in Bordeaux, limited the number of researchers and, more important, limited their working input into wine production. The faculty of pharmacy produced professors and working pharmacists, the faculty of sciences produced professors and a few working oenologists. In Bordeaux there was also the powerful driving force of Genevois with an ambitious research program based squarely on the latest German novelties as well as on his own work. A unity existed in Bordeaux, while Montpellier's resources in oenology were spread over the faculties of pharmacy and of science and the school of agriculture.

The École d'Agriculture of Montpellier was famous for viticultural research, an investment that had paid off handsomely in the brilliant work of the older generation in inventing the post-phylloxera vine. Momentum was in favor of viticultural research. It is tempting to try to use this scientific emphasis to explain why the vines of the Midi have been better than their wines, but the market demand for cheap wine was a much more important factor. Still it is curious that Languedoc-Roussillon allowed its areas of quality production to disappear and Bordeaux did not, if the same economic factors were operating in both cases. Only recently in the Midi have a few areas that were once famous for quality wines begun to approach the quality of the crus bordelais. But as late as 1988, the *Guide Dussert-Gerber* lamented that for the Languedoc « *Le talent est rare* ». It would be going too far to blame bad wine on bad science, but even Baylet expressed a reserve concerning the new oenology that seems curious coming from a supporter. In spite of praising physical analysis, he noted that it did not add to the analysis of wine indisputable elements of appreciation or differentiation. It also required expert and careful practitioners as well as an enormous amount of boring repetition in experiments. Not that this was terribly different from the care-

P. Jaulmes, « L'œnologie à la faculté de pharmacie de Montpellier », *Revue française d'œnologie,* no. 45 (1972), p. 10.

19. P. Jaulmes, « L'œnologie à la faculté de pharmacie de Montpellier », *Revue française d'œnologie,* no. 45 (1972), p. 10. The École spéciale de pharmacie, created in 1803, became an École supérieure de pharmacie in 1840 and a faculty in 1919.

ful but often ignored requirements of traditional analysis, notorious for its sloppy practitioners. The point is that we are far from the enthusiasm of Bordeaux. And Baylet made it clear that chemical analysis remained of key importance for quality wine control and for providing the legal and juridical data on wine often required by governmental agencies, which had long been immune to biochemistry. Baylet's bibliography was exclusively French, a striking contrast to the heavily German and English language sources of the researchers who worked for Genevois.

A thesis in the faculty of sciences at Montpellier was a more serious affair : at least it was longer and usually more profound, armed with more complex mathematics, and sometimes even original. Baylet's thesis had been supervised by Paul Jaulmes, a professor of analytical chemistry and toxicology in the faculty of pharmacy, an oenologist with an international reputation, although being in pharmacy seems to have been more of a drag than a boost. It is difficult to judge how much of reputations is built upon achievement or on self-promotion. Usually a subtle combination of both, no doubt, but institutions count for a lot in the game of fame and fortune. Jaulmes seems unjustly forgotten in the history of oenology. Perhaps oenology has not yet completed its pantheon of saints. After obtaining a doctorate in pharmacy with a thesis on the then stylish subject of weak volatile acids in a diluted aqueous solution, Jaulmes earned a doctorate in science, pure this time. His research was on the distillation of dilute solutions, with special reference to the case of the aqueous solutions of volatile acids[20]. Not a case of *plus ça change* but of moving from the faculty of pharmacy to that of science. His *patron* was Jules Gay, who taught physical chemistry. The dean, Fonzes-Diacon, professor of inorganic chemistry also supported Jaulmes' research. Not names you find in the *Dictionary of Scientific Biography;* yet they were important scientists in Montpellier pushing research in the direction of work being done in the world's leading scientific centers. In the first chapter of his thesis in science Jaulmes, proceeding in good 19th-century style, gave a bibliographical review of the work done on the composition of the vapor emitted by a solution of volatile substances. A parade of biggies : van t'Hoff, Nernst, Rayleigh, Duclaux, and less known names if not lesser lights. In studying the volatile mixtures of water and acids, a subject neglected in France since Émile Duclaux's work in the 1860s and 1870s, Jaulmes hoped to find some new applications of the laws of electrolytic dissociation and, *science oblige,* to do a general study of the phenomena. But the special interest of the work was research on wine and biological liquids, research that would move from the typical empiricism and imprecise experimental techniques of past studies into the exactitude of the theoretical. Exit Pasteur — temporarily. This work was in the style of the new oenology being introduced by Genevois on a much larger scale at Bordeaux. Jaulmes' work was more directly in the tradition of physical chemistry than the work done at Bordeaux, which leaned more to the tradition of biochemistry. But Jaulmes' research joined that of Bordeaux at the intersection of disciplines in the quantitative search for a mecha-

20. Jaulmes, Paul, *Recherches sur l'acidité volatile des vins; nouveaux procédés de dosages,* thèse, pharmacy, 1931, and *Contribution à l'étude de la distillation des solutions diluées. Cas des solutions aqueuses d'acides volatils,* thèse sciences, 1932.

nism and in a common interest in wine. In his general oenological treatise, Jaulmes covered much of the same ground as Ribéreau-Gayon's classic *Traité d'œnologie* (1947). Jaulmes' treatise was an oenologist's oenology. In the end, of course, one must recognize certain basic similarities of the schools. *L'école bordelaise* (Genevois, Ribéreau-Gayon, Espil, and Peynaud) was incorporated into this consecration of analysis.

It could reasonably be assumed that by 1933 the theory of ions had been incorporated into science, in the teaching manuals as well as in the laboratory guides. Not so, sighed Genevois and Ribéreau-Gayon; hence their justification for studying ionic equilibria in musts and wines[21]. Even when one takes into account the ritualistic opening of research articles to the effect that *« the question has not been seriously treated in any work »*, it must be admitted that Genevois and Ribéreau-Gayon effectively showed that the type of more or less complete physico-chemical analysis that Van der Heide and Baragiola did for a German wine (1910, 1914) and Clemente Tarantola for an Italian wine (1932) did not exist for a French wine. A review of the scientific literature and its research techniques might indicate that it is surprising that oenology managed to maintain for so long if not an imperviousness to novelty then a resistance permitting only partial penetration. Part of the reason might have been that the simplicity of Arhennius theory (1886) soon fell victim to the iron law of scientific progress to become complex, esoteric, and multiconceptual, even in the 1890s[22]. In France there was an early scientific interest in applying ionic theory to biological phenomena. Maillard used it in his study of 1899 on the toxicity of copper sulfate for *Pencillium glaucum*[22]. Victor Henri's *Cours de chimie physique* (1905) made the ionic gospel easily accessible. And by 1930 Genevois and Ribéreau-Gayon could easily cite a long list of scientists who had done outstanding research using variations on a theme by Arrhenius. No serious laboratory operated without using the methods of physical chemistry; indeed, the methods were the basis for the definition of the seriousness of the science, especially in dealing with « questions of equilibrium. » Wine is a liquid in a state or near state of equilibrium. The methods of classical analysis gave reliable numbers but their use was limited or useless because what an oenologist was often interested in knowing was not the total quantity of a substance but the free and combined quantities. The problems insoluble for basic chemistry were the ones that the methods of physical chemistry *« solved very elegantly »* : *« the problem of [establishing] the state of ions in wines, the acidity of wines »*, had been *« completely and clearly solved »*. Fortunately for scientists there remained plenty of other *« obscure problems in oenology »* — the transformation of coloring and pectic matters and the understanding of uronic acids. Wine provided *« an ideal case of the application of the laws of physical chemistry »* because of three of its characteristics : a liquid milieu, a state of equilibrium, and a state of dilution in which concentrations of various ions existed in minimum

21. L. Genevois et J. Ribéreau-Gayon, « Les équilibres ioniques dans les moûts et les vins », *Annales de la brasserie et de la distillerie* (1933), pp. 273-77; 289-94; 305-11.

22. L. Maillard (professor of chemistry at the faculty of medicine in Nancy), « De l'intervention des ions dans les phénomènes biologiques : recherches sur la toxicité du sulfate de cuivre pour le *Pencillium glaucum* », *Journal de physiologie et de pathologie générale*, 1 (1899), pp. 651-64, which includes a brief review of the literature on « dissociation électrolytique ou de l'ionisation ».

amounts. Scientists could measure to their heart's content and did. The Bordelais trinity (Genevois, Ribéreau-Gayon, Peynaud), were prominent members of an ionic tribe including Th. Paul, Van der Heide, Geloso, Ventre, Tarantola, and Jaulmes.

The general aim of this new scientific assault was to destroy the mystery of wine. Genevois and Ribéreau-Gayon were quite explicit on the undesirability of presenting « le vin comme un être mystérieux » — still a popular approach in the literary marketplace. Nor are aging oenologists immune to the temptation, even if, like Peynaud, they have spent their lives identifying the substances behind the veil. Mystery is a better marketing concept than chemistry for both books and wine. Not that many of the inorganic elements in wine remained unknown in 1933, although both oenologists admitted that the qualitative role of the unknown substances might be considerable. The inorganic or mineral elements and the organic acids of wine were known to within 1 % of accuracy, and to within a milliion for all the ionisable constituents of wine on which analyses had been done according to classical methods. Knowledge was weak on only the wine's non-ionisable substances, which exist only in traces of a centigram per liter. This is getting close to a god's eye view of the phenomenon.

Could ionic theory explain anything of interest or even importance to the ordinary wine buff? An anomaly in correlating the results of elementary analysis and taste, for example? Van der Heide and Baragiola had analyzed two wines of the Fuchsberg vineyard (Geisenheim) : a 1909 wine, very acidic in taste, titrating 102 milli-ions of acidity, and a 1910 wine, tasting much less acidic, but titrating 127 milli-ions of acidity. Taste in conflict with analytical data. Only the establishment of the concentration in ions explained the paradox : the 1909 wine with a pH of 3.25 was much more acid than that of the 1910 with a pH of 3.32. Real acidity, established by the analysis of physical chemistry, is much more important in the appreciation of a wine than the titration acidation established by basic chemistry. A comparison of the data on the acidity of some German and Italian wines, provided by the research done by Van der Heide and Baragiola and by Tarantola, made it clear that the difference of sourness in the taste was due to German wines having a higher proportion of free tartaric acid than the Italian wines : 1/3 of the total was free in the German and 1/4 in Italian[23]. Lactic and acetic acid levels were the same. Citric acid, often found in French wines, was absent. French wines clearly differed in taste from their neighbours, yet oenological literature had no complete analysis of French wines that could give an idea of the distribution of organic anions (tartaric, malic, succinic, lactic, acetic, tannic, citric) in non-dissociated acids and in acid salts. Years of happy work by researchers in wine acidimetry would provide the data for French wines or, as Genevois and Ribéreau-Gayon put it, a *« bilan physico-chimique des ions »*. This data was judged to be an indispensable piece of knowlege with important practical implications because of the fundamental role of different acids in the taste, flavor, and longevity of wines. *L'école bordelaise* had hoisted one of its major research pennants.

23. The tartaric acid was in the form of cream of tartar (acid tartrate). Tartrate is a salt or ester of tartaric acid, which comes from tartar, potassium hydrogen tartrate deposits in wine vats. It is optically active.

Genevois was a prolific researcher and writer. By 1932 his list of publications ran to over forty « substantial » items; for the supplement (1933-1942) he added eighty seven « major » items, many of which were on fermentation and other subjects directly related to wine. Between 1928 and 1940 seventeen doctoral theses and diplomas of higher studies were prepared in his laboratory of physical chemistry. The two best known students were Ribéreau-Gayon and Peynaud. The laboratory was a scientific factory in the great tradition[24]. Much of the work done by these three scientists was published in four high quality journals : the *Annales des falsifications et des fraudes*[25], the *Annales de la brasserie et de la distillerie* (renamed the *Annales des fermentations* in 1935)[26], and the *Revue de viticulture,* the organ of the Montpellier school that became a national journal. Monographs, which were often doctoral theses, helped spread the new oenology at a high level, and by the 1940s the time was ripe for a number of manuals or textbooks on oenology, of which the most famous was the *Traité d'œnologie* (1947) by Ribéreau-Gayon and Peynaud. Scientists fall into two major working categories, those whose happiness is derived from shoring up the status quo and those who take a perverse delight in making science obsolete. The second category was so active in the 1950s and 1960s that the *Traité* had to be completely revised by 1972[27]. The year of the first edition (1947) is also the year that Genevois and Ribéreau-Gayon published their austerely analytical work *Le vin.* In recent years Genevois has faded into the background of oenological bibliography, while Ribéreau-Gayon and Peynaud have emerged in iconographic splendor. Given the Genevoisian nature of much of modern oenology, this hardly seems fair. But ancestor worship in science is hardly ever based on fairness.

24. « Thèses et diplômes d'études supérieures ..., » *Notice sur les travaux scientifiques (supplément 1933-1942) de Louis Genevois, professeur de chimie biologique à la faculté des sciences de Bordeaux,* Montrouge, Seine, 1945, p. 1.

25. The subtitle of the journal was *Recueil de travaux de chimie analytique, de législation et de jurisprudence internationales appliquées à l'expertise des marchandises.* It was edited by Dr. F. Bordas, chef du Service des laboratoires du Ministère des finances, and Eugène Roux, directeur des Services sanitaires et scientifiques de la Répression des Fraudes au Ministère de l'Agriculture. The official organ of the Société des Experts-chimistes de France, the *Annales* had a distinguished editorial committee including, in 1925, d'Arsonval, Gabriel Bertrand, Gayon, and Kling.

26. This journal, the *Revue des industries de fermentations,* was edited by Auguste Fernbach of the Institut Pasteur in Paris. He ran a laboratory at the IPP which did analytical tests, for a fee, on industrial brewing products. He also ran a Service des fermentations offering a course in microbiology and biochemistry applied to the fermentation industries. Moïse Schoen took over the *Annales* in the 1930s but he died in 1938.

27. Second edition, 1958. In the third edition the two original authors were joined by Pierre Sudraud (directeur du Laboratoire interrégional du Service de la répression des fraudes et du contrôle de la qualité and directeur de la Station agronomique et oenologique de Bordeaux) and Pascal Ribéreau-Gayon, professeur de chimie-œnologie and directeur de l'Institut d'œnologie at the University of Bordeaux.

Les biochimistes français entre légitimité médicale et légitimité biologique, 1930-1960

Jean-Paul Gaudillière*

Les relations entre biochimie et médecine ont peu retenu l'attention des historiens des sciences ou de la médecine puisqu'elles n'ont été abordées que pour des périodes où l'existence même de la biochimie fait problème. Robert Kohler a, par exemple, indiqué à quel point l'expansion de la recherche biochimique aux États-Unis, dans les années dix et vingt, a été dépendante de son intégration au cursus des Écoles de Médecine (Kohler 1982). De façon complémentaire, S. Sturdy a montré, à partir du cas britannique, comment les chimistes médicaux se sont progressivement investis dans le travail hospitalier (Sturdy 1992). *A contrario*, quelques études sur la contribution des biochimistes à l'émergence de la biologie moléculaire mentionnent la rupture progressive avec le contexte médical (Abir-Am 1992, Rheinberger 1991). La question apparaît ainsi comme pertinente aux deux extrémités de la chronologie : lorsque la biochimie émerge de la chimie médicale et lorsqu'elle se fond dans la biologie moléculaire. L'historiographie existante pourrait donc laisser penser que l'entre-deux-guerres ou les années cinquante représentent un moment privilégié où les liens à la médecine ne sont plus un enjeu parce que la biochimie est une discipline admise, une référence plus ou moins générale.

L'hypothèse retenue ici est différente. Il semble que la culture et les activités des biochimistes, tout particulièrement en France, aient fait jouer les relations à la médecine suivant des régimes très différents relevant de deux modes de légitimation : l'un biologique, l'autre médical. C'est durant l'après-guerre, moment où les relations entre biologistes et médecins sont en pleine transformation, qu'il est le plus facile de mettre en évidence ces dynamiques. Les tentatives de reconstruction de la biologie française s'appuient alors sur ce que l'on peut appeler un

* INSERM U 158, Hôpital Necker et Mellon fellow 1992. Science, Technology and Society Program, Massachusetts Institute of Technology, Cambridge (USA).

Le travail présenté ici a, en partie, été réalisé dans le cadre d'un stage post-doctoral qui a été rendu possible grâce au soutien de la Mellon Foundation. Je tiens à remercier Claude Debru, Jean Gayon, Ilana Löwy, Anne-Marie Moulin et Patrice Pinell dont les conseils et l'appui ont permis à cette étude de voir le jour.

discours du « déclin » caractérisé par l'association de deux thématiques : d'une part, le constat répété du faible développement des disciplines biologiques « modernes » qui incluent la biochimie; d'autre part, la contestation du conservatisme des Facultés de Médecine, du statut subordonné qu'elles accordent à ces mêmes disciplines et plus généralement à la recherche. Notre argumentation tient en deux moments. D'abord, montrer l'existence entre les années trente et les années cinquante d'un régime de croisière où les biochimistes sont *en majorité* des auxiliaires médicaux, où les positions institutionnelles, les activités de laboratoire et les interlocuteurs privilégiés forment un ensemble dont la cohérence tient à la fonction de service du laboratoire de biochimie médicale. Ensuite, montrer que cette articulation s'est érodée dans l'après-guerre avec l'expansion de la biochimie métabolique et de l'étude des macromolécules, avec le développement de la discipline hors des centres médicaux. En conséquence, l'expansion de la recherche biologique et l'essor de la biologie moléculaire, dans les années soixante, coïncident avec la mise en place d'un autre régime centré sur l'étude des mécanismes génétiques et chimiques communs à tous les êtres vivants, sur les échanges avec les autres biologistes, sur un lien avec la médecine privilégiant les retombées potentielles de la recherche fondamentale. Il s'agira donc ici du remplacement d'un « contrat » direct entre biochimistes et cliniciens par une articulation de long terme caractérisée par une distance accrue entre le laboratoire de recherche et le service hospitalier, par une *démédicalisation* de la biochimie qui, paradoxalement, prend forme au moment où la *bio-médecine* devient une priorité affichée.

LÉGITIMITÉ MÉDICALE ET LÉGITIMITÉ BIOLOGIQUE

Il a été souligné ailleurs (Picard 1992, Gaudillière 1991a) que les transformations de la recherche biologique et médicale qui interviennent dans la France d'après-guerre procèdent de la juxtaposition (et des tensions entre) des initiatives prises par deux groupes d'acteurs : d'une part, quelques biologistes fondamentalistes; d'autre part, des cliniciens hospitaliers en quête de scientificité. En 1956, à un moment où se multiplient les plaidoyers en faveur de la rénovation de la recherche biologique et médicale, deux exemples peuvent illustrer cette recherche d'une nouvelle alliance. Au premier rang des biologistes « rénovateurs » se trouvent les biochimistes et généticiens de l'Institut Pasteur qui prônent dès la Libération le développement d'une biologie *démédicalisée*. L'intervention de J. Monod au colloque de Caen[1] le 1956 fait ainsi écho aux débats accompagnant la mise en place du CNRS en 1945 :

« Le faible développement de ces disciplines (génétique, biochimie, embryologie, physiologie générale et microbiologie), leur importance nulle en pratique dans les études médicales, le rôle effacé des scientifiques par rapport aux cliniciens (résultat de l'organisation hospitalière), les cloisons étanches qui séparent Facultés de Médecine des Facultés des Sciences, l'absurde système de l'agréga-

1. Sur le rôle fondamental du colloque de Caen, voir Prost 1989, Picard 1990, Gaudilliere 1991a.

tion favorisant systématiquement les qualités formelles et l'érudition livresque, ignorant pratiquement les titres scientifiques véritables mais n'ignorant pas hélas les lois non écrites de cet état féodal qu'est une Faculté de Médecine, sont autant de causes qui ont écarté la Médecine française de la seule voie de progrès : les disciplines scientifiques fondamentales »[2].

Parallèlement, une nouvelle génération de médecins à l'origine de la réforme hospitalo-universitaire de 1958, dresse un bilan très critique de l'état de la médecine française qui est nourri par la comparaison avec la situation britannique et par la mise en avant du « cercle vertueux » des échanges laboratoire-hôpital illustré par la « révolution des antibiotiques ». Dans le cadre de l'Association Claude Bernard, de l'Institut National d'Hygiène ou même dans les commissions du Plan, ils affirment la nécessité d'une rupture avec une clinique centrée sur la combinaison anatomie-histologie-pathologie, revendiquent la généralisation des laboratoires hospitaliers. L'horizon est une *biologisation* de la recherche médicale. En 1956, ils créent une nouvelle revue médicale dite d'études « biologiques et cliniques ». L'éditorial du premier numéro proclame :

« ...la médecine de recherche diffère aussi bien de la clinique pure que des sciences dites fondamentales. De la première, elle se distingue non pas tant par les méthodes utilisées (l'examen d'une lame de sang, d'un tracé électrique ou d'une courbe d'électrophorèse est tout aussi « clinique » que les quatre opérations classiques d'inspection, palpation, percussion, auscultation) que par une constante volonté d'induction. Des secondes (...) elle se sépare par une constante préoccupation humaine, les questions posées par la maladie gouvernant immédiatement et directement les recherches... »[3].

Même si ces indices sont des points de repère importants, il faut, pour pouvoir étayer l'idée selon laquelle on passe dans l'après-guerre d'une spécialité médicale à une discipline biologique, disposer d'une évaluation globale des pratiques des biochimistes français. Parler d'une dominante n'a en effet de sens que si l'on peut préciser ce qu'est l'activité de recherche 'moyenne'. On partira donc de deux indicateurs : le *Bulletin de la Société de Chimie Biologique* et les *Exposés Annuels de Biochimie Médicale*. Le *Bulletin* est la principale revue des biochimistes français, publiée par une société savante qui compte quelques centaines de membres dans les années vingt et plus d'un millier dans les années cinquante[4]. Les *Exposés Annuels* sont l'émanation d'un petit groupe de biochimistes des Facultés de Médecine ou de Pharmacie, au premier rang desquels se trouve M. Polonovski, professeur à Lille puis à Paris, qui dans les années trente se lance dans la publication d'une revue de synthèse. Jusque dans les années cinquante, il s'agit d'une des principales publications tournées vers les cliniciens.

Les articles du *Bulletin* sont d'un intérêt particulier puisqu'ils présentent des résultats originaux et permettent d'accéder aux thèmes de recherche privilégiés dans les laboratoires. On peut discuter les critères d'une classification générale (Gaudillière 1991a). Celle qui est proposée ici s'appuie sur la structure des manuels

2. J. Monod. Rapport de la Commission « Recherche et Université », Colloque de Caen (1956), Archives de l'Institut Pasteur.

3. J. Bernard, P. Castaigne, C. Debray, R. Fauvert, J. Hamburger, A. Lambling, J. Mathey, P. Soulié, J.P. Soulier, *Revue Française d'Études Biologiques et Cliniques*, Janvier 1956.

4. J.-E. Courtois, P. Malangeau. *Historique de la Société de Chimie Biologique*, Paris, 1952.

publiés après la guerre et sur les regroupements adoptés dans le *Bulletin* à la fin de la période qui nous intéresse. Dans la mesure où les articles abordent souvent deux ou trois thèmes, on a privilégié ce qui semblait le plus important aux yeux de l'auteur à partir des titres et résumés. Ces précautions ne suppriment pas la part d'arbitraire de toute catégorisation et un autre historien pourrait choisir d'autres critères, obtenir des résultats sensiblement différents. L'analyse ne permet donc que des comparaisons internes, destinées à repérer les changements entre les années 1921-1924, 1950, 1960 et 1971 (Tableau 1).

BULLETIN DE LA SOCIÉTÉ DE CHIMIE BIOLOGIQUE

	1921-24	1950	1960	1971
Clinique	27 %	16 %	15 %	2 %
Structure des glucides, lipides	20 %	14 %	22 %	5 %
Structure des protéines colloïdes	4 %	15 %	12 %	*
Enzymes	9 %	13 %	16 %	27 %
Vitamines	6 %	6 %	1 %	0
Hormones	3 %	4 %	10 %	5 %
Métabolisme	5 %	9 %	7 %	18 %
Acides nucléiques	0	5 %	7 %	*
Biologie moléculaire	(4 %)	(19 %)	(19 %)	38 %
Physiologie	14 %	11 %	8 %	2 %
Microbiologie	5 %	5 %	0	0
Divers	7 %	2 %	2 %	3 %

* inclus dans Biologie Moléculaire
1921-1924 : 257 articles; 1950 : 101 articles; 1960 : 276 articles; 1971 : 130 articles.

On peut opposer la relative continuité des années vingt aux années cinquante à la rupture qui intervient dans les années soixante. Trois indices en témoignent : la part décroissante de la biochimie clinique, le rôle accru des études sur le métabolisme et l'apparition de la biologie moléculaire. Les applications cliniques (techniques de dosage, traits biochimiques des pathologies, étude des modèles animaux) occupent la première place avant la guerre et restent importantes jusqu'au début des années soixante. Le déclin de la biochimie clinique s'accompagne d'une croissance importante des travaux sur les macromolécules — protéines et acides nucléiques, principaux objets d'investigation dans les années soixante. En la matière, une première étape intervient dès la fin des années quarante : la structure des protéines devient thème d'importance. Ceci renforce une tendance qui marque toute la période étudiée : la priorité accordée à l'étude des structure par rapport aux recherches sur le métabolisme, les voies de biosynthèse et de dégradation des composés biologiques. Il y a toutefois une expansion significative de cette même biochimie dynamique au cours de la dernière décennie examinée. Le phénomène est illustré par le nombre croissant d'études portant sur les enzymes et plus marginalement sur les séquences réactionnelles. Il va de pair avec une redistribution des cartes concernant le rôle de la physiologie qui est, tout au long de la période, la première discipline associée à la biochimie mais où les hormones et l'endocrinologie chimique remplace l'ensemble nutrition-vitamines.

La rupture des années soixante coïncide avec le développement de la biologie moléculaire; elle s'accompagne de la disparition ou de l'atténuation de trois traits que l'on peut considérer comme caractéristiques de l'avant-guerre : la priorité aux applications cliniques, la prépondérance de l'étude des structures et le lien à la physiologie générale. L'examen de la localisation institutionnelle des auteurs fournit un premier élément d'interprétation. Jusque dans les années cinquante, il s'agit pour plus de la moitié de biochimistes des Facultés de Médecine ou de Pharmacie et plus rarement de services hospitaliers. A la fin des années soixante, moins du tiers des auteurs travaillent dans les laboratoires médicaux. Les changements de la population d'enseignants et de chercheurs qui élisent les membres de la Commission de Chimie Biologique du CNRS confirment que la rupture a bien lieu dans les années soixante. Elle correspond à deux tendances : la croissance des effectifs de chercheurs des grands organismes (CNRS et INSERM) et le développement de l'enseignement de la biochimie dans les Facultés des Sciences (Gaudillière 1990).

Plutôt qu'un accès à ce qui se fait, les *Exposés Annuels de Biochimie Médicale* donnent une image de la culture des biochimistes, une indication des références collectives (Tableau 2). Les *Exposés* contiennent ainsi de nombreuses contributions rédigées par des chercheurs étrangers et destinées à présenter l'état de secteurs peu représentés en France. La part de la clinique est naturellement élevée dans cette revue de biochimie médicale. Pour la fin des années trente et les années quarante (Vol. I-X), les *Exposés* confirment l'importance du tryptique clinique-structure-physiologie. Par contre, pour les années cinquante (Vol. XI-XX), ils invitent à considérer l'hypothèse d'un renouveau des centres d'intérêt qui précède les changements de pratiques. D'une part, parce que les protéines deviennent des objets privilégiés (y compris parfois dans la recherche des applications cliniques

EXPOSÉS ANNUELS DE BIOCHIMIE MÉDICALE

Volumes	**I-X**	**XI-XX**	**XXI-XXX**
Clinique	18 %	22 %	20 %
Structure	20 %	17 %	15 %
dont protéines	*3 %*	*12 %*	*9 %*
Métabolisme	12 %	22 %	28 %
dont synthèse des protéines	*0*	*7 %*	*14 %*
Enzymes	8 %	3 %	5 %
Hormones	9 %	11 %	15 %
Vitamines	9 %	1 %	1 %
Physiologie	7 %	6 %	3 %
Immunologie	4 %	3 %	9 %
Neurochimie	3 %	2 %	2 %
Divers	8 %	8 %	1 %
	100 articles	105 articles	107 articles

avec ces synthèses sur les maladies de l'hémoglobine). D'autre part, parce que la biochimie métabolique représente une part beaucoup plus importante que dans les articles originaux du *Bulletin*. Il semble donc que se constitue une culture centrée sur une combinaison clinique-physiologie-métabolisme bien avant la rupture des années soixante.

Il faudrait prendre de nombreux autres indicateurs : des revues comme *La semaine des Hôpitaux de Paris*, les *Annales de Biologie Clinique*, la *Revue Française d'Études Biologiques et Cliniques* ou encore ces multiples rapports produits dans les années cinquante sur la situation de la recherche et de l'enseignement médical. Ces indications liminaires suffisent cependant à repérer l'existence puis la remise en cause d'un lien privilégié entre biologistes et médecins. On peut admettre que la recherche biochimique est, en France, jusque dans les années cinquante, une activité à légitimité médicale. Parler de légitimité, à l'image des spécialistes de sciences politiques, a dans ce contexte deux intérêts. D'une part, insister sur le fait qu'un thème, un résultat ou un programme de recherche est un produit collectif, qu'il n'existe que s'il acquiert une *légitimité* au sein de la communauté, c'est-à-dire s'il correspond au moins partiellement aux critères et aux valeurs reconnues comme guides pour choisir entre les multiples pistes d'investigation, pour organiser une démonstration. Cette légitimité interne est une composante essentielle des multiples variantes du *peer-review system* qui joue un rôle croissant dans le gestion de la recherche, après la guerre, à cause de l'expansion des financements étatiques. Parler de légitimité vise, d'autre part, à désigner l'inscription d'une communauté scientifique dans un champ social, à rappeler qu'elle dépend d'une série d'interlocuteurs qui pourront être soit des pourvoyeurs de ressources (d'abord matérielles mais pas uniquement), soit des destinataires (réels, potentiels ou imaginaires) des produits et résultats de la recherche. La recherche de légitimité vise donc à assurer les échanges avec les acteurs qui définissent l'horizon du laboratoire, à entretenir les demandes auxquelles les chercheurs vont tenter de répondre.

L'idée selon laquelle les biochimistes français ont développé un mode de légitimation à dominante médicale permet de souligner les liens entre une série de traits caractérisant la discipline jusque dans les années cinquante[5] :

— une prépondérance des Facultés de Médecine et des Hôpitaux dans la formation puis la pratique professionnelle ;

— une organisation du travail marquée par ces collaborations avec les cliniciens qui ont pour but la description des cas pathologiques, plus rarement l'évaluation des thérapeutiques ;

— une logique de l'innovation centrée sur l'élaboration de produits transférables vers le laboratoire d'analyses médicales ou vers le service de clinique : d'une part, les techniques de dosage utiles au diagnostic, au pronostic ou à la gestion des traitements ; d'autre part, plus rarement puisqu'il s'agit du rôle traditionnel des pharmaciens-chimistes, les molécules à activité thérapeutique ;

— une logique de démonstration basée sur la mise en évidence de corréla-

5. En plus de la lecture du *Bulletin de la Société de Chimie Biologique*, cette description s'appuie sur une analyse (en cours) de l'activité des laboratoires de M. Polonovski à la Faculté de Médecine de Paris, de P. Boulanger à Lille, de J. Roche à Marseille et de P. Mandel à Strasbourg.

tions entre un changement de composition chimique (repérable dans l'urine ou le sérum) et l'apparition d'un nouvel état physiologique (jeûne, stress...) ou pathologique ;

— une approche des mécanismes biologiques centrée sur les liens avec la physiologie générale, visant à identifier les supports moléculaires des fonctions des organes ; dans ce cadre les vitamines et hormones jouent un rôle essentiel et donnent tout leur poids à deux règles implicites :

— les activités biologiques sont dues à des « petites molécules catalytiques »

— l'étude de leur structure est le préalable indispensable à la connaissance de leur fonction et surtout à la synthèse d'analogues à activité pharmacologique.

Cette combinaison doit être comprise comme un produit historique et non comme le résultat d'une mécanique sociale. Il ne s'agit pas simplement des effets de la fonction de service clinique ou de la configuration institutionnelle. Les liens entre demandes médicales et pratiques de laboratoire ne sont pas déterministes et univoques ; ils relèvent d'interactions prises dans la durée, dans les contraintes et contingences des enchaînements chronologiques. L'héritage physiologique et le problème des « petites molécules catalytiques » suffisent à illustrer ce point. La comparaison des manuels de biochimie médicale français et anglo-saxons publiés jusqu'au milieu des années cinquante révèle la persistance dans les premiers d'une classification des molécules du vivant où une catégorie regroupant les ions métalliques, les hormones et les vitamines est rendue responsable des activités biologiques et de leur spécificité (Gaudillière 1991a). On établit ainsi un réseau de correspondance entre une fonction physiologique repérable au niveau de l'organe ou de la cellule et une petite molécule que le biochimiste peut isoler, purifier, décrire et éventuellement synthétiser. La catalyse enzymatique est, par exemple, moins un problème de structure macromoléculaire qu'une question d'assemblage entre un support protéique (aux propriétés colloïdales et au rôle mal définis) et ces petites molécules biologiquement actives. Les études sur la nutrition, un des champs forts de la biologie française, avec leur programme d'identification des vitamines et co-enzymes, représentent un modèle du genre. De fait, on retrouve l'horizon des petites molécules à activité physiologique jusque dans l'analyse des facteurs de croissance menée par André Lwoff à l'Institut Pasteur (Lwoff 1943).

On ne peut rendre compte d'une telle culture par une interprétation fonctionnaliste de la contrainte médicale[6]. Pourtant, les « petites molécules catalytiques » règnent sans partage dans les cours de Facultés de Médecine. Il nous semble qu'il faut en chercher la raison dans deux phénomènes. D'une part, dans une tradition de « longue » durée qu'on peut présenter comme une prégnance particulière de la physiologie dans les cultures biologiques françaises depuis la fin du XIXe siècle[7]. La signification biologique et médicale des « petites molécules

6. Les applications médicales ne sont pas absentes : le traitement des carences vitaminiques ou des déficiences hormonales fournissent quelques exemples majeurs de l'intérêt thérapeutique des petites molécules biologiquement actives. On peut ainsi noter que l'un des seuls projets à visée médicale mené par A. Lwoff, dans le cadre de la mobilisation scientifique de 1939, fut la mise au point d'une méthode de dosage bactériologique de la nicotinamide (Lwoff 1939).

7. Une évaluation de l'héritage « bernardien » des chimistes biologiques reste à effectuer. J. Gayon et R. Burian ont fourni des indications fortes quant à son importance dans le contexte pasteurien et pour le renouveau de la génétique après-guerre (Burian, Gayon, 1991 ; Burian, Gayon et Zallen, 1988).

catalytiques » pouvait ainsi être illustrée par un paradigme dérivé du modèle endocrinien (Sinding 1990). D'autre part, un trait de moyenne durée, un *effet de fondation* avec la configuration des années vingt qui voit Gabriel Bertrand et ses élèves dominer la scène biochimique puisque celui-ci associa pendant plus de trente ans la direction du service de chimie biologique à l'Institut Pasteur et l'enseignement à la Sorbonne dans le cadre de la seule chaire de Faculté des Sciences (Gaudillière 1991b).

Il serait bien sûr abusif de prétendre que *toute* la biochimie française est réductible à un régime à légitimité médicale. D'une part, parce que la demande de chimie biologique n'est pas seulement clinique ou pharmacologique : quoique de moindre importance, l'agronomie offre une deuxième niche aux biochimistes[8]. D'autre part, parce que le schème médical est lui-même soumis à de nombreuses variantes locales. A commencer par l'Institut Pasteur où il peut s'accommoder de la mise en avant d'un travail de laboratoire de long terme, sans relation de service, où les transferts vers la clinique sont identifiés, depuis la fondation de l'Institut, à la production des sérums et vaccins. Enfin, parce que certains instituts incarnent un autre mode de légitimation. Le premier d'entre eux est l'Institut de Biologie Physico-Chimique où, dès 1927, sur le modèle de l'Institut Rockefeller, les interlocuteurs officiellement privilégiés par les biologistes sont des physiciens et des chimistes.

On peut opposer à ce schéma la situation qui prévaut à la fin des années soixante. Le basculement vers une légitimité biologique privilégiant la production de connaissances générales sur les phénomènes de la vie à l'échelle « moléculaire » peut être illustré par les débats de la commission de Chimie Biologique du CNRS (Gaudillière 1990). L'insertion institutionnelle majoritaire s'est déplacée vers les Facultés des Sciences et les laboratoires propres du CNRS. Les collaborations et la définition des perspectives de la biochimie valorisent : d'une part, les physiciens et des chimistes, source de questions, de modèles et surtout de techniques[9] ; d'autre part, les autres biologistes — zoologistes, botanistes, embryologistes, spécialistes du système nerveux ou endocrinien — compris comme les bénéficiaires (potentiels) de la diffusion d'un corpus biochimique « général » compris comme une description des voies universelle de transformation des molécules des organismes vivants[10]. L'étude du métabolisme devient prioritaire; elle est relayée par l'importance croissante accordée aux mécanismes de contrôle de l'acti-

8. Il faut penser non seulement aux laboratoires des écoles agronomiques mais aussi aux quelques chaires de « chimie agricole » des Facultés des Sciences, par exemple celle occupée à Lyon par C. Fromageot dont le laboratoire travaille sur les fermentations bactériennes.

9. Il a été souligné à de nombreuses reprises que l'édification du domaine « étude des macromolécules biologiques » après 1945 a reposé sur les transferts de méthodes (spectroscopie X, ultracentrifugation, traceurs radioactifs ou électrophorèse). Le processus peut être illustré par les réponses de la Fondation Rockefeller aux demandes d'aide des biochimistes français pour l'acquisition des ultracentrifugeuses ou par l'histoire d'un laboratoire de chimie physique comme celui de C. Sadron à Strasbourg, où les acides nucléiques deviennent à la fin des années cinquante le principal objet d'investigation. Pourtant, un examen des travaux sur la synthèse des protéines réalisés avant 1960 suggère que l'impact des transferts et le rôle des physico-chimistes sont restés limités à quelques centres : de plus, leur principale activité est l'étude des compositions en acides aminés puis le séquençage partiel des protéines (Gaudillière 1991a).

10. Archives CNRS, Rapport de conjoncture 1963, Commission de Chimie Biologique.

vité cellulaire : changement d'activité des enzymes puis contrôle de leur synthèse. Il y là trame pour une articulation de « long terme » avec la clinique où les transferts de méthodes et de techniques sont considérés comme sous-produits de l'édification de systèmes modèles (par exemple, la synthèse de l'hémoglobine par les réticulocytes en culture) qui génèrent les interprétations « moléculaires » des pathologies.

DEUX EXEMPLES DU CHANGEMENT DE LÉGITIMITÉ : M. MACHEBOEUF, G. SCHAPIRA

On pourrait objecter que cette présentation transforme en une succession temporelle deux pôles d'un *continuum* biologie-médecine qui existerait de façon plus ou moins permanente. Plutôt que d'accumuler les indices généraux de pertinence de la succession, on peut illustrer l'intérêt du schéma en partant des itinéraires de quelques groupes de médecins-biochimistes. Les deux parcours choisis montrent les tensions résultant de la juxtaposition temporaire des deux modes de légitimation et révèlent quelques facteurs à l'origine de la transition.

Michel Macheboeuf pourrait être pris comme archétype de la tradition de l'entre-deux-guerres : sa carrière comme celles de ses élèves furent partagées entre l'Institut Pasteur et l'enseignement médical[11]. Médecin, moniteur puis assistant de Gabriel Bertrand à l'Institut Pasteur, M. Macheboeuf devient, en 1929, sur proposition d'A. Calmette, responsable d'une petite unité de « chimie bactérienne » destinée à l'étude des antigènes des micro-organismes pathogènes (avant tout le bacille tuberculeux). L'enjeu de cette création est la caractérisation, la purification et si possible la production en masse des antigènes responsables du pouvoir immunisant du bacille afin d'obtenir un vaccin plus spécifique et protecteur. En dehors de sa connaissance de la maison, plusieurs motifs qualifient M. Macheboeuf pour ce rôle. Tout d'abord, il s'agit d'un des rares spécialistes des molécules complexes doté d'une expérience en matière d'innovation médicale. Après sa thèse de médecine portant sur le dosage du phosphore sanguin (Macheboeuf 1927), il a identifié des associations lipides-protides du sérum, les « cénapses », dont il a isolé quelques types (Macheboeuf 1928). Dans la mesure où certaines de ces « cénapses » semblaient particulièrement abondantes dans les cas de néphrose, il a développé (en collaboration avec R. Wahl) un test diagnostic basé sur la détermination du rapport des concentrations sériques en albumines et lipides (Macheboeuf 1931). Par ailleurs, M. Macheboeuf a effectué en 1928 un long stage, financé par la Fondation Rockefeller, pour apprendre, à Copenhague, chez le chimiste Sörensen, les techniques d'étude des protides et colloïdes : dénaturation par la chaleur, par les solvants, influence du pH... Tout ceci permet d'espérer le bon déroulement d'un travail portant sur des substances dont on soupçonne la structure colloïdale.

11. Pour la biographie de M. Macheboeuf on pourra se reporter à Tayeau 1983 ; pour la biochimie et l'immunochimie à l'Institut Pasteur, voir Morange 1991.

M. Macheboeuf dirige le service jusqu'à sa nomination comme professeur à la Faculté de Médecine de Bordeaux en 1937. Parallèlement, il collabore aux *Exposés Annuels de Biochimie Médicale*. A Paris, l'étude du bacille tuberculeux s'inspire du travail sur les cénapses, des travaux de Landsteiner sur les antigènes artificiels et de la caractérisation de la substance utilisée pour le diagnostic sérologique de la syphilis : l'antigène de Wassermann, alors obtenu par extraction alcoolique de tissus animaux. M. Macheboeuf parvient ainsi à isoler des extraits bactériens capables de réagir avec des anticorps dirigés contre le bacille tuberculeux. Étudiée en détail, la fraction active semble ne contenir que du phosphore et des lipides (Macheboeuf 1935). De plus, d'une façon analogue aux haptènes de Landsteiner, elle acquiert la capacité de stimuler la synthèse d'anticorps spécifiques par association avec des protéines (Macheboeuf 1936). On est ainsi très près d'obtenir de nouvelles préparations vaccinantes. Ce, bien que les associations résultant du mélange de ces antigènes lipoïdiques et de protéides simples se révèlent moins efficaces que la vaccination classique.

Justifiée par ses liens avec la sérologie-bactériologie, tournée vers la production de vaccins, cette recherche pourrait être présentée comme caractéristique d'une légitimation par la demande. Pourtant, elle montre que la cohérence de l'articulation médicale est plus qu'une recherche de « débouchés ». L'antigène lipidique du bacille tuberculeux confirme une vision de la structure des anticorps développée à partir de l'héritage local : en l'occurrence, à partir du modèle de petites molécules biologiquement actives et des coenzymes de Bertrand. Dans les années vingt, Macheboeuf avait participé à l'amélioration des méthodes de dosage des ions métalliques et au travail de Bertrand sur l'insuline, le nickel et les métaux (Macheboeuf 1926). Il s'agissait de montrer que l'hormone était analogue à une diastase ou à un catalyseur biologique, c'est-à-dire qu'elle facilitait l'oxydation du glucose dans les cellules et qu'elle agissait en synergie avec les métaux ou par association avec eux. De façon analogue, M. Macheboeuf considère que la spécificité des anticorps résulte de l'association entre des protéines normales sans activité particulière (les globulines du sérum) et des petites molécules, des groupements prosthétiques (des co-anticorps comme il y a des co-enzymes) qui permettent la liaison à un antigène particulier en apportant des fonctions chimiques précises, localisées (Macheboeuf 1937). Le modèle semble d'autant plus important qu'il reflète les procédures utilisées pour rendre immunogènes les petites molécules. L'immunisation par les complexes « antigène lipidique-protéines » peut donc être appréhendée comme une confirmation du modèle des petites molécules catalytiques et, comme ses collègues, M. Macheboeuf regroupe dans ses cours vitamines, enzymes et hormones dans un même ensemble[12].

En 1942, M. Macheboeuf revient à l'Institut Pasteur pour prendre la succession de G. Bertrand. En 1950, il est nommé professeur de chimie bactérienne à la Faculté des Sciences de Paris et abandonne l'enseignement médical. Le changement institutionnel est parallèle à une redéfinition des objectifs et pratiques de recherche. Pendant la guerre, le développement de l'électrophorèse, basé sur une technologie locale, contribue à recentrer la recherche immunochimique vers les

12. M. Macheoboeuf, Cours à la Faculté de Médecine de Bordeaux, 1938 (Archives de l'Institut Pasteur. Fonds Macheboeuf).

anticorps plutôt que vers les antigènes, vers les protides plutôt que vers les lipides[13]. Dans le même temps, M. Macheboeuf abandonne progressivement l'idée du groupement co-anticorps pour se rallier à une hypothèse de modelage des précurseurs des anticorps autour des antigènes[14], un thème dominant parmi les immunochimistes qui s'intéressaient aux *protéines* (Mazumdar 1988). En conséquence, les contributions sur la synthèse des anticorps présentées dans les revues médicales accordent de plus en plus d'importance à la spécificité de la partie protéique (Macheboeuf 1948). Plus, les anticorps deviennent exemplaires des mécanismes généraux de synthèse des protéines, susceptibles de révéler les propriétés physico-chimiques responsables de la spécificité des macromolécules[15]. Cette évolution théorique s'inscrit finalement dans les systèmes expérimentaux puisque l'introduction des techniques de marquage radioactif, à partir de 1947, est destinée à suivre les étapes de synthèse des protéines-anticorps. Un examen des autres activités du laboratoire, en particulier l'étude du mode d'action des antibiotiques (Gaudillière 1991a), initiée à la Libération pour des motifs médicaux mais conduisant, sous l'impulsion de F. Gros, à l'étude du métabolisme des acides nucléiques chez les bactéries, montrerait que cette évolution de l'immunochimie médicale et structurale vers l'étude du métabolisme et des macromolécules n'est pas un phénomène isolé. On peut donc relever quelques ingrédients du changement de régime. Le déplacement institutionnel est conséquence de l'introduction, à la Libération, de la microbiologie, de la biochimie ou de la génétique dans quelques Facultés des Sciences. Il réduit l'importance des demandes médicales, en particulier en matière d'innovations transférables. La logique du lien indirect et de long terme (connaître la synthèse des anticorps ou le métabolisme des glucides pour que d'autres améliorent ensuite vaccins ou antibiotiques) peut primer sur la « recherche-développement ». L'arrivée dans le laboratoire d'une nouvelle génération (F. Gros, J.M. Dubert, J. Polonovski...) facilite la rupture avec la tradition physio-pathologique, avec les petites molécules catalytiques. Elle s'accompagne du déploiement d'une nouvelle logique de démonstration qui n'est plus centrée sur les corrélations et la classification chimio-pathologique. Enfin, la multiplication, après-guerre, des contacts avec les chercheurs anglo-saxons joue un rôle essentiel pour l'introduction ou la pérénnisation de l'usage de quelques innovations conceptuelles et techniques : la théorie du modelage des protéines soutenue par le chimiste L. Pauling ou le marquage par le carbone 14.

M. Macheboeuf disparaît en 1953. Pour suivre la constitution de ces nouveaux réseaux, un des itinéraires les plus significatifs est sans doute celui d'un élève de M. Polonovski : Georges Schapira. Médecin, ayant comme M. Macheboeuf une formation de docteur ès sciences qu'il termine juste avant la guerre, G. Schapira est, à la Libération, l'un des premiers stagiaires de recherche

13. La mobilisation scientifique liée à la guerre amena toutefois M. Macheboeuf à occuper un poste de conseiller scientifique du Commissariat général au ravitaillement de Vichy et, pendant un temps, vitamines et substituts alimentaires dominent la vie du laboratoire.

14. M. Macheboeuf, « Données modernes sur la constitution chimique des anticorps », Conférence à la Maison de la Chimie. Janvier 1943, Archives de l'Institut Pasteur, Fonds M. Macheboeuf.

15. M. Macheboeuf, « Experimental facts and hypothesis about the formation and the destruction of protein molecules in animal tissues », *VIIth Annual Protein Conference*, Rutgers University, 1952, Manuscrit Archives de l'Institut Pasteur.

de l'Institut National d'Hygiène dirigé par L. Bugnard. En 1949, il bénéficie de l'appui de R. Debré dont il a été l'interne et qui obtient pour lui la création d'un petit laboratoire de biochimie à l'hôpital des Enfants Malades (Schapira 1959). Deux médecins, Jean-Claude Dreyfus et Jacques Kruh, l'y rejoignent pour poursuivre une thèse de doctorat. Les centres d'intérêt du groupe sont caractéristiques de la biochimie en contexte hospitalier : les visées médicales sont réfractées dans les méthodes disponibles, les possibilités locales de collaboration. La maîtrise des techniques de dosage du fer plasmatique et tissulaire apportée par G. Schapira ouvre ainsi la voie à l'étude du fer des hématies au cours des anémies, du fer des muscles au cours des myopathies, du fer dans la cirrhose hépatique. Pourtant, ce qui est d'abord une recherche de corrélations biochimico-pathologiques et d'innovations en matière de diagnostic devient graduellement une étude du globule rouge ou du muscle qui tend à redéfinir la demande médicale en fonction de la constitution d'un objet de biochimie générale : le métabolisme du fer.

Les premiers maillons de cette évolution peuvent être repérés dans la dynamique qui accompagne l'introduction des techniques de marquage par le fer radioactif. L'opération est d'autant moins anodine que l'usage des isotopes radioactifs a été codifié par les biochimistes anglo-saxons, en premier lieu le groupe de Schœnheimer à l'université Columbia de New-York (Kohler 1977). Ce dernier en a fait un instrument permettant de suivre les transformations d'un métabolite, de repérer les équilibres entre vitesse de synthèse et vitesse de dégradation qui président au renouvellement des protéines ou des lipides. Ainsi le fer 59 produit par le laboratoire de Lawrence à Berkeley (Heilbron 1989), a été utilisé par Rittenberg, un collaborateur de Schoenheimer, pour suivre la synthèse de l'hémoglobine. L'importation de la technique est en même temps importation de son contexte d'utilisation et des interprétations qui lui sont attachées : par exemple la comparaison des activités spécifiques après incorporation, utilisée comme indicateur des filiations métaboliques.

De ce fait, l'usage du fer 59 comme traceur peut être le vecteur d'un attachement croissant à l'étude générale du métabolisme[16]. Il y a dans le même mouvement établissement de la confiance dans le nouvel instrument et prise de distance avec les visées cliniques (Gaudillière 1992). J.C. Dreyfus est le premier à utiliser l'isotope radioactif lorsqu'il finit sa thèse. Le traceur est un indice pour confirmer l'existence de deux catégories de fer musculaire mais il reste un critère *parmi d'autres,* dans le cadre d'une étude où voisinent situation physiologique normale et pathologie expérimentale comme ces atrophies musculaires obtenues par section nerveuse (Dreyfus 1950). Au même moment, J. Kruh débute ses recherches. Il fait du traceur le principal instrument d'une approche qui laisse de côté la physiopathologie hématologique pour l'étude de la synthèse de l'hémoglobine (Kruh 1952). Le marquage radioactif est *critère fondamental* pour démontrer l'existence de deux sortes d'hémoglobine dans les hématies. Et puisque l'incorporation du traceur donne accès au métabolisme, J. Kruh peut *légitimement* considérer que les

16. Il faut souligner qu'il ne s'agit pas d'une simple détermination par les procédures matérielles mais du résultat d'une dynamique où le temps est la principale source d'irréversibilité. L'existence d'alternatives à l'orientation métabolique peut être illustrée par le sort d'autres isotopes : par exemple l'iode 131 qui devint rapidement instrument d'exploration clinique fonctionnelle.

différences de fixation du fer 59 reflètent des différences d'activité métabolique portant, hypothétiquement, sur la vitesse de synthèse de la molécule ou sur la durée de vie des globules rouges. A partir de cette première enquête, J. Kruh s'engage dans un programme de recherche portant sur la formation de l'hémoglobine illustré dès 1952 par des tentatives de mise au point d'un système de synthèse *in vitro* (Schapira 1953c). L'étude de la synthèse de l'hémoglobine devient un objectif sans référent médical direct dont l'évolution est avant tout contrainte par les choix présidant à la construction d'un système expérimental basé sur le marquage radioactif des acides aminés et les préparations a-cellulaires (Gaudillière 1992).

Les traceurs ne modifient pas seulement l'organisation interne, les thèmes et les buts de l'expérimentation, ils affectent aussi les relations avec la clinique. A partir de 1953, le groupe se fait avocat de l'utilisation du fer radioactif pour l'exploration du métabolisme du fer sérique dans quelques situations pathologiques (Schapira 1953a). Le transfert potentiel est facilité par le fait que le champ d'extension visé est l'hématologie, une spécialité dont les promoteurs sont des familiers du laboratoire. Un premier travail réalisé en collaboration avec le groupe de J. Bernard (alors installé à Necker) sur les anémies associées à certaines leucoses a ainsi pour but de redéfinir non le diagnostic hématologique ou le suivi des traitements mais les mécanismes explicatifs de l'anémie en partant d'une estimation de la capacité de synthèse d'hémoglobine (Schapira 1954). La culture métabolique semble donc prendre pied en pathologie. Pourtant, dans le service clinique, la technique correspond à un autre usage et prend un autre sens qu'au laboratoire. Le marquage est voie d'accès à une série de réactions de l'*organisme*. Il est exploration d'un ensemble complexe incluant l'activité de la moelle, la circulation des hématies et le catabolisme hépatique. De plus, la multiplication des études de *cas* ramène au premier plan les variations individuelles avec pour résultat l'abandon de l'interprétation « inductive » et causale pour une typologie de la diversité des associations entre leucoses et anémies (Boiron 1955). Le transfert change donc les instruments. La polarité — marquage indicatif de la physiologie ou marquage preuve d'activité métabolique — redouble la spécificité des pratiques professionnelles et les différences de projets.

L'utilisation des traceurs est ainsi vecteur et indicateur d'une *désarticulation* entre la vie interne du laboratoire et son environnement. Pourtant l'origine du groupe, son statut, ses interlocuteurs cliniciens et ses bailleurs de fonds pèsent en faveur de la légitimité médicale. Les travaux consacrés aux myopathies sont l'illustration des tensions qui en résultent non seulement en matière de transferts, mais aussi dans la définition des programmes. L'unité bénéficie à la fin des années cinquante d'une subvention de la *Muscular Distrophy Association of America* qui représente un tiers du budget courant (Gaudillière 1992). Dans ce cadre, l'analyse du métabolisme du muscle chez les patients vise à repérer des anomalies métaboliques corrélées aux manifestations précoces de la maladie. Parce que l'étude directe du muscle est une activité difficile en routine, la mesure systématique des activités enzymatiques du sérum reste l'exploration de choix. Elle débouche sur une tentative de mise au point d'un test de diagnostic. A partir de 1953, la mesure de l'aldolase sérique (Schapira 1953b) est proposée aux cliniciens. Ils restent réticents devant un test sanguin dont les résultats n'ont qu'un lien controversé à l'évolution de la pathologie et ils sont plus enclins à faire confiance aux biopsies standards (Aronson 1957).

On pourrait opposer cette activité de sémiologie biochimique à l'étude du métabolisme du fer et insister sur la juxtaposition dans le laboratoire de systèmes expérimentaux distincts illustrant la *cohabitation* des légitimités. L'étude des myopathies n'est toutefois pas réductible à la seule mise au point de techniques pour la clinique. L'enquête entretient un rapport complexe à l'idée qu'il existe une cause biochimique à la dégénerescence des fibres musculaires, cause qui ne pourra être identifiée que par une analyse appronfondie du métabolisme normal. En conséquence, le lien classique se double d'une articulation de long terme centrée sur le concept de « pathologie moléculaire » (Schapira 1959), sur la recherche de modèles « complétant » les explorations *in vitro*. Ces souris, découvertes aux États-Unis en 1954 et introduites dans le laboratoire en 1956, qui présentent des atrophies musculaires analogues à celles des myopathes, en sont un exemple. A l'image des hématies de lapin utilisées par J. Kruh pour suivre la synthèse de l'hémoglobine, le lien entre le système expérimental et la pathologie à laquelle il renvoie aurait pu s'estomper et déboucher sur une étude de l'énergétique musculaire. Le choix fait par J.C. Dreyfus et F. Schapira est différent, les souris à mutation paralysante restent des modèles de myopathies et leur fonction est de contribuer à valoriser la méthode de diagnostic reposant sur le dosage de l'aldolase sérique (F. Schapira 1957). Ainsi ni la dynamique des importations méthodologiques, ni la référence au corpus métabolique n'ont changé les finalités et démarches d'un programme de biochimie médicale qui contribue fortement au statut public du laboratoire. Il faut finalement évoquer une étape décisive de la transition vers la « biomédecine » marquée par la constitution d'un nouveau cercle de relations et de collaborations à dominante biologique. Il s'agit de l'intégration, au tournant des années soixante, du groupe de l'hôpital Necker à l'action concertée « Biologie Moléculaire » mise en place par la DGRST (Gaudillière 1991a). La recomposition du réseau scientifique et institutionnel met fin à la désarticulation entre pratiques de laboratoire et fonction médicale dans la mesure où elle permet de transformer les visées médicales en problème de long terme, les transferts en sous-produits potentiels de la logique de laboratoire. L'appui des biologistes moléculaires de la DGRST permet de remplacer l'aide de la *Muscular Distrophy Association* par des contrats « nationaux » portant sur l'étude de la synthèse des protéines dans les hématies, et sur l'identification des anomalies génétiques à l'origine des enzymopathies. La DGRST apporte aussi les moyens de la construction d'un nouvel institut destiné à l'équipe, dit *Institut de Pathologie Moléculaire* et situé à l'hôpital Cochin. Parallèlement, les liens établis avec les chercheurs pasteuriens qui animent l'action concertée sont un facteur important de l'adoption des modèles bactériens de synthèse des protéines comme guide pour l'approche des désordres métaboliques. Ils contribuent à déplacer le centre de gravité d'une « *pathologie* moléculaire » dont les concepts et techniques provenaient de la biochimie générale vers une « pathologie *moléculaire* » privilégiant les ressources de la biologie moléculaire[17].

17. Archives DGRST. Avant-projet de convention (6600207) 1966. Pour l'analyse de la mise en œuvre de ces programmes, en particulier l'expansion des travaux sur la synthèse de l'hémoglobine menés par J. Kruh et les usages du modèle pasteurien de régulation de l'expression génétique, voir Gaudillière (1991b § 6).

CONCLUSION

Au terme de cette présentation, il nous faut revenir sur le problème général posé par la succession des deux modes de légitimation. La description proposée suggère qu'il y a de part et d'autre de la période de transition une certaine cohérence des façons de faire et de faire (re)connaître la biochimie. Pourtant, une fois acceptée la polarité entre la dominante médicale des années trente et la dominante biologique de la fin des années soixante, on peut obtenir des images très contrastées des ressorts de la transition suivant les niveaux d'activité pris en compte : de la primauté des transformations institutionnelles au déterminisme local des innovations techniques et expérimentales. La complexité des relations entre biochimistes et biologistes moléculaires, entre le CNRS et la DGRST, analysées ailleurs (Gaudillière 1990), suffit à indiquer l'impossibilité d'un tableau déterministe. Les indications fournies ici permettent toutefois de suggérer quelques hypothèses et problèmes. La chronologie présentée ici consiste en une rupture majeure dans les années soixante et une évolution lente des thématiques de travail perceptible dès les années cinquante. La comparaison avec la Grande-Bretagne ou les États-Unis montre que cette succession est spécifique puisque la mise en place d'une recherche à dominante biologique apparaît décalée d'une vingtaine d'années par rapport à l'émergence du « complexe bio-médical » britannique ou américain. Ce constat souligne l'importance des transformations institutionnelles : tant en matière de budget que de réformes de structure, les grands changements ont lieu à partir de la fin des années cinquante. Quel est leur rôle dans le transfert de légitimité ? Il semble qu'un effet du développement du CNRS, de l'INH-INSERM et de la réforme hospitalo-universitaire a été de fournir les moyens permettant de remplacer le contrat direct entre biologistes et cliniciens par une articulation indirecte où les gestionnaires de la recherche étatique sont les principaux médiateurs car ils incarnent la demande de biologie et donnent la possibilité du long terme.

Nos deux études de cas suggèrent que l'immédiat après-guerre constitue une étape intermédiaire où la rupture avec les visées cliniques a d'abord été une question « interne », basée sur l'introduction de systèmes expérimentaux orientés vers l'étude du métabolisme. On peut ainsi identifier une période de *désarticulation* où des activités aux logiques différentes se trouvent associées dans les laboratoires : analyse de modèles fondamentaux et mise au point de tests cliniques, expérimentations *in vitro* et collaborations médicales, objets biologiques et administration hospitalière. Il faudrait donc multiplier les comparaisons pour rendre compte du « jeu des possibles » qui sous-tend l'émergence de la nouvelle culture biochimique, pour évaluer l'héritage de traditions « françaises » comme la physiologie des « petites molécules catalytiques » ou la priorité aux études de structure.

Parmi les nombreux facteurs ayant contribué au changement de légitimité, deux phénomènes méritent une mention particulière et des analyses plus fines. Il s'agit, d'une part, de la *recomposition des réseaux scientifiques* visible à travers les changements de générations, la reprise des contacts avec la recherche anglo-saxonne à la Libération, la construction du CNRS ou plus tard la mise en place des contrats DGRST. Il s'agit, d'autre part, de la *transformation des demandes* qui fait de la démédicalisation de la biochimie, et plus généralement de la recherche médicale, une perspective acceptable (et même nécessaire) pour nombre de cliniciens et de responsables de fondations médicales.

Bibliographie

ABIR-AM P., « The Politics of Macromolecules : Molecular Biology, Biochemists and the Biomolecular Revolution », *Osiris,* Second Series, Volume 7, 1992, pp. 164-199.

ARONSON S.M., VOLK R.W., « Studies on serum aldolase activity in neuromuscular disorders, » *American Journal of Medicine,* Vol. 22, 1957, p. 414.

BOIRON M., PAOLETTI C., TUBIANA M., SCHAPIRA G., DAUSSET J., BERNARD J., « L'anémie des leucoses aiguës », *La Semaine des Hôpitaux de Paris,* 1955, 30 mars 1955.

BURIAN R., GAYON J., ZALLEN D., « The Singular Fate of Genetics in the History of French Biology », *Journal of the History of Biology,* Vol. 21, 1988, pp. 357-402.

BURIAN R., GAYON J., « Un évolutionniste bernardien à l'Institut Pasteur? Morphologie des Ciliés et évolution physiologique dans l'œuvre d'André Lwoff », in *L'Institut Pasteur,* M. Morange (éd.)., Paris, La Découverte, 1991.

DREYFUS J.C., « Recherches sur le fer musculaire. Étude d'une fraction nouvelle de fer non héminique musculaire », Thèse de doctorat ès sciences, Paris, 1950.

GAUDILLIERE J.P., « Chimie biologique ou biologie moléculaire : la biochimie au CNRS dans les années soixante », *Cahiers pour l'histoire du CNRS,* N°7, 1990, pp. 91-147.

GAUDILLIERE J.P., « Biologie moléculaire et biologistes dans les années soixante : la naissance d'une discipline. Le cas français », Thèse, Université Paris VII, 1991a.

GAUDILLIERE J.P., « Catalyse enzymatique et oxydations cellulaires. L'œuvre de G. Bertrand et la biochimie française dans l'entre-deux-guerres », in *L'Institut Pasteur,* M. Morange (éd.), Paris, La Découverte, 1991b.

GAUDILLIERE J.P., « Entre le laboratoire et l'hôpital : biochimistes et biomédecine dans l'après-guerre », *Sciences Sociales et Santé,* Vol 10, 1992, pp. 107-149.

HEILBRON J.L., SEIDEL R.W., *Lawrence and his Laboratory,* Berkeley, University of California Press, 1989.

KOHLER R., « R. Schoenheimer. Isotopic Tracers and Biochemistry in the 1930's », *Historical Studies in Physical Sciences,* Vol. 8, 1977, pp. 257-298.

KOHLER R., *From Medical Chemistry to Biochemistry : The Making of a Biomedical Discipline,* Cambridge, Cambridge University Press, 1982.

KRUH J., *Contribution à l'étude de la spécificité et du métabolisme de l'hémoglobine à l'aide du fer radioactif,* Thèse de doctorat, Paris, 1952.

LWOFF A., *L'évolution physiologique,* Paris, Hermann, 1943.

MACHEBOEUF M., BERTRAND G., « Nickel, cobalt et diabète », *Compt. Rend. Acad. Sci.,* Vol. 183, 1926, p. 257.

MACHEBOEUF M., « Recherches sur les composés phosphorés du sang normal », Thèse de doctorat en médecine, Paris, 1927.

MACHEBOEUF M., *Recherches sur les stérols, les lipides et les protéides du sérum et du plasma sanguins,* Thèse de doctorat, Paris, 1928.

MACHEBOEUF M., WAHL R., « Recherches biochimiques sur le sérum des malades atteints de néphrose lipoïdique », *Compt. Rend. Acad. Sci.,* Vol. 192, 1931, p. 1059.

MACHEBOEUF M., « Études sur les antigènes fixateurs des bacilles tuberculeux. III : Purification de l'haptène lipoïdique de bacilles tués par la chaleur. Étude de quelques caractères physico-chimiques de la fraction active », *Bull. Soc. Chim. Biol.* Vol. 17, 1935, p. 1210.

MACHEBOEUF M., « État actuel des recherches biochimiques sur l'immunisation contre la tuberculose », *Revue de Pathologie Comparée et d'Hygiène Générale,* 1936, 1936, p. 1266.

MACHEBOEUF M., « Quelques aspects de l'immunochimie », *Echo Medical du Nord,* N° spécial biochimie, Vol. 7, 1937, p. 124.

MACHEBOEUF M., « Conceptions modernes sur la structure des anticorps », *Exposés Annuels de Biochimie Médicale,* Vol. 8, 1948, p. 245.

MAZUMDAR P. (ed.), *Immunology 1930-1980,* Wall and Thompson, Toronto, 1989.

MORANGE M. (ed.), *L'Institut Pasteur : Contributions à son histoire,* Paris, La Découverte, 1991.

PICARD J.L., *La République des savants. La recherche française et le CNRS,* Paris, Flammarion, 1990.

PICARD J.F., « Poussée scientifique ou demande de médecins ? L'organisation de la recherche médicale en France de l'INH à l'INSERM », *Sciences Sociales et Santé,* Vol 10, 1992, pp. 47-106.

PROST A., « Les origines de la politique de recherche en France », *Cahiers pour l'histoire du CNRS,* N°1, 1988, pp. 41-62.

RHEINBERGER H.J., « Experiment, Difference and Writing. I. Tracing protein synthesis », *Studies in History and Philosophy of Sciences.* Vol. 23, 1991, pp. 305-331.

SCHAPIRA F., SCHAPIRA G., DREYFUS.J.C., « Hyperaldolasémie chez la souris myopathique », *Comp. Rend. Acad. Sci.,* Vol. 245, 1957, p. 753.

SCHAPIRA G., « Le fer radioactif dans le diagnostic de laboratoire », *La Semaine des Hôpitaux de Paris,* 30 avril 1953, 1953a.

SCHAPIRA G., DREYFUS J.C., SCHAPIRA F., « L'élévation du taux de l'aldolase sérique. Test biochimique des myopathies », *La Semaine des Hôpitaux de Paris,* 10 juin 1953, 1953b.

SCHAPIRA G., DREYFUS J.C., KRUH J., « Synthèse des hémoglobines humaines marquées *in vivo* (hommes normaux et atteints de leucémie aiguë) et *in vitro* », *Comptes Rendus de la Société de Biologie,* Vol. 147, 1953c, p. 780.

SCHAPIRA G., TUBIANA M., DREYFUS J.C, KRUH J., BOIRON M., BERNARD J., « Recherche sur l'anémie des leucoses aigues. I. Métabolisme du fer dans la leucose aiguë étudiée à l'aide du fer 59 », *Revue d'Hématologie,* Vol. 9, 1954, p. 3.

SINDING C., *Le clinicien et le chercheur,* Paris, Presses Universitaires de France, 1991.

STURDY S., « Chemical physiology and clinical medecine : academics and the scientisation of medical practice in Britain, 1900-1925 », Colloque INSERM, *Medicine and Change : Historical and Sociological Studies of Medical Innovation,* I. Löwy (ed.), John Libbey, Eurotext, 1992, pp. 371-394.

SCHAPIRA G., « Leçon inaugurale. Chaire de chimie pathologique », *Semaine des Hôpitaux de Paris,* 28 janvier 1960, 1959, p. 287.

TAYEAU F., *Michel Macheboeuf,* Mémoire dactylographié, 1983.

La pharmacie en France 1900-1950, points de repères

Marika BLONDEL-MÉGRELIS*

L'industrie pharmaceutique française a subi de profondes mutations au cours de la première moitié du XXe siècle, passant d'une recherche de la perfection de la présentation (produits galéniques) à une explosion de la fabrication, d'une mise en forme de la matière première naturelle, surtout végétale, à une fabrication synthétique presque sur commande.

Nous nous proposons de mettre en évidence, comme des facteurs déterminants de cette seconde naissance : le rôle de la science chimique, l'importance de l'enseignement et de la formation, les incidences mutuelles entre recherche et industrie. Dans l'analyse de l'évolution des sciences biologiques et médicales, en France, il revient à la pharmacie une place originale et remarquable. En ces quelques dizaines d'années, le paysage va se trouver complètement modifié : à la recherche de la perfection de la présentation, succède une véritable explosion de la fabrication ; à la mise en forme d'une matière première, d'abord et surtout d'origine végétale, succède une vague de préparations synthétiques programmées. Et cependant ces changements semblent s'opérer sur le fond d'une certaine continuité.

LA PHARMACIE GALÉNIQUE, LES LABORATOIRES HOUDÉ

La chimie a servi de moteur à la science pharmaceutique. Elles sont imbriquées de façon naturelle et depuis des temps immémoriaux. La pharmacie tire sa précision et son efficacité des méthodes chimiques. Or, longtemps « science française », la chimie connaît désormais ses triomphes outre-Rhin, particulièrement dans le secteur de la chimie organique. Serait-ce alors, par hasard, que la « nouvelle chimie », enseignée si timidement dans les Facultés des Sciences favorise

* Institut d'histoire et de philosophie des sciences et des techniques, CNRS, Paris.

un regroupement des futurs grands noms de la Pharmacie française à la Faculté de Pharmacie. Ceux-là même qui, en grande partie, renouvelleront la Société Chimique après le long règne de Marcelin Berthelot. Mais, quoiqu'empruntant ses méthodes à d'autres sciences, la pharmacie précise, en même temps, son domaine spécifique d'activité, et prend quelque distance vis-à-vis de la médecine. C'est ce travail d'annexions et de spécification, dans la continuité et grâce aux innovations, que nous nous proposons de démêler, en suivant la révolution de l'enseignement dispensé en Faculté de Pharmacie.

Au début du XXe siècle, les laboratoires Houdé se sont déjà constitués en un réel établissement industriel. Cinquante-deux spécialités Houdé sont disponibles, vendues en France, mais aussi exportées dans 20 pays dont l'Espagne, le Portugal, l'Angleterre, les États-Unis... La réussite de la maison, créée par Alfred Houdé (pharmacien de 1ère classe en 1880) et initialement installée dans la Pharmacie Vée, rue du Faubourg Saint Denis est un cas typique de cheminement de l'officine au laboratoire pharmaceutique. Elle conjugue d'une façon exemplaire des activités de réalisation industrielle et d'exploitation commerciale, de recherches actives en chimie végétale.

Pour la première fois, A. Houdé a mis à la disposition du corps médical un alcaloïde, la colchicine[1], sous forme de granules titrés à 1 mg, sous sa garantie personnelle (forme sèche, stable et titrée qui remplace avantageusement les teintures, vins, élixirs et gouttes, plus ou moins stables, confectionnés à partir de plantes à teneur variable en principes actifs) et la comptabilité de son officine fait état de ventes impressionnantes. A tel point qu'il doit rapidement passer à une installation plus importante. Mais, en même temps qu'il se livre à des recherches de nature pharmacodynamique sur la spartéine, il étudie les alcaloïdes, fonde la *Revue thérapeutique des alcaloïdes*[2] qui paraît en édition française, espagnole et italienne et publie, avec le Docteur Laborde, *La colchique et la colchicine* (1887) où il traite *« de l'étude botanique, de l'histoire naturelle et de la matière médicale du colchique, de l'étude chimique de la colchicine cristallisée, de l'étude pharmacologique de cet alcaloïde, des actions physiologiques, toxicologiques et thérapeutiques de la colchicine ; et fait une étude comparative de son procédé d'extraction Houdé »*[3]. Enfin, il travaille à un essai de classification des plantes sur des *critères chimiques* et non plus seulement morphologiques, sexuels, embryologiques, et confirme, par la mise en évidence d'analogies chimiques et toxicologiques les analogies botaniques que Planchon avait révélées entre l'hermodacte et le colchicum[4].

En 1910, lorsqu'ils sont transférés rue Dieu (qui restera le siège social jusqu'en 1967), les laboratoires Houdé sont à la fois :

1. La note a été présentée à l'Académie des Sciences par M. Berthelot en 1884 (*Comptes rendus de l'Académie des Sciences*, vol. 98).

2. Après avoir publié dans le *Répertoire de Pharm. et journ. de chimie Médicale réunis* dont il a été rédacteur.

3. Par rapport à celui mis au point par Pelletier et Caventou, par exemple.

4. En 1875, F.G. Planchon avait adopté une méthode de classement des drogues végétales par organe employé (racines et rhizome, tiges, feuilles) qu'il abandonne ensuite dans son *Traité de Matière Médicale*. Cf. aussi L. Planchon, « Tableau des caractères des principales écorces de quinquinas américains », *Nouv. Montpellier médical* (1894).

— de dignes et fidèles héritiers d'une tradition pharmaceutique française bien classique, qui s'approvisionne, et contrôle son approvisionnement en matières premières du règne végétal[5] puis extrait, fractionne et sépare, enfin prépare et met en forme, afin de fournir des médicaments stables et titrés sous sa responsabilité. La réputation accordée aux Français pour leur « amour du fini », les « beaux produits bien présentés », et que M. Haller rappellera dans son *Rapport* sur l'Exposition de 1900, est bien sauvegardée.

— des pionniers de l'industrie pharmaceutique moderne puisque, outre ses Travaux et Mémoires, Alfred Houdé mettra à profit ses voyages en Angleterre, Espagne et Russie lors de Congrès scientifiques, pour étudier les procédés industriels et commerciaux utilisés en Europe; à l'aube des années 1920, les laboratoires Houdé sont fort prospères et l'on voit figurer sur la liste des produits pharmaceutiques Houdé aussi bien la Colchicine que la Stovaïne, l'Ars. d'Antimoine que l'Antipyrine.

L'affaire restera familiale, avec le gendre et le petit fils, pharmaciens[6] qui sauront s'entourer d'administrateur, d'ingénieur chimiste et pharmaciens, et gardera son esprit d'ouverture et d'*innovation* puisque Jean Delourme-Houdé créera, à la fin de la guerre, un véritable laboratoire de recherches à la tête duquel on appellera J.P. Fourneau. Fourneau vient de quitter l'Institut Pasteur; il est Docteur en Sciences Physiques (les premiers antihistaminiques de synthèse), élève de son père (Ernest Fourneau) et initié à la pharmacologie avec le chimiste suisse Daniel Bovet. Ainsi vont s'étendre les spécialités pharmaceutiques, toujours à base de substances naturelles d'origine végétale[7]; et l'on va s'orienter vers l'hémi-synthèse puis la synthèse des alcaloïdes[8] (aucune synthèse de la colchicine ne s'avérant d'ailleurs suffisamment rentable pour concurrencer sérieusement son extraction)[9].

Or les plantes sont le domaine d'Émile Perrot, professeur à la Faculté de Pharmacie de Paris, et qui demande et obtient, mais en 1935, que la dénomination de sa chaire d'*Histoire Naturelle des drogues simples d'origine végétale*[10]

5. Ce n'est pas une mince affaire ! L'exemple est remarquable des laboratoires Daussé, fondés en 1834 par Amans Daussé qui pouvait adresser à ses confrères, vers 1860, une circulaire ainsi libellée : « j'ai en magasins plus de 4000 kilos d'extraits »; et qui laissait à sa mort, en 1874, une entreprise galénique en pleine expansion, dont le souci « d'une qualité constante et irréprochable », de perfectionnement poursuivi des fabrications et des extraits, demeurera (cf. « Les Laboratoires Daussé », in *Prod. Pharm.*, 7 (1952), p. 378) [doc. 1].

6. Ce dernier, lauréat de la Faculté de Pharmacie puis lauréat de l'Académie de Médecine, comme son grand-père qui s'était vu décerner le prix Orfila en 1884.

7. Les techniques de Génie Génétique mettent au point des méthodes de culture de cellules végétales dans un milieu optimal enrichi. C'est ainsi que la matière première utilisée pour l'extraction de l'*ergot de seigle*, par exemple, n'est plus fournie exclusivement par des plantes récoltées, mais par la culture d'un micro-organisme en fermenteur.

8. En 1845, Woodward et Doering présentent, au Comité des maladies cardiovasculaires du National Research Council à Washington, leur synthèse totale de l'hydroquinidine (la source d'approvisionnement en écorces de quinquina, Java, étant hors d'atteinte depuis Pearl Harbour). Hamet, spécialiste incontesté des alcaloïdes, engage alors vivement les laboratoires Houdé à s'intéresser à cette molécule. En 1950, elle sera commercialisée !

9. Toutes les précisions concernant les laboratoires Houdé sont issues d'une très belle brochure : *Alfred Houdé, pérennité des Alcaloïdes*, aux éd. Louis Pariente (1985), que nous a aimablement communiquée Monsieur Jean-Cyr Gaignault. Nous tenons à le remercier.

10. C'est à Guibourt que l'on doit la restriction de la *Materia Medica* (ensemble des drogues simples animales, minérales et végétales, considérées comme douées d'activité thérapeutique).

s'enrichisse de la mention et *«notions de pharmacodynamie»*. Nourri de botanique, Em. Perrot avait cependant envisagé la *Matière Médicale* sous des points de vue nouveau : géographie, économie[11]. Dans son gros ouvrage de 1943, il déclare très fermement que la classification des drogues à préférer, désormais, *doit* reposer sur des données pharmaco-dynamiques — qui *devrait* remplacer la classification botanique. Mais, dans cet enseignement, *« tout est à créer malgré les efforts déjà tentés »*; et il reste encore, quant à lui, dans le cadre très classique, délivrant ici l'expérience de 35 ans de professorat, le produit des contacts avec les pharmaciens, chefs d'industrie, directeurs de nombreux laboratoires, son expérience de directeur du *Musée des drogues simples* de la Faculté, le fruit de ses nombreuses missions dans les régions tropicales et sub-tropicales.

Régnier, le jeune collègue auquel il a confié la rédaction de l'important chapitre *Éléments de pharmacodynamie,* définit un domaine spécifiquement pharmaceutique, différent du domaine médical : l'étude des modes d'action des drogues. Le pharmacien doit préférer la classification pharmacodynamique, même à la classification pharmacochimique (d'après la nature du principe actif) et à la classification thérapeutique. Connaître l'action d'un médicament, certes tout aussi bien que le médecin, mais connaître mieux que lui les *raisons* de cette action : les actions physiologiques médicamenteuses sont les faits primordiaux de la *Matière Médicale :* le pharmacien doit pouvoir mettre à la disposition de son collaborateur dans l'art de guérir, des médicaments spécialement choisis, préparés, vérifiés dans leur activité, actifs et le restant sous les diverses formes qu'exige la thérapeutique et dans les diverses conditions de leur emploi.

Quant à la *Matière Médicale,* il convient de la considérer, et Perrot y insiste, dans son sens le plus large, désormais : elle regroupera *tous* les produits destinés à la thérapeutique, quelles qu'en soient les origines, aussi bien les drogues naturelles (végétales et animales) que les substances créées de toute pièce par le chimiste. *« En abandonnant l'étude des Cantharides, des Cochenilles, des Sangsues, du Musc ou du miel, les professeurs du début de ce siècle »* ont abandonné, en fait l'immense domaine des hormones et des produits opothérapiques, celui de l'immunothérapie, et une bonne partie du domaine des vitamines[12].

ERNEST FOURNEAU ET LA CHIMIE THÉRAPEUTIQUE

C'est justement à l'occasion d'une visite à la collection des simples de l'Hôpital du Midi, afin de se mettre en mesure de reconnaître certaines « vieilleries de la Matière dite Médicale », pour l'examen de validation de stage, que se

Professeur à l'École de Pharmacie de Paris, célèbre pour son *Histoire Naturelle des drogues simples* (7 éd. fses, 1 éd. ital. de 1820 à 1876), où il décrit les drogues des trois règnes, il avait obtenu, en 1833, que sa chaire soit cantonnée au seul domaine de la Botanique.

11. Dans son ouvrage de 1906, par exemple, *Les matières premières usuelles d'origine végétale indigènes et exotiques,* Em. Perrot définit plus de trois cents drogues, et espère « meubler l'esprit » des élèves et du public, en mettant entre leurs mains des cartes, leur donnant la distribution géographique et quelques données économiques relatives à ces denrées.

12. J. Régnier, in Em. Perrot, *Matières premières...,* 1906, I, pp. 13-15.

rencontrent Marc Tiffeneau et Ernest Fourneau : stage d'une durée de trois ans, effectué avant les études de pharmacie proprement dites, et qui devait familiariser le futur pharmacien au fonctionnement de l'officine. Tous deux suivront les cours de Béhal, à l'École de Pharmacie, qui dispense, en marge des cours officiels, un cours libre de Chimie organique basé sur la théorie atomique et le système de notation en rupture avec celui des équivalents. C'est là, semble-t-il, dans ce petit public enthousiaste, que se nouèrent relations et amitiés[13]. Tous deux créeront, en 1903, ce groupement de jeunes chimistes qu'ils nommèrent *Molécule* (après les 3 années, déterminantes pour son orientation ultérieure, que Fourneau passa en Allemagne aux laboratoires de Emil Fischer, Gattermann, Curtius et surtout Willstätter) et où l'ancien public de Béhal se grossit de Delépine, Henri Masson... C'est ce noyau qui permettra de donner un nouvel élan à la Société Chimique de France, après la guerre de 1914, société dont Fourneau était membre depuis 1895 et Tiffeneau depuis 1897 et dont Fourneau acceptera le Secrétariat général de 1919 à 1932[14].

Or, aux réunions de ce « groupe Molécule », ne tardèrent pas à être entraînés des industriels, et en particulier Camille Poulenc (Fourneau avait accepté en 1903, un poste de directeur du Laboratoire de Recherches pharmaceutiques créé à Ivry par les frères Poulenc. Il y restera jusqu'en 1911 où il entre à l'Institut Pasteur); et Raymond Delange qui deviendra Directeur technique et administrateur des Établissements De Laire (matières odorantes) chez qui Tiffeneau était entré à peu près aussi à la même époque. Une collaboration entre chimistes est ainsi établie sur les bases de l'amitié — Fourneau y insistera — et un échange, une sorte de « concours réciproque », est inauguré entre l'industrie et les laboratoires scientifiques qui sera un modèle et donnera maint exemple de sa fécondité. Pour l'heure, les industriels pouvaient suivre de très près le développement de la science chimique, et la Société Chimique recevait une aide efficace sous forme de subsides plus ou moins voilés[15].

Chimie et Pharmacie sont donc étroitement imbriquées au début du siècle, mais aussi recherche et exploitation industrielle : on cite l'exemple de Fourneau quittant la recherche pour l'industrie, puis à nouveau l'industrie pour l'Institut Pasteur, toujours soucieux de la promotion industrielle de la France, persuadé qu'elle peut faire au moins aussi bien que l'Allemagne, prononçant notamment ce discours à la Société d'Encouragement pour l'Industrie Nationale (en 1915) : *Sur l'industrie des produits pharmaceutiques et sur les moyens d'en assurer le développement en France.*

13. Avec Blaise, Valeur, Delange, Sommelet en particulier. Les détails biographiques sont tirés de M. Delépine, « Notice sur la vie et les travaux d'Ernest Fourneau (1872-1949) », in *Bull. Soc. Chim.*, 1950, p. 953.

14. Dont Charles Moureu fut président d'honneur jusqu'à sa mort (1929); Delépine était président en 1930.

15. La notice nécrologique de R. Delange dans *Ann. Pharm. Franç.*, mai-juin 1948, p. 33, rédigée par J. Bougault, fait aussi état du rôle de Delange comme « bienfaiteur des chimistes des laboratoires officiels — pauvrement dotés, comme chacun sait. Combien de produits, difficiles à trouver sur le marché, ne leur a-t-il pas procurés, et souvent avec désintéressement ? La multiplicité des fabrications qu'il assumait, lui fournissait maint sous-produits qui, souvent, faisaient le bonheur des chercheurs. Parfois même, il poussait la complaisance jusqu'à faire préparer par ses services ceux qu'il ne réussissait pas à trouver par une autre voie ».

Fourneau réalisa la première préparation industrielle d'un magnésien — application directe et quasi immédiate de la réaction de Grignard —en même temps qu'il concrétisa sur le plan industriel sa découverte de la Stovaïne, très peu après 1904. Il faut dire que c'était chez les frères Poulenc. Saluant la Société Chimique de France, réunie en Assemblée Générale pour entendre sa conférence sur la *thyroxine et les autres hormones,* le 21 mai 1930, le Professeur Barger, de l'Université d'Edimbourg, rappelle que, en France, ce sont surtout des questions de chimie thérapeutique qui ont occupé les chimistes. L'étude de la pharmacie, ajoute-t-il, y a toujours eu une base scientifique et les pharmaciens français sont de bien meilleurs chimistes que leurs confrères allemands ou anglais... Et il boit aux progrès de la chimie organique cultivée par Gerhardt, Laurent, Dumas, Berthelot ![16]

Enseignement reçu certes, mais aussi enseignement et formation à leur tour donnés : Tiffeneau effectue les Travaux pratiques de 1895 à 1900 à la Faculté de Pharmacie, puis il est agrégé de Pharmacodynamie à la Faculté de Médecine de 1910 à 1924 et enfin professeur de pharmacologie à partir de 1925 (Faculté de Médecine), avec un passage en Faculté des Sciences (professeur de Chimie à P.C.N. de 1924 à 1926)[17]; sans parler de l'immense résonance qu'a pu avoir son *Abrégé de Pharmacologie* (1er éd. 1926, réédité au moins 6 fois jusqu'en 1946) cité pour référence, absolument partout. Cet ouvrage, destiné aux étudiants en *médecine* de 4e ou 5e année qui préparent l'examen de pharmacologie, et qui comprend deux parties : l'une la plus importante consacrée à l'étude de la *Matière Médicale* (c'est-à-dire à la description des espèces médicinales, classées d'après leur principal effet physiologique ou thérapeutique); l'autre, réservée à la pharmacologie proprement dite (c'est-à-dire à l'étude des formes galéniques sous lesquelles ces drogues ou espèces médicinales doivent être administrées aux malades). Ainsi Perrot demande au jeune Régnier d'exposer un essai de classification pharmacodynamique *« pour les* pharmaciens *et les étudiants de notre Faculté, comme l'a fait le Professeur Tiffeneau pour l'enseignement médical »*[18].

Quant à E. Fourneau, nommé dès 1911 à la tête du laboratoire de chimie thérapeutique (appelé par le docteur Roux, directeur de l'Institut Pasteur) il eut une importance décisive sur la formation des chercheurs dont il sut s'entourer. Entre autres Jacques Trefouël et sa femme à partir de 1921 qui travailleront sur les dérivés de l'arsenic pentavalent[19]; Mle Benoît à partir de 1924; Mme de Lestrange-Trévise à partir de 1926, D. Bovet à partir de 1931, puis M. Nitti mort prématurément. Son ouvrage de 1921 *Préparation des Médicaments organiques* a été un grand classique sur la matière, cité, utilisé, et traduit en espagnol dès sa

16. *Bull. Soc. Chim.*, 1930, p. 934.

17. E. Fourneau, « Marc Tiffeneau (1873-1946), Biographie », in *Bull. Soc. Chim.*, 15, (1948), p. 905.

18. Même Jean Regnier adopte son ordre comme « le plus logique et s'appuyant sur des données scientifiques précises » (il convient aussi bien au pharmacien qu'au médecin) : *de la nécessité d'envisager les drogues du point de vue de leur activité pharmacodynamique.* Tiffeneau et Régnier ont d'ailleurs collaboré, établissant la différence d'activité des stovaïnes actives (la st. dextrog. est 4 fois plus active sur le nerf sensitif de la grenouille).

19. J. Tréfouël (plus tard directeur de l'Institut Pasteur), qui présente en 1942 sa thèse de Doctorat-ès-Sciences comme un résumé des résultats acquis, y salue son maître : « J'ai eu la joie de poursuivre ces travaux avec ma femme au Laboratoire de Chimie thérapeutique de l'Institut Pasteur, sous la direction, puis en collaboration avec le maître de la Chimiothérapie française, Ernest Fourneau ».

parution, puis en anglais, en allemand et en russe. Toute sa vie, E. Fourneau s'est montré particulièrement préoccupé des problèmes d'Enseignement et même concerné par une réforme de l'enseignement secondaire, conscient de l'importance et de la nécessité, dès 1915, d'une *« refonte complète de notre enseignement supérieur et technique... et de quelques changements dans nos mœurs*[20] ! » La France renferme les meilleurs éléments pour lutter contre l'Allemagne sur le terrain scientifique et industriel, dit-il, le tout est de bien les utiliser[21]. Dans la conférence faite devant la Société d'encouragement pour l'industrie Nationale, il fait un certain nombre de suggestions.

Entre le chimiste et l'ouvrier, il n'y a pour ainsi dire pas d'intermédiaire. Fourneau préconise des *Cours à l'usine,* non des cours généraux qu'on assénerait à des jeunes gens, ouvriers à l'usine, fatigués après neuf ou dix heures de labeur fatigant, et qui ne pourraient, au mieux, avoir une incidence que sur la « culture d'ensemble » ; mais un apprentissage méthodique à un ouvrier devant se livrer à des travaux délicats et variés. Créer une élite ouvrière aurait, en outre, l'avantage de développer *« le patriotisme commercial »...* Il ne faut pas oublier qu'une des grandes forces de l'Allemagne provient de son organisation supérieure du travail ! Tous les remèdes destinés à favoriser l'industrie seront inefficaces tant qu'on n'aura pas tout fait pour donner aux études scientifiques les moyens de produire leur plein effet. Fourneau milite pour une connaissance approfondie de la *Chimie théorique,* la science pure qui est la compagne inséparable, la sœur aînée de l'industrie chimique. La chimie détaillée des alcaloïdes n'est pas enseignée, pas plus que celle des terpènes, pas plus que celle des matières colorantes et odorantes, pas plus qu'il n'y a un enseignement sur les grands problèmes techniques et scientifiques modernes. Il rêve d'un Institut de Chimie pure, bâti au milieu des arbres et des fleurs, groupant sous une direction toujours présente, des spécialistes bien payés (sic) et qui pourrait attirer des jeunes gens riches[22].

En dehors du domaine de la science pure, il est convaincu qu'il faut développer le *goût des études biologiques* à l'école de Pharmacie et à l'école de Médecine. Fourneau part de la constatation que l'école de pharmacie, pépinière des chimistes, n'a engendré presque aucune découverte thérapeutique moderne. Il faut y orienter les recherches vers les phénomènes de la vie et la thérapeutique. Il insiste, enfin, sur l'importance de l'organisation de la recherche. Fourneau ne cessera de plaider en faveur d'une direction centrale, qui ne ferait pas que coordonner mais aussi orienter : l'œuvre doit être commune. Prenant toujours l'exemple des chimistes allemands dont le succès des travaux vint, en partie d'une *« forte organisation des recherches »*[23], il s'élève contre le morcellement des petits laboratoires, contre le gaspillage des efforts, l'inconfort des installations disgracieuses.

20. E. Fourneau, Sur l'ind. des pr. pharmaceutiques et sur les moyens d'en assurer le développement en France, in *Bull. Sc. Pharm.*, 1915, p. 129.

21. En particulier, nous avons « d'excellents constructeurs, en France. Il suffit de s'adresser à eux », et la question de l'outillage n'en sera plus une.

22. « Un homme riche n'est pas forcément un imbécile ». Il apporterait à la science un élément désintéressé et peut-être une assiduité imprévue. La conception de la Sorbonne, avec ses deux facultés réunies, n'a pu germer que dans le cerveau de fonctionnaires ignorants des besoins des sciences expérimentales. Elle a été horriblement coûteuse. Le nouvel Institut de Chimie manque d'une organisation centrale... qu'on l'abandonne à la chimie appliquée !

23. Fourneau, « Quelques aspects de la Chimiothérapie », *Ann. Pharm. Fse,* 1948, p. 283.

La complémentarité des travaux permet une collaboration de compétences et de matériels : Fourneau se souviendra toujours des excellentes conditions qu'il avait trouvées, à son arrivée à l'Institut Pasteur où, à côté du laboratoire de chimie thérapeutique, se trouvaient *« d'autres services dirigés par des hommes éminents, Mesnil, Laveran, Délézenne, Marchoux, Levaditi, Salimbeni, prêts à renseigner sur la valeur thérapeutique des médicaments proposés »*. Mais aussi l'Institut Pasteur fournit un exemple saisissant de ce qu'on peut attendre d'une organisation homogène entre les mains d'une direction indépendante des pouvoirs publics. Programme de recherche, méthodes de travail et nécessaire coopération entre la recherche et l'industrie. Les chefs d'entreprise ont un rôle décisif à jouer : en particulier fournir la matière première sans craindre de *« ne pas rentrer dans ses frais »*. Un programme d'envergure, envisagé sur un temps long ne doit pas effrayer *« car c'est dans le laboratoire seul que se trouve le secret de la force industrielle »*. Dès 1902, Fourneau exhortait les Français[24]. Mais si l'industrie ne doit pas craindre d'encourager la science pure[25], la recherche ne doit pas craindre, en retour, de faire procéder à des applications rapides : Fourneau l'a illustré en fabriquant immédiatement la stovaïne. La diffusion des résultats est une nécessité essentielle à laquelle Fourneau s'est également montré très sensible[26]. C'est auprès de la recherche que l'industrie puisera ses forces vives : « Recherche et Industrie sont sœurs ».

En 1931, les choses ont sensiblement changé. Après avoir rendu hommage, une fois de plus à ses maîtres, Béhal, qui a dû lutter pied à pied, dans des conditions très dures, pour introduire les théories nouvelles de la chimie, et Henri Moissan — *« modèles incomparables de Maîtres courageux »* — il constate que, la chimie cherchant de plus en plus dans les mathématiques et la physique une véritable méthode scientifique, il devient évident que l'enseignement de la Faculté de Pharmacie n'est plus suffisant pour exercer également sa maîtrise dans ces directions. Il conviendrait donc d'organiser l'enseignement des Facultés de Pharmacie de sorte que *« l'élite des élèves puissent fréquenter certains cours et laboratoires des Facultés des Sciences »*[27]. Quant à la pharmacie, elle évolue tous les jours et la confection de médicaments à l'officine cède la place, progressivement, à la distribution des spécialités toutes faites. On exigera alors du pharmacien d'autres qualités, et en particulier, puisqu'il devra jouer un rôle de plus en

24. « Il semble qu'en France on n'ait ni le temps ni les collaborateurs nécessaires pour mener à bonne fin un travail de très longue haleine » : « Méthodes de travail dans le groupe des alcaloïdes », *Bull. Soc. Pharm.*, 5 (1902), p. 245.

25. « On pourra être surpris de voir un homme qui a passé une partie de sa vie dans l'industrie, se faire le défenseur si ardent des établissements de science pure ».

26. Un exemple : les publications, dans les *Annales de l'Institut Pasteur*, concernant les composés arsenicaux (1921-1926), n'ayant pas été repérées par bien des chimistes, Fourneau publie tous les détails nécessaires à la préparation des isomères de l'acide para oxy-3 aminophénylarsinique dans le *Bull. Soc. Chimique* (41 [1927], p. 499) avec M. et Mme Trefouël et Melle Benoit ; il décrit les propriétés physiologiques de cette substance. A peine ceci publié, des recherches étaient entreprises ailleurs et des brevets étaient déposés.

27. C'est ainsi que René Hazard, professeur à la Faculté de Médecine, Pharmacien des Hôpitaux soutiendra, en 1938, une thèse devant la Faculté des Sciences de Paris pour obtenir le grade de Docteur ès Sciences physiques : J. Tréfouël, en 1942, et bien d'autres... (alors qu'il publiait depuis vingt ans à l'Institut Pasteur et n'allait pas tarder à en devenir le directeur).

plus important dans le développement de l'hygiène, puisqu'il devra se tenir au courant des nouveautés thérapeutiques, il devra étendre sa culture scientifique et se tenir au courant des méthodes nouvelles d'investigation clinique et des médicaments nouveaux[28].

Tout cela donne à Fourneau une raison de plus pour militer en faveur du stage *après* les études de pharmacie. C'est, avec la question des *brevets,* une des questions qui lui tiendra le plus à cœur : ne pas interrompre les études commencées au lycée, ou si on le maintient, faire en sorte que les stagiaires puissent suivre des cours de mathématiques supérieures qui ouvrent à l'étude de la physique, de la chimie physique, et même de la chimie organique. C'est à l'école qu'on devra apprendre, d'*abord,* toutes les manipulations nécessaires, et dans des conditions d'uniformité de méthodes qui ne se rencontrent pas chez tous les pharmaciens détaillants. Pour ce qui concerne les études dans ces Facultés de Pharmacie, *« il faudrait s'orienter vers la chimie physique, la pharmacologie, la chimiothérapie, la bactériologie, l'analyse pathologique, et restreindre quelques enseignements qui ne répondent plus tout à fait à l'évolution de la médecine et de la pharmacie »*[29]. Il faudrait aussi que les travaux effectués dans ces facultés soient publiés comme les travaux de l'Institut de pharmacie de Berlin.

Or, c'est sur l'importance de *l'enseignement* à la Faculté de Pharmacie de Paris, qu'insistera une fois encore Marcel Guillot, dans sa leçon inaugurale du cours de Physique le 3 novembre 1947 ; et on y mesure l'évolution de la Pharmacie. Si, grâce à Fourneau elle a réalisé une avancée aussi spectaculaire, c'est parce qu'elle est devenue essentiellement *chimique :* ses méthodes, ses interrogations et ses résolutions étaient toutes d'ordre chimique. Il semble que, plus on s'approche des années 50, plus les résolutions devront être d'ordre *physique : « la détermination des structures des molécules organiques doit se faire aujourd'hui au moins autant par des méthodes physiques que par des méthodes chimiques »* écrit Guillot.

C'est bien ce qui ressort, en fin de compte de la mise au point que fera Jean Jacques en 1949 au laboratoire du Collège de France[30] : après avoir passé en revue, d'une façon critique, les diverses tentatives d'explication du pouvoir œstrogène que présentent les molécules (le matériel expérimental est important puisque le nombre des substances essayées pour leurs propriétés hormonales femelles est supérieur à un millier) et qui s'efforcent de cerner quels seraient les caractères communs — s'il y en a — de ces substances possédant la même propriété (théories des groupements actifs (un groupement « oestrophore ») ; théories faisant appel au métabolisme (en particulier théorie de Emmens[31] qui établit des rapports entre les seuils d'action en injection sous-cutanée et en application locale, distinguant des cas où la substance serait métabolisée dans la circulation générale et des cas

28. Soucieux que le discours de Fourneau « exaltant la *Pharmacie scientifique* » ne soit pas mal compris, Henri Martin, prenant à son tour la défense de M. Homais, indique que la Société de Pharmacie ne saurait en aucun cas se désintéresser du « vulgaire exercice professionnel » : nous restons volontiers les distributeurs de la spécialité scientifique, de celle qui apporte aux malades un réel soulagement ou une guérison que nous ne pourrions leur procurer par d'autres moyens ».

29. Allocation de E. Fourneau, à la Société de Pharmacie de Paris, in *Journ. pharm. et Chim.*, 13 (1931).

30. Structure moléculaire et activité œstrogène, *Bull. Soc. Chim.*, 16 (1949), p. 411.

31. *Journ. Endocrinology* (1941-42).

où l'œstrogène agirait directement sur le récepteur); théories spatiales de l'activité, il en arrive à un constat d'incapacité du chimiste. On ne peut pas aller plus loin. Les analogies formelles mises en évidence doivent être *plus* profondes : *« c'est sans doute au physicien de répondre. Lui seul peut nous fournir des données rigoureuses sur ce qui est commun — dimensions, répartitions des charges électroniques »*[32].

LA PHARMACODYNAMIE

Revenons à la leçon de Marcel Guillot : les conditions d'exercice de la profession ont été bouleversées, surtout depuis vingt ans. La vieille pharmacie galénique, qui constituait la partie technique essentielle de nos connaissances[33] — et qui restait inchangée au cours de la vie d'un homme — les sciences naturelles, la chimie, sont dépassées par le développement torrentiel des sciences contemporaines. Les médicaments ayant pour nous une importance pratique de premier plan sont des substances chimiques définies nouvelles, connues, pour la plupart, depuis seulement quelques années; le rythme ne peut que s'accélérer. L'enseignement ne peut suivre qu'avec peine et devient plus étendu, plus technique mais scientifiquement plus superficiel. Il ne peut plus avoir de prétention d'être valable pour longtemps.

Pour le cours de *physique* appliqué à la pharmacie[34], le retard de l'enseignement prend des dimensions catastrophiques : son caractère très élémentaire — étude, essentiellement, des changements d'états; manipulations essentiellement à la balance et au microscope — subsista jusqu'à une époque très récente, l'enseignement ne s'étoffant que de techniques, familières aux chimistes, telles que la cryoscopie, la polarimétrie, la mesure des indices de réfraction.

C'est Marius Picon, qui, en 1938, a donné à cet enseignement un caractère tout nouveau, s'attachant à mettre à la portée des étudiants toutes les méthodes physiques modernes utilisées dans la Recherche et l'Industrie aussi bien en Chimie qu'en Biologie, en Micro-biologie, en Sérologie et en Analyse médicale. Certes, leur faiblesse en culture mathématique a constitué un obstacle important, mais un gros effort a été fourni, et il semble que les étudiants sont désormais familiarisés et ont accès au domaine expérimental moderne physico-chimique[35].

Aussi, en plus de l'enseignement du cours magistral, (étudiants des deux premières années), Guillot donne des soins particuliers aux enseignements post-scolaires. Depuis 6 ans déjà, les Professeurs Fabre et Fleury ont organisé des cours

32. Cf. R. Charonnat (Prof. à la Fac. de Pharm. de Paris), La Synthèse organique, créatrice de médicaments, *Prod. Pharm.*, 7 (1952), p. 307.

33. Il était classique de définir la Pharmacie galénique comme étant la « science et l'art de préparer, conserver et présenter les médicaments ».

34. Cette chaire créée en 1846 eut pour titulaires : Soubeiran, Jules Regnault, E. Robiquet, H. Buignet, Le Roux, D. Berthelot, E. Tassily puis P. Picon qui l'a quittée pour se consacrer à la Ch. Minérale; enfin M. Guillot.

35. Guillot prend l'exemple de l'étude des ultra-virus qui nécessite que l'on domine les techniques d'ultra-centrifugation, ultra-filtration, électrophorèse, adsorption sélective, radiobiologie.

de physique biologique destinés aux étudiants du nouveau Certificat d'Études Supérieures de Chimie Biologique. Guillot étend cet enseignement au Certificat de Microbiologie, Sérologie et Hématologie. (De plus il continue et améliore l'enseignement complémentaire d'optique et Acoustique médicales)[36].

Une leçon bien comprise? Aux alentours de 1950, Roussel-Uclaf crée, et revendique comme une de ses grandes originalités, un *Département de Recherches Physiques. « L'idée était que les technologies, les appareillages et les outils mathématiques issus de ce département deviendraient indispensables pour répondre aux problèmes de détermination de structure et d'optimisation des résultats statistiques »*. Il devient ainsi d'appréhender, de la façon la plus fine possible, les relations entre la structure et l'activité des molécules de la vie[37].

A côté de la Chimie, de la Physique[38], on a mentionné la Pharmacodynamie dont les travaux ont eu une grande importance dans la recherche des médicaments nouveaux : qu'il s'agisse d'extraire des principes actifs d'un tissu animal ou d'une drogue végétale, ou de préparer par synthèse de nouveaux dérivés doués d'une activité thérapeutique déterminée, c'est au contrôle *physiologique* que le chimiste fait le plus souvent appel pour orienter ses investigations dans une voie favorable. Mais, si la France a vu naître la physiologie, la pharmacodynamie a pris son essor au-delà de nos frontières[39]. On le sentira longtemps. Certes, les grands noms de Pouchet, Richaud, Tiffeneau et Hazard attestent de la vitalité de la France dans ce domaine mais une évolution heureuse ne se manifestera qu'à partir de la dernière guerre, ou l'enseignement de la pharmacodynamie se propagera des Facultés de Médecine aux Facultés de Pharmacie.

Dans la Préface à son *Précis de thérapeutique et de Pharmacologie*, de 1908, Richaud[40] distinguait, dans la pharmacologie moderne, qui « demeure la science des médicaments » :

— la pharmacognosie (ou -graphie) qui s'occupe de l'origine, de la description, de la détermination, de l'histoire naturelle des produits minéraux, végétaux ou animaux -ce que l'on désigne en France sous le nom de *matière médicale*.

— la pharmacie qui étudie la préparation, la purification, les propriétés physiques et chimiques des médicaments, les formes qu'ils doivent revêtir pour s'adapter le mieux possible à leur administration dans telle ou telle circonstance déterminée.

— la pharmacodynamie, dernière venue des sciences pharmacologiques, qui

36. In *Ann. Pharm. fse*, 6 (1948), pp. 111-121.

37. *Recherche et Développement*, Roussel-Uclaf.

38. Il faudrait aussi faire une part à la chimie analytique; suite de recettes vers 1925, elle a « conquis ses théories » et s'est érigée en science autonome. L'évolution de la pharmacie d'une part, de la chimie analytique d'autre part, « incline à repenser avec attention leurs mutuels rapports ». Cf. J.A. Gautier, « Le Contrôle Chimique des médicaments », in *Prod. Pharm.*, 12 (1957), pp. 8-9.

39. Citons seulement les développements suivants : –à partir de 1937, Merrit et Putnam utilisent les techniques de production de crises convulsives chez l'animal qui conduisent à la mise au point d'antiépileptiques; — à partir de 1946, Mac Intyre, grâce au test du retournement de la grenouille et Bülbring, par l'essai de préparation phrénique, apprécient la valeur de curarisants. — Quant aux œstrogènes, Butenandt (1929), Marian, Girard et Sandulesco (1932) avant les travaux de Horeau et Jacques à partir de 1945. Cf. G. Valette, « Le rôle de la pharmacodynamie dans l'orientation des recherches thérapeutiques », *Prod. Pharm.*, 7 (1952), p. 317.

40. Professeur à la Faculté de Médecine, Docteur ès-Sciences.

s'occupe de l'action physiologique des médicaments, c'est-à-dire des modifications subjectives ou objectives qu'ils sont capables de déterminer dans l'organisme sain ou malade.

Cette dernière était alors considérée comme une science essentiellement *médicale*[41], alors que pharmacognosie et pharmacie sont bien des sciences pharmaceutiques.

Par ailleurs, et contrairement à ce qui se passait en pharmacie, Richaud déplorait le très faible niveau de formation chimique des médecins : le médecin puise ses premières notions de chimie au P.C.N., et puis c'est fini. Personne à la Faculté ne lui parle plus de chimie générale, et il arrive en 4e année, « ne sachant plus ce qu'est un alcool ou un phénol, confondant un glucoside et un alcaloïde, ayant oublié que le chlorure de sodium donne, avec le nitrate d'argent, un précipité insoluble ». Plus loin, il chantera les vertus de la « chimie pure », les beaux travaux de Willstätter qui ont permis d'établir les relations curieuses qui existent entre les propriétés physiologiques des corps et leur structure moléculaire, les merveilleux pouvoirs du chimiste qui lui permettent de *« démonter »* les molécules organiques, de supprimer dans les molécules actives, les parties qui les rendent dangereuses, pour n'y conserver que les *« rouages principaux »*[42].

Mais si, en 1908 la chimie pharmaceutique a considérablement transformé notre arsenal thérapeutique, elle n'a pas encore transformé son matériel primitif. Nous nous glorifions toujours d'emprunter au bœuf et au mouton les éléments les plus précieux de nos méthodes thérapeutiques et, lorsque nous remettrons à l'honneur « l'urine du petit chien » nous saurons l'offrir *« soigneusement enrobé dans des pilules mieux dorées ou dans des capsules presque appétissantes »*; à moins qu'on ne préfère confier au tissu cellulaire sous-cutané ou au système veineux le soin de s'occuper du transport, et *« nous pourrions mettre à leur disposition quelques ampoules minuscules et une petite seringue fort discrète »*. Dans le même ouvrage, mais 7e éd., entièrement refondue par René Hazard[43] en 1935, la thérapeutique moderne *continue* à emprunter une partie de ses agents médicamenteux au règne végétal; le règne animal est lui aussi mis à contribution pour les produits opothérapiques (animaux sains) et pour les médicaments sérothérapiques (animaux inoculés) mais : *« rompant avec les habitudes de parasitisme absolu vis-à-vis de la nature, la thérapeutique moderne fait le plus large appel aux produits artificiels élaborés grâce aux ressources infinies de la chimie moderne. Un de ses chapitres les plus importants, est celui de la chimiothérapie »*[44]. On assiste donc à des évolutions conjuguées : dans le même temps où le pharmacien commence à se sentir concerné par la pharmacodynamie, s'intéressant aux études biologiques, le médecin prendra en compte la chimiothérapie, accordant une place plus honorable aux études chimiques[45].

41. « Une des branches les plus importantes de la médecine, comme le trait d'union entre la pathologie et la thérapeutique » (Richaud, *Précis de thérapeutique et de pharmacologie*, Paris, 1908).

42. Richaud, *ibid.*, pp. 63-64.

43. Professeur agrégé à la Faculté de Médecine de Paris, Pharmacien des Hôpitaux et qui soutiendra, aussi, une thèse de Sc. Physiques, en 1938 sur les actions physiologiques comparées du tropanol et du pseudotropanol (2 stéréo isomères).

44. Richaud, *Précis de thérapeutique et de pharmacologie*, 7e édition entièrement refondue par R. Hazard, 1935, p. 3.

45. Dans son *Abrégé de Pharmacologie* de 1926, Tiffeneau limitera strictement l'étude de la Matière Médicale, c'est-à-dire la description des espèces médicinales, à ce qui intéresse le médecin,

L'ENSEIGNEMENT DE LA PHARMACIE

Il semble donc que, dans le secteur de la Pharmacie, et malgré un retard préjudiciable dans le secteur de la pharmacodynamie, l'Enseignement se révèle très souple, très réactif, très vivant, répondant rapidement aux exigences des progrès *et* aux nécessités de l'industrie. Les exhortations du début du siècle, menées par Fourneau, résonnent peut-être toujours; en tous les cas les exigences d'une industrie puissante, qui ne s'est pas coupée des pépinières d'où elle naît et renaît. L'évolution a été remarquable : en 1952, René Fabre, Doyen de la Faculté de Pharmacie de Paris, tire un bilan favorable. Les soins apportés à la modernisation des programmes d'études pharmaceutiques sont incessants, vitaux. Sinon *« les confrères se destinant à l'industrie pharmaceutique »* seront rapidement submergés par l'afflux des nouveautés de l'analyse et de la thérapeutique.

« Sur les bases solides de l'enseignement dispensé dans les Facultés, enseignement théorique et pratique évoluant en fonction du développement constant des diverses sciences, de façon à fournir à tous les pharmaciens des connaissances sanctionnées par de difficiles examens, il a paru nécessaire de mettre à la disposition des jeunes diplômés des possibilités de perfectionnement leur permettant de compléter leur acquit scientifique dans le but spécial de la direction des laboratoires de fabrication industrielle ».

Mais aussi, autour et au-delà de la discipline strictement scientifique, a lieu, le soir, à la Faculté et dejà depuis 10 ans un enseignement pratique de pharmacie industrielle. Ceci permet aux pharmaciens attachés à des laboratoires industriels de se documenter sur toutes les questions qui se posent quotidiennement dans de tels postes. C'est pour cela, qu'en plus des C.E.S. de Pharmacotechnique chimique et galénique, ainsi que de Pharmacodynamie et d'essai biologique des médicaments, a lieu cet enseignement pratique permettant de traiter les problèmes relatifs à la comptabilité, à la sécurité sociale, au matériel industriel, à l'hygiène des ateliers, à la publicité. Cet enseignement a un réel succès. Fabre conclut : en assurant de la sorte la formation scientifique des futurs directeurs d'Industries pharmaceutiques, la Faculté remplit sa haute mission qui est de fournir au pays des pharmaciens dont le parchemin ne représente pas seulement la récompense d'études couronnées de succés, mais également la preuve de leur désir profond de servir utilement, dans le but éminement humain d'apporter à ceux qui souffrent soulagement et guérison[46].

Alors, faut-il qu'une industrie soit aussi puissante que l'industrie pharmaceutique pour que l'Université se montre aussi dynamique? Ou, peut-être, sont-elles réellement sœurs? Dans un bel article, traitant de la recherche, en chimie pharmaceutique, Janiot, professeur de la Faculté de Pharmacie, note que fréquemment encore, en 1950, la recherche industrielle pharmaceutique est dirigée par des personnes ayant appartenu ou appartenant à l'Université : si l'Universitaire en a les capacités reconnues par l'Industrie, c'est pour lui un devoir civique que

ce qui lui est instamment nécessaire de connaître pour réaliser de la manière la plus correcte la plupart des préparations magistrales.

46. R. Fabre, « Conclusions », in *Prod. Pharm.*, 7 (1952), p. 375.

de se mettre à la disposition de celle-ci. Nulle honte, alors, si l'Universitaire bénéficie de quelques subsides ; c'est une sorte de mécenat éclairé ! Et il cite Fourneau sur lequel l'industrie n'a jamais imposé de pression quelconque[47]. Quoi qu'il en soit, si, au début du siècle, tous les médicaments « chimiques » que les étudiants avaient l'occasion de rencontrer étaient d'origine allemande, en 1950, l'industrie pharmaceutique française a repris son essor, interrompu pendant la dernière guerre mondiale. Non seulement elle produit, entre autres, les antibiotiques dont elle a besoin[48], mais elle en exporte et elle a conservé la réputation d'« excellence » *qui* la caractérisait du temps de Amans Daussé et de Alfred Houdé.

« En revenant de l'étranger, on peut contempler avec fierté notre industrie pharmaceutique ; ses produits spécialisés sont recherchés sur les marchés car ils présentent une garantie de qualité »[49].

Ainsi, sans rien perdre de ses exigences anciennes, la pharmacie se voit riche, au milieu du siècle, d'une industrie particulièrement prospère. L'enseignement n'a pas joué un mince rôle, grâce à sa souplesse, sa faculté d'adaptation et de renouvellement, son aptitude à innover. Mais aussi les liens incessants, multiples, entre la recherche, l'enseignement, l'industrie, l'ouverture à l'étranger — si rare en France — confèrent à la pharmacie une jeunesse, une originalité et une vigueur qui pourraient servir d'exemple.

47. In *Prod. Pharm.*, 5, n° 6, juin 1950.
48. La chloromycétine encore exceptée.
49. Vaille et Caire-Lacoste, L'organisation et l'expansion de l'ind. pharm. fse, in *Prod. Pharm.*, 7 (1952), p. 369.

René Leriche (1879-1955): une œuvre controversée

Roselyne Rey*

Dans la perspective d'une recherche sur l'histoire des sciences médicales et biologiques dans l'entre-deux-guerres, et un peu au-delà, René Leriche, connu du grand public pour être un « chirurgien de la douleur »[1], occupe une place à la fois importante et discutée. Dans la singularité même de son parcours, il incarne l'extraordinaire vitalité de la recherche française et ses difficultés structurelles, liées aux institutions d'enseignement, à la fonction des académies et aux découpages disciplinaires rigides. A examiner simplement le déroulement chronologique de sa carrière des honneurs, René Leriche n'a été rien moins qu'un marginal : successeur de Charles Nicolle au Collège de France en 1937, et premier chirurgien à occuper une chaire en ce lieu, membre de l'Académie des Sciences et de l'Académie de Médecine en 1945[2], président de la Société de Biologie, pour ne citer que quelques uns de ses titres français et étrangers, il est l'auteur d'une quinzaine d'ouvrages et de quelque deux cents articles. A première vue, on aurait sans

* Centre Alexandre Koyré, CNRS, Paris.

1. René Leriche, *La chirurgie de la douleur,* Paris, Masson, 1937; l'ouvrage connut plusieurs rééditions.

2. Sur la carrière de Leriche, on dispose de plusieurs sources : l'*Exposé des titres et travaux du Dr René Leriche,* Paris, Masson, 1937, rédigé à l'occasion de sa candidature au Collège de France; son autobiographie, *Souvenirs de ma vie morte,* publiée juste après sa mort, en 1956, ainsi que l'étude d'Henri Mondor, *René Leriche chirurgien,* Ventadour, 1956, qui entre plus directement dans le détail de ses convictions politiques, religieuses et philosophiques. Leriche accepta d'être, jusqu'en 1942, le premier président du Conseil de l'Ordre des médecins, une institution créée par le régime de Vichy (loi du 31 décembre 1941), à l'élaboration de laquelle il avait travaillé même avant la guerre. Il s'en explique dans ses *Souvenirs,* en arguant — l'argument est convenu — de la possibilité de venir en aide à de nombreux confrères, et en assumant par ailleurs les objectifs déontologiques du Conseil, qui souleva des contestations plus corporatistes que politiques dans le corps médical (la loi supprimait les syndicats de médecins). Les liens contractés avec Pétain et Clemenceau au cours de la Première Guerre mondiale jouèrent certainement un rôle. En tout cas, son élection à l'Académie des Sciences le 4 janvier 1945 se fit aussitôt après la Libération, comme d'ailleurs à l'Académie des sciences. Leriche s'était porté candidat à l'Académie des Sciences dès 1944, à la place de la section de médecine et de chirurgie laissée vacante par la mort d'Antonin Gosset. Il y a eu une continuité évidente, de part et d'autre de la guerre, dans les corps académiques.

doute quelque peine à comprendre en quoi cette œuvre fut controversée, puisque aucune des marques de reconnaissance officielle de la communauté scientifique ne lui a manqué. En fait, la situation se nuance quand on cherche à préciser la date, les conditions et les conséquences de sa nomination au Collège de France, et quand on s'interroge sur ce qui subsiste de sa contribution au problème de la douleur, ou sur sa postérité intellectuelle : c'est autour de la définition même de la chirurgie, dont il voulait faire une « discipline de la connaissance »[3], et non une simple technique opératoire, autour de sa conception d'une chirurgie physiologique, agissant sur les fonctions, plutôt que de se borner à l'ablation et à la section, et plus particulièrement autour des fonctions du sympathique et de son interprétation des « douleurs rapportées »[4] que se sont cristallisées les oppositions majeures et les incompréhensions.

UN CHIRURGIEN D'UN TYPE PARTICULIER

Avant d'aborder ce qui constitue le cœur même de son œuvre, mais non peut-être de sa carrière académique, il faut évoquer quelques étapes d'un parcours particulièrement instructif pour connaître le fonctionnement de la recherche biomédicale française à cette période, en dégageant les singularités, c'est-à-dire dans le cas de Leriche, le rôle des échanges avec les scientifiques étrangers, notamment américains; en mettant en lumière des aspects peu connus ou controversés, comme l'importance des centres intellectuels de province, en l'occurrence, Lyon et Strasbourg; enfin en soulignant les traits communs, c'est-à-dire le poids de la guerre de 14-18 sur les liens professionnels et amicaux qui se sont noués à cette occasion, et sur les pathologies qui ont été étudiées ou découvertes.

C'est peut-être par l'intermédiaire d'Alexis Carrel qui fit les cours d'internat alors qu'il était encore à Lyon, avant 1902, que Leriche, qui faisait ses études de médecine à Lyon, se sentit attiré par les États-Unis : à la veille de la guerre, il envisageait de partir à l'Institut Rockefeller, d'autant plus volontiers qu'il avait échoué à plusieurs reprises au concours de chirurgien des hôpitaux de Lyon. Mais le souci de confronter les expériences françaises et étrangères lui était venu plus tôt, dès 1906, à l'occasion d'un voyage en Allemagne et en Autriche, où il admira l'organisation des services, la douceur des techniques opératoires, et les conditions d'asepsie. En 1913, il partit pour les Etats-Unis avec un collègue, Mouriquand, et entra en relations avec un grand nombre de chirurgiens américains : à Rockefeller, il rencontra Flexner[5], et revit Carrel qui en était au stade des transplantations d'organes, mais c'est surtout le contact avec William Halsted

3. René Leriche, *La chirurgie, discipline de la connaissance,* Paris, La Diane Française, 1949, 516 p.

4. Les « douleurs rapportées » ou « projetées » sont des douleurs qui, tout en prenant naissance dans les viscères, sont ressenties en surface, sur un territoire cutané (dermatome). Sur ce point, voir R. Rey : *Histoire de la douleur,* Paris, La Découverte, 1993.

5. Simon Flexner, spécialiste de bactériologie, fut un des piliers de l'Institut Rockfeller; il avait travaillé à Strasbourg avant 1900.

à Baltimore, à Johns Hopkins, qui constitua, selon ses propres termes, une illumination, en raison de la méthode opératoire qu'Halsted utilisait : *« Elle comportait après une étude exhaustive du malade dans sa réalité clinique et pas seulement dans les mots, une asepsie rigoureuse, renforcée par l'emploi systématique du gant en caoutchouc* (c'est là qu'il est né) *[...]; par une douceur de main extraordinaire, par une hémostase rigoureuse, presque toujours préventive, faite avec des aiguilles de soie fine, par une parfaite reconstruction des divers plans anatomiques, un à un et tout le long, par une technique aussi a-traumatique que possible »* [6].

A cette conception d'une chirurgie douce, non agressive, qui contribua à lui faire prendre conscience de la notion de maladie post-opératoire, Halsted joignait, selon Leriche, *« l'esprit expérimental et une grande rigueur scientifique » : « je ne savais pas alors qu'il avait inventé les anesthésies locale, régionale et tronculaire, ni pourquoi il les avait abandonnées, mais cela me paraissait être dans la ligne de son génie »*[7]. La seconde rencontre joua un rôle plus déterminant encore, puisqu'il s'agissait du neuro-chirurgien Harvey Cushing, dont il occupa temporairement la chaire à Harvard, bien plus tard, en 1929. L'entrevue à Boston, au Peter Bent Brigham Hospital, avec celui qui avait été l'élève d'Halsted, fut une seconde révélation. L'étude des localisations cérébrales à l'aide de technique de stimulation électrique sur l'homme, le plus souvent des patients épileptiques, avait été réalisée par Cushing à partir de 1905[8], et avait ouvert la voie à l'ablation des tumeurs intra-crâniennes; en 1912, Cushing avait publié une série de travaux sur le corps pituitaire et ses maladies, et en 1917 sur les tumeurs de l'acoustique : il alliait à la prouesse technique et à l'efficacité de ses résultats, un esprit de recherche et une curiosité intellectuelle, qui se retrouvent chez Leriche. Celui-ci retint de ses entretiens avec Cushing l'utilisation de la méthode bernardienne, soulignant que « c'est aux États-Unis qu'étaient à cette époque les héritiers chirurgicaux de Claude Bernard. Et c'est encore vrai en 1955, trente ans plus tard »[9]. Cushing préconisait, pour aboutir : *« d'attaquer sans cesse le même problème, un très vaste problème, par toutes ses faces, en se concentrant sur son objet sans s'en laisser distraire, utilisant de façon convergente l'observation clinique et l'observation provoquée, demandant à toutes les disciplines de la médecine les moyens d'extraire de chaque fait toute la substance de connaissance y incluse, analysant la maladie pour la mieux pénétrer, mais aussi pour y découvrir, derrière elle, quelque chose de la physiologie de l'homme bien portant »*[10].

Leriche ne cessa d'ailleurs de plaider ensuite pour l'importance de cette

6. René Leriche, *Souvenirs de ma vie morte,* Paris, Seuil, 1956, p. 184.

7. *Ibid,* p. 184; Halsted utilisa très rapidement la cocaïne dont le pouvoir anesthésiant local avait été démontré par Koller, puis la novocaïne découverte par Fourneau; il éprouva sur lui-même et ses assistants les effets de la dépendance à l'égard de la cocaïne, et c'est ce qui l'amena à y renoncer. Pour une étude d'ensemble de la chirurgie neurologique dans l'entre-deux-guerres, voir Ernst Sachs, *The History and Development of Neurological Surgery,* Paul B. Inc., Yale University School of Medicine, New York, 1952, 158 p.

8. Harvey Cushing, « Note on the faradic stimulation of the post-central gyrus », *Brain,* 1909, 44-53; sur le portrait et les souvenirs de Cushing, voir *La Chirurgie à l'ordre de la vie,* Paris, La presse française et étrangère, Zeluck, 1945, pp. 211-221.

9. René Leriche, *Souvenirs de ma vie morte,* p. 186.

10. René Leriche, *La Chirurgie à l'ordre de la vie,* 1945, p. 212.

méthode, regrettant la stérilisation des esprits inventifs par le système des concours, et souhaitant la création d'un Institut Claude Bernard Chirurgical, qui prit naissance à Strasbourg, avant Paris, dans le sillage de la Société des Amis de l'Université de Strasbourg qu'il fonda avec son ami Pautier, dermatologue à Strasbourg. C'est là aussi qu'il créa deux services de chirurgie expérimentale, notamment au Centre de Recherche Poincaré, avec Fontaine. Son projet était de faire de la chirurgie une discipline scientifique, expérimentale, qu'il résumait par la formule de « chirurgie physiologique », visant à modifier les processus fonctionnels.

L'EXPÉRIENCE DE LA CHIRURGIE DE GUERRE : 1914-1918

La guerre a mis Leriche en contact avec une équipe de travail créée à l'initiative du lyonnais Claudius Regaud[11], regroupée dans le Centre d'Instruction de Bouleuse, près de Reims, une sorte d'Ecole de Médecine et de Chirurgie de guerre. Les amitiés lyonnaises se retrouvent et se resserrent à cette occasion, puisque Leriche est alors en contact étroit avec Albert Policard et Lecène. Avec Policard, il mène des études approfondies sur l'ostéogenèse et la réparation des fractures, en associant le travail clinique et thérapeutique sur les nombreux blessés qui arrivent du front, et les études expérimentales d'ostéogenèse sur le lapin. Il conçoit la formation du cal comme une activité physiologique du tissu osseux et insiste sur le fait que l'os, véritable grenier de calcium pour tout l'organisme, participe activement au cycle métabolique du calcium et qu'il est une réserve de matière minérale constamment reconstituée et constamment consommée : les résultats de ces recherches parurent sous une forme étendue en 1926 dans une publication commune avec Policard, *Les Problèmes de la Physiologie normale et pathologique de l'os*. La direction histo-physiologique de ces travaux est évidente, puisqu'il s'intéressait à la manière dont il était possible d'influencer la formation de l'os, sa résorption, et de modifier les ossifications nouvelles. Il avait observé les conséquences des traumatismes de guerre sur la vasomotricité et montra que toute vasodilatation active est suivie d'une déminéralisation locale. La chirurgie osseuse telle qu'il en entrevoyait l'avenir ne devait pas se borner à être une chirurgie de réduction, mais prendre la mesure de l'interaction des phénomènes circulatoires, nerveux, nutritifs : *« Il n'est pas défendu de penser qu'un jour viendra où nous pourrons, d'une part, influencer le tissu conjonctif par des actions vasculaires ou nerveuses, par des extraits endocriniens ou par des moyens pharmacodynamiques, et d'autre part, fournir à la matrice conjonctive les substances phosphocalciques nécessaires sous une forme directement assimilable »*[12].

11. Claudius Regaud est connu pour son travail de pionnier dans l'utilisation de la curiethérapie; avant de travailler à Bouleuse, Leriche servit quelques temps dans les ambulances sur le front des Vosges, puis à Paris. Sur Claudius Regaud, voir Patrice Pinell, *Naissance d'un fléau. Histoire de la lutte contre le cancer en France (189O-1940)*, Paris, Métaillé, 1992, 366 p.

12. René Leriche et Albert Policard, *Les problèmes de la physiologie normale et pathologique de l'os*, Paris, Masson, 1926, p. 210. Leriche et Policard partaient des travaux d'Ollier, lyonnais lui aussi, dont pourtant ils ne furent ni l'un ni l'autre l'élève et qu'ils ne connurent pas.

Toute l'inspiration de ce travail est liée aux premiers essais de sympathectomie péri-artérielle, réalisés dès 1913, qui mettaient aussi en évidence la proximité des phénomènes physiologiques et pathologiques : ainsi, la sympathectomie péri-artérielle à distance déclenche une ossification rapide des territoires où les matériaux dégagés ne peuvent être utilisés ; mais dans d'autres conditions, l'hyperémie qu'elle provoque peut dépasser la mesure et amener la résorption du tissu osseux : *« tout se passe comme s'il y avait pour le maintien de l'os, un optimum de circulation qu'elle modifie dans un sens toujours le même, mais d'une quantité que nous ne savons pas encore doser »*[13]. Si ces années de guerre furent déterminantes dans l'orientation méthodologique de Leriche, elles jouèrent aussi un rôle dans l'éveil de l'intérêt pour les problèmes de la douleur, notamment celles des membres fantômes, consécutives aux amputations.

DE LYON À STRASBOURG : LA PROVINCE À L'HONNEUR

De ses origines lyonnaises, dont on a vu déjà en partie quel rôle elles ont joué, il faut encore dégager un élément important, la formation initiale auprès d'Antonin Poncet et de Jaboulay, chirurgien-en-chef de l'Hôtel-Dieu de Lyon, l'un et l'autre fauchés à la guerre en 1913. Jaboulay avait commencé vers 1896 à pratiquer la chirurgie du sympathique, notamment du sympathique cervical dans les épilepsies et la maladie de Basedow. Avec Jaboulay, dont l'ensemble des articles avaient été réunis en 1900 par le Dr Martin sous le titre *Chirurgie du sympathique et du corps thyroïde,* c'était la fonction du sympathique et les effets de sa section sur le système circulatoire qui se trouvaient posés. Jaboulay, qui avait initié Leriche à la chirurgie vasculaire, essayait également des surrénalectomies.

Bien qu'il interprétât les effets positifs des sympathectomies comme une action purement musculaire, délaissant quelque peu l'explication des phénomènes vaso-moteurs, Jaboulay avait en tête le rôle d'intermédiaire joué par le sympathique entre les organes dont la fonction est devenue irrégulière en situation pathologique, et les centres nerveux qui les dirigent[14]. La très longue mise au point de François-Franck, en 1899, sur la signification physiologique de la résection du

13. *Ibid.*, p. 212 10.

14. *Chirurgie du grand sympathique et du corps thyroïde,* par le Dr Jaboulay…, articles originaux et observations réunis et publiés par le Dr Etienne Martin, Lyon, A. Storck & Cie, 1900, 358 p. ; voici comment E. Martin résume les observations qui amenèrent Jaboulay à étendre son procédé : *« La chirurgie du grand sympathique est une acquisition scientifique tout à fait lyonnaise : elle appartient en propre au Dr Jaboulay. Au mois de janvier 1894, après Alexander, il tentait pour la première fois en France la section du sympathique cervical chez un épileptique. L'observation attentive de son malade lui dévoila bientôt des phénomènes encore inconnus ; outre les modifications dans le système circulatoire des milieux oculaires, la vision éloignée était plus nette du côté où le sympathique avait été sectionné. [...] La rétraction du globe oculaire à la suite de cette intervention fit augurer au chirurgien qu'elle devait être un moyen radical dans le traitement de l'exophtalmie. Il fut alors conduit à pratiquer la section du sympathique cervical pour le goître exophtalmique. Non seulement les symptômes oculaires, mais le goître, le tremblement, la tachycardie furent influencés »* (p. I).

sympathique montre à la fois le regain d'intérêt pour cette question, avec les travaux en France de Dastre et Morat[15], et les hypothèses contradictoires qui étaient avancées pour expliquer les bons effets de cette section, vaso-dilatation, vaso-constriction ou suppression des sécrétions thyroïdiennes[16]. Le point important pour la suite des recherches de Leriche était la démonstration, par François-Franck, de l'existence d'une sensibilité directe de l'appareil sympathique, *« transportant au bulbe et à la moelle cervico-dorsale des nerfs centripètes provenant surtout du cœur et de l'aorte »*[17] : à partir de ces observations, François-Franck suggérait la résection du sympathique dans l'angine de poitrine, que Leriche réalisera et ce sont sans doute ces débats de jeunesse qui ancrèrent en lui la conviction qu'il existait une véritable sensibilité viscérale. Formé à cette école lyonnaise de chirurgie, Leriche ne pouvait qu'être intéressé par les fonctions du sympathique et les effets de sa section dont il apprécia les résultats dans ses premières années de pratique à Lyon, puis à Toulouse. L'expérience de la guerre lui fit définir pour la chirurgie des exigences plus hautes, c'est-à-dire la tâche d'être physiologique et expérimentale. Mais Lyon, après 1919, ne lui offrit pas les conditions qu'il pouvait espérer pour exercer son activité expérimentale et clinique. Aussi accepta-t-il en 1925 la chaire de Clinique Chirurgicale de Strasbourg qu'il occupa jusqu'en 1932, puis, après un nouvel intermède lyonnais assez décevant de 1932 à 1934, de nouveau presque jusqu'à la guerre, puisqu'il conserva sa chaire de Clinique de Strasbourg, alors même qu'il était au Collège de France[18]. L'époque strasbourgeoise constitue la période la plus féconde de son activité parce qu'il y trouva, grâce en particulier à Georges Weiss, doyen de la faculté, les conditions pour mener à bien ses projets, résumés dans sa leçon inaugurale en 1925. Cette Leçon définissait pour longtemps les bases d'une nouvelle chirurgie, dont il n'est pas certain que toutes les promesses soient réalisées.

LA CHIRURGIE PHYSIOLOGIQUE ET LES FONCTIONS DU SYMPATHIQUE : L'INSPIRATION BERNARDIENNE

Dans sa Leçon inaugurale faite à la Faculté de médecine de Strasbourg le 13 mars 1925, Leriche définissait les objectifs d'une chirurgie physiologique, expérimentale, fidèle aux enseignements de Claude Bernard. Cette Leçon, qu'on pour-

15. Albert Dastre & Charles Morat, *Recherches Expérimentales sur le système nerveux vaso-moteur,* Paris, Masson, 1884 et un petit texte de synthèse, *Le Système Grand Sympathique,* Paris, Doin, 1885.

16. François-Franck, « Signification physiologique de la résection du sympathique dans la maladie de Basedow, l'épilepsie, l'idiotie et le glaucome », *Bulletin de l'Académie de médecine,* 1899, t. 41, pp. 565-594; François-Franck avait auparavant rédigé un très important article dans le dictionnaire *Dechambre,* en 1884, dans lequel il proposait de concevoir le sympathique comme un « système » assumant des fonctions complexes, motrices et sensitives, sécrétoires, etc.

17. François-Franck, *op. cit.* (1899), p. 594.

18. Ce sont vraisemblablement les réticences de ses collègues parisiens à lui ouvrir une place dans un service hospitalier qui expliquent ce maintien à Strasbourg : c'était le seul moyen pour lui de continuer à pratiquer la chirurgie expérimentale sans laquelle la chaire au Collège de France risquait de le priver de tout moyen d'investigation.

rait appeler le « programme de Strasbourg », plusieurs fois republiée, anima tout le reste de sa carrière. *« La chirurgie d'ablation n'est belle que sportivement parlant : au point de vue biologique, elle est brutale, contre nature, et c'est au fond une piètre thérapeutique que celle qui guérit les organes malades en les supprimant définitivement. Nous devons avoir pour l'avenir d'autres ambitions »*[19], ainsi Leriche résumait-il les tâches d'une chirurgie arrivée à la fin de *« sa période clinique et technique »*, et qui devait désormais entrer dans *« l'ère physiologique »*. Tout le sens de la formule *« la chirurgie à l'ordre de la vie »* est dans ce parti-pris d'une action qui agisse sur le fonctionnement des organes et des tissus, et qui inverse en quelque sorte leurs dérèglements. Cette chirurgie d'inspiration profondément bernardienne, que Leriche va mener particulièrement sur le système neuro-végétatif, vise à stimuler ou au contraire à bloquer des effets, de façon à rétablir des équilibres : la grande originalité de sa démarche est ce travail sur les effets, non sur les causes qui dans un assez grand nombre de cas demeurent inaccessibles; elle repose sur une conception de la maladie comme processus dynamique, se diffusant à distance, et refuse de la résumer par la lésion anatomique. Leriche a remis en cause à plusieurs reprises l'impérialisme de l'anatomo-pathologie et a souligné l'importance des pathologies « en cascade » où la maladie clinique ne se passe jamais dans l'organe frappé, mais où celui-ci assiste, inaperçu, aux effets lointains de la maladie qu'il cause.

« Ces connaissances que nous avons acquises ces dernières années sur les conséquences physiologiques de certaines interventions neuro-vasculaires nous permettent de chercher à traiter ces maladies par des opérations nouvelles visant à obtenir des effets curatifs en déclenchant des actions purement physiologiques. Nous savons actuellement réaliser certaines sections nerveuses qui nous permettent de diminuer ou d'interdire une sécrétion glandulaire et d'autres qui, chose plus précieuse, ont pour résultat de renforcer la nutrition d'un tissu, l'activité normale d'un organe. Il nous est devenu loisible en quelque sorte de discipliner à nos besoins les évolutions du tissu conjonctif. Nous pouvons donc rêver d'enrayer les scléroses débutantes en modifiant par des névrotomies électives, le régime circulatoire préexistant. [...] En somme, nous assistons à la naissance d'une chirurgie nouvelle qui a pour but de domestiquer à nos volontés les régulations nerveuses organiques »[20].

En fait dès ses premières années de travail à Strasbourg, Leriche avait perçu l'importance de l'endocrinologie pour la compréhension de certains troubles classés dans la pathologie humorale, ainsi que la nécessité d'unir dans la recherche pathologie nerveuse et endocrinologie. Sa conception de la maladie et de son traitement l'amenait à préconiser une association de disciplines et la pratique de laboratoire au sein de l'hôpital, pouvant réunir physiologistes, physiciens et chimistes, c'est-à-dire un ensemble de conditions qu'il ne trouvait qu'à Strasbourg.

19. Leriche, *La Chirurgie à l'ordre de la vie*, Paris, La Presse française et étrangère, Zeluck, 1945, p. 38.

20. Leriche, « L'avenir de la chirurgie », in *La Chirurgie l'ordre de la vie*, p. 58.

LA CHIRURGIE DU SYMPATHIQUE

L'utilisation de la chirurgie du sympathique pour soulager un certain nombre de douleurs rebelles, névralgies, causalgies post-traumatiques issues de la guerre, angines de poitrine, etc., a sans doute bénéficié de ce contexte favorable dont on a déjà esquissé quelques traits. Cependant, si l'on tient compte du fait qu'au commencement de sa carrière de chirurgien de la douleur, Leriche avait commencé par faire comme ses collègues, c'est-à-dire par procéder à des interruptions des voies sensitives du système cérébro-spinal, pratiquant par exemple des radicotomies postérieures dans le tabes, dans les algies zostériennes consécutives au zona etc., il faut bien admettre l'existence d'une réflexion critique sur les résultats souvent décevants de ces pratiques, et invoquer un retour vers Claude Bernard, qui en 1851 avait déjà eu l'idée de lutter contre la vasoconstriction périphérique par la section des vaso-constricteurs. Mais l'idée de donner aux nerfs de la paroi artérielle une action particulière dans la pathologie, si elle était dans l'air, avec les travaux de Brown-Sequard et de Vulpian sur les nerfs vaso-moteurs[21], était restée dans le domaine de la physiologie expérimentale, et n'avait pas été explorée méthodiquement en chirurgie. C'est cette voie qu'emprunte Leriche, avec en 1913, la première sympathectomie péri-artérielle (il enlève l'adventice qui est le siège des plexus vaso-moteurs artériels), en 1924, la section des rameaux communicants qui unissent système sympathique et système cérébro-spinal, en 1925, l'ablation du ganglion stellaire, qui soulage les terribles douleurs de l'angine de poitrine, et en 1929, la section du splanchnique contre les douleurs viscérales. Il substitua d'ailleurs des procédés de novocaïnisation, notamment au niveau du ganglion stellaire, quand ce fut possible. Les effets thérapeutiques de la section des vaso-constricteurs n'étaient pas unanimement admis. Dans une note à l'Académie des Sciences, présentée conjointement avec René Fontaine, Leriche faisait le bilan de cinq cent quarante-six sympathectomies péri-artérielles[22], constatant l'hyperémie consécutive et la vascularisation plus riche dans tout le membre en deçà de la section, et utilisant aussi l'artériographie pour confirmer ses résultats; mais ceux-ci étaient difficiles à admettre pour la communauté scientifique de l'époque dans la mesure où l'effet était purement fonctionnel et non anatomique. En outre, l'opinion généralement admise était qu'il existait des nerfs vaso-dilatateurs dont la section devait provoquer la vaso-constriction et, dans la lignée des travaux des physiologistes anglais, notamment de Langley, prévalait l'idée que le sympathique avait des fonctions purement motrices[23]. Or Leriche soulignait qu'on n'arrivait

21. Alfred Edme Vulpian, *Leçons sur l'appareil vaso-moteur*, Paris, Germer Baillière, 1875, 2 vol.

22. René Leriche et René Fontaine, « Démonstration par l'artériographie au thorotrast de l'effet vaso-dilatateur de la sympathectomie périartérielle », *Mémoires de l'Académie des Sciences*, T. 200 (2), 1935, p. 1068; l'artériographie avait été pratiquée sur des chiens.

23. John Newport Langley, *The autonomic nervous system*, Cambridge, 1921; il n'excluait pas totalement et par principe les fonctions sensitives, mais il donnait une définition des fonctions du sympathique comme un système seulement seulement vaso-moteur; voir Gerald Geison, *Michael Foster and the Cambridge School of Physiology. The Scientific Enterprise in Late Victorian Society*, Princeton, Princeton University Press, 1978, 401 p.

pas à trouver ces vaso-dilatateurs, ni à provoquer leur paralysie, comme l'explique clairement le compte-rendu de ses travaux paru d'abord dans *Lyon Chirurgical*, une revue qu'il avait contribué à créer, puis repris la même année 1929 dans *La Presse médicale :*

« Les faits observés par Leriche et Fontaine chez l'homme après diverses opérations sympathiques ou chez l'animal après des sections variées faites par les méthodes non traumatiques de l'expérimentation chirurgicale actuelle ne s'accordent plus avec les doctrines classiques des anciens physiologistes, établies par des expériences choquantes sur de petits animaux. Au contraire, les observations de Leriche et Fontaine ont été faites sur des hommes circulatoirement sains, opérés à l'anesthésie locale, sans perte de sang, sans choc, guérissant sans incident et revus à de multiples échéances, parfois des années après leurs sections sympathiques. Contrairement à ce que peut faire supposer l'enseignement classique de la physiologie, il n'y a aucune opération sympathique qui produise des phénomènes vaso-paralytiques. Toutes celles que les auteurs ont pu faire chez l'homme et toutes les expérieces semblables qu'ils ont réalisées chez les animaux ont été rapidement suivies d'une vaso-dilatation active temporaire. [...] Après plus de 350 opérations sympathiques à tous les niveaux, Leriche et Fontaine n'ont encore jamais vu une vaso-dilatation du type paralytique, c'est-à-dire avec activité circulatoire diminuée, et non modifiable par les excitants habituels »[24].

Ce témoignage est instructif sur les méthodes de travail de Leriche, alliant la physiologie expérimentale classique et la clinique, et sur son souci de reproduire au plus près les conditions de fonctionnement naturel. A la suite des travaux de François-Franck, Leriche s'était orienté vers l'étude d'un rôle sensitif du sympathique d'autant plus que cette vaso-sensibilité se maintenait sous anesthésie rachidienne, et témoignait donc, par exemple, d'une sensibilité propre aux parois artérielles : c'était par elle qu'il expliquait la sensibilité viscérale et la cénesthésie[25]. Enfin, analysant les relations du sympathique avec le tonus musculaire, il envisageait l'action du sympathique sur le muscle comme une action trophique, c'est-à-dire assurant sa nutrition, son bon fonctionnement étant la condition du maintien de ce tonus. La chirurgie du sympathique s'appuyait donc sur un ensemble de considérations physiologiques complexes, qui témoignait d'une conception enrichie et souple des fonctions du sympathique, et qu'il avait longuement exposée dans un autre article de 1929[26]. Les aspects pathologiques étaient étudiés en fonction de ces notions physiologiques nouvelles qu'à leur tour ils éclairaient. Ainsi, constatant que tout traumatisme périphérique ou viscéral était toujours en même temps un traumatisme de la vaso-motricité, s'inscrivant normalement dans le sens d'une vaso-dilatation active de quelques heures à quelques jours, il cherchait à comprendre comment une modification circulatoire et ponctuelle, pouvait transformer très rapidement un état fonctionnel en une maladie organique irréversible,

24. René Leriche et René Fontaine, « Le rôle des centres vaso-moteurs périphériques en physiologie et en pathologie vasculaires », *Lyon Chirurgical*, T. XXVI, n°3, Mai-juin 1929, résumé dans *La Presse Médicale*, 1929, p. 162.

25. La cénesthésie est une sensation interne, qui provient des tissus et des organes.

26. René Leriche et René Fontaine, « Chirurgie du sympathique », *Revue Neurologique*, 1929, 1046-1085; cet article fait l'état des points de vue en présence, ainsi que le bilan des résultats thérapeutiques obtenus.

comme c'était le cas dans les ostéoporoses ou les arthrites traumatiques. De même — et sur ce point encore l'expérience de la chirurgie de guerre fut décisive — il avait remarqué que des névromes post-traumatiques sur un nerf quelconque pouvaient produire à distance une série de phénomènes pathologiques non systématisés, comme par exemple des douleurs, une cyanose, un œdème, des troubles trophiques de toute sorte. Par le biais de ces études, il arrivait à comprendre des douleurs que l'on jugeait comme purement psychiques ou imaginaires, faute de trouver une lésion correspondante, et d'un autre côté il s'intéressait aux conséquences psychiques, aux altérations de caractère des malades en proie à ces douleurs, renouant ainsi avec une démarche qui avait été celle de Weir Mitchell. Le point de vue de la « physiologie pathologique » qu'il reprenait de Claude Bernard et qui l'aidait à élucider certains mécanismes de douleurs à distance, s'appuyait d'abord sur des bases anatomiques : la structure associative du système sympathique, construction à réseau fermé, qu'il opposait au système « en épis terminaux » des nerfs cérébro-spinaux l'amenait à voir dans la diffusion progressive et le retentissement à distance, du même côté ou du côté opposé au lieu originel du trouble, les caractéristiques distinctives des douleurs sympathiques. Mais surtout, dans la mesure où toute excitation du sympathique provoquait une modification circulatoire, à la fois localisée et diffuse à distance[27], cette hyperémie, au-delà d'un certain seuil, pouvait mettre un nerf « en état de souffrance » et provoquer des douleurs aiguës et cuisantes. Ces analyses mettaient en évidence l'unité profonde du physiologique et du pathologique, le passage de l'un à l'autre étant une affaire de degré : une simple modification quantitative pouvant entraîner des désordres en chaîne. Un ensemble de conditions étaient donc réunies pour une meilleure connaissance des mécanismes de la douleur et pourtant les travaux de Leriche suscitaient des réactions mitigées : outre l'argument qu'on lui opposait souvent d'effets thérapeutiques temporaires, qui seraient plus utilement relayés par la pharmacodynamie, beaucoup pensaient que sous le nom de sympathectomie, c'était en fait une névrectomie des voies sensitives qui était pratiquée et que la régénération rapide des nerfs la rendait plutôt inutile. Les réticences se situaient sur le plan de l'efficacité à long terme autant que sur le plan de la conception des fonctions du sympathique, pour lequel restaient entières la question de son « influence » sur les fibres centripètes, et celle de l'existence de fibres sensitives sympathiques.

LA CHIRURGIE DE LA DOULEUR

La « chirurgie de la douleur » apparaît donc comme le point de convergence d'une longue expérience de traitement des douleurs, d'une réflexion sur la physio-pathologie du sympathique où la chirurgie avait pleinement joué son rôle de

27. Parmi les exemples fournis par la chirurgie expérimentale, on peut citer les effets de l'excitation de la chaîne cervicale sympathique et ses effets sur les régions maxillaire et auriculaire, susceptible de fournir une interprétation pour certaines névralgies faciales, ou encore les effets de l'excitation des rameaux communiquants (C7 à D1), provoquant des douleurs brachiales et scapulaires.

« discipline de la connaissance », et d'une philosophie de la maladie et de la douleur, qui lui semblaient être toujours beaucoup plus que la mise en jeu d'un appareil spécifique.

Les leçons professées au Collège de France recueillies dans le livre *La Chirurgie de la Douleur* sont arimées par le souffle de la lutte contre les tenants des aspects salutaires de la douleur, ces praticiens qui hésitent à utiliser la chirurgie du sympathique pour toutes les gênes qui n'ont pas de topographie fixe. Car malgré les résultats obtenus, malgré la rigueur des démonstrations et la répétition des expériences, la démarche de Leriche a été relativement peu suivie. On a continué à faire des sections des nerfs sensitifs ou de leurs racines, avec toutes les conséquences pénibles qui en résultaient, on a continué à faire des cordotomies (section au niveau de la moelle) et la chirurgie du sympathique n'a pas véritablement fait école. Le combat de Leriche s'est donc déroulé sur un triple plan : sur la valeur thérapeutique de la chirurgie du sympathique, sur la conception de la « douleur-maladie », de la douleur vivante qu'il opposait à la douleur de laboratoire, et sur l'inutilité de toute douleur. Il dénonçait le mythe de la douleur bienfaisante et l'illusion selon laquelle elle serait une réaction de défense, un signal d'alarme, alors que bien souvent elle apparaît lorsqu'il est déjà trop tard et que la maladie s'est installée *« dans le silence des organes : en fait la douleur est toujours un sinistre cadeau qui diminue l'homme, qui le rend plus malade qu'il ne serait sans elle et le devoir strict du médecin est de s'efforcer toujours à la supprimer s'il peut »*[28], affirmait-il en humaniste convaincu. Quant à la douleur-maladie, celle qui n'est pas un symptôme parmi d'autres, mais qui constitue à elle seule toute la maladie, il la considérait dans ses caractéristiques individuelles[29] en essayant de comprendre les variations d'un individu à l'autre par ce qu'il appelait sa « personnalité humorale », ses « tonalités hormonales », car il entrevoyait des relations importantes entre système sympathique et activité endocrinienne. Dans un texte plus tardif, il déclarait par exemple : « *l'expérience chirurgicale a montré, dans ces dernières années, que la vaso-motricité n'était pas tout dans la vie végétative de la douleur. On y voit aussi une participation considérable des actions endocriniennes. [...] De toute façon, on ne saurait réduire sa thérapeutique à la section des voies qui la conduisent* »[30].

Ces propos révèlent bien la souplesse de sa pensée, et venant d'un chirurgien, elles n'en ont que plus de prix et montrent à quel point Leriche voulait faire de sa discipline un instrument de recherche. Le rôle de « l'élément moral » dans

28. Leriche, *Chirurgie de la douleur*, p. 28; ces propos étaient aussi dirigées contre certains de ses collègues comme J. Lhermitte, et contre le mouvement doloriste qui était alors florissant. L'humanisme de Leriche s'exprime aussi clairement dans l'esprit qui anime le tome VI de l'*Encyclopédie Française, L'Être Humain*, qu'il a dirigé, et qui parut en 1936. Pour une analyse plus détaillée de ces problèmes, voir R. Rey, *Histoire de la douleur*, Paris, éd. La découverte, 1993.

29. « Nous ne connaîtrons vraiment la douleur physique, que quand nous saurons ce qui fait l'individuel dans un système morphologiquement le même pour tout le monde, quand nous aurons analysé ce que j'ai appelé [...] la douleur vivante », *La Chirurgie de la douleur*, éd. de 1940, p. 11. Une des raisons les plus puissantes pour aborder la douleur maladie de cette façon était le constat que certains individus semblent souffrir d'une vaso-dilatation, par exemple dans la causalgie, et que des interventions sur le sympathique produisant une vaso-dilatation les soulagent.

30. René Leriche, « Qu'est-ce que la douleur ? », in *La Douleur et les Douleurs*, sous la dir. de T. Alajouanine, Paris, Masson, 1957, p. 4.

la douleur était appréhendé par lui non à travers une réflexion vague sur le psychisme de la douleur, mais dans une recherche sur les effets physiologiques des émotions, de l'énergie ou de la volonté, selon une conception de l'individu malade comme tout et dans l'idée que la neuro-endocrinologie était un des « lieux » privilégiés où s'exerçait cette interaction du physique et du moral. La question de l'idiosyncrasie, loin d'être la pierre d'achoppement du déterminisme physiologique, était pour lui un objet de savoir dans le cadre de la chirurgie physiologique. Ainsi, la nomination au Collège de France a ouvert une période où, faute peut-être d'avoir à sa disposition une clinique chirurgicale, l'activité de Leriche s'est orienté vers une réflexion sur la douleur, et plus largement vers une philosophie de la médecine. Ceci pose le problème d'une disjonction entre un centre de rayonnement intellectuel international, comme l'est le Collège de France, et les possibilités de travail concret qui y étaient offertes dès lors qu'il ne s'agissait pas de mener un travail de laboratoire, mais bien d'articuler des recherches en physiologie du système nerveux, en endocrinologie[31], en biochimie, avec les résultats d'une pratique chirurgicale et d'une approche clinique.

CONCLUSION

Le cas de Leriche pourrait bien ainsi mettre à jour certaines difficultés structurelles de la recherche en France liées à la question d'une triple séparation : séparation entre disciplines demeurant chacune dans leur territoire, séparation entre recherches expérimentales de pointe et clinique, séparation entre des lieux de prestige et les possibilités de transformer les pratiques et les mentalités. Un premier bilan de ce qui a été conservé de l'œuvre de Leriche fait apparaître que si la philosophie générale de la douleur et les intuitions sur la neuro-endocrinologie demeurent valides, en revanche la pratique de la sympathectomie, et ses positions sur le problème des douleurs viscérales ont été rapidement et fortement contestées. En fait, dans la mesure où la plupart des viscères peuvent être coupés, tiraillés, déchirés, sans que soit ressentie de la douleur, il semblait difficile d'admettre l'existence même d'une sensibilité viscérale provenant des viscères eux-mêmes. Avec des variantes, beaucoup de physiologistes et de médecins qui s'occupaient de ce problème, contestaient la possibilité de douleurs provenant directement des viscères et invoquaient des relais indirects au niveau de la moelle[32].

La conviction où était Leriche qu'il existait une vraie douleur d'origine viscérale provenant de voies afférentes sympathiques l'entraîna à durcir ses positions et à minorer ou à dénier toutes les autres explications, en particulier l'idée de douleurs d'origine pariétale (membranes séreuses des viscères) et l'idée que la

31. Ce problème a été abordé par Christiane Sinding dans son ouvrage *Le clinicien et le chercheur. Des grandes maladies de carence à la médecine moléculaire (1880-1980)*, Paris, Presses Universitaires de France, 1991.

32. Voir par exemple, Thomas Lewis, *Pain*, Mac Millan Press, 1942, pp. 136 sqq.

sensibilité viscérale pouvait être une sensibilité d'emprunt[33]. En définitive, la contestation qui avait été particulièrement vive dans le monde anglo-saxon existait aussi en France et dès les années 1950, un certain nombre d'idées de Leriche étaient battues en brèche.

Singulier « destin » d'un homme parvenu au faîte des honneurs et dont ni la pratique ni les conceptions n'ont véritablement fait école, alors même qu'il avait posé les principaux problèmes de la douleur ? Plus que d'un destin, il pourrait s'agir d'un cas exemplaire pour apprécier les conditions de la recherche biologique en France dans l'entre-deux-guerres.

33. Cette contestation des idées de Leriche apparaît en France dès les années 1950 : voir par exemple François Lhermitte, « Les douleurs viscérales », in Alajouanine, *op. cit.*, pp.141-171 et René Thurel, *La douleur en neurologie*, Paris, Masson, 1951, particulièrement critique, y compris sur la distinction entre douleur de laboratoire et douleur maladie.

La recherche sur les groupes sanguins avant la Seconde Guerre mondiale[1]

William H. SCHNEIDER*

L'histoire de la recherche sur les groupes sanguins autorise plusieurs regards sur la biologie et la médecine française de 1900 à 1950. D'abord, du point de vue de l'histoire de la médecine, la découverte des groupes sanguins fut un progrès capital de la sérologie et de l'immunologie — deux domaines essentiels de la biomédecine contemporaine. En plus, ses applications pratiques potentielles soulevèrent immédiatement un grand intérêt parmi les chercheurs. Mais, au-delà, la découverte si soudaine et si inattendue des groupes sanguins est, aux yeux des historiens, démonstrative de la méthodologie scientifique. Même si des recherches avaient été menées au XIXe siècle sur le sang de malades et le mélange de sangs provenant d'espèces différentes (hommes, lapins, moutons, chiens), les études pratiquées en 1900 par Landsteiner sur le sang de collègues bien portants étaient sans précédent. Son observation selon laquelle le mélange du sang de deux individus provoquait parfois des agglutinations était si novatrice qu'elle fut le point de départ de la diffusion d'une nouvelle connaissance scientifique.

Les résultats publiés par Landsteiner, puis par d'autres, nous ont laissé un témoignage limpide sur l'attitude face à la découverte de membres de milieux scientifiques, politiques et sociaux divers. Les institutions mises en place, les axes de recherche suivis et les applications utilisées sont éloquents sur le rôle, dans un contexte donné, du simple hasard, de préférences individuelles spécifiques et de caractéristiques nationales plus vastes dans l'orientation de la recherche scientifique et médicale. La participation des scientifiques français à la recherche sur les groupes sanguins à cette époque ayant été considérable, l'étude de leur travail offre un aperçu sur un domaine important de la recherche française de la première moitié du siècle, dans un cadre international.

* Department of History, Indiana University, USA.

1. Cet article a été partiellement soutenu par une bourse du National Endowment for the Humanities (U.S.), grant # NEH RH-21006-91 et les National Institutes for Health : Ethical, Legal and Social Implications of the Human Genome Initiative.

RAPPEL HISTORIQUE

Considérons d'abord les aspects généraux de la recherche sur les groupes sanguins jusqu'en 1940[2]. Deux des caractéristiques les plus importantes de cette recherche furent sa diffusion large et rapide, qui découlait de la nouveauté du domaine, et la reconnaissance sans retard de ses applications pratiques. Landsteiner fut, par exemple, presque immédiatement conscient de l'importance de sa découverte. Après avoir seulement mentionné l'agglutination du sang de sujets humains différents dans une note d'un article paru en 1900[3], il consacra l'année suivante un article entier à la découverte du fait que cette agglutination était un phénomène normal chez des hommes en bonne santé. Dans cette seconde publication, il soulignait l'importance potentielle de sa découverte pour les transfusions, ainsi que les applications pour la médecine légale du fait que le sang séché conservait ses propriétés d'agglutination[4]. En 1910, on connaissait la transmission mendélienne des types sanguins ABO, ce qui avait une utilisation évidente dans l'établissement des relations parentales[5]. Une autre caractéristique inattendue des groupes sanguins fut mise en évidence par l'étude de ces groupes pratiquée par Ludwig et Hannah Hirszfeld sur un grand nombre de soldats de la Première Guerre mondiale. Ils découvrirent une différence de fréquence significative des types ABO selon les populations de la planète ce qui, ajouté à la transmission mendélienne déjà connue, permettait désormais d'utiliser les groupes sanguins comme de potentiels marqueurs génétiques (pour utiliser la terminologie contemporaine), non seulement des races mais aussi des maladies et autres traits supposés être héréditaires tels que comportements criminels, folie, etc. Avec d'aussi importantes utilisations potentielles, on ne sera pas surpris que la recherche et le dépistage des groupes sanguins se fussent répandus aussi rapidement et largement. Une grande partie de ces travaux portaient sur la biochimie des tests et réactions, ou la vérification de

2. Pour des données historiques, voir William H. Schneider : « Chance and Social Setting in the Application of the Discovery of Blood Groups », *Bulletin of History of Medicine*, 53 (1983), pp. 545-562.

3. « Le sérum d'hommes en bonne santé n'a pas seulement un effet d'agglutination chez des espèces animales, mais également sur les corpuscules sanguins humains d'individus différents ». Karl Landsteiner : « Zur Kenntnis der autifermentativen, lytischen und agglutinierenden Wirkungen des Blutserums und der Lymph », *Zentralblatt der Bakteriologie*, 27 (1960), p. 361. Il est intéressant de noter qu'au début Landsteiner soupçonnait comme d'autres chercheurs que l'agglutination était due à une maladie. Il poursuivait dans la note : « il reste à déterminer si ce phénomène est dû à des différences individuelles originelles ou à l'influence de blessures ou d'éventuelles infections bactériennes. J'ai observé que ce comportement était particulièrement accentué dans le cas de sang provenant de patients gravement malades. »

4. Karl Landsteiner : « Uber Agglutinationserscheinungen normalen menschlichen Blute », *Wiener klnische Wochenschrift*, 14 (1901), pp. 1132-34. Les applications médico-légales ont été davantage explorées par Landsteiner et Max Richter : « Uber die Wertbarkeit individueller Blutdifferenzen für die forenzische Praxis », *Zeitschrift für Medizinalbeamte*, 16 (1903), pp. 85-89.

5. Cette utilisation a été suggérée en premier par Reuben Ottenberg et Albert A. Epstein : « A simple Method of Performing Serum Reactions », *Transactions of the New York Pathological Society*, 8 (1908), pp. 120-122. Un test plus systématique a été proposé par Emil von Dungern et Ludwig Hirszfeld : « Uber Vererbung gruppenspezifischen Strukturen des Blutes », *Zeitzchrift für Immunitätsforschung*, 6 (1910), pp. 284-292.

l'immutabilité des groupes dans différentes conditions. Une bonne partie de la recherche était, en plus, consacrée à la distribution des groupes sanguins selon les populations.

La liste des publications est l'échelle de mesure la plus évidente de l'intérêt suscité par ces découvertes sur les groupes sanguins. Les chercheurs prenaient toute la mesure du fait qu'ils pénétraient sur un nouveau terrain et la plupart d'entre eux étaient conscients des avantages (ou de la nécessité) de construire sur des travaux antérieurs. Le résultat fut un effort pour fournir des bibliographies cumulatives des résultats obtenus, en commençant dès l'avant-guerre et avec une fréquence et une minutie plus grandes dans les années vingt. Snyder aux États-Unis, Lattes en Italie et un effort institutionnel plus systématique de la jeune Union Soviétique témoignent d'un désir de maintenir les chercheurs informés des publications qui se multipliaient rapidement dans ce domaine[6].

La plus ambitieuse de ces bibliographies sur la recherche sur les groupes sanguins a été publiée en Allemagne en 1932[7]. Compilée par Michael Hesch de la Deutsche Gesellschaft für Blutgruppenforschung (fondée en 1928), elle énumérait près de 3000 articles publiés jusqu'en 1931 inclus. Une brève analyse de Hesch soulignait la croissance gigantesque du nombre d'articles parus depuis le début du siècle. Jusqu'en 1909, par exemple, il citait 40 articles, puis pour les périodes 1909-17, 130, 1918-23, 430, et 1924-31, 2369. Durant cette dernière tranche, 410 articles étaient parus pendant la seule année 1927 et 530 en 1928, avant un déclin et une stabilisation à 460 en1929[8]. Malheureusement, cette étude de la littérature publiée n'allait pas beaucoup plus loin qu'une indication de fréquence dans le temps. Il y avait une ébauche de recensement des régions géographiques testées, mais Hesch n'analysait pas où la recherche était menée ni quel aspect des groupes sanguins était étudié. Les limites de son analyse et le fait que la bibliographie ne put pas être continuée les années suivantes avaient la même explication. Le domaine était, tout simplement, devenu trop vaste et la recherche trop extensive[9].

Étant donné la quantité de publications et la diversité croissante des sujets abordés, il est nécessaire de délimiter comme champ d'analyse un sous-groupe restreint ou représentatif de toute la recherche sur les groupes sanguins, qui servira d'indicateur général de la recherche biomédicale dans différents pays, entre

6. Voir Louis H. Snyder : « Human Blood Groups : Their Significance and Racial Inheritance », *American Journal of Physical Anthropology,* 9 (1926), pp. 233-66, et Leone Lattes, *L'individualità del sangue,* Messine, 1923. Les deux auteurs ont publié, par la suite, des versions mises à jour. Les travaux soviétiques ont été publiés, à partir de 1927, dans une nouvelle revue bilingue (ukrainien et allemand), *Ukrainische Zentralblatt für Blutgruppenforschung.*

7. Michael Hesch : « Das gesamte Schriftum der Blutgruppenforschung in den drei ersten Jahrzehnten ihrer Entwicklung », *Handbuch der Blutgruppenkunde,* ed. par Paul Steffan, Munich, Lehman's Verlag, 1932, pp. 539-645. Pour complément d'information en Allemagne, voir Pauline M. H. Mazumdar : « Blood and Soil : The Serology of the Aryan Racial State », *Bulletin of History of medicine,* 64 (1989), pp. 187-219.

8. Hesch : « Die Entwicklung der Blutgruppenforschung », *Handbuch,* p. 9.

9. Durant le reste des années trente, Hesch et son assistante Elisabeth Weber ne publièrent que des bibliographies des publications de langue allemande dans le *Zeitschrift für Rassenphysiologie.* Il est probable que les raisons étaient autant des considérations politiques que les problèmes pratiques posés par l'expansion de la recherche.

les deux guerres. L'un des aspects les plus importants de cette recherche, et dont l'intérêt était aussi grand à l'époque qu'aujourd'hui concernait la distribution des groupes sanguins au sein de diverses populations humaines. Des données telles que les techniques de test, la compatibilité mère-enfant, sans mentionner les applications juridiques ou les transfusions, n'étaient pas prises en compte, mais, du fait de leurs applications visibles et de la relative facilité de la conduite des tests, le recensement des recherches sur la répartition des groupes était relativement étendu.

L'hypothèse que la recherche sur la distribution des groupes sanguins traduit un intérêt général pour les groupes sanguins dans un pays donné peut ne pas se vérifier dans tous les cas. Mais une vérification préliminaire portant sur des nations (telles que l'Allemagne, l'Union Soviétique et les U.S.A.) où une importante recherche a été menée sur la répartition des groupes sanguins montre que ces pays s'intéressaient aussi à la biochimie, aux techniques de test et aux applications juridiques des groupes sanguins. De même, les pays où les études de distribution étaient peu développées (comme en Grande-Bretagne) portaient peu d'attention aux autres volets de la recherche sur les groupes sanguins. Que ce soit typique ou non, la recherche sur la répartition des groupes sanguins mobilisa une partie substantielle des ressources biomédicales de l'entre-deux-guerres et déboucha sur des progrès importants dans le domaine de la génétique humaine[10].

La plupart de ces études ont été conduites sur des populations dont certains caractères étaient considérés comme héréditaires — race, maladies, criminalité, folie — ou d'autres populations « normales » de référence. La méthodologie habituelle pour chercher une association consistait à comparer des différences de distribution des groupes sanguins entre la population sélectionnée et la population normale. Ainsi, par exemple, une fréquence plus élevée du groupe A chez les tuberculeux ou de groupe B dans une population carcérale (et parfois dans certaines catégories de criminels) serait considérée comme indicateur d'une identité génétique de toute la population. Des études anthropologiques utilisaient les fréquences plus ou moins élevées de chaque groupe sanguin comme un « index biochimique racial » (d'après l'expression de Hirszfeld). Ce genre d'études fut le premier mené et, de loin, le cadre le plus fréquent des dépistages de groupes sanguins pendant l'entre-deux-guerres.

L'une des raisons pour lesquelles les races suscitaient tant d'attention, tenait à la façon dont on avait découvert les différences de distribution des groupes sanguins. Comme pour la découverte réalisée par Landsteiner en 1900, ces différences furent trouvées soudainement et sans signe avant-coureur. Ce fut l'œuvre de Ludwig Hirszfeld, qui avait travaillé avec Von Dungern à Heidelberg avant la guerre. Avec sa femme Hannah, il avait été chargé pendant la Première Guerre mondiale, à Salonique de s'occuper de plusieurs milliers de soldats alliés provenant de nombreux pays et colonies et qui servaient sur un front où l'activité militaire était des plus réduites. Peu occupés, les Hirszfeld testèrent au moins 500 sujets de 16 groupes ethniques. Leurs résultats, publiés en 1919, étaient frappants.

10. Voir Schneider : « Le rôle des groupes sanguins dans l'histoire de la génétique », *Histoire de la génétique*, éd. Jean-Louis Fischer et William H. Schneider, Paris, ARPEM, 1990, pp. 293-308.

Comme le montre le diagramme 1, il existait une nette différence de fréquence des groupes sanguins A et B, à mesure qu'on traversait le continent eurasien. Ce qui suggérait toutes sortes de conclusions, dont celle des Hirszfeld selon laquelle existaient deux races primordiales dont les origines coïncidaient avec la concentration la plus élevée de groupe A (Europe du nord-ouest) et B (Asie centrale méridionale). L'effet le plus important a été le lancement d'une vague d'études autour du monde pour confirmer et élargir les résultats des Hirszfeld. La découverte en 1923 chez les Amérindiens d'un pourcentage très élevé de groupe O, (jusqu'à 90 %) accrût l'intérêt et renforça les spéculations selon lesquelles des populations ou sous-groupes atteints de maladies pourraient également montrer une distribution particulière des groupes sanguins[11].

Diagramme 1. Résultats des Hirszfelds, 1919.

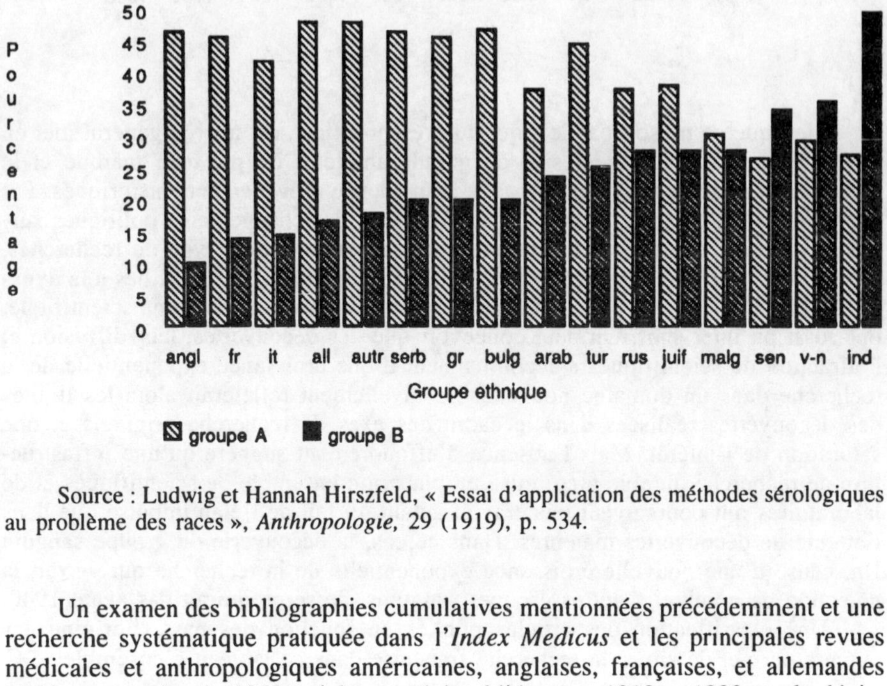

Source : Ludwig et Hannah Hirszfeld, « Essai d'application des méthodes sérologiques au problème des races », *Anthropologie,* 29 (1919), p. 534.

Un examen des bibliographies cumulatives mentionnées précédemment et une recherche systématique pratiquée dans l'*Index Medicus* et les principales revues médicales et anthropologiques américaines, anglaises, françaises, et allemandes révèlent que plus de 1250 articles ont été publiés entre 1919 et 1939 sur le dépistage des groupes sanguins. Cette recherche suivit la courbe en croissance exponentielle, déclinante puis stabilisée indiquée par l'étude allemande de l'ensemble des recherches en 1932 (diagramme 2).

11. Arthur F. Coca et Olin Diebert : « A study of the Occurence of the Blood Groups among the American Indians », *Journal of Immunology,* 8 (1923), pp. 487-491.

Diagramme 2. Articles sur les groupes sanguins, 1919-1939.

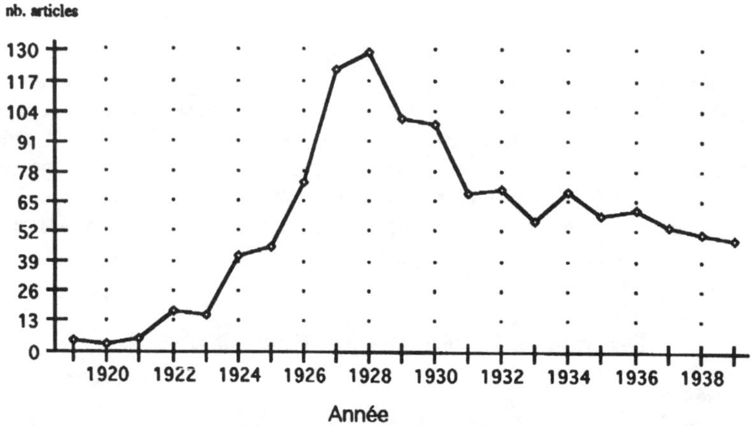

Bien que ce ne soit pas le sujet du présent article, cet aperçu général met en relief des tendances évidentes et de grande ampleur. Le pic bien marqué et le nivellement peuvent s'expliquer par la coïncidence d'événements historiques. Par exemple, en Allemagne ou en Union Soviétique des changements politiques survenus au cours des années trente ont freiné ou supprimé ce type de recherches, très actives la décennie précédente. D'autres facteurs plus généraux, liés à la dynamique interne du développement de n'importe quel nouveau domaine scientifique, ont aussi pu intervenir. On peut concevoir que des découvertes, leur diffusion et l'attraction de scientifiques s'accompagnent d'une croissance exponentielle de la recherche dans un domaine nouveau. Le nivellement refléterait alors les limites des découvertes réalisées dans le cadre des axes de recherche originels et une saturation de l'intérêt. Mais l'absence d'effondrement suggère qu'une infrastructure de recherche durable a été mise en place, un ensemble de scientifiques et de laboratoires qui poursuivent leur travail autant du fait de l'élan impulsé que dans l'attente de découvertes majeures. Dans ce cas, la découverte du groupe sanguin Rh, cause d'une nouvelle croissance exponentielle de la recherche qui verrait la détection de nombreux autres groupes sanguins, ne se produirait pas avant 1940.

Une classification des articles publiés en fonction des pays d'origine des auteurs permet de situer la recherche française dans ce tableau d'ensemble[12].

12. Le pays d'origine des auteurs des 1 200 articles sur 1 250 (96 %) était identifiable. Quand il ne pouvait être confirmé par des informations biographiques, l'implantation des laboratoires finançant les recherches était considérée comme pays d'origine. Ce fut également le cas pour les chercheurs qui ont émigré, les articles de Landsteiner des années vingt et trente, publiés après son entrée au Rockefeller Institute étant ainsi comptés dans la recherche américaine. Pour ce qui est des colonies, toute la recherche indonésienne pratiquée par des scientifiques hollandais a été considérée comme hollandaise, celle de Français en Afrique du Nord, Afrique Occidentale et Indochine comme française, et celle de chercheurs expatriés, par exemple, en Inde, Chine et à Hongkong comme anglaise, américaine, etc. Mais les scientifiques sud africains et australiens (35 articles en tous) ont été classés dans ces pays.

Diagramme 3. Articles et pays d'auteur, 1921-1939.

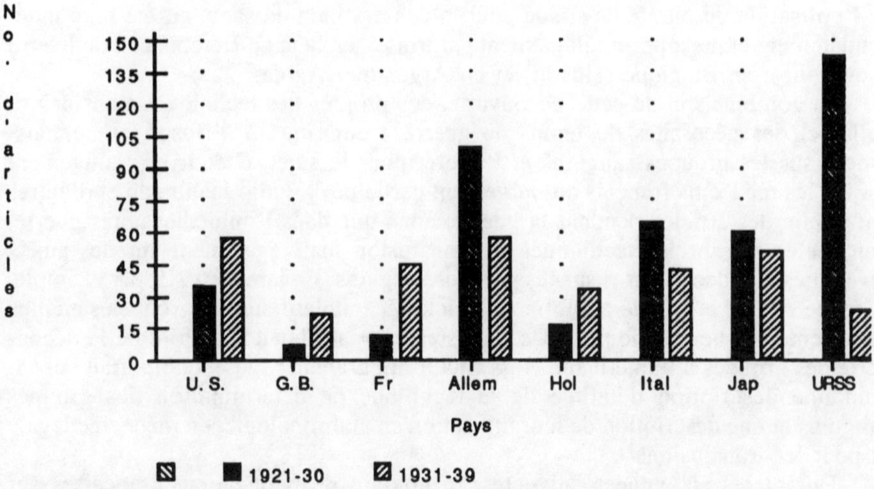

Le diagramme 3 montre que sans être le pays où la recherche sur les groupes sanguins était la plus forte, la France n'était pas la moins développée. C'est nettement l'Allemagne et la nouvelle Union Soviétique qui publiaient le plus grand nombre d'articles sur ce thème. La France se situait dans un deuxième groupe, avec les États-Unis, le Japon et l'Italie, mais en l'absence notable de la Grande-Bretagne.

La comparaison des publications des années vingt à celles des années trente fournit une indication de l'évolution des centres d'intérêt. Le plus frappant est la croissance des travaux sur les groupes sanguins en France, alors qu'ils déclinaient dans la plupart des autres pays. Cette expansion est, en fait, plus marquée que nulle part ailleurs et seuls l'Allemagne, les États-Unis et légèrement le Japon publièrent davantage d'articles au cours de la période 1931-39. Ce que des figures et des tableaux peuvent nous apprendre sur les motivations de cette orientation vers la recherche sur les groupes sanguins en France est cependant limité. Il faut regarder au-delà pour mieux distinguer, et mieux comprendre, ce que cela révèle sur la science et la médecine française dans les années vingt et trente.

LA RECHERCHE FRANÇAISE SUR LES GROUPES SANGUINS

En France, comme ailleurs, après la Première Guerre mondiale, l'intérêt pour les groupes sanguins avait été en premier lieu suscité par la pratique de transfusions sanguines au cours du conflit. C'était la première et plus évidente application de la découverte de Landsteiner. Bien que l'Institut Pasteur fût l'un des principaux centres de recherches sérologiques au monde avant la guerre, c'est principalement en Allemagne et aux États-Unis (et dans une moindre mesure en

Italie) qu'ont été menés les travaux sur la transfusion et le dépistage. Il est cependant révélateur de l'étendue de l'intérêt pour ce thème que la découverte, en 1915 de l'utilisation du citrate de soude pour la conservation du sang, ait été faite indépendamment et presque simultanément par trois chercheurs différents en Angleterre (Lewisohn), en Belgique (Hustin) et en Argentine (Agote)[13].

La combinaison de cette découverte, des progrès des techniques transfusionnelles et des nécessités du temps de guerre a contribué à diffuser les connaissances sur les groupes sanguins et l'intérêt pour le sujet. C'était un mouvement auquel les médecins français ont largement participé[14]. Émile Jeanbreau et d'autres ont publié des articles pendant la guerre, ainsi que dans l'immédiat après-guerre, non seulement sur les techniques de transfusion mais également sur des sujets divers liés aux découvertes sur les groupes sanguins. En janvier 1919 par exemple, la revue *Presse médicale* a publié un article récapitulatif sur les groupes sanguins qui, même s'il ne mentionnait pas Landsteiner et attribuait le mérite de la découverte des groupes à l'américain Moss (mal orthographié Moos), comportait cependant une description détaillée de la technique de détermination des groupes sanguins et une description de leur utilisation en anthropologie, en médecine légale et pour les transfusions[15].

Durant les six années suivantes, le nombre de publications françaises sur divers thèmes concernant les groupes sanguins témoignent d'un intérêt comparable à celui de la plupart des autres pays. On trouve aussi bien des recherches originales sur les techniques de transfusion, des études sur le sang de nouveau-nés et l'incompatibilité materno-fœtale, que des articles théoriques sur les applications médico-légales et des résumés des derniers résultats obtenus à l'étranger[16]. Ces travaux étaient publiés à travers tout le pays, par exemple par Paul Michon, de Nancy, auteur de plusieurs articles sur les groupes sanguins et la transfusion, ou d'autres chercheurs de Strasbourg, Montpellier ou Alfort[17]. Les *Comptes rendus de la Société de Biologie* (CRSB), qui publiaient les communications faites

13. Voir Schneider : « Chance and Social setting », p. 450.

14. Voir Maurice Guillot, Georges Dehelly et Louis Morel, *La transfusion sanguine,* Paris, A. Maloine, 1917 ; ou J. Juillard et Claude Ruby : « La transfusion sanguine pendant la guerre, 1914-1918 », *Revue des corps de santé,* 7 (1966), pp. 831-835.

15. Georges Giraud : « Groupes sanguins », *Presse médicale,* 27 (1919), pp. 21-22 (communication du 16 janvier).

16. Voir, par exemple, J. Mouzon : « Recherches récentes sur les groupes sanguins », *Presse médicale,* 31 (1923), pp. 541-543 ; R. Douris : « Applications médico-légales des groupes sanguins humains », *Bulletin des sciences pharmacologiques,* 30 (1923), pp. 90-107 ; M. Duvoir : « Le problème de la paternité », *La médecine,* 5 (1924), pp. 511-3. Pour citer d'autres sujets, voir Prosper Émile-Weil et M. Lamy : « Sur une cause d'erreur dans la détermination des groupes sanguins due au vieillissement des sérums-étalon », *Bulletins et mémoires de la société médicale des hôpitaux de Paris,* 48 (1924), pp. 859-61 ; et Laffont et Gaujoux : « Recherches sur l'agglutination des globules sanguins avec les sérums maternel et fœtal », *Comptes rendus de la Société de biologie,* 88 (1923), p. 730.

17. Le premier article de Michon, en 1925, est « Sur les variations quantitatives de l'isohémagglutination et les infractions aux schémas de Moss », *Comptes rendus de la Société de Biologie,* 92 (1925), pp. 37-39. On trouve un sommaire de son travail dans *Les groupes sanguins : Schémas d'application,* Paris, Masson, 1930. Les travaux d'autres chercheurs, dont Meyer à Strasbourg, Falgarolle à Montpellier et Panniset et Verge à Alfort, figurent dans les *Comptes rendus de la Société de biologie.*

devant des sociétés locales autant que celle de Paris (ainsi que de plusieurs pays) permettaient aux chercheurs de province de publier à l'échelle nationale.

Deux aspects importants faisaient cependant défaut dans cette recherche menée en France au lendemain de la guerre : la participation de membres de l'Institut Pasteur et des études de groupes sanguins à partir de larges échantillons de population[18]. Au milieu des années vingt, cependant, divers développements nouveaux non seulement comblèrent cette lacune mais réorientèrent globalement les efforts consacrés aux groupes sanguins en France. D'une façon générale le développement des études sérologiques entraîna une spécialisation[19]. Mais l'événement de loin le plus important, qui lança la recherche française, plus particulièrement à l'Institut Pasteur, sur la voie tracée par les Hirszfeld fut l'arrivée de Nicholas Kossovitch à cet Institut, en 1924.

Comme d'autres scientifiques d'Europe centrale et orientale, Kossovitch avait beaucoup voyagé au cours de sa carrière. Bien que les informations sur ses débuts soient fragmentaires, selon la plupart des récits il est né à Belgrade et a suivi des études de médecine en Russie[20]. Les uns font ensuite de lui un étudiant de Landsteiner à Vienne, tandis que d'autres affirment qu'il s'est rendu à Paris avant le début de la guerre. Le plus important, de notre point de vue, est que durant le conflit il ait rejoint l'armée serbe et servi avec Hirszfeld à Salonique pendant la majeure partie des hostilités[21]. Kossovitch est venu à Paris après guerre, où il a réussi à obtenir un poste à l'Institut Pasteur dans le laboratoire de René Dujarric de la Rivière, en 1924. Moins d'un an plus tard, il publia un article dans les CRSB sur la distribution des groupes sanguins des Tchèques, en utilisant des données recueillies sur les soldats de Salonique. Deux ans plus tard, il créa avec Dujarric, à l'Institut Pasteur, un Centre d'études des groupes sanguins qui entama en 1927 la publication d'une série d'études qui serviraient rapidement de référence aux travaux français sur les groupes sanguins et conféreraient au centre une réputation internationale dans ce domaine[22].

18. Le second point est paradoxal puisque la publication complète des travaux de Hirszfeld à Salonique a eu lieu dans un journal français, *Anthropologie*. Mais sa parution dans un journal anthropologique, et non médical, a fait qu'elle a été peu remarquée par le milieu médical. En fait, la source la plus souvent citée par la suite fut un article plus court qui paru dans le journal anglais *The Lancet* en 1919 (Ludwig et Hannah Hirszfeld : « Serological Differences between the Blood of Different Races : the Results of Researches on the Macedonian Front », *The Lancet*, 1919, pp. 675-79). Les Hirszfeld eurent du mal à susciter l'intérêt d'un éditeur médical. L'article avait d'abord été rejeté par le *British Medical Journal* et le résumé n'avait été publié par *The Lancet* qu'avec des réserves sur sa valeur médicale. Voir Schneider, 447.

19. En 1927, par exemple, Prosper Émile-Weill et d'autres ont fondé un journal, *Sang*, qui se concentrait sur les aspects cliniques de la sérologie. Quelques années plus tôt, les nouvelles *Annales de médecine légale* proposèrent un point de rencontre des recherches sur les groupes sanguins et leurs applications légales.

20. La meilleure source est P. Lépine : « Nécrologie : Nicholas Kossovitch (1884-1948) », *Annales de l'Institut Pasteur*, 74 (1948), pp. 62-64, et une préface de Henri Vallois à l'ouvrage posthume de Kossovitch, *Anthropologie des groupes sanguins des populations au Maroc*, Paris, Masson, 1943, pp. I-III.

21. Confirmé dans l'autobiographie d'Hirszfeld (traduction anglaise inédite), *Historia Jednego Lycia*, Wroclaw, 1956.

22. Voir également Dujarric de la Rivière et Kossovitch : « Dix années de fonctionnement d'un Centre d'études des groupes sanguins », *Bulletin de l'Académie de Médecine*, 121 (1939), pp. 487-94.

La France occupa ainsi rapidement une position internationale dans la recherche sur les groupes sanguins. Mais les choix particuliers de Kossovitch et la nature de l'Institut Pasteur ont profondément marqué le caractère de ces travaux. Kossovitch devait, par exemple, à sa formation auprès de Hirszfeld de s'intéresser beaucoup aux applications anthropologiques de la répartition des groupes sanguins parmi différentes populations humaines. Ses recherches (accomplies d'abord en collaboration avec Dujarric puis avec de jeunes assistants) portaient notamment sur la population française dans son ensemble (et les Alsaciens en particulier), et sur des groupes exotiques tels que les immigrés arméniens à Paris. Les résultats étaient souvent publiés dans les CRSB, même si Kossovitch occupait aussi un poste à l'École d'Anthropologie et publiait également fréquemment dans la *Revue anthropologique* de cette école[23].

Une seule de ses publications figure dans les *Annales de l'Institut Pasteur,* en 1931, mais ce long article était important parce qu'il détaillait les techniques d'agglutination et la préparation des sérums utilisés pour les tests. Une grande partie de ce travail décrivait aussi des applications, notamment les résultats anthropologiques du dépistage chez différentes populations. Un autre article remarquable de Dujarric et Kossovitch, datant de la fin des années vingt, compare la fréquence des groupes sanguins de personnes atteintes de tuberculose et de cancer avec la répartition normale dans la population française. Pendant la même période les deux hommes publièrent aussi un long article dans les *Annales de médecine légale* sur les groupes sanguins et la médecine légale[24]. Les sujets de recherche initiaux étaient ainsi potentiellement vastes, avec toutefois un penchant pour l'anthropologie.

Étant donné les choix de Kossovitch et le réseau mondial de « filiales » pastoriennes, il ne fallut pas longtemps pour que la recherche sur les groupes sanguins menée sous gouverne française devînt principalement anthropologique et s'étendit dans d'autres pays et colonies. En règle générale les médecins d'un Institut Pasteur local, d'Indochine ou de Tunisie par exemple, communiquaient les résultats de leur dépistage des groupes sanguins, ou des médecins de régions reculées (Congo, AOF ou Madagascar) envoyaient leurs résultats aux CRSB. Jusqu'au milieu des années trente, l'Institut Pasteur était le fournisseur des sérums employés pour les tests de presque tous les articles publiés en France, tandis que c'était souvent Kossovitch ou Dujarric qui soumettait la publication à la Société de Biologie. En 1931, Kossovitch fit son premier voyage au Maroc, où il pratiqua des tests sur diverses populations et réalisa de nouvelles observations anthropologiques[25].

La conséquence est qu'une faible partie des articles des chercheurs français,

23. Voir Schneider, *Quality and Quantity : The Quest for Biological Regeneration in Twentieth Century France,* New York, Cambridge University Press, 1990, p. 301, pour des exemples des publications de Kossovitch. Sur vingt articles publiés entre 1925 et 1935, huit le furent dans les *CRSB* et huit dans la *Revue anthropologique.*

24. « La question des groupes sanguins en médecine légale », *Annales de médecine légale,* 7 (1927), pp. 390-400.

25. Voir Nicholas Kossovitch et Fernand Benoit : « Les groupes sanguins chez les Berbèrophones », *CRSB,* 109 (1932), pp. 198-200, ou Kossovitch et Benoit : « Contribution à l'étude des indigènes du Maroc », *Revue anthropologique,* 43 (1933), pp. 318-348.

seulement, était consacrée aux corrélations entre groupes sanguins et conditions pathologiques ou autres caractères supposés héréditaires. Plus précisément, une douzaine d'articles de ce type ont été publiés dans l'entre-deux-guerres, tandis que pas moins de cinquante publications portaient sur la distribution des groupes sanguins parmi des populations françaises et d'une variété de pays ou colonies d'outre-mer. Parmi cette douzaine d'articles figuraient les résultats de recherches qui en France étaient sans lendemain mais qui débouchèrent dans d'autres pays sur de nombreuses études ultérieures. Raymond Turpin, par exemple, fut très impressionné par l'utilisation potentielle des groupes sanguins dans la génétique médicale, mais déçu par les résultats négatifs de ses tentatives de corrélation du mongolisme avec un groupe sanguin[26]. Le dépistage des groupes sanguins par Édouard Toulouse chez 287 malades mentaux de son service psychiatrique de l'hôpital Sainte-Anne fournit un exemple similaire et antérieur. Ne décelant aucune corrélation entre condition mentale et groupe sanguin, il abandonna ce thème de recherche[27].

En l'absence d'un intérêt soutenu pour la génétique médicale ou humaine, jusqu'à la fin des années trente les études françaises sur les groupes sanguins portaient le plus souvent sur la recherche de marqueurs raciaux. Les scientifiques français étaient cependant notablement moins tournés que leurs collègues étrangers vers l'application de leurs résultats à de grands schémas évolutionnistes ou d'autres théories biologiques[28]. C'était le plus souvent la tâche d'eugénistes ou de xénophobes extrémistes tels que René Martial d'expliquer, par exemple, qu'il fallait pratiquer des tests sanguins sur les candidats à l'immigration originaires de l'Est, pour empêcher l'entrée en France de personnes du groupe B ![29]

Passant de l'application à l'organisation de la recherche sur les groupes sanguins en France, on remarque deux caractéristiques frappantes en France au cours des années vingt et trente : la prédominance d'un scientifique et un désir d'étendre les travaux à des lieux exotiques d'outre-mer. Mais aucun de ces traits n'étaient particuliers à la France. Il n'était pas rare dans les années vingt que la pénétration du nouveau domaine de recherche dans un pays se traduisît par

26. Turpin et A. Caratzali : « L'étude des groupes sanguins classiques chez les sujets atteints de mongolisme », *Revue critique de pathologie et de thérapeutique,* 3 (1933), pp. 789-797. Ce travail était contemporain avec celui de L. S. Penrose en Angleterre, mais les deux chercheurs n'ont apparemment pas correspondu avant que l'étudiant de Turpin, Lejeune, établit le contact après la Seconde Guerre mondiale. Voir Daniel J. Kevles, *In the Name of Eugenics,* New York, Basic Books, 1985, pp. 245-249 et les archives de Penrose à University College, Londres. L'histoire de Turpin et de la génétique médicale en France est encore à écrire.

27. Édouard Toulouse, P. Schiff et R. Weismann-Netter : « Les groupes sanguins dans les maladies mentales et nerveuses », *Encéphale,* 21 (1926), pp. 785-788.

28. Parmi les débats scientifiques de cette époque-là auxquels les Français *ne participèrent pas,* l'existence de races primordiales, les origines de populations comme les Amérindiens ou les Tziganes, et l'existence de groupes sanguins chez les Anthropoïdes avant l'évolution humaine. La principale exception fut la question de savoir si les groupes sanguins prouvaient que les Juifs constituaient une race distincte. Voir par exemple Kossovitch et Benoit : « Contribution à l'étude anthropologique et sérologique des juifs modernes », *Revue anthropologique,* 42 (1932), pp. 99-125, Félix Regnault : « Il n'y a pas de race juive », *Revue anthropologique,* 42 (1932), pp. 390-393, et Rina Younovitch : « Les caractères sérologiques des juifs asiatiques », *CRSB,* 113 (1933), pp. 1101-1103.

29. Pour en savoir davantage, voir Schneider, *Quality and Quantity,* pp. 230-55, ou un article sur l'hérédité, le sang et l'immigration, à paraître dans l'*Éthologie française.*

la fondation, par un scientifique, d'un centre qui formerait et dirigerait une nouvelle génération de chercheurs. Ce fut le cas avec Landsteiner aux États-Unis, Hirszfeld en Pologne, Oluf Thomsen au Danemark, Leone Lattes en Italie et M.A. van Herwerden en Hollande. Firent exceptions l'Allemagne et l'Union Soviétique où les efforts déployés étaient si importants que plusieurs centres furent ouverts.

Des chercheurs de tous les pays contribuaient, comme les Français, à l'extension du champ géographique des populations étudiées. Ce fut, en fait, l'une des raisons pour lesquelles le nombre d'articles publiés demeura à un niveau constant après le déclin ou la disparition dans les années trente de l'intérêt initial soulevé en Allemagne et en Union Soviétique[30]. Il était relativement facile pour des médecins militaires ou de service de santé qu'ennuyait la routine d'un poste outremer ou en province et qui se trouvaient en situation d'obtenir le sérum nécessaire aux tests, de jouer les anthropologues amateurs en prélevant des échantillons sanguins sur la population locale et en publiant leurs résultats dans leur pays d'origine.

La particularité de la France tenait à son vaste empire colonial et au réseau de l'Institut Pasteur, deux caractéristiques qui fournissaient à la recherche une variété de sujets et de personnel médical. De plus, au lieu de recourir à des journaux médicaux édités dans les colonies, comme cela se faisait dans l'empire britannique (ou des résultats d'études de groupes sanguins étaient publiés en Afrique du Sud, en Australie et en Inde), les Français publiaient dans leur propre pays. Par conséquence, la majorité des articles publiés par les chercheurs français est basée sur des recherches menées hors de France. Le seul autre pays comparable était la Hollande, où paraissaient les travaux effectués dans les Indes orientales (mais la moitié du temps publiés dans la colonie). Le tableau suivant illustre bien ce point.

A la fin des années trente, la recherche sur les groupes sanguins en France commença à s'écarter du modèle général d'une direction centralisée par Pasteur et d'une concentration sur les applications anthropologiques. Le dépistage des groupes sanguins connut des applications non anthropologiques et la recherche se décentralisa, un mouvement qui allait s'accentuer après la Seconde Guerre mondiale. L'une des nouveautés fut la proposition de pratiquer un dépistage des

30. Il tombe sous le sens qu'après le dépistage initial de la population d'un pays le besoin de travaux supplémentaires n'apparût que si de nouveaux groupes sanguins étaient découverts ou si on testait de nouvelles sous-populations (criminels, malades mentaux, personnes atteintes d'une maladie particulière) pour les comparer à la population normale. Ceci se produisit. dans une certaine limite, au cours des années avec la découverte du système MN, mais les études de corrélation des groupes sanguins et d'autres traits considérés comme héréditaires n'étaient pas aussi fréquentes que les analyses anthropologiques. Les pays où l'effort de recherche était le plus grand (Allemagne et Union soviétique) étaient ceux qui manifestaient le plus d'intérêt pour un dépistage au sein de populations soit mélangées, soit qui risquaient d'être mélangées. Cela explique également le grand nombre de travaux menés dans des petits pays comme la Finlande (ou les Lapons suscitaient l'intérêt), la Roumanie (avec son mélange ethnique issu des nouvelles frontières), et à un degré moindre les États-Unis où de nombreuses recherches étaient consacrées aux Amérindiens. D'une façon surprenante, très peu d'études étaient entreprises dans les villes ethniquement mélangées de la côte Est des États-Unis, ce qui traduit probablement la sensibilité des chercheurs d'origine juive (Landsteiner, Levine, Wiener) envers une potentielle utilisation raciste des résultats.

Lieu des recherches sur les groupes sanguin (1914-1939)

Pays du chercheur	Lieu des recherches		
	Dans le pays	Hors du pays	Inconnu
U.S.	55	38	2
France	29	27	5
Allemagne	110	16	28
Hollande	11	34	1
Italie	92	9	8
Japon	81	23	6
URSS	149	5	15

groupes sanguins à grande échelle afin de créer un service national de transfusion. Lors des premiers pas de la transfusion, on sollicitait les familles (ce qui, incidemment, diminuait le risque de choc hémolytique puisque les groupes sanguins avaient davantage de chances de correspondre), ou le personnel hospitalier comme donneurs pour des transfusions directes. Après la Première Guerre mondiale, des procédés de conservation et la mise au point de meilleures techniques de transfusion indirecte permirent d'envisager la possibilité de constituer une réserve de sang à partir de donneurs. Dès les années vingt, les risques d'incompatibilité étant nettement mieux maîtrisés, on prenait en compte les incompatibilités sanguines.

La plupart des hôpitaux devaient cependant prendre eux-mêmes les dispositions nécessaires. Un des pionniers français, Arnault Tzanck, créa à Paris un service d'urgence qui reposait sur un réseau de donneurs identifiés, pré-testés et prêts à fournir leur sang selon les besoins[31]. Allant plus loin, en 1930 Tzanck et R. Weissmann-Netter proposèrent au ministre de la Guerre qu'au minimum les groupes sanguins des nouvelles recrues soient testés[32]. On pourrait penser qu'une proposition aussi simple fut rapidement adoptée. Elle déclencha, au contraire, un débat et une vague de discussions qui n'étaient pas épuisés au début de la guerre en 1939[33]. La réticence de la France à organiser un dépistage sanguin à grande échelle dans un but transfusionnel n'était toutefois pas très différente de ce qui se passait dans d'autres pays. La Grande-Bretagne ne le pratiqua pas avant le début de la guerre et même l'Allemagne, où l'idée de tester tout le personnel

31. Voir par exemple, Arnault Tzanck : « Organisation de la transfusion sanguine », *Bulletins et mémoires de la Société médicale des hôpitaux de Paris,* 37 (1933), pp. 341-344. Pour en savoir plus sur Tzanck, voir M. Lechelle : « Notice nécrologique sur M. Tzanck », *Bulletins et mémoires de la Société des hôpitaux de Paris,* 70 (1954), pp. 175-177, ou un numéro spécial consacré à Tzanck de la *Revue d'histoire de la médecine hebraïque,* 8 (1944), pp. 67-112.

32. R. Weissmann-Netter : « Il faut organiser la transfusion sanguine aux armées », *Presse médicale,* 1931, pp. 1661-1662.

33. J. Blomet : « La transfusion-réanimation aux armées », *Revue des corps de santé des armées,* 7 (1966), pp. 875-877. Pour des exemples d'arguments contre le projet voir A. Farjot et F. Balgaires : « Faut-il déterminer le groupe sanguin de tous les soldats ? », *Bulletin de la Société de médecine militaire française,* 29 (1934), pp. 293-306, et Col. Pilol : « Organisation de la transfusion sanguine dans les armées en campagne », *Bulletin de l'union fédérative des médecins de réserve,* 27 (1936), pp. 573-582, 1936.

militaire avait été avancée dès 1927, ne l'institua qu'en 1937, et seulement pour les Waffen-SS[34].

La deuxième nouveauté de la recherche sur les groupes sanguins en France au cours des années trente fut la fondation d'un centre de recherche à Lille. En 1927, en réponse à la nécessité de créer une morgue, quelques notables et médecins locaux ambitieux avaient tenté de fonder un Institut de médecine légale et de médecine sociale. En plus de la prise en charge habituelle des cadavres, l'Institut aurait fourni les services d'un centre d'expertises médico-légales et d'un centre de recherches médico-sociales[35]. Par manque de crédits et en l'absence de collaboration avec l'Université de la ville, le projet fut repoussé pendant six ans. Jusqu'à ce qu'en 1933, grâce à l'intervention du sénateur Justin Godart, ancien ministre de la Santé, des fonds fussent accordés par Paris pour la construction du centre et qu'une Chaire de médecine légale et sociale fut créée à l'Université de Lille. L'Institut fut inauguré en 1934, juste à temps pour la tenue d'un congrès international de médecine légale[36].

La coopération de l'État et de l'Université dans cette entreprise est remarquable. Comme l'est également le fait qu'un chercheur de l'Institut Pasteur de Lille soit l'auteur des premières études de groupes sanguins du Nord du pays[37]. Il devait d'ailleurs, les années suivantes, collaborer sur ce sujet avec les scientifiques du nouvel institut, notamment E. Balgaires et Louis Christiaens. En 1936, Balgaires et Christiaens commencèrent cependant à travailler et publier pour leur compte, avec une fréquence plus élevée que celle de l'Institut Pasteur[38]. Sous certains aspects, leurs recherches étaient d'ailleurs plus d'actualité que celles de Kossovitch à Paris. Ils étudiaient par exemple le système MN et les sous-groupes A, ainsi que les corrélations avec des maladies et l'utilisation des groupes sanguins pour résoudre des querelles de paternité[39]. Encore plus intéressant est le fait que pour leurs travaux sur le système MN les chercheurs lillois aient reçu du sérum envoyé par Paul Moreau, de l'Université de Liège, également collaborateur du groupe de Lille pour d'autres aspects de la recherche sur les groupes sanguins. Ce centre de recherche médicale de province était ainsi très indépendant de Paris et de l'Institut Pasteur.

34. Voir, pour la Grande Bretagne, *Medical History of the Second World War* (Londres, H.M. Stationery Office, 1953), éd. F.H.K. Green et Gordon Conch, pp. 97-103, et pour l'Allemagne, voir Paul Steffan : « Die Blutübertragung in der Kriegsmarine », *Veröffentlichungen aus dem Gebiete der Marine-Sanitäts-wesen,* 28 (1936), pp. 5-40, et J. Mrugowsky et H. Bernhart : « Das Ausführung von Massenuntersuchungen auf Blutgruppenzugehörigkeit und das Eintätowieren der aufgefundenen Blutgruppe », *Münchener medizinische Wochenschrift,* 88 (1941), pp. 669-672.

35. A. Verhaeghe : « Organisation générale : Rapport à l'administration municipale », *Annales de médecine légale,* 7 (1927), pp. 124-131.

36. Voir « Comptes rendus du XIXe Congrès international de médecine légale », Lille les 27, 28, 29 et 30 mai 1934, *Annales de médecine légale,* 14 (1934), pp. 545-559.

37. A. Farjot : « La distribution des groupes sanguins dans le nord de la France », *CRSB,* 113 (1933), pp. 771-772.

38. Voir différents volumes du *CRSB,* 1936-1939.

39. Voir Balgaires et Christiaens : « La distribution des hèmo-agglutinogènes M et N dans le nord de la France », *CRSB,* 129 (1931), pp. 468-469. Voir également Louis Christiaens, *La recherche de la paternité par les groupes sanguins,* Paris, Masson, 1939.

CONCLUSION

Quelles conclusions peut-on tirer de la médecine française des années 1920 et 1930, à partir de cet exemple des recherches sur les groupes sanguins? En ce qui concerne la diffusion des nouvelles connaissances sur les groupes sanguins, les chercheurs ont suivi une conduite similaire à celle rencontrée dans la plupart des autres pays. Au début l'intérêt général sur le sujet était très large, puis un individu est devenu le noyau d'un programme de recherche. A la fin des années trente, un second centre de recherche fonctionnait et les scientifiques français publiaient autant ou davantage dans le domaine que ceux de la majorité des autres pays. Nous pouvons ainsi conclure que les chercheurs français étaient conscients de cette découverte médicale novatrice et lui étaient réceptifs.

Si on peut distinguer un caractère spécifiquement français, ce fut la centralisation pastorienne et les relations avec l'outre-mer. L'attirance pour les questions anthropologiques n'était pas exceptionnelle, mais l'absence relative de travaux sur la génétique humaine et médicale signifiait que, par défaut, l'ensemble des recherches françaises était très concentré sur les définitions raciales. Il serait cependant erroné d'attribuer cet accent mis sur l'anthropologie des groupes sanguins à une simple préoccupation pour les races profondément ancrée chez les Français. C'était aussi une conséquence de l'influence personnelle de Nicholas Kossovitch dont l'intérêt pour l'anthropologie des groupes sanguins provenait des circonstances fortuites de la Première Guerre mondiale. Son attirance constante pour ces sujets de recherche au cours des années vingt et trente reflétait son propre choix, puisqu'après 1919 Hirszfeld lui-même se mit à travailler sur des aspects plus fondamentaux de la biochimie et de la constitution physique des groupes sanguins, plutôt que de poursuivre simplement dans la voie de ses découvertes de Salonique. Kossovitch décida, lui, d'aller plus loin sur le terrain de l'anthropologie et d'étendre son travail en étudiant la distribution des groupes sanguins dans les populations de la planète[40].

Ces résultats se révélèrent fort utiles pour le domaine nouveau de la génétique des populations humaines, mais Kossovitch lui-même ne le discerna pas. Le lien fut établi pour la première fois dans les années vingt par le mathématicien allemand Felix Bernstein et à nouveau, la décennie suivante, par les généticiens anglais Haldane, Hogben et Fisher. En fait, la redécouverte par Fisher des études sur les groupes sanguins l'amenèrent en 1935 à demander (et obtenir) des crédits de la fondation Rockefeller pour un nouveau Centre de recherche sur les groupes sanguins à l'Université de Londres. Ce centre marqua le début d'un travail conséquent en Angleterre, pays qui au lendemain de la guerre allait occuper le premier rang mondial dans l'étude du polymorphisme des groupes

40. L'orientation de Kossovitch vers l'anthropologie a également pu être influencée par le fait qu'il obtînt son premier poste, dans les années vingt, à l'École d'anthropologie. Il n'est pas officiellement entré à l'Institut Pasteur avant 1934. (Lettres de Dujarric de la Rivière et Kossovitch à Monsieur le Directeur de l'Institut Pasteur, 7 mai et 6 juin 1934, Archives de l'Institut Pasteur).

sanguins[41]. Il est paradoxal que les Anglais, qui ont si peu participé aux premières recherches sur les groupes sanguins, aient finalement pu en profiter pleinement, tandis que les Français, auteurs d'une grande partie du dépistage des populations, n'aient pas pris conscience de la valeur de celui-ci avant les travaux de chercheurs comme Eyquem, Vallois, Ruffié et Bernard après la guerre.

L'incapacité des scientifiques français à reconnaître l'importance des groupes sanguins pour la génétique des populations n'était pas due à un manque d'intérêt des biologistes pour la génétique des populations. Les travaux de Georges Teissier et Philippe L'Héritier étaient plus ou moins contemporains et comparables à ceux de leurs homologues anglais et américains[42]. Il n'est pas non plus inconcevable qu'ils eussent pu reconnaître l'importance potentielle des études de groupes sanguins pour la génétique des populations. En fait Teissier, qui s'occupait le plus du sujet, avait l'information à portée de main d'au moins deux côtés. L'un était son collaborateur Julian Huxley qui appartenait au même cercle intellectuel qu'Haldane et Fisher. L'autre était la Société de Biotypologie créée par Édouard Toulouse et Henri Laugier en 1934 pour être une école française de « biométrie humaine ». Teissier appartenait à la société, devant laquelle il présenta même une communication en 1934. Dujarric et Kossovitch en firent également une sur les groupes sanguins en biotypologie (typologie raciale plutôt que génétique des populations), mais ce fut deux ans plus tard et aucun lien avec Teissier ne fut établi[43]. Ainsi, comme avec Turpin et la génétique médicale, l'intérêt envers l'utilisation des groupes sanguins dans la génétique des populations ne s'est pas développé en France comme il l'a fait ailleurs.

Kossovitch, Dujarric et le centre des groupes sanguins de Pasteur purent, dans une certaine mesure, poursuivre leur travail sous le régime de Vichy. Kossovitch publia dans les CRSB deux articles sur la population de Paris et fut sollicité pour servir de liaison entre Pasteur et les forces d'occupation, sans doute à cause de sa connaissance des langues[44]. Pasteur représenta ainsi, après guerre, une continuité institutionnelle en tant que centre de recherche sur les groupes sanguins. Entretemps, un autre centre plus important était fondé : le Centre national de transfusion sanguine de Tzanck, qui reçut ce nouveau nom, une nouvelle publication, la *Revue d'Hématologie* et, surtout, des crédits gouvernementaux pour des recherches menées en différentes régions de France, au lendemain de

41. Sur Fisher et les groupes sanguins, voir Mazumdar, *Eugenics, Human Genetics and Human Failings : The Eugenics Society, Its Sources and its Critics in Britain*, London, Routledge, 1992, pp. 237-239 ; et Schneider : *Research on Blood groups in England before World War Two*, sous presse. L'apogée du travail de Mourant est A.E. Mourant, Ada Kopec et Kasimiera Domaniewska-Sobczak, *The Distribution of the Human Blood Groups and Other Polymorphisms*, 2e éd., Londres, Oxford University Press, 1976.

42. Richard Burian, Jean Gayon et Doris Zallen, « The Singular Fate of Genetics in the History of French Biology, 1900-1940 », *Journal of the History of Biology*, 21 (1981), pp. 377-379.

43. Les deux furent publiées comme articles dans le journal de la société. Voir Teissier : « Étude quantitative des proportions du corps humain », *Biotypologie*, 3 (1934), pp. 48-78, et Dujarric et Kossovitch : « Les groupes sanguins en biotypologie », *Biotypologie*, 4 (1937), pp. 113-120.

44. Lépine, 64.

45. Arnault Tzanck et Henri-Pierre Klotz : « Nécessité de la coordination des différents centres de transfusion sanguine », et autres articles dans un numéro spécial de *Semaine des hôpitaux de Paris*, 22 (1946), pp. 413-449.

la guerre[45]. Le centre de Lille parvint également à continuer de fonctionner après la guerre.

Ainsi, d'un point de vue général, la recherche sur les groupes sanguins a suivi la tendance globale de la recherche médicale française de l'après-guerre en ce sens que de nouveaux centres de recherche ont brisé la tradition centralisatrice de l'Institut Pasteur. Elle montre aussi que même si le processus a été accéléré par la guerre, il était déjà amorcé avant le déclenchement du conflit.

De la médecine expérimentale (1865) à l'INSERM (1964)

Jean-François PICARD*

Le siècle écoulé a vu la biologie s'approprier ces objets qui constituent les éléments fondamentaux de la nature et qu'avaient d'abord découvert la physique et la chimie, les molécules et leur échafaudage atomique. A sa suite, la médecine a bénéficié de l'avancée réductionniste des sciences de la vie pour améliorer sa connaissance des mécanismes de la santé et développer de nouvelles thérapeutiques. C'est ainsi qu'au cours des années 1930, les antibiotiques sont découverts dans le sillage de la biochimie et l'éradication des dernières grandes maladies infectieuses fait évoquer une « révolution médicale »[1]. Aujourd'hui enfin, sous la poussée biologique, la médecine enfin devenue scientifique serait une « biomédecine » selon un terme surgi au début des années 1960.

Mais s'agit-il encore du même objet qui voyait un siècle plus tôt Claude Bernard poser les fondements d'une science expérimentale et décrire l'homme comme un objet de science ? En fait, l'histoire de la recherche médicale se heurte a une première difficulté qui est de définition. N'importe quel dictionnaire usuel renvoie le mot « médecine » à l'idée d'un corps de connaissances, mais aussi à une pratique. La médecine serait donc double — à la fois science et thérapeutique — tandis que les médecins eux-mêmes affirment que leur pratique ne saurait se réduire à une accumulation de gestes techniques. Certains en appellent même à la psychologie pour contrer les risques d'une dérive biologique, comme Gilbert-Dreyfus en 1954 dans un article de revue pourtant consacré à la modernisation de la recherche française :

« ...Il faut se garder de confondre science médicale et art médical, application pratique de cette science. Deux réalités aussi distinctes que sont en matière de cinéma, la science photographique et l'art de la prise de vue.../ La biologie règne désormais en maîtresse absolue. (Mais) faudra t-il que notre médecine française finisse par perdre son caractère de médecine individuelle d'inspiration humaniste, qu'elle cesse d'être ce colloque singulier entre un malade et son médecin ?

* CNRS-CERMES-IHTP.

1. J. Bernard, *C'est de l'homme qu'il s'agit*, Paris, O. Jacob, 1988.

Qu'on ne s'y trompe point, la toute puissance de la biologie ne signifie par pour autant l'agonie ni même la déchéance de la clinique. En pathologie, le psychisme du patient (aura) toujours son mot à dire qu'ignorent inévitablement le vétérinaire et l'expérimentateur... »[2].

Outre une perception dualiste, assez classique de la médecine par les médecins, cette citation trahit aussi des conceptions qui peuvent influer la manière d'organiser la recherche. En effet, si on oppose le pathologique à l'expérimental, peu importe que la recherche soit le fait de physiologistes, de bactériologistes, puis de biologistes qui travailleront en quelque sorte au profit de la clinique. Le biologiste à sa paillasse, le médecin à son cabinet, l'art médical peut voguer au vent de la science à la condition d'installer un transfert efficace des connaissances entre le cabinet médical et le laboratoire de recherche. Mais si à l'inverse on adopte une conception plus uniciste, celle que semble légitimer le nouveau modèle biomédical d'aujourd'hui (c'est-à-dire de la médecine d'abord perçue comme une science), d'autres contraintes se révèlent telle par exemple celle de décider à qui confier les laboratoires : à des médecins ou à des chercheurs ? Loin de l'évidence, on verra que la réponse à cette question est au centre d'une histoire de la recherche médicale en France de 1945 à nos jours[3].

LA MÉDECINE SOUS LE VENT DE LA SCIENCE

Au début du dix-neuvième siècle, le premier legs de la médecine scientifique est celui de la clinique. Avec l'invention du stéthoscope par Théophile Laennec, l'anatomo-pathologie tend à décrire les maladies sous forme de lésions caractéristiques correspondant à des entités morbides dont on fait la nomenclature (nosologie). La recherche clinique s'effectuera donc à l'hôpital. Ce dernier devient *ipso facto* une sorte de « laboratoire naturel » où le praticien mène ses investigations[4]. Mais la prépondérance de la clinique dans la formation des médecins justifie aussi le rôle des concours hospitaliers et débouche sur un système d'enseignement dont l'objectif sera moins de cultiver une science que de décerner un brevet d'aptitudes professionnelles (deux lois de 1802 fixent le détail des épreuves du doctorat en médecine délivré par des Écoles de médecine, « Facultés » à partir de 1808). L'introduction d'une formation scientifique dans le cursus médical est tardive ; en 1893 un certificat de sciences physiques, chimiques et naturelles (P.C.N.) est requis pour s'inscrire. Encore cette disposition ne préjuge-t-elle pas d'une indifférence des étudiants pour l'enseignement facultaire. Les concours hospitaliers de la clinique, au sommet desquels l'Internat (1804), resteront la pierre angulaire des études médicales.

2. Gilbert-Dreyfus, « Le point de vue du clinicien », *La Nef*, 1954, pp. 160-166.

3. Archives utilisées pour une recherche en cours : (CNRS) versement AN 80284 (notamment liasses 201 et 216). (INSERM) versement AN 760215 (liasses anciennement cotées SAN 71394 à 71409). Institut Pasteur (dossier Tréfouël). (DGRST) versement RE 104. Parmi les entretiens réalisés, J. Bernard (26 oct. 1990 et 29 mai 1991).

4. M. Foucault, *Naissance de la clinique*, Paris, P.U.F., 1993 (3e éd.).

Le développement de la clinique explique peut-être cet étonnant paradoxe qui veut que le pays qui sut construire les bases de la médecine moderne au début du XIXe rate avant la fin du siècle un second tournant de la médecine scientifique. Cet événement est d'autant plus singulier que deux français, Claude Bernard et Louis Pasteur, en furent les protagonistes. C. Bernard, interne à l'Hôtel-Dieu à Paris est l'auteur d'une *Introduction à l'étude de la médecine expérimentale* (1865) qui réfute la nosologie, le princeps clinique de son temps. Pour lui, une maladie n'est pas un objet en soi, mais une variation quantitative se produisant au sein de l'organisme dont la compréhension est fondée sur des notions qu'il introduit, d'échange et de milieu intérieur (cf. son expérience destinée à expliquer l'asphyxie par l'oxyde de carbone[5]). La médecine expérimentale prétend s'immiscer dans la clinique pour récuser le vitalisme. C. Bernard écrit : *« Oserait-on soutenir qu'il faut distinguer les lois de la vie à l'état pathologique des lois de la vie à l'état normal ? Ce serait vouloir distinguer les lois de la mécanique dans une maison qui tombe des lois de la mécanique dans une maison qui tient debout... »*[6]. Or une telle conception heurte cette « ...médecine (française) individuelle d'inspiration humaniste » dont parle Gilbert-Dreyfus et le vitalisme va continuer de hanter les amphis de la Faculté de médecine, telle cette *vis a tergo* enseignée à un jeune interne des années 1920, le pr. Jean Bernard[7].

Simultanément, la physiologie restera cantonnée au laboratoire[8], principalement dans certaines branches de cette discipline comme l'endocrinologie, la neurophysiologie et le métabolisme de la nutrition. Un bon exemple du développement extra-clinique de la physiologie nous est donné par la carrière d'André Mayer. A partir de 1926, A. Mayer docteur en médecine mais professeur de physiologie au Collège de France, crée avec le physicien Jean Perrin (et le physiologiste R. Wurmser[9]) un Institut de Biologie Physico-Chimique grâce aux libéralités d'Edmond de Rothschild. L'idée de cet institut avait surgi de conversations entre ce dernier et C. Bernard, il s'agissait de réunir des chercheurs issus de différentes disciplines en vue d'approfondir la connaissance des mécanismes de la vie, avec en arrière plan semble-t-il, le souci de nouvelles thérapies anticancéreuses. Quelques années plus tard, on retrouvera A. Mayer aux origines du premier organisme français de recherche publique, le CNRS.

Si Claude Bernard avait tenté de conduire les médecins au laboratoire, Louis Pasteur est un chercheur qui va imposer le laboratoire en médecine. Au vrai la « révolution pasteurienne »[10] signifie d'abord la naissance d'une compréhension nouvelle du vivant — microbiologie — ensuite le développement de prophylaxies nouvelles. On sait comment, travaillant pour le ministère de l'Agriculture, Pasteur

5. J. Hamburger, *Demain les autres. L'aventure médicale en contrepoint de l'aventure humaine*, Paris, Plon, 1979.

6. Cité par C. Sinding in *Le clinicien et le chercheur. Des grandes maladies de carence à la médecine moléculaire (1880-1980)*, Paris, P.U. F., 1981.

7. Témoignage recueilli auprès du pr. J. Bernard.

8. Voir par exemple une polémique déclenchée par la publication du dictionnaire de médecine de Littré peu après la publication du livre de C. Bernard. Cité par Florkin « L'homme objet de science », *La Nef*, 1954.

9. Cf. l'article de C. Debru dans la présente livraison.

10. C. Salomon Bayet (éd.), *Pasteur et la révolution pastorienne*, Paris, Payot, 1986.

découvre par hasard la vaccination lors de l'inoculation de poules par une vieille culture cholérique, pièce d'une série de découvertes riches d'applications thérapeutiques. L'Institut Pasteur inauguré en 1888 permet d'envisager la fabrication de vaccins et de sérums — le premier, antirabique — puis d'instruire une pharmacopée de l'immunologie (chimiothérapie, biochimie), l'ensemble fonctionnant à proximité d'un hôpital spécialement construit[11]. Un autre point doit être souligné, l'Institut Pasteur semble inspirer la création d'organismes de recherche équivalents à l'étranger comme l'Institut Lister (Grande-Bretagne, 1896), l'Association Kaiser Wilhelm et aux États-Unis l'Institut Rockefeller (1911).

Ici, la question est donc moins celle de l'apport — capital — de Pasteur à la médecine que celle des relations des pasteuriens avec la clinique. Certes, la plupart d'entre eux sont médecins, pas tous cependant, comme l'illustre fondateur ou l'un de ses successeurs, Jacques Tréfouël évoqué ci-dessous. En revanche, les pasteuriens sont largement coupés du système hospitalo-clinique. L'Institut ne recrute guère d'anciens internes, ne serait-ce que pour des raisons pécuniaires. D'autre part, les disciplines pasteuriennes n'ont qu'une faible place à la Faculté de Médecine, avant la Première Guerre mondiale celle de Paris n'a pas de chaire de bactériologie[12], alors que ces recherches se révèlent sans cesse plus indispensables à la thérapeutique. L'affaire Ramon nous paraît un exemple significatif des relations ambiguës de Pasteur avec la médecine (ainsi que des ambiguïtés de cette dernière vis-à-vis des questions de santé publique). Vétérinaire de formation, Gaston Ramon est l'auteur de recherches sur les antitoxines qui donnent les vaccins antidiphtériques et antitétaniques. Mais en 1936, ce pasteurien déplore que : *« que sous le prétexte du vote par le Parlement de l'obligation de la vaccination antidiphtérique se manifeste* (contre lui) *une campagne perfide de dénigrement.../ On déniait au vétérinaire que je suis, le droit de s'occuper de médecine humaine et de jouer un rôle quelconque dans le milieu médical ».*[13]

Pendant l'entre-deux-guerres les recherches pasteuriennes se sont donc développées loin de la Faculté. C'est le cas de la chimie thérapeutique. L'Institut Pasteur est à l'origine de la découverte des antibiotiques et, plus précisément, des premiers sulfamides. J. Tréfouël, élève d'Ernest Fourneau, le créateur du « Laboratoire de chimie thérapeutique », étudie les propriétés thérapeutiques des dérivés organiques de l'arsenic, travaux inspirés de ceux de P. Ehrlich, le père allemand de la biochimie. En 1935, l'équipe Tréfouël (D. Bovet[14], F. Nitti, sa femme Thérèse Tréfouël) isole la molécule de sulfamidochrysoïdine (sulfanilamide : « 1162 F ») en même temps que l'Allemand G. Domack a découvert celle du Prontozil (Bayer). Deux ans plus tard, le sulfamide pasteurien sauve un enfant de huit ans atteint de méningite à streptocoque et soigné à l'hôpital Pasteur. Le « 1162 F » sera commercialisé par l'industriel Rhône-Poulenc sous le nom de

11. M. Morange, (Sous la direction de —) *L'Institut Pasteur. Contributions à son histoire,* (ouvrage réalisé à partir des communications présentées au colloque international sur l'histoire de l'Institut Pasteur, 6-10 juin 1988), Paris, La Découverte, 1991.

12. H. Jamous, *Sociologie de la décision. La réforme des études médicales et des structures hospitalières*, Paris, Éditions du CNRS, 1969.

13. Ramon, lettre au Conseil de direction de l'Institut Pasteur qui ne l'a pas soutenu dans cette lutte pour faire reconnaître les bienfaits de sa découverte, 14 février 1939, *Arch. Ac. Sc.*

14. D. Bovet, Nobel de médecine 1957.

Septoplix. C'est vraisemblablement à ce succès de la chimie thérapeutique que Tréfouël doit sa promotion à la direction de l'Institut en décembre 1940 où il restera jusqu'en 1964, année de son élection à la présidence de l'Académie des Sciences.

A côté de la chimie, la part des pasteuriens dans la naissance d'une nouvelle biologie — cellulaire, puis moléculaire — est mieux connue aujourd'hui grâce aux travaux des historiens[15]. La démarche scientifique procède ici de la lyse, un phénomène d'interaction cellulaire qui voit la modification d'une bactérie mise en présence d'un virus (F. D'Hérelle, E. Wollman). André Lwoff commence à s'intéresser à la lysogénie au milieu des années trente à la suite de travaux sur les variations héréditaires du métabolisme bactérien[16]. En 1938, il installe à Pasteur un « service de physiologie microbienne » où il mène des recherches que ne renierait pas la clinique (hyperthermie et réaction inflammatoire dans l'évolution des infections virales, traitement du coryza), mais dont l'objet principal reste la lysogénie, ce qui lui permet d'aboutir au concept de bactériophage un élément essentiel des mécanismes de régulation génétique. Lwoff et Tréfouël sont deux symboles du magistère scientifique pasteurien qui explique la place de l'Institut dans la réorganisation de la recherche publique française au lendemain de la Seconde Guerre mondiale.

SANTÉ PUBLIQUE ET MOBILISATION SCIENTIFIQUE

De ce qui précède, on voit que l'organisation nationale de la recherche médicale dans ce pays n'est pas directement issue de la biologie. Celle-ci procède de préoccupations de santé publique inspirées de la prophylaxie pasteurienne, c'est-à-dire de l'asepsie et de la vaccination. Ainsi au lieu de résulter des poussées scientifiques évoquées ci-dessus cette organisation a reposé sur un effort des pouvoirs publics pour contrer les grandes « maladies sociales », la principale étant la tuberculose celle du XIXe siècle finissant, suivie de la syphilis puis du cancer[17].

Au lendemain de la Première Guerre mondiale, la lutte antituberculeuse — dépistage, vaccination B.C.G. du pasteurien Calmette et cures climatiques — est à l'origine du premier ministère de la Santé installé en France (Hygiène, Assistance et Prévoyance sociale, J. Breton)[18]. Plus tard, et avec le soutien de la Fondation Rockefeller, le ministère ouvre un Office national d'hygiène sociale chargé

15. Voir par exemple J-P Gaudillière, *Biologie moléculaire et biologistes dans les années soixante : la naissance d'une discipline. Le cas français*, Thèse Paris VII, 21 mai 1991, 606 p. dactyl.

16. A. Lwoff (né en 1902) nobélisé en 1965 avec J. Monod et F. Jacob pour ses travaux sur la régulation génétique.

17. Sur le cancer comme maladie « sociale » : P. Pinell, *Naissance d'un fléau, histoire de la lutte contre le cancer en France (1890-1940)*, Paris, Métailé, 1992.

18. Le ministère devient de la Santé publique le 2 mars 1930 (Désiré Ferry dans le Cabinet Tardieu). Puis sous-secrétariat à la Santé et à la famille (Ybarnegaray, Serge Huard, juillet 1940). Redeviendra ministère de la santé publique le 10 sept. 1944 (F. Billoux).

d'enquêtes épidémiologiques et de prophylaxie antituberculeuse (1924)[19]. Cet organisme supprimé lors des compressions budgétaires imposées par la grande dépression renaîtra avec l'Institut national d'hygiène (INH). Sur un plan plus général, la France des années trente voit s'amorcer un redressement après le déclin démographique, économique et politique dans lequel elle semblait engagée depuis le début du siècle. Les historiens ont étudié ce néo-colbertisme à la française qui du Front populaire jusqu'au Plan Monnet de la Libération et au-delà, voit ce pays imaginer des politiques dirigistes qui intéressent tous les grands secteurs de la société, en particulier la recherche et la santé[20]. Le colbertisme scientifique entreprend d'ouvrir des laboratoires universitaires comme on en rencontre alors dans les pays anglo-saxons, mais qui font défaut au système académique français.

Un Conseil supérieur de la recherche scientifique (CSRS) est installé à la suite de démarches du physicien Jean Perrin et de son collègue André Mayer. Le CSRS est une sorte d'assemblée scientifique où toutes les grandes disciplines sont représentées. En 1938, une section de « Médecine expérimentale » — on relève la référence bernardienne — y est introduite à l'instigation du recteur Gustave Roussy. Ce dernier, ancien doyen de la faculté de médecine et directeur de l'Institut anticancéreux de Villejuif s'était aussi intéressé, avec A. Mayer, à la réforme des études médicales pour laquelle avait été publié un projet dans le sens d'un renforcement du contenu scientifique (1934). A Roussy revient également la construction de la nouvelle Faculté de médecine à Paris, rue des Saint-Pères. La section de médecine du CSRS réunit des hommes de qualité tels Louis Bugnard et Robert Debré que l'on retrouvera à la direction de la recherche médicale quelques années plus tard[21].

Le conseil supérieur de la recherche décide l'organisation d'un Centre national de la recherche scientifique (CNRS) destiné à la mobilisation scientifique du pays. En fait ce que le CNRS va demander à la médecine, c'est de mener des programmes pour la recherche de guerre en hématologie (fabrication et conservation du plasma sanguin) ou en physiologie appliquée (vitamines). Un laboratoire de recherches sur les plasmas est installé à Meudon-Bellevue en région parisienne, tandis que d'importants programmes sur la physiologie de la nutrition sont mis en œuvre par A. Mayer. Puis, la défaite de 1940 pousse la recherche vers des préoccupations plus triviales. On voit le biochimiste pasteurien Michel Machebœuf mobilisé pour proposer un programme de production d'ersatz alimentaires à base de tourteaux d'arachide. Parmi d'autres laboratoires aidés par le CNRS de l'époque, la « biochimie de la nutrition » (Jacquot, EPHE) travaille sur le lait maternel et la « Fondation Carrel » étudie l'utilisation de déchets de poisson aux fins alimentaires. L'après-guerre verra maintenu le soutien à ce secteur

19. W.H. Schneider, *Quality and Quantity. The Quest for Biological Regeneration in Twentieth Century France*, Cambridge University Press, 1990.

20. R.F. Kuisel, *Le capitalisme et l'État en France, modernisation et dirigisme au XXe siècle*, Paris, Gallimard, 1984.

21. La section de « médecine expérimentale » du CSRS de 1938 comprend : C. Achard (Ac. sciences), J. Roche (f. méd. Marseille), L. Bugnard (Toulouse), R. Collin (Nancy), N. Fiessinger (Paris), A. Gosset (Ac. Sc.), M. Nicloux (Strasbourg), M. Tiffeneau (Lyon), A. Baudouin (Paris), E. Brumpt (Paris), R. Debré (Paris), R. Leriche (Coll. de France), G. Mouriquand (Lyon), C. Soula (Toulouse).

avec l'installation d'un « Centre national d'études et de recherches sur la nutrition et l'alimentation » du chimiste Émile Terroine. Simultanément, l'hématologie est relancée au CNRS en 1944-45 (commission transfusion) tandis qu'un Centre national de transfusion sanguine est installé à l'hôpital Saint Antoine à Paris (Dr. Arnaud Tzanck).

C'est dans la même optique de mobilisation scientifique qu'est intervenu un nouvel organisme, l'Institut National d'Hygiène (INH). Alors que le CNRS fonctionnait sous la tutelle de l'Éducation Nationale, en 1941 le Dr. Serge Huard Secrétaire d'État à la famille dans le gouvernement de Vichy ouvre un établissement destiné à répondre aux demandes de santé publique. En fait, l'INH est le département statistique d'un ministère de la Santé jusque là dépourvu de ce prolongement indispensable à la mise en œuvre de toute politique. Ainsi, la première mission de l'INH consistera à dresser un bilan sanitaire du pays. De 1942 à 1946, l'organisme est dirigé par un professeur de biophysique, André Chevallier, qui entreprend de le diviser en sections correspondant chacune aux grandes maladies sociales.

La première concerne évidemment la tuberculose et l'INH reprend une enquête lancée avant-guerre dans les hôpitaux parisiens sur le B.C.G. : il s'agit d'éclairer le débat fort controversé sur la contagion tuberculeuse et de comparer l'efficacité des cures climatiques avec les effets de la vaccination (Pr. Troisier). L'alcoolisme, lié à la tuberculose, dispose de sa propre section qui met en évidence la décroissance caractéristique des cirrhoses pendant l'Occupation. Le cancer est lui aussi catalogué comme une « maladie sociale », la section du Dr. Denoix constitue des fichiers épidémiologiques pour appréhender l'étiologie de la maladie tout en suivant les premières chimiothérapies réalisées dans ce pays (Orléans, Lyon). Bien entendu, les autres pathologies (maladies vénériennes, polio, etc.) sont surveillées par un INH soucieux aussi d'adductions d'eau (typhoïde). On note enfin que la réalisation des enquêtes épidémiologiques de morbidité est délicate car la déclaration des maladies infectieuses n'est pas obligatoire en France ; l'INH obtiendra celle des maladies vénériennes en 1942, mais pas celle de la tuberculose malgré ses demandes réitérées.

1945, MÉDECINE ET BIOLOGIE, LE RENDEZ-VOUS MANQUÉ

La Libération marque l'heure d'un renouveau scientifique pour le pays, mais aussi celle d'un premier rendez-vous manqué entre la biologie et la médecine. Les circonstances étaient pourtant particulièrement favorables. Comme les autres disciplines, la recherche médicale subit les grandes mutations qui remuent la science française de l'époque. C'est d'abord le soutien des sciences physiques (avec Hiroshima les physiciens viennent de gagner la guerre) aux nouvelles sciences de la vie, génétique, biologie cellulaire, biochimie, etc. Ainsi, le physicien Pierre Auger, lorsqu'il rentre des États-Unis où il a participé aux programmes de recherches militaires et qu'il est nommé directeur de l'Enseignement Supérieur, introduit les nouvelles disciplines à la Sorbonne où une chaire de génétique (B. Ephrussi) et une de biophysique (R. Wurmser) sont créées. Du côté du CNRS, des comités à vocation interdisciplinaires se réunissent pour discuter de l'avenir, notamment pour proposer des programmes de recherche et des créations de laboratoires. A cause du poids institutionnel de l'Institut Pasteur — pratiquement l'égal du CNRS en termes d'effectif et de budget : un millier de chercheurs et un milliard de francs 1948 — et de son rôle scientifique, les pasteuriens sont omniprésents dans les commissions du CNRS, notamment dans celles qui sont chargées des sciences de la vie.

Or, le problème de la recherche médicale y est abordé d'après un postulat très scientifique. Prenons le cas du biochimiste Louis Rapkine, responsable d'une mission scientifique (CNRS) installée à Londres à la Libération. Rapkine a permis à la recherche française de renouer des fils avec les laboratoires anglo-saxons[22]. Ainsi, il obtient du Medical Research Council la fourniture de souches de pénicillium destinées à Pasteur. Or, en décembre 1945 lorsqu'il ferme sa mission pour rentrer à Paris, il propose tout simplement au CNRS un modèle d'organisation directement inspiré du M.R.C. britannique : la recherche médicale anglaise étant le fait, souligne-t-il, de trois quarts de *scientists* pour un quart de médecins[23]. Les Commissions du CNRS posent donc la question de savoir à qui confier la recherche médicale. Une discussion s'instaure dont on relève l'amorce à la Libération et qui se poursuivra jusqu'à la naissance de l'INSERM, voire au-delà. Les partisans de la démédicalisation sont évidemment ces chercheurs les plus engagés dans les voies nouvelles de la biologie. Ainsi, le pasteurien A. Lwoff dans une note rédigée à la demande de F. Joliot-Curie (le directeur du CNRS) argue de la reconnaissance de la génétique mendélienne pour demander l'installation d'une section de « biologie cellulaire ». Mais il précise pourquoi il convient, selon lui, de démédicaliser la recherche :

« ...Il ne saurait être question, pour des raisons pratiques, de considérer l'étude scientifique des agents des maladies infectieuses humaines comme une branche de la médecine, pas plus que de classer dans la technologie, les recherches sur la formation lactique ou de rattacher à la mycologie, les travaux sur la pénicilline ou encore à l'entomologie, les recherches sur la lutte bactérienne contre les insectes.../ Le fait que la microbiologie n'est pas enseignée dans les facultés des sciences, mais dans celles de médecine par des professeurs qui ne sont pas des spécialistes a conduit la microbiologie française vers une crise très grave... »[24].

Deux autres pasteuriens, André Boivin (adjoint de Tréfouël à la direction de l'Institut) et Antoine Lacassagne (directeur du Laboratoire de radiobiologie de l'Institut du radium) proposent un plan général de développement des sciences médicales qu'ils soumettent au CNRS. Le point de vue de Lacassagne pour être plus médical que celui de Lwoff n'en est pas moins sévère :

« Fonder la recherche sur la clinique (comme le suggère Boivin) ? *Mais on ne peut partir de ce qui n'existe pas. L'Assistance publique s'est jusqu'ici soustraite à toute conception impliquant une activité de recherche au sein des hôpitaux, craignant les réactions hostiles des malades et de l'opinion. Elle redoute la*

22. Neurochirurgie (J. Lebeau), plasma sanguin (Th. et J. Tréfouël), pénicilline (I. Marszak).

23. D T. Zallen, « Le cycle Rapkine, la mission Rapkine et la réorganisation de la recherche médicale », *Sciences Sociales et Santé*, nov.-déc. 1992.

24. Note signée A. L. (déc 1944), arch CNRS 80284, liasse 216.

recherche. Celle-ci doit donc se faire en fraude. En matière de dissection, par exemple, les prélèvements d'organes ne sont autorisés qu'une fois ceux-ci rendus inutilisables par la putréfaction. Quant à la faculté, elle est prise par la formation des médecins. Il faut donc casser le monopole universitaire.../ Tout établissement devrait aussi fonctionner comme centre d'enseignement et de recherche... »[25].

Ainsi Lacassagne suit-il les travaux d'un Comité installé au ministère de la Santé pour une réforme de l'hôpital[26]. Des projets de développement ou d'installations de laboratoires sont évoqués pour la physiopathologie[27], mais n'aboutiront pas, au moins dans l'immédiat malgré le soutien de quelques grands praticiens comme R. Debré. Semble-t-il en partie faute des crédits nécessaires à ces réalisations, mais aussi du fait de la conception restrictive de sa mission par l'Assistance Publique parisienne[28].

De son côté l'INH participe aussi à cet effort pour tenter de relancer les sciences médicales. Cet organisme tente d'appuyer la recherche sur une nouvelle politique de santé publique. Son nouveau président Robert Debré, préoccupé du problème de la tuberculose, propose d'associer l'INH à la Sécurité Sociale qui vient d'être créée par les ordonnances Laroque (1945). La *Sécu* commence à capitaliser mais n'a pas encore de dépenses et se voit conviée à utiliser ses fonds pour soutenir des médecins soucieux de recherche. A la fin des années quarante, la subvention de la Sécurité Sociale représentera ainsi près de la moitié des ressources de l'INH. En 1947 par exemple, le Comité d'études sanitaires de la Caisse nationale de Sécurité Sociale décide de soutenir le service de J. Hamburger à l'hôpital Necker (néphrologie, greffes et réanimation). Le nouveau directeur de l'INH nommé en 1946, Louis Bugnard, un polytechnicien-médecin qui ne cèle pas ses sympathies socialistes (il fut l'un des jeunes élus de la commission de médecine du CNRS d'avant-guerre), entend aussi développer le rôle de son établissement en matière de recherche. Bugnard conçoit un système de bourses destiné aux médecins-chercheurs en obtenant un statut du personnel aligné sur la hiérarchie du CNRS (8 avril 1947). C'est ainsi qu'à la fin des années quarante, l'INH rémunère un peu plus d'une centaine de boursiers parmi lesquels des médecins appelés à quelque postérité : A. Minkowski, C. Burg et Ph. Laudat (futurs

25. *Comment développer en France la recherche scientifique dans le domaine de la médecine expérimentale ?* par A. Lacassagne, 6 mars 1945. CNRS 80284, liasse 216.

26. F. Billoux, *Quand nous étions ministres*, Paris, Éditions Sociales, 1972.

27. « Physiopathologie musculaire » aux Enfants-malades, « physiopathologie du nourrisson » à Hérold, « physiopathologie du rein et du foie » à l'hôtel-Dieu, « chimie biologique » à la maternité de Port-Royal.

28. Ce qui ne signifie pas que le CNRS ne soutiendra aucune équipe. Certaines sont prises en charge ou créées, mais dans des conditions particulières. Leurs responsables sont des gens tournés vers la recherche fondamentale et issus de l'université. C'est le cas de l' »Institut de recherches scientifiques sur le Cancer » (C. Oberling, Villejuif, avril 1948) ou lorsqu'un professeur du Collège de France, Alfred Fessard, installe un « Centre d'étude de physiologie nerveuse et d'électrophysiologie » (juillet 1947). Le CNRS se lance aussi dans la pharmacie avec un « Laboratoire de chimiothérapie et de pharmacodynamie » (J. Levy). Enfin on sait l'importance prise par la biologie dans le CNRS de l'après-guerre. En 1946, à l'instigation des pasteuriens, il installe à Gif sur Yvette (Seine et Oise) un « Institut de la génétique » dont B. Ephrussi est nommé directeur, y amenant son Laboratoire de génétique physiologique de l'Institut de biologie physico-chimique.

directeurs de l'INSERM), les cancérologues G. Mathé, L. Israël, etc. Fort de ses bons contacts avec la recherche américaine, notamment la Fondation Rockefeller, l'INH complète son dispositif par un système permettant d'envoyer des boursiers en stage aux États-Unis ou en Grande-Bretagne, selon une disposition qui se généralise alors dans la recherche française.

Cependant Bugnard est peu attentif aux nouvelles disciplines biologiques qui ne semblent guère l'intéresser[29]. Il oriente son institut vers la physique médicale, c'est à dire les effets biologiques des rayonnements, la voie privilégiée des thérapies anticancéreuses[30]. En 1956, un Service de contrôle des radiations ionisantes sera ouvert au Vésinet (Pr. Pellerin). Mais les progrès de la radiothérapie ne sont pas la seule voie suivie dans l'étude du cancer. Des travaux d'épidémiologie permettent de cerner l'étiologie de la maladie. Des enquêtes réalisées avec le soutien de la Régie des tabacs corrèle cancer broncho-pulmonaire et tabagisme[31]. L'épidémiologie française acquiert d'ailleurs une crédibilité internationale lorsqu'en 1961 l'INH est chargé par le Congrès international du cancer (de l'O.M.S.) d'élaborer un protocole de pronostic pour le cancer du sein. Est ce dire que l'établissement dirigé par Bugnard a résolu le problème d'organisation de la recherche médicale ? Certes, son statut permet de considérer des médecins comme des boursiers scientifiques, mais il n'offre pas de solution en matière d'infrastructures. Payer des médecins pour faire de la paillasse, soit, mais la question reste de savoir où installer leurs laboratoires.

LA NOUVELLE CLINIQUE, LA PHYSIOPATHOLOGIE À L'HOPITAL

On a évoqué l'attitude conservatrice de l'hôpital à propos de la recherche en 1945. Elle se justifie par des raisons financières, mais ce ne sont pas les seules. Le système hospitalier porte aussi une responsabilité plus générale et ici un constat s'impose : de G. Roussy (1934), et vraisemblablement en deçà, jusqu'à R. Debré (1958) toutes les réformes proposées par des médecins modernisateurs se réclament d'une sorte de déficit scientifique de la « clinique ». Celle qui aboutira au nouveau système hospitalo-universitaire parait exemplaire sur ce point. Le Pr. Debré, son instigateur, se réfère à la scientificité de la médecine américaine établie peu avant la Première Guerre par le biologiste Simon Flexner, le fondateur de la Fondation Rockefeller[32]. Dans ses mémoires Debré ajoute que si la France avait compté plusieurs Nobel de médecine avant la Première Guerre, elle n'en revendiquait plus qu'un seul entre les deux guerres (C. Nicolle) et pour la période postérieure à la Libération il cite le cas de son élève A. Cournand, nobé-

29. F. Jacob, *La statue intérieure,* Paris, O. Jacob, 1987.

30. L. Bugnard, « Perspectives de la médecine », *La Nef* 1954, 11e année, cahier n°6, pp. 145-159 et « Le présent et le futur », *Les Cahiers de la République* 1956 (n° spécial consacré au Colloque de Caen 1-3 nov. 1956).

31. F. Denoix, D. Schwartz, G. Anguera, « L'enquête française sur l'étiologie du cancer broncho-pulmonaire, Analyse détaillée », *Bulletin du Cancer,* 1958, tome 45, pp. 1 à 37.

32. H. Jamous, *Op. cit.*

lisé en 1956 pour ses investigations en cardiologie, mais dont : « *..l'installation et le succès aux États-Unis l'avaient,* dit-il, *frappé comme un avertissement grave* »[33].

Après avoir animé les débats de l'après-guerre R. Debré participe à l'organisation du colloque de Caen, manifestation organisée en 1956 sous le patronage de l'ancien président du Conseil P. Mendès France pour la modernisation de l'université et de la recherche françaises. C'est à Caen qu'un élève de Debré, Jean Dausset, signale que notre diplôme de médecine n'est pas reconnu par l'American Medical Association, comme le sont ceux des facultés de Genève, de Louvain ou de Leyde en Europe. Mais les débats du colloque voient surtout le pasteurien A. Lwoff reprendre les arguments pour la démédicalisation de la recherche devant un aréopage de cliniciens parfois circonspects. Parmi ceux-ci, Paul Milliez évoque par exemple les aléas du métier de chercheur pour un jeune médecin soucieux de sa carrière[34].

Mais, avant même l'aboutissement de la réforme, le virage vers la science aboutit à l'installation du laboratoire à l'hôpital. Cet événement procède de l'effort d'une poignée de cliniciens modernistes, participants du colloque de Caen, des professeurs de médecine quadragénaires qui s'appellent Jean Bernard, Jean Hamburger, Jean Dausset, Bernard Halpern et quelques autres. Les traits communs de cette génération de « néo-cliniciens » mériteraient d'être creusés. Notamment, ces médecins sont passés peu ou prou au laboratoire au début de leur carrière (à Pasteur ou en faculté de sciences), ce qui demeure exceptionnel dans la médecine française de l'époque. Par ailleurs, pendant la guerre leur patriotisme et les lois d'exclusion de Vichy ont tissé des solidarités qui s'incarnent dans la Résistance et dans la France libre, aux côtés de leurs maîtres que sont Debré ou Pasteur Valléry-Radot[35]. Retenons ici un point crucial qui concerne leur relation à la recherche. Ces néo-cliniciens cessent de s'intéresser aux maladies infectieuses — en passe d'éradication du fait des nouveaux bactéricides, la streptomycine pour la tuberculose par exemple — pour s'occuper de pathologies chroniques, ces « maladies des matériaux » selon le mot d'Hamburger que constituent cancers, néphrites, maladies cardio-vasculaires et allergies[36]. Ce type de pathologie peut requérir un geste de substitution, tel que la greffe. Ainsi, est-ce à partir de l'exsanguino-transfusion pratiquée chez J. Bernard et M. Bessis (1947) ou de la greffe de rein chez J. Hamburger (1952) que les médecins se heurtent à de redoutables problèmes d'histocompatibilité. Pour comprendre les rejets d'organes greffés, la nouvelle clinique doit aborder l'histologie à l'échelle cellulaire.

33. R. Debré, *L'honneur de vivre, témoignage,* Paris, Hermann, 1974.

34. R. Debré, R. Fauvert, J. Dausset, « Un plan d'organisation de la recherche médicale en France » et R. Fauvert, J. Dausset, « Un plan de réforme de l'enseignement médical », *Les Cahiers de la République* 1956, (n° spécial consacré au Colloque de Caen 1-3 nov. 1956), p. 120 et sq.

35. Ainsi au début de l'Occupation, J. Bernard, B. Halpern, R. Debré, A. Mayer, R. Wurmser, pour ne citer qu'eux, sont suspendus de fonction ou d'exercice par les lois raciales de Vichy. J. Bernard prend le maquis dans le Vivarais avant d'être arrêté et emprisonné à Fresnes (J. Bernard, *Mon beau navire,* Buchet-Chastel, 1982) tandis qu'en 1944, avec Pasteur Valléry-Radot, R. Debré est l'un des animateurs de la résistance parisienne (C. Singer, *Vichy, l'Université et les Juifs,* Les Belles Lettres, Paris, 1992). J. Dausset, M. Bessis, R. Fauvert, F. Jacob ont été médecins dans les Forces Françaises Libres.

36. Hamburger, *Op. cit.*

Pour cela, il faut des laboratoires et comme ces médecins dépendent tous de l'Assistance Publique de Paris (A.P.), ils vont se tourner vers leur administration. Depuis 1949, l'A.P. est dirigée par un médecin de santé publique le Dr. X. Leclainche, conseillé par le pneumologue R. Kourilsky, deux hommes soucieux de moderniser la vénérable institution en suivant les voies de la recherche. En juillet 1952, le Conseil municipal parisien — le bailleur de fonds de l'A.P. — décide la création d'une « Association Claude Bernard » (tandis qu'est introduit un premier dispositif de plein temps hospitalier). Le choix du nom de l'association paraît constituer un programme scientifique, avec « Claude Bernard » la physiologie entre enfin à l'hôpital. Huit laboratoires sont installés par la nouvelle association (1956), celui de J. Bernard (leucémie à Saint Louis), de R. Fauvert (cancérothérapie à Beaujon), de B. Halpern (allergologie à Broussais), de J. Hamburger (néphrologie à Necker), de R. Kourilsky (pneumologie à Saint Antoine), d'A. Minkowski (périnatalité à Cochin), de J. Scherrer (neurophysiologie à la Salpétrière). D'autres suivront (l'A.C.B. existe toujours aujourd'hui)[37].

Des exemples illustrent la démarche des cliniciens qui partant d'un problème pathologique aboutissent à de nouvelles avancées en biologie. Chez Hamburger la réussite des greffes rénales procède de travaux sur les mécanismes de l'immuno-supression et c'est à Necker que J-F. Bach découvrira un test d'inhibition de la formation de rosettes de globules rouges (lymphocyte thymodépendant). De même sous l'impulsion de J. Bernard et de son service sur les leucémies, l'hôpital Saint Louis devient un nid de la recherche médicale. J. Dausset qui venait du Centre national de transfusion sanguine découvre à la surface des leucocytes le premier antigène tissulaire, ce qui débouche sur une nouvelle classification des groupes sanguins et sur la description du système d'histocompatibilité HLA *(Human Leucocyte Antigene)* qui vaudra le Nobel à son auteur (1980). C'est encore à Saint-Louis que Georges Mathé réussit les premières greffes de moelle osseuse tandis qu'une première guérison de la leucémie est obtenue en 1967. Car la recherche bouleverse la clinique, le diagnostic de la leucémie infantile qui débouchait sur 100 % d'issue fatale à la fin des années quarante autorise entre deux tiers et trois quarts de guérisons une trentaine d'années plus tard.

C'est ainsi qu'on arrive au début des années soixante à la rencontre de la médecine et de la biologie. Après le retour aux affaires du général de Gaulle, la Cinquième République installe un comité des Sages (Comité Consultatif de la Recherche Scientifique et Technique : CCRST) et une délégation générale (DGRST) constituant *de facto* un véritable ministère exerçant une tutelle financière sur l'ensemble des organismes scientifiques publics grâce à l'« enveloppe-recherche »[38]. L'importance donnée au secteur biomédical dans les programmes nationaux est considérable, ce à quoi l'intervention du Pr. Debré le père du

37. A. Gardie, *L'Association Claude Bernard 1953-1990*, 75 ff. dactyl. + annexes, Paris 14 déc. 1990, inédit.

38. A. Prost, « Les origines de la politique de la recherche en France (1939-1958) » *Cahiers pour l'Histoire du CNRS*, 1-1988, pp. 41-62, « Les réformes du CNRS 1959-1966 », *Ibid.*, 9-1989, pp. 7-38.

Premier ministre, n'est pas étrangère[39]. Parmi les douze premiers Sages (CCRST) on relève la présence de Jean Bernard. Le CCRST a décidé d'initier des programmes pour stimuler la recherche dans certains secteurs, les « actions concertées ». Sur les douze premières actions, toutes disciplines confondues, cinq concernent la médecine ou la biologie : « neurophysiologie et psycho-pharmacodynamie », « nutrition », « génétique », « cancers et leucémies », « biologie moléculaire ». Un médecin participe à l'action « biologie moléculaire » menée par le pasteurien Jacques Monod, Georges Mathé. Présence d'autant plus significative qu'ancien adjoint de J. Bernard à Saint-Louis, Mathé aurait pu trouver placer dans l'action concertée de son ancien patron (cancer). En fait, Mathé est représentatif d'une nouvelle génération de praticiens pour lesquels la frontière entre la biologie et la médecine est en passe de s'estomper. Il transforme le laboratoire que lui avait installé l'Association Claude Bernard en un « Institut de Cancérologie et d'Immunogénétique » organisme pour lequel il obtient une large autonomie tant scientifique que financière. Il y développe l'immunothérapie adoptive (transfert de lymphocytes) et se lance dans la recherche des antigènes du cancer[40]. Simultanément, comme conseiller du ministre de la Santé, Raymond Marcellin, Mathé va jouer un rôle central dans la transformation de l'INH en INSERM.

Car la rencontre de la médecine et de la recherche, c'est aussi la transformation du vieil INH en un organisme nouveau, l'INSERM. Les réformes entreprises par la nouvelle administration de la science sous la Cinquième République accumulent les menaces sur l'INH. L'incapacité de cet établissement à organiser de manière satisfaisante la recherche médicale conduisent la Cour des comptes à proposer sa fusion au sein du CNRS (1959). La partie santé publique devant revenir au ministère de tutelle. Mais, sauvé par le ministère de la Santé qui redoute les conséquences d'une coupure entre la recherche et la clinique et surtout refuse de se dessaisir de la recherche[41], l'INH connaît un sursis mis à profit par G. Mathé et J-P. Bader (l'adjoint de L. Bugnard) pour préparer une réforme.

Celle-ci aboutit à la transformation de l'INH en Institut national de la santé et de la recherche médicale (INSERM, décret du 18 juillet 1964). Pour l'immédiat, la nouveauté réside moins dans le nouveau sigle ou dans la mission confiée à l'INSERM — primo tenir le Gouvernement informé de l'état sanitaire du pays (santé publique), secundo effectuer toute recherche concernant la santé humaine — que dans la mise en place d'une nouvelle direction (Dr. E. Aujaleu) et surtout dans le choix de nouveaux modes de fonctionnement. A l'instigation de Mathé, l'INSERM installe un Conseil scientifique divisé en Comités scientifiques spécialisés (janvier 1965) dont l'agencement est éloquent par rapport à la manière dont avait fonctionné l'INH. Alors que ce dernier avait été créé dans une préoccupation principale de santé publique, le premier conseil scientifique de l'INSERM

39. M. Debré, *Gouverner, Mémoires*, t. III, Paris, Albin Michel, 1988.

40. A-M. Moulin, « L'immunologie au CNRS », *Cahiers pour l'Histoire du CNRS*, 1990, 7, pp.7-24.

41. Point de vue qui pèse de quelque poids si on considère les revenus de l'INH pour 1958 : Santé 395 M.F., Commissariat à l'Énergie atomique 30 M.F., régie des Tabacs 30 M.F., Sécurité sociale 17 M.F.

s'intitule « pathologie cellulaire et tissulaire, cancérologie », le second « génétique, immunologie et pathologie moléculaire », le suivant « microbiologie », et ainsi de suite jusqu'au dernier (treizième), l'« épidémiologie ». D'ailleurs l'INSERM est très officiellement chargé de reprendre en main certaines actions concertées de la DGRST. Le nouvel organisme inaugure enfin une pratique résolue d'implantation de laboratoires dans les hôpitaux tout en prenant la gestion de certaines unités créées par l'Association Claude Bernard.

CONCLUSION

L'INSERM incarne donc les aboutissements réussis d'une politique volontariste de la science dont l'effort principal tendait à rapprocher la médecine de la biologie. Ainsi, sa création paraît inscrite dans une histoire qui voit la médecine française retrouver le rang qui était le sien un siècle plus tôt, lors de la publication de l'œuvre majeure de Claude Bernard. Mais depuis que la médecine a rencontré la biologie, certains évoquent la naissance d'une « biomédecine »[42]. En réalité ce néologisme est récusé par Jean Bernard, le premier président de l'INSERM, qui réfute la conception dualiste de la médecine telle que nous l'avons évoquée *in limine :*

« il ne paraît pas indispensable de remplacer le terme honorable et classique de recherche médicale par celui récemment formé de recherche « biomédicale » qui a l'inconvénient d'être un barbarisme étymologique avec sa tête grecque et sa queue latine, et qui n'a aucun avantage, car on ne peut concevoir une recherche médicale indépendante de la vie.../ Le langage employé néglige la fécondation donnée à la recherche fondamentale par les données cliniques, l'impulsion, la nourriture de ces recherches théoriques par des faits observés sur l'homme »[43].

S'il n'existe pas de médecine scientifique aux côtés d'une autre « qui ne le serait pas », peut-on dire que la réalisation de l'INSERM préjuge d'un équilibre satisfaisant enfin réalisé entre la clinique et le laboratoire ? En fait, cet organisme a continué de privilégier les voies de la biologie — aujourd'hui de la génétique pour la médecine prédictive — souvent fort éloignées du lit du malade. Ce qui a pour conséquences, d'une part des rivalités avec les autres établissements scientifiques fondamentalistes qui lui disputent crédits et laboratoires (Pasteur ou le CNRS), de l'autre le regret exprimé aujourd'hui par une large fraction du corps médical de le voir négliger la santé publique ; ce que l'on pourrait appeler sa part de l'héritage INH. Or, si un rééquilibrage entre tâches ne paraît pas exclu, on peut raisonnablement penser que l'avenir de la recherche médicale reste inscrit entre les murs des laboratoires. Il est clair que la médecine expérimentale est loin d'avoir épuisé la compréhension des pathologies humaines au niveau de la cellule, *a for-*

42. Le terme est abondamment utilisé dans la littérature CCRST/DGRST à partir de 1959.

43. J. Bernard, « Colloque politique scientifique et recherche médicale » organisé par le CIOMS, UNESCO, OMS, 26-29 fév. 1968.

tiori infracellulaire. Mais en se poursuivant, cette évolution confirme le paradoxe de la démédicalisation d'un établissement créé par — pour? — des médecins. En effet, alors que la mission principale de l'INH avait été de gérer un système de bourses essentiellement destiné à ces derniers, l'INSERM, lui, a ouvert largement ses portes aux chercheurs professionnels (avec un statut adopté dès mai 1964). A la fin de la décennie 1980, le flux d'embauche y représente trois quarts de chercheurs pour un quart de médecins et cette proportion — identifiée rappelons-le au modèle d'organisation britannique cinquante ans plus tôt — est présentée comme le gage de ses réussites[44].

44. P. Lazar, *Les explorateurs de la santé. Voyage en centre de la recherche médicale*, Paris, O. Jacob, 1989.

Index

Achevé d'imprimer le 28 mars 1994
dans les ateliers de Normandie Roto Impression s.a.
61250 Lonrai
N° d'imprimeur : I4-0659
Dépôt légal : avril 1994